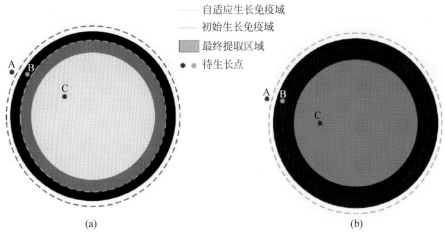

图 10-6 两种生长免疫域自适应变化情况

（a）第 1 种情况；（b）第 2 种情况

"十四五"国家重点图书出版规划项目

图像图形智能处理理论与技术前沿

THEORY AND TECHNOLOGY OF IMMUNE INTELLIGENT PROCESSING
OF CRIMINAL INVESTIGATION INFRARED IMAGES

刑侦红外图像免疫
智能处理理论与技术

于晓 著

清华大学出版社

北 京

图书在版编目（CIP）数据

刑侦红外图像免疫智能处理理论与技术/于晓著. —北京：清华大学出版社，2024.3
（图像图形智能处理理论与技术前沿）
ISBN 978-7-302-65106-2

Ⅰ. ①刑…　Ⅱ. ①于…　Ⅲ. ①刑事侦查－红外图像－图像处理－研究　Ⅳ. ①TN911.73

中国国家版本馆 CIP 数据核字（2024）第 009991 号

责任编辑：刘　杨
封面设计：钟　达
责任校对：王淑云
责任印制：沈　露

出版发行：清华大学出版社
　　　　网　　　址：https://www.tup.com.cn，https://www.wqxuetang.com
　　　　地　　　址：北京清华大学学研大厦 A 座　　　邮　　编：100084
　　　　社　总　机：010-83470000　　　　　　　　　邮　　购：010-62786544
　　　　投稿与读者服务：010-62776969，c-service@tup.tsinghua.edu.cn
　　　　质量反馈：010-62772015，zhiliang@tup.tsinghua.edu.cn
印　装　者：涿州市般润文化传播有限公司
经　　　销：全国新华书店
开　　　本：170mm×240mm　　　印　张：22.25　　　插　页：1　　　字　　数：444 千字
版　　　次：2024 年 3 月第 1 版　　　　　　　　　　　印　　次：2024 年 3 月第 1 次印刷
定　　　价：89.00 元

产品编号：099824-01

丛书编委会名单

主　　任：王耀南

委　　员（按姓氏笔画排序）：

于　晓　马占宇　马惠敏　王　程　王生进

王维兰　庄红权　刘　勇　刘国栋　杨　鑫

库尔班·吾布力　汪国平　汶德胜　沈　丛

张浩鹏　陈宝权　孟　瑜　赵航芳　袁晓如

徐晓刚　郭　菲　陶建华　喻　莉　熊红凯

戴国忠

"人工智能是我们人类正在从事的、最为深刻的研究方向之一,甚至要比火与电还更加深刻。"正如谷歌 CEO 桑达尔·皮查伊所说,"智能"已经成为当今科技发展的关键词。而在智能技术的高速发展中,计算机图像图形处理技术与计算机图形学犹如一对默契的舞伴,相辅相成,为社会进步做出了巨大的贡献。

图像图形智能处理技术是人工智能研究与图像图形处理技术的深度融合,是一种数字化、网络化、智能化的技术。随着新一轮科技革命的到来,图像图形智能处理技术已经进入了一个高速发展的阶段。在计算机、人工智能、计算机图形学、计算机视觉等技术不断进步的同时,图像图形智能处理技术已经实现了从单一领域到多领域的拓展,从单一任务到多任务的转变,从传统算法到深度学习的升级。

图像图形智能处理技术被广泛应用于各个行业,改变了公众的生活方式,提高了工作效率。如今,图像图形智能处理技术已经成为医学、自动驾驶、智慧安防、生产制造、游戏娱乐、信息安全等领域的重要技术支撑,对推动产业技术变革和优化升级具有重要意义。

在《新一代人工智能发展规划》的引领下,人工智能技术不断推陈出新,人工智能与实体经济深度融合成为重要的战略目标。智慧城市、智能制造、智慧医疗等领域的快速发展为图像图形智能处理技术的研究与应用提供了广阔的发展和应用空间。在这个背景下,为国家人工智能的发展培养与图像图形智能处理技术相关的专业人才已成为时代的需求。

当前在新一轮科技革命和产业变革的历史性交汇中,图像图形智能处理技术正处于一个关键时期。虽然图像图形智能处理技术已经在很多领域得到了广泛应用,但仍存在一些问题,如算法复杂度、数据安全性、模型可解释性等,这也对图像图形智能处理技术的进一步研究和发展提出了新的要求和挑战。这些挑战既来自于技术的不断更新和迭代,也来自于人们对于图像图形智能处理技术的不断追求和探索。如何更好地提高图像的视觉感知质量,如何更准确地提取图像中的特征信息,如何更科学地对图像数据进行变换、编码和压缩,成为国内外科技工作者和创新企业竞相探索的新方向。

为此,中国图象图形学学会和清华大学出版社共同策划了"图像图形智能处理理论与技术前沿"系列丛书。丛书包括 21 个分册,以图像图形智能处理技术为主线,涵盖了多个领域和方向,从智能成像与感知、智能图像图形处理技术、智能视频分析技术、三维视觉与虚拟现实技术、视觉智能应用平台等多个维度,全面介绍该领域的最新研究成果、技术进展和应用实践。编写本丛书旨在为从事图像图形智能处理研究、开发与应用的人员提供技术参考,促进技术交流和创新,推动我国图像图形智能处理技术的发展与应用。本丛书将采用传统出版与数字出版相融合的形式,通过二维码融入文档、音频、视频、案例、课件等多种类型的资源,帮助读者进行立体化学习,加深理解。

图像图形智能处理技术作为人工智能的重要分支,不仅需要不断推陈出新的核心技术,更需要在各个领域中不断拓展应用场景,实现技术与产业的深度融合。因此,在急需人才的关键时刻,出版这样一套系列丛书具有重要意义。

在编写本丛书的过程中,我们得到了各位作者、审读专家和清华大学出版社的大力支持和帮助,在此表示由衷的感谢。希望本丛书的出版能为广大读者提供有益的帮助和指导,促进图像图形智能处理技术的发展与应用,推动我国图像图形智能处理技术走向更高的水平!

中国图象图形学学会理事长

刑侦，即刑事侦查，是指公安等机关对已经立案的案件依据法定程序进行证据收集、犯罪证实、嫌疑人查获等强制措施的行动。通常刑侦目标的主体是嫌疑人，展开侦查的范围则包括嫌疑对象位置的定位、行为的掌握、体征信息的采集。通过对复杂的案发现场进行嫌疑人残留痕迹的检测，包括现场残留的毛发、脚印、指纹及物理破坏遗留等痕迹的分析，缩小嫌疑人的候选范围，锁定目标。

当前对于嫌疑对象痕迹提取的刑侦检测技术手段包括理化检验、作案工具及DNA检验等多种方式，但这些方式大多需要烦琐的采集、提取、分析、化验等工作，会耗费大量时间、人力、物力。此类刑侦技术在提取痕迹结果期间，嫌疑目标或许早已逃逸，甚至再造成多起恶性案件。除此之外，现有的刑侦技术还存在诸多的弊端，例如，指纹采集这类高效的目标确定方式，在实际采集中需要依赖检测人员丰富的经验才能确定指纹可能存在的位置，而更多情况下则需要大量时间进行全面的人工搜索。这就需要人为地接触现场环境，难免会出现破坏现场痕迹的情况，也难以实现快速全面检测现场的要求。又例如，犯罪嫌疑人的反侦查意识越来越强，通过穿戴、擦拭等行为，或者使用电子设备隐匿作案，减少了作案痕迹残留于现场，极大地降低了现场检测到痕迹信息的可能性。在案发现场复杂且混乱的环境因素影响下，刑侦案件的破获效率大大降低，而刑侦过程原本就是执法部门和犯罪分子在争夺时间。基于以上分析，发展能够快速、高效、准确地获取目标痕迹且不破坏案发现场环境的刑侦技术至关重要。

对于刑侦领域问题，我国政府出台了相应的政策。在《中华人民共和国国民经济和社会发展第十三个五年规划纲要》中明确指出：以信息化为支撑加快建设社会治安立体防控体系；大力推进基础信息化、警务实战化；加强打击违法犯罪、禁毒等基础能力建设；建成与公共安全风险相匹配的突发事件应急体系；增强突发事件预警发布和应急响应能力；加强大中城市反恐应变能力建设。

根据党和国家的要求与号召，以及目前刑侦领域的需求。为研发高效、快速、准确的刑侦痕迹检测技术和方案，考虑到人体温度普遍高于作案现场环境温度，容易在案发现场遗留热痕迹，本书将突破点倾注于热成像技术，利用热成像技术将不可见的热辐射转化成可见的热像图，实现精准且非接触地检测犯罪痕迹。对案发现场的热痕迹目标检测、刑事案件侦查，通过红外成像技术能够将现场作案人员残留的热痕迹分布以红外图像的形式快速、全面、准确地呈现出来，实现在不破坏现场(非接触式)、不受是否有可见光限制的状态下完成现场残留热痕迹的检测,以保证现场的完整性。在实际的案发现场,犯罪嫌疑人可能通过穿戴、破坏、擦拭、遮挡等手段掩盖可检测的典型犯罪痕迹,但往往缺乏对肉眼不可见热痕迹的干预意识。而红外图像能够采集、呈现可见光条件下难以获得的热辐射信息,捕捉作案残留的细微温度信息,获得肉眼无法察觉的痕迹,为确定侦查方向、锁定犯罪嫌疑人的身份提供帮助和参考,为刑事侦查、证据提取等工作提供有力的技术支持。

针对红外成像系统所捕获的图像进行目标物体的检测、识别、跟踪是目前计算机视觉及其应用领域中的重要研究方向之一。可见光成像系统通过物体反射阳光、灯光或其他可见光源的光线而获得图像,它们反映了物体在光线反射方面的强度变化。红外成像与可见光成像在反映目标和周围环境的背景信息方面有着显著的差异,红外图像目标与背景区域的信息对比不强,并且存在待测目标边缘模糊、特征量少的问题,可见光图像的处理方法往往不一定适用于红外图像的处理。此外,红外刑侦图像目标的检测与提取还存在诸多现实困难:第一,由于相关刑侦团队抵达案发现场的时间不一,现场残留的热痕迹受热传递、热扩散、热对流等因素的影响,加速了目标周围温度场的变化,使得目标与背景边界模糊,目标区域不清晰、不连续,目标边缘失真严重,导致无法划分目标区域,难以获得目标的真实轮廓;第二,由于案发现场环境的复杂性与不确定性,以及犯罪嫌疑人的故意破坏、遮掩,现实中的红外刑侦图像存在类目标干扰、残缺、背景复杂等特点,加大了目标区域检测与提取的难度;第三,由于犯罪嫌疑人作案活动的随机性与无序性,可能造成遗留的热痕迹重叠、覆盖、遮掩,使得所采集的红外刑侦图像出现严重模糊、失真等情况,极大地影响了后续刑侦工作的顺利进行。因此,刑侦图像目标检测与跟踪迫切需要设计能够处理针对以上复杂背景、存在特殊模糊等问题的红外图像目标提取、检测方法。故而,针对刑侦红外图像目标进行理论和方法的研究探索,具有非常重要的理论研究与实际应用价值。

为推进刑侦红外图像处理的研究,研发高效且精准的目标识别、提取算法,本书通过借鉴生物先天性免疫系统、适应性免疫系统,以及这两类免疫系统的协作机制在抗原检测、提取、识别中所展现出的学习、记忆、耐受和协调配合等特性,及其具备的进化学习、联想记忆、模式识别等能力,设计实现进化分布式的免疫智能计算模型,可以弥补当前复杂系统优化策略所缺乏的学习容错等特性。又由于先天性免疫、适应性免疫、补体系统、内分泌系统、神经系统之间的内在联系在免疫系统整体运行中发挥重要作用,且具有学习和遗忘机制,所以结合两类免疫与补体系统、内分泌系统、神经系统的整体运行机制和网络协同机理,并借鉴其学习和遗忘机理设计相应的免疫智能算法模型。将这些人工免疫智能模型应用于背景复杂、目标边缘模糊等特殊情况下的刑侦红外图像目标痕迹检测与提取,探索设计免疫智能刑侦红外图像处理算法。

本书所设计的免疫智能刑侦红外图像处理算法,利用生物免疫作用机理,借鉴生物免疫优异的学习、记忆、耐受和协调配合特性,能够胜任多数侦查过程中拍摄的红外图像目标检测和痕迹分析。对于案发现场背景信息较多、红外图像存在干扰的问题,设计免疫极值区域的刑侦红外图像目标提取算法、自适应生长免疫域的刑侦图像目标提取算法,有效地排除了图像中的背景干扰,提取出刑侦人员所需的热痕迹信息。对于热扩散、热传递、热对流等因素造成案发现场的热痕迹边缘模糊、深度模糊等特性,设计基于可免域免疫模板的刑侦热痕迹提取算法、免疫网络模板的刑侦红外图像提取算法、协调免疫聚类模板的刑侦红外图像目标提取算法、细胞凋亡基因调控机制的刑侦红外图像轮廓模型提取算法、细胞凋亡机制的刑侦红外图像目标恢复算法,有效地从特殊模糊、深度模糊、严重弥散的热痕迹图像中将嫌疑人的遗留痕迹检测出来,使刑侦工作人员能够分析出嫌疑人的生理特征及作案信息。对于犯罪嫌疑人的作案随机性,存在嫌疑人手部与案发现场物体表面存在接触不充分、手印重叠问题,分别设计结构形态几何生长的刑侦边缘模糊红外图像目标提取算法、红外刑侦重叠手印目标提取算法,有效地从随机分布的遗留手印图像中将犯罪嫌疑人的手部痕迹和特征检测出来。对于犯罪嫌疑人在抓捕过程中存在逃逸、隐匿等问题,设计基于运动估计的红外刑侦目标提取算法,有效地对犯罪嫌疑人的位置进行定位与实时追踪,掌握犯罪嫌疑人的行动。此外,为协助刑侦办案人员对于卷宗、档案的高效处理,设计模糊警务图像文字目标提取算法,有效地解决了警务图像因字迹褪色、模糊、消散、污染等因素影响而无法高效提取的问题。

通过本书设计的一系列免疫智能刑侦红外图像处理算法,对技术原理的解读分析由浅入深、环环相扣,既能够为技术侦查人员提供原始性技术,扩展侦查人员的技术支持,又能够通过设计的侦查方案加快对案发现场痕迹的检测分析及刑侦目标的跟踪效率,对于刑侦案件的快速破获有着重要的意义。

本书受到天津理工大学教材建设项目"人工智慧(No. JC20-11)"、国家自然科学基金项目"边带模糊红外图像目标的最优可免域免疫因子网络提取研究(No. 61502340)"等的支持。课题组研究生薛浩带领梁枭杰、李智、杨梦瑶等对本书内容进行了大量的整理、校验工作;课题组研究生周子杰、白梓璇、叶溪、庞佩佩、田雪松、李凯臣等也参与了书稿的整理。此外,清华大学出版社支持本书的出版工作,清华大学出版社刘杨老师为本书提供了宝贵的建议和指导。感谢主审专家天津理工大学陈胜勇教授对本书提出指导性的意见和建议,为本书提供了专业支持与学术保障。在本书即将出版之际,对以上为本书的撰写、出版付出辛勤工作的人员表示感谢。书中有些内容引用了国内外文献,向所有被引用文献的作者表示由衷的感谢。

由于作者水平有限,书中不妥之处在所难免,敬请读者指正。

作　者

2023 年 10 月

目录

第一部分　绪　论

第二部分　免疫智能算法

第四部分　总结与展望

第一部分

绪　论

第1章

刑 事 侦 查

　　刑侦,即刑事侦查,是指公安等机关对已经立案的案件依据法定程序进行证据收集、犯罪证实、嫌疑人查获等强制措施的行动[1]。刑事侦查学是一门研究侦查犯罪的措施、手段和方法的专门学科,它的研究对象由刑事技术手段、侦查措施和侦查方法三个方面的基本内容构成[2]。

　　在刑侦工作中,刑侦目标的主体一般为犯罪嫌疑人,现场勘查就是为了查获犯罪工具、收集残留的痕迹、分析嫌疑人的体征信息,作为案件侦破的证据,并推断犯罪嫌疑人的行为动向。具体来说,对于某个情况未知的犯罪嫌疑对象或团体,需要采集现场残留痕迹,包括可疑物品,现场残留的手印、脚印、体液、毛发、物理痕迹等[3]。通过对案发现场的作案痕迹进行分析,可以缩小嫌疑人的候选范围,并最终锁定目标。在以审判为中心的诉讼制度改革的背景下,揭露并惩治犯罪取决于证据是否充分、可靠[4]。而对于案件取证,现场勘查是寻找犯罪证据的首要途径,也是侦查的起点和基础,因此现场勘查在刑事办案中的地位和作用显得尤为重要[5]。

　　但是,实际现场收集作案残留痕迹时,案发环境多杂乱不堪、作案痕迹难以捕捉并且淹没在案发现场的各个角落,尤其是对于遗留指纹、手印、脚印等人眼难以识别的作案信息,不但很难有效识别与提取,而且在侦查过程中极易被破坏或遗落。

　　因此,在刑事侦查过程中,能够高效地搜集到犯罪嫌疑人的作案证据,并快速抓捕犯罪嫌疑人,阻止案件进一步发展是刑侦工作的重中之重。

1.1　刑侦的现状

　　我国刑事科学技术尚且存在不足,需要在刑侦领域中发展出行之有效的方案,通过人才培养、科研投入和国际合作等措施,为其创造有利条件[6]。随着我国科技水平的提升,刑侦领域也面临着良好的发展机遇,为高效准确地侦破案件,将新兴科技力量注入刑侦工作,可以提升智能化、数字化、可视化办案水平。

1.1.1 刑侦办案流程

结合目前已有的研究和法律规定,可以将刑事案件现场勘查的概念定义为:为了发现侦查线索,收集犯罪证据,查明犯罪事实,按照法律法规的规定,刑侦人员对犯罪现场、具体物品、人员、尸体等进行调查、走访、检验,并进行相应的研究,以分析、收集作案证据等。进行现场调查应遵循的具体步骤和操作程序,主要体现在遵循一定的程序和方法。现场调查程序主要包括受理案件、初步处理、实地勘验、现场考察、现场分析和善后处理、现场复查。

1. 受理案件

在刑事侦查过程中,通常情况下,案件会通过犯罪嫌疑人自首、受害人本人或受害人家属到公安机关报案,随后由公安机关受理并展开相关的调查和处理工作。

2. 初步处理

初步处理是指公安机关委派工作人员、侦查技术人员或司法人员前往案发现场,对现场进行保护和初步勘察。

3. 实地勘验

实地勘验是指公安机关侦查技术人员在案发地与相关地点检测有效痕迹、提取有效物证等,运用专业刑侦技术对案发现场获取线索和犯罪证据。

4. 现场考察

现场考察主要是指在侦查阶段对案件有关人员进行询问与调查。

5. 现场分析和善后处理

现场分析和善后处理是指在案发现场进行勘察与提取痕迹、收集物证,对所有相关材料进行汇总、整理、报告与讨论,进而对整个案件进行全面剖析与逻辑推理,将犯罪嫌疑人控制在一定范围内,确定嫌疑人的身份特征,基本明确大致的侦查方向、方式与范围。

6. 现场复查

所谓现场复查,就是在进行完现场分析之后,对现场进行综合性的重新检查,再次侦查比对痕迹与物证,避免错误提证或遗漏有效的证据、痕迹。

在整个案件侦破过程中,侦破的核心是线索的提取和物证的收集。虽然侦查步骤非常细致、科学,但随着犯罪分子在犯罪过程中反侦查能力的提高,犯罪手段层出不穷,犯罪现场日趋复杂,给办案人员的案件侦破工作带来了极大的挑战。

犯罪嫌疑人的作案水平将直接影响各类案件的侦破效率和质量,危及人民群众的生命、财产安全。在社会发展的新时代,随着智能化发展的深入,犯罪分子越来越多地利用先进的技术和智能工具,使得犯罪活动变得更加隐秘,这给刑事案件的处理带来了更多困难。为了保障人民的生命、财产安全,提高案件侦破效率,必须重视犯罪技术发展,运用多种手段积极推动刑侦技术进步,有效打击违法犯罪行为[7]。在刑事侦查活动中,先进的刑事侦查技术是一种有效的刑事侦查辅助工具,可以在刑事侦查中发挥非常重要的作用。

1.1.2 获取刑侦证据

随着我国的法律体系不断完善,在案件的审理过程中,嫌疑人拥有沉默权,使得录取口供遇到一定的困难。为了克服这一问题,我国公安机关在案件侦破的过程中,积极探索采用先进的科技手段和法医技术,不断提升证据搜集与分析工作的水平[8],以提高侦破效率与精准度,确保案件能够依法公正解决。

如图 1-1 所示,在案件的侦破过程中,获取现场有效的刑侦证据主要有三种手段:①询问嫌疑人、证人、被害人;②勘验与检查;③搜查与辨认。在进行案件追查过程中,现今的刑侦检测手段主要包括指纹、脚印、工具痕迹检验及 DNA 采集等方式。虽然刑侦手段多样,但由于这些采集内容烦琐,需要大量工作才能确定嫌疑目标。

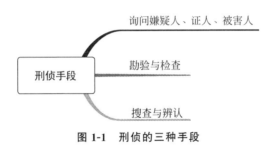

图 1-1 刑侦的三种手段

1.2 刑侦技术

刑侦技术一般指刑事科学技术和刑事侦查两门学科的结合。刑事侦查是一种不同于刑侦调查和社会调查的方法,也不同于一般的诉讼调查,具体是指在刑事案件发生后,为了查明案情和最终抓获嫌疑人而采取的一系列证据搜集和起诉准备的行为。而刑事科学技术则是指在刑事侦查的过程中,符合法律法规规定,运用科学技术方法发掘、记录、鉴定、识别刑事案件证物的各种专业技术的统称。

刑侦技术是侦查情报、案件侦查手段和犯罪预防等多个方面的技术的统称,对于公安部门的重要性可见一斑。我国刑侦技术有着完整的体系架构,刑侦技术从专业的角度按照类别可以分为刑侦照、录像技术,理化检验技术,生物检验技术,人体特征鉴别技术和痕迹检测技术等。

1.2.1 刑侦照、录像技术

刑侦照、录像技术是刑事科学技术的一个重要组成部分,它是使用影像造影技术将犯罪事实固定,记录犯罪证据。刑侦照、录像技术贯穿整个刑侦过程。刑侦照、录像技术主要负责记录犯罪现场的状态,同时记录在勘验或者搜查等执法过程中的各种情况,从而为判断犯罪性质和界定犯罪行为及确定犯罪嫌疑人提供资料依据。另外,刑侦照、录像技术还可用于记录复制检验资料、技术鉴定。运用刑侦照、录像技术获得的现场资料、证物资料和辨认的照片等,在法律上具有证据效用。

刑侦照、录像技术具有以下几种重要手段:

1. 刑事现场照相

刑事现场照相就是通过使用照相机拍摄图片、影像等记录方法,将案件现场的情况及重要物品的特征和位置关系等记录下来的一种技术方法。刑侦人员能够利用拍摄的图片或视频所记录的信息分析犯罪现场,为案件侦破提供事实依据。刑事现场照相的形式一般包括现场方位照、现场概览照、现场中心照、现场细节照及现场补充照等。

2. 痕迹照相

痕迹照相能够从细节上揭露案件事实,是记录犯罪痕迹和细微特征的技术手段。痕迹照相旨在辅助进行案件性质和犯罪情况等的判断。常用的痕迹照相的方法包括立体痕迹拍照、透明物体痕迹拍照、光滑物体痕迹拍照、圆柱形物体痕迹拍照及指印拍照。

3. 文书翻拍与复制

在进行刑侦工作时,经常需要对案件资料中有联系的文件照片等进行翻拍复制,同时也能更有效地保存物证。一般常用的复制方法为透光复印方法与反射复印方法。

4. 检验照相

检验照相在刑侦处理中是一种十分重要且有意义的技术手段。所采用的照相方式是将通常难以用肉眼识别的微小细节展现出来,为后续的刑事分析提供材料和条件。检验照相技术主要用来记录不易察觉的细微结构信息,以揭露犯罪事实,其记录方式一般为分色照相、紫外线照相、红外线照相等。

1.2.2 理化检验技术

理化检验的条件较为严苛,要求在一定的实验环境下,通过使用各种物理仪器和化学药剂等,运用物理或者化学的方法对痕迹中的微小证物或者信息进行处理分析。此方法相比于感官检验来说,由于有精确的数字衡量,所以更为准确客观,能够反映刑侦细节中的真实情况,具有较强的科学性。

理化检验技术具有检验结果精确、检验过程客观、分析深入的特点,但理化检验技术仍然具有一些局限性,此方法对仪器的使用环境要求较高,成本较大,并且检验时间较长,对检验人员有更高的技术要求。

1.2.3   生物检验技术

传统观念认为生物检验技术是利用生物体对于检测物质的反应进行鉴定的方法。在刑侦技术手段中,生物检验技术主要包括法医鉴定和DNA鉴定等。

1. 法医鉴定

法医鉴定是不可或缺的技术工作,无论是在刑侦过程中还是司法程序中都发挥着重要作用。该领域综合了医学、生物学、人类学等多种学科理论,用于检验尸体或活体。通过法医鉴定,可以获取诸多刑侦信息,如死亡原因、时间、凶器类型、致命程度以及血型分析等,这些信息对于案件侦破和司法裁决具有关键意义。法医鉴定涉及的范围较广,可以分为多种:法医病理鉴定、法医临床鉴定、法医人类学鉴定、法医毒物鉴定、法医物证鉴定、法医精神病鉴定。

2. DNA鉴定

DNA鉴定也被称为生物物证鉴定,是把一些机体组织如毛发、血液等作为样本进行分析,使用生物学和免疫学等多种理论手段,对犯罪现场的这些机体组织的个体来源做出判断。DNA鉴定主要包括个体识别、性别鉴定、种族鉴定等。

1.2.4   人体特征鉴别技术

人体特征鉴别技术是通过对人体的生物学特征进行分析,识别出犯罪嫌疑人身份的一种技术方法。人体生物特征主要包括指纹、声纹、虹膜,甚至是气味等[9]。因为人与人之间存在个体差异性,上述特征或多或少存在不同之处,故而能够用于进行人的身份识别。在刑侦过程中,尤其是在现场的侦查过程中,最常用的方法是指纹鉴别技术、声纹识别技术等。

1. 指纹鉴别技术

指纹鉴别技术是指将一个人的指纹与其个人对应起来,并能够通过指纹在数据库中搜索到对应的人的身份信息。在刑侦环境中,由于作案嫌疑人在犯罪现场遗留指纹信息的概率较大,因此通过指纹鉴别技术能够快速锁定犯罪嫌疑人。人的指纹具有唯一性和稳定性,因此指纹鉴别的方式在刑侦技术中仍占有较大的比重[10]。随着犯罪分子反侦查能力的提高,现场遗留的指纹信息越来越少,此方法在刑侦过程中发挥的作用也越来越小。

2. 声纹识别技术

声纹识别技术是基于人的声音特征进行身份识别的过程。人在说话时,由于发声器官尺寸和形态方面存在差异,所以人的说话声音都存在差异。声纹识别是将获得的声音与声源进行比对,从而区分不同的个体,以实现身份校验的功能。声纹识别技术在刑侦方面主要应用在获得犯罪嫌疑人声音的场合,例如通过监控摄像头的声音录音获取声音信息,在确定犯罪嫌疑人时,能够通过检验声纹信息来辅助进行判断,从而提供有力的证据。

1.2.5 痕迹检测技术

在我国的刑侦案件中,刑侦目标的探测方法主要是痕迹检测。刑侦痕迹检测技术是对现场留下的头发、脚印、指纹等痕迹进行检测,从而找到锁定犯罪嫌疑人身份的线索,并作为侦破案件的突破口。由于此类信息的辨识度不高,难以通过肉眼看见,故而需要采用先进的痕迹检测技术帮助刑侦人员获取痕迹信息。痕迹检测技术涉及的学科范围广、全面性强,刑事侦查人员对该技术的合理应用有利于缩小侦查范围,避免判断失误。

因此,能否有效利用痕迹检测技术对刑事案件的侦破有着更为全面的影响,对确定犯罪嫌疑人的活动区域、为刑事侦查人员提供相应的证据、指明案件发展方向都有一定的关系。痕迹检测技术根据检测对象的不同可以分为手部痕迹检测技术、工具痕迹探测技术和足印痕迹检测技术,如图 1-2 所示。

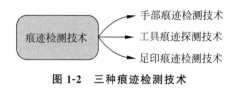

图 1-2 三种痕迹检测技术

(1) 手部痕迹检测技术。即检测犯罪嫌疑人在犯罪现场留下的指纹、掌纹、手印等痕迹[11]。手部痕迹检测技术需要专业的技术人员使用检测设备或试剂进行提取,然后通过测试和分析,获得犯罪嫌疑人的手印、掌纹、指纹等信息。之所以对手印、掌纹、指纹进行检测分析,是因为每个人的手印、掌纹、指纹信息是不同的、独特的,指纹信息可以准确地指向犯罪嫌疑人,为案件侦办提供明确的指示和帮助,所以目前刑侦案件中应用最广泛的就是手印、掌纹、指纹检测技术[12]。在刑事案件现场勘查中,在发现手部痕迹或指纹痕迹后,必须先对其进行固定,然后进行提取,将其完全从犯罪现场提取出来并进行保存和检测[13]。指纹检测技术与手印检测类似,是刑事侦查人员利用特殊的方法采集犯罪嫌疑人在犯罪现场留下的指纹痕迹,通过比对案发现场获得的指纹与公安机关指纹档案中存储的指纹,锁定犯罪嫌疑人[13]。

(2) 工具痕迹探测技术。即指在犯罪现场对作案工具留下的作案痕迹进行探测,这是犯罪痕迹的重要组成部分,也是检测的重要环节。工具痕迹在犯罪现场出现的频率较高,因为工具有一定的长度和宽度,痕迹具有立体感,这也使得工具的检测更加困难。与指纹、脚印相比,工具痕迹不具有直接的指向性[14],所以工具痕迹检测相对较少。造成工具痕迹的原因是犯罪分子使用工具作用于犯罪现场,破坏案发现场的环境,在作案事发地遗留使用工具造成的破坏性痕迹或使用工具侵害人身、物品所造成的形变,还包括准备作案、作案、销赃期间使用工具作用于客体上的形变痕迹。对于犯罪现场,工具痕迹的提取往往劣于手印、脚印的痕迹出现率,并且作案工具种类繁多,结构复杂且多变,对于同种同类的作案工具,犯罪分子使用的角度、力度不同,均可造成不同的遗留痕迹,给侦查工作带来了一定的困难[15]。另外,随着犯罪分子反侦查能力的提高,犯罪人会在犯罪现场破坏、涂抹犯罪痕迹,破坏犯罪痕迹和作案工具,甚至在犯罪现场故意伪造作案工具的痕迹,以迷惑侦查人员。在案发现场凌乱、案件扑朔迷离、刑侦人员侦查技术较弱、侦查范围不够等情况下,均有可能导致作案工具的痕迹被忽略或被误导,从而影响侦查工作的进行。

(3)足印痕迹检测技术。即通过提取案发现场的足印进行检测分析并获取嫌疑人生理特征信息的一项技术。由于不同身高、不同性别、不同习惯、不同职业的人具有不同的足印,根据足印的深浅、大小、形状等特征,能够发现嫌疑人的行动特点[16]。并且,现场的足印具有相对稳定性、连续性和反映性,有效采集和分析足印痕迹利于复现嫌疑人的犯罪方式和犯罪心理及后期对嫌疑人的跟踪。足印痕迹拥有较强的指向性,因而在刑侦工作中发挥着重要的作用。

此外,现场采集DNA也是锁定目标的一种有效方式,广泛应用于各种犯罪现场的痕迹检测和案件证据。

上述刑侦痕迹提取方案在当前的刑侦领域正面临着一些困境。例如,在实际采集过程中,指纹提取通常需要根据办案人员的经验,充分掌握现场位置,推测可能存在指纹后才能有效采集。在更多的情况下,指纹采集只能通过对犯罪现场所有可能的位置进行大范围的人工检测,这需要大量的时间和人力,不能充分满足现场快速检测的需求。而指纹检测技术现在已经广泛应用,众所周知,通过戴手套可以有效防止个人指纹的残留,这大大降低了犯罪现场能够检测到指纹痕迹的可能性。同样,DNA的采集也依赖于办案人员在现场的预判,由于DNA检测的非时效性,通常需要更多的时间来获取有效的案件信息。工具痕迹检测的定位效率相对较低,更多的是通过工具痕迹推断目标犯罪的手段,作为锁定嫌疑人线索或验证证词的证据。鉴于以上各种刑侦方法的弊端,为寻求更具优势的侦查方法,还需要继续探索和研究。

1.3 痕迹检测技术在刑侦中的作用

通过对刑侦案件中处理案件的流程、方案的分析,我们已经知道了关于刑事案件侦破的关键是对案发现场的证据进行有效提取。而在诸多的证据提取方案中,对于案发现场的痕迹进行提取是案件侦破的重中之重,有力的案发现场痕迹证据将会促使案件高效侦破。对于痕迹检测技术的研究,专家学者们作出了许多贡献,下面分析我国目前刑事案件侦破的方法和关键性技术。

1.3.1 痕迹检测技术的工作内容

痕迹检测的主要工作是在案件破获的过程中,利用一些检测技术在案发现场收集并提取犯罪分子在作案过程中遗留的毛发、手部痕迹、足部痕迹、作案工具等重要信息,为刑侦人员提供推理依据,进而帮助刑侦人员破获案件。刑事犯罪现场痕迹侦查技术的工作内容包括:

(1) 犯罪嫌疑人在犯罪现场留下的各种痕迹和物证都具有极高的价值,对于犯罪现场的侦查和分析至关重要。这些物证可能包括犯罪嫌疑人所使用的工具、遗留的物品等[17]。此外,案发现场留下的味道、血迹也是重要线索。通过对物证的收集和分析,能够推理犯罪嫌疑人的作案轨迹,揭示犯罪过程、行为细节,构建有力的案件证据链。通过分析这些痕迹和物证,还可以进一步窥探犯罪嫌疑人的心理特征,提供深入了解犯罪动机和心理状态的线索,为犯罪侦查提供宝贵的信息。因此,对于犯罪侦查工作而言,物证和痕迹的收集与分析是不可或缺的关键步骤[18]。

(2) 运用犯罪现场犯罪痕迹调查技术,可以收集犯罪嫌疑人在案发地留下的自身残留物,如手印、指纹、血迹、脚印等。此外,在案发现场采集到的烟蒂、水瓶等痕迹也可能带有犯罪嫌疑人的生理特征,可以辅助警方锁定嫌疑人。采用现代生物技术、智能检测技术,可以检测出犯罪嫌疑人独特的生理特征,为刑事案件的侦破提供有力的证据[19]。

(3) 犯罪现场的犯罪痕迹具有极高的价值,需要展开全面、细致的收集和整理工作。侦查人员应仔细检查犯罪现场的通道或门窗,寻找破坏痕迹、打斗痕迹、刀斧划痕,甚至弹痕等痕迹。这些犯罪现场的痕迹是调查人员重要的物证来源,需要精心调查和收集。通过侦查人员分析,可以根据收集的物证推理、还原犯罪过程和事实。这种分析有助于构建案件线索,为犯罪的查处和司法裁判提供有力支持[20]。

(4) 在犯罪现场的犯罪痕迹收集中,不仅要搜集与犯罪过程直接相关的物证、印迹、气味、颜色等直接证据,还需进行详细调查,以获取更多与犯罪有关的物证。因为一些犯罪嫌疑人可能会销毁或处理犯罪工具,甚至故意带走重要的犯罪痕迹和物证,仅依靠直接采集的犯罪现场痕迹很难找到更有价值的线索。因此,综合调查和分析各方面的线索至关重要。这种方法可以提高犯罪现场痕迹收集的全面性和准确性,有助于发现更多关键信息,为犯罪侦破提供有力支持[20]。对于犯罪现场的犯罪痕迹采集工作,需要更多的犯罪现场设备进行调查,如犯罪现场的照片,监控设备,具有录音、录像功能的设备等,可以对案件的侦破起到非常直接的作用[21]。

通过在刑侦现场发现犯罪嫌疑人的犯罪痕迹,可以判断犯罪嫌疑人的犯罪轨迹和犯罪行为规律,甚至在侦查收集到完整证据的情况下,还可以判断犯罪嫌疑人的身体特征、性别、年龄等重要特征,然后通过侦查人员的精确推理,可以推断出犯罪者更详细的信息。这种调查罪犯踪迹的方式被用作破案的证据,并被用于司法审判[22]。

1.3.2 痕迹检测技术的发展

随着科学技术水平的飞速发展,痕迹检测技术也有了很大的改变,自动化、标准化、微观化发展已成为其主要发展趋势[22]。为了更好地满足现代案件的侦查需求,提高案件侦破效率,需要不断提升痕迹检测技术水平及检测人员的素质,以获取有用的案件侦破线索[22]。

在刑侦领域的发展中,痕迹检测技术需要向着更加微观的方向及无损检测的方向推进[23]。随着科学技术的发展,一方面,犯罪分子利用高科技作案的手段层出不穷,不能只将痕迹检测的范围局限在肉眼或者显微镜所观察的范围之内;另一方面,在进行痕迹检测的过程中,或多或少会对检测样本造成不同程度的损坏,这对侦破案件具有不利影响,比如化验结果不理想,需要进行复验,而样本已经损坏。

常用的基本无损检测方法有四种:超声检测(ultrasonic testing,UT)、射线检测(radiographic testing,RT)、磁粉检测(magnetic particle testing,MT)、渗透检测(penetrant testing,PT)。超声检测是以设备向外发射高频超声波,然后接收并分析回波的波特性,进而分析被检物体内部特性的一种技术[23]。射线检测是将待测物体放置在射线源与底片中间,通过记录射线经过物体后在胶片上的图像,分析物体的内部特性。磁粉检测通过磁化被测物体并向表面喷洒磁性悬浮液,利用缺陷处的磁场更强的特性来检验近表面的缺陷。渗透检测是利用液体表面张力的特性检测物体的表面缺陷[23]。

以上常用的痕迹检测技术的针对性较强,可推广性较弱并且需要专业的技术人员进行操作,所以我国的痕迹检测技术仍然有很长的一段路要走,其中推广和发展微观化和无损化痕迹检测对于公安部门的刑事侦查有着重要的意义。

1.3.3 痕迹检测设备

为了深入、科学、细致地对案发现场进行检测与侦查,高效且准确地在案发现场遗留痕迹中提取出案件物证,目前在刑事侦查领域引入了大量刑侦设备,利用光学技术、成像技术、DNA技术等在案发现场进行勘查、化验,对犯罪现场的指纹、手印、脚印、工具等痕迹进行检验。

1. 指纹分析仪

由于每个人的指纹均不相同,在案发现场寻找并识别出作案人员的指纹信息,将会作为有力证据,迅速锁定犯罪嫌疑人。指纹分析仪系统是为法医研究、刑侦等应用设计的较新、较强大的指纹分析系统,它满足刑侦成像、证据和背景各种照明图片的处理需求，可以用于各种法医摄影、潜指纹显现、处理过的指纹分析、痕迹物证伪造和篡改文件分析。

2. 显微毛发分析仪

显微毛发分析仪配件能够快速获取毛发和纤维的光谱数据，为司法鉴定和物证分析及纤维材料研发提供有力的帮助。显微毛发分析是法医学几代以来的经典分析项目之一。长期以来人们都认为显微毛发分析是一项出错率较低的技术，化验结果能够有效锁定犯罪嫌疑人。

3. 圆柱面痕迹展开摄影仪

圆柱面痕迹展开摄影仪是一种用于对圆柱形物体表面上的痕迹进行展开照相的设备。它主要应用于犯罪侦查、印刷制版、工业设计等领域。该设备通过用特定的光技术和成像算法，将圆柱表面的痕迹投影到展开的平面上，然后使用摄影机或其他图像获取设备进行拍摄。通过这种方法，可以获得被压缩或弯曲的圆柱面上痕迹的真实形态，使其能够更容易地被观察和分析。在犯罪侦查方面，圆柱面痕迹展开摄影仪可以帮助警方对案件现场遗留的痕迹进行更准确的鉴定和追踪。例如，在发现涉嫌犯罪的工具或物品的表面上有指纹、足迹或其他痕迹时，通过使用该设备可以将这些痕迹在展开图像上清晰地呈现出来，从而为案件侦破提供重要线索。

4. 多功能物证检验仪

多功能物证检测仪是一种用于科学鉴定、分析和检测物证的设备，具有多项功能和广泛应用，在犯罪侦察、法医学、安全监测等方面发挥重要作用。该检测仪通常包括多个模块，例如光谱分析、化学分析、图像采集等，以满足不同的物证检测需求。它可以应用于指纹鉴定、火烧痕迹检测等多个领域。在犯罪侦察中，多功能物证检测仪能够对现场遗留的物证进行快速、准确的分析和检测。例如，在指纹鉴定方面，可以使用红外光谱技术，从物证表面获取指纹信息，并与数据库进行比对。在法医学领域，多功能物证检测仪被广泛应用于尸体解剖和组织切片的分析，利用光谱分析技术检测尸体组织中的化学成分和生物标志物，从而提供法医鉴定所需的证据。

5. 车辆识别号码检验仪

车辆识别号码检验系统包括车辆识别码检测仪器和 VIN 码检验仪器，可以快速识别伪装涂改的车辆号码及被盗车辆，也可用于检测二手车辆交易中的被盗车辆。

6. 同轴、偏振光多功能摄影仪

使用同轴、偏振光多功能摄影仪可以对刑侦现场的玻璃瓷器等光滑、反光表面上的痕迹，如汗液纹、油脂纹等进行摄影，进而有效提取案发现场物品表面的作案遗留痕迹。同轴、偏振光多功能摄影仪的设计合理、操作简便，是痕检、文检工作中较为理想的仪器。

7. 红外、紫外鉴别仪

红外、紫外鉴别仪在刑侦领域是一种非常重要的工具,可以提供有关物证的关键信息和犯罪现场的定性和定量分析。在犯罪现场,红外、紫外鉴别仪可以检测和收集各种痕迹,如血迹、指纹、纤维等。通过对这些痕迹的光谱特征进行分析,可以确定犯罪工具、嫌疑人身上的物质或潜在的证据。此外,红外、紫外鉴别仪可以用于文书(如签名、印章、文件)的真伪鉴定。该仪器可以检测文书上的墨水、油墨或印刷材料,从而确定其真实性和可能的篡改。在法庭鉴定和尸体解剖中,红外、紫外鉴别仪可以帮助法医鉴定专家检测和分析尸体组织和生理液体中的化学成分,提供重要的证据。

8. 文检仪

文检仪与红外、紫外鉴别仪的功能类似,用于文案信息的侦查检测。文检仪通过电荷耦合器件(CCD)一体机对样本摄像,再通过显示屏把图像放大。利用仪器所带有的多种激发光源、反射光源、透射光源与接收滤光片组合及侧光光源以掠入射的方式照射等手段,对各种荧光加密证券和各种伪造、涂改、掩盖及添加文字的票据、纸币及各种证件进行鉴别。文检仪能观察字迹压痕、区别不同的油墨,并且可以检验文件被刮擦、切割、挖补的痕迹等。

9. 弹底槽检测仪

由于犯罪嫌疑人可能携带枪支作案,为有效提取犯罪嫌疑人使用枪支的痕迹,推断使用枪支的型号及杀伤力,应对案发现场遗留的枪弹痕迹进行检测。弹底槽检测仪将弹壳底部的痕迹和弹底槽内的痕迹客观地反映在同一个平面上进行观察、测量、拍照和检测弹头,可以准确标定弹底痕迹特征,进行标准化检验。弹底槽检测仪是枪弹痕迹建档最理想的仪器,该仪器解决了枪弹痕迹检验中长期存在的弹底和弹底槽痕迹不能同时观察、测量、拍照与检验的难题,是一种新型的枪弹痕迹检测工具,具有很强的实用价值。

1.4　当前侦查方案的弊端

作为刑侦破案的辅助工具,刑侦技术非常重要。在实际的司法实践中,刑侦技术的高低会对案件侦破的速度及公正性产生影响[24]。通过对以上刑侦方案、检测方式、检测仪器的分析,可以看出,目前我国刑侦技术的发展主要存在以下三个问题。

1. 刑侦技术人员缺乏

缺乏拥有较强技术及能力的办案人员,主要原因是刑事技术人员的任务重,工作条件比较艰苦,劳动强度大[24],并且在刑侦过程中需要专业的侦查知识储备和侦查能力。

2. 刑侦设备落后

当前,我国一些刑侦部门的勘查设备仍不够完备,更新迭代速度缓慢,无法充分适应现阶段的工作需求。很多设备的采购年代较早,无法实现精准化的勘察工作,迫切需要加强设备更新和技术提升,以适应日益复杂和高精度的勘查需求[24]。并且,国内刑侦领域所使用的刑侦、技侦、技术侦查取证、现场勘查取证、司法鉴定机构设备,以及检察院侦查取证设备的分析均需要一定的检验、化验时间以及专业的技术,对于办案侦查时间有一定的要求,无法及时有效地对犯罪现场的痕迹进行提取分析。在此期间,犯罪嫌疑人极有可能逃逸或者再次作案,有可能影响我国的社会治安和国民经济发展。

3. 缺乏新兴技术

刑侦领域引入的新兴科技力量较弱,缺少高效且精准的专业刑侦技术,对于案件突破和案件侦测缺少与科研技术的结合,因此当前的刑事侦查技术和方案有待扩充和丰富。

综上所述,我国要加强对刑侦技术人才队伍的建设,引进先进的设备与新技术,发展无接触、无破坏、高效检测的刑侦技术对于加快疑案、难案的侦破速度,提高办事效率有着重要的意义和作用。

1.5　刑侦红外目标检测的可行性分析

为突破当前刑侦领域的困境,随着红外技术的不断发展,将热成像技术引入案件的侦破过程中,对于案发现场犯罪嫌疑人遗留的热痕迹进行检测提取,是刑事侦查中一种可行性极强的方案。

由于作案人员的反侦查能力越来越强,在作案过程中,犯罪分子会采用戴手套、擦拭、遮掩等手段来破坏典型检测的目标痕迹,如指纹、脚印等,以减少作案痕迹,在此情况下,对犯罪嫌疑人遗留的指纹、毛发等作案证据的提取比较困难。但由于人体机能的运行与体温调节作用,在作案过程中作案人员的手部、脚部等接触到案发现场的物体表面就会留下作案人员的热痕迹,并且犯罪嫌疑人对身体所残留的热痕迹的防范和干预相对较为薄弱,难以清除。

对于人眼难以鉴别的指纹、手印等有效信息,我们采用红外技术,完全可以将这些信息检测出来。红外图像能够有效获取、呈现可见光图像无法反映的目标热辐射信息,捕获嫌疑人作案时残留的细微温度痕迹,发现可见光下无法察觉的痕迹。对这些痕迹进行检测、提取与分析,能够为锁定犯罪嫌疑人的身份提供帮助。在对嫌疑目标进行追踪时,即使在恶劣的、可见度低的环境下,红外图像也能够利用目标与环境温度的差异快速显示目标的位置。

如图1-3所示,犯罪嫌疑人在实施盗窃时,尽管佩戴手套、头套,但仍然在作案的桌面上遗留有热痕迹,足以清晰地展示作案人员的手部特征,进而为刑侦人员提供有力的侦破证据。

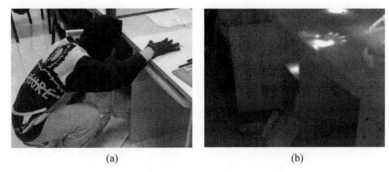

(a)　　　　　　　　　　　(b)

图 1-3　盗窃作案遗留手印的热痕迹

(a) 盗窃作案；(b) 遗留手印的热痕迹

图 1-4 所示为犯罪嫌疑人在某公司办公人员工位处盗窃文案材料，其肢体及手部均在所接触的墙壁、桌面遗留了热痕迹，大面积的热痕迹遗留为办案人员推断作案嫌疑人的体貌特征、作案手段提供了更多的推断依据。

(a)　　　　　　　　　　　(b)

图 1-4　犯罪嫌疑人遗留的手印及肢体热痕迹

(a) 盗窃作案；(b) 遗留的手印、肢体热痕迹

图 1-5 所示为犯罪嫌疑人在察觉到安保人员巡楼时翻越窗户逃逸，尽管未留

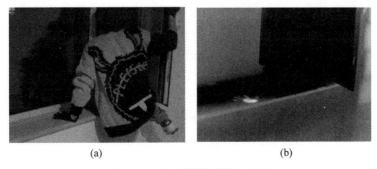

(a)　　　　　　　　　　　(b)

图 1-5　逃逸过程遗留的热痕迹

(a) 嫌疑人翻越窗台逃逸；(b) 在窗台上遗留的手印痕迹

下足迹、指纹、毛发等证据,但嫌疑人的手部及肢体接触到了窗台边缘,留下了手部及肢体的热痕迹,有效地反映了作案嫌疑人的逃逸动态及逃逸方向,为抓捕工作指明了方向。

此外,在对犯罪嫌疑人进行抓捕过程中,嫌疑人常常躲到物品后面或不易被察觉的角落,尽管如此,使用红外热成像技术仍然可以有效捕捉到犯罪嫌疑人躲避、隐藏的位置和其体貌信息。如图 1-6 所示,图 1-6(a)为嫌疑人躲藏到门后的热痕迹图像,图 1-6(b)为嫌疑人躲藏到窗帘后的热痕迹图像。

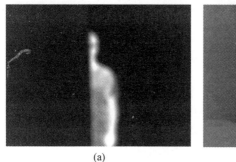

(a)   (b)

图 1-6   犯罪嫌疑人躲藏处的热痕迹图像

(a) 嫌疑人躲藏到门后;(b) 嫌疑人躲藏到窗帘后

以上个别案例捕捉的热痕迹图像图片,足以证明热成像技术的优异特性,可以胜任绝大部分案件的痕迹信息提取及侦破[25]。并且热成像技术具有非接触、不破坏、检测速度快的特性,对案发现场的环境无破坏性影响,且不容易遗漏作案信息,可有效地捕捉案发现场的热痕迹,并在拍摄后可以立时呈现作案人员遗留的痕迹信息,不需要长时间的化验、检验,能够直接为刑侦人员提供痕迹信息,提高了办案的效率和准确率。

1.6   本章小结

本章对刑事侦查的背景知识进行了介绍,以刑事侦查的定义引入,简要介绍了刑事侦查的步骤,并论述了痕迹侦查的重要性,以及重点提取痕迹为手印、脚印、工具痕迹等。简要介绍了可有效提取案发地点的痕迹,为侦破案件提供有利证据的现有方案及常用的刑侦设备,并分析了这些常用设备及方案的弊端。为立时有效提取侦破案件的痕迹,在刑侦领域引入了红外图像处理技术,并简要论述了在刑侦领域应用红外图像处理技术的有利条件及可行性,为刑侦红外图像处理做了铺垫。

本章参考文献

[1]   IDO H, YAKIR L, KEREN O. The benefit of AFIS searches of lateral palm and non-distal

phalanges prints in criminal investigation[J]. Forensic Science International,2021,328(9)：1-3.

[2] 杨殿升,张若羽,张玉镶.刑事侦查学[M].2版.北京：北京大学出版社,2001.

[3] 周子杰.基于人工免疫算法的红外刑侦目标的检测与跟踪[D].天津：天津理工大学,2019.

[4] 张锋,徐永胜.一线刑侦民警如何提高现场勘查质量[J].派出所工作,2016(2)：71-72.

[5] 张志水.现代痕迹检验技术的发展趋势及研究[J].黑龙江科学,2017,8(16)：168-169.

[6] 阳雁.对我国刑事科学技术发展现状及趋势的思考[J].法制与经济,2011(8)：102-103.

[7] KELLY T B,ANGEL M N,O'CONNOR D E,et al. A novel approach to 3D modelling ground-penetrating radar（GPR）data：A case study of a cemetery and applications for criminal investigation[J]. Forensic Science International,2021,325(1)：1-3.

[8] 周兴春.刑事侦查中痕迹检验技术有效利用的策略探讨[J].法制博览,2021(31)：118-119.

[9] 汤鹏飞.个人生物识别信息法律保护问题探究[J].中国律师,2021(2)：48-49.

[10] 侯顿,姚尧.指纹痕迹检验的刑侦技术应用研究[J].科技展望,2016,26(16)：1-27.

[11] 刘明鑫.基于手印痕迹检验刑事科学技术的研究[J].法制与社会,2018(34)：223-224.

[12] 甘彬,秦小路.刑事侦查中的痕迹检验技术分析[J].法制与社会,2020(21)：85-86.

[13] 张艳.指纹痕迹检验刑侦技术的运用与相关阐述[J].黑龙江科技信息,2017(11)：122.

[14] 陈木养,刘澄尘.刑事侦查工作中痕迹检验技术的应用探讨[J].法制博览,2017(7)：179-180.

[15] 杨春明.浅论工具痕迹检验现状及有效利用的方法[J].法制与社会,2013(21)：119,122.

[16] 叶溪.基于生物因子机理的红外刑侦图像目标提取算法研究[D].天津：天津理工大学,2023.

[17] 姚国杰,杨立伟.如何有效提高痕迹检验技术在刑事侦查工作中的应用水平[J].法制与社会,2017(28)：115-116.

[18] 赖振村,连涵.刑事犯罪现场的痕迹侦查技术分析[J].黑龙江科技信息,2017(4)：111.

[19] 李凯臣.红外刑侦手印图像目标提取算法研究[D].天津：天津理工大学,2022.

[20] 陈彦明.刑事犯罪现场的痕迹侦查技术[J].法制与社会,2013(31)：294-295.

[21] 向宇,顾越.如何利用痕迹检验来提高证据质量[J].法制博览,2016(30)：166.

[22] 李海金,覃立壮,曹昌盛.现代痕迹检验技术的发展趋势及研究[J].法制博览,2017(13)：152,170.

[23] 王昭,尤卫宏,常宇,等.基于TBM和TPA方法的无损检验技术成熟度分析[J].科学技术创新,2022(16)：21-24.

[24] 杨晓,冉茂锦.刑事技术在新形势下的发展方向[J].法制博览,2018(17)：124.

[25] YU X,ZHOU Z J,RÍHA K. Blurred infrared image segmentation using new immune algorithm with minimum mean distance immune field[J]. Spectroscopy and Spectral Analysis,2018,38(11)：3645-3652.

第2章 ▷▷▷▷▷

红 外 图 像

为寻求高效的刑事侦查方案和普适性很强的刑事侦查技术,我们将红外热成像引入刑侦领域,并对热成像技术在刑侦领域应用的可行性进行了简要阐述。那么,究竟什么是红外光呢? 红外图像是如何产生的? 红外图像处理技术又是怎样被高效地应用到刑侦领域的呢? 对于这些问题,我们在本章进行探讨。

2.1 光学原理

红外光是一种波长在一定范围内的光,因此在介绍红外光之前,我们首先解释一下光、光的学说及其性质。进而再对红外光进行介绍,以了解红外成像的本质。

2.1.1 光的产生

光是由于原子的外层电子受到激发而产生的。原子的外层电子被激发后,吸收能量的这些电子从能量低的激发态跃迁到能量高的激发态,然而这种跃迁到高能量的状态并不稳定,电子还会从能量高的状态返回能量低的电子轨道[1],此时便会出现光子,于是产生各种光,包括可见光、紫外光、红外光等。由于跃迁过程中的能量不同,跃迁轨道不同,所以发出的光会产生相应的变化。产生光的光源众多,但大致可以分为以下两种。

1. 热光源

热光源是指发光体的温度相对来说远高于周围环境的温度,为了达到热平衡,高温物体会持续发出电磁波来释放能量,如太阳、蜡烛等都是常见的热光源。通常热光源的发光效率很低,因为在发光时,除了产生可见光外,热光源还会产生大量红外光与微波,因此无法有效提升光源效率。

2. 冷光源

冷光源是指自由电子在磁场和电场的作用下产生电磁波,电磁波与电子振动的频率和振幅有关,与物质的温度无关。发光时不会伴随强烈的热量,且无微波和红外线,因此发光效率高,可节省大量能源,如荧光灯、节能灯、激光器、萤火虫发光和半导体发光二极管(LED)等。

2.1.2 光的学说

光是地球上一切动物、植物生长的必需品,与一切事物息息相关。例如,人类通过可见光接收看到的信息。光是人类认识外界的工具,是最佳的理想信息载体。那么,光究竟是什么? 存在着的几种学说? 下面进行简要介绍。

1. 光的电磁学说

光的电磁学说认为光在本质上属于一种电磁波,从实验结果来看,光的各种性质,如折射、反射等都与电磁波具有相同的表现。1865 年,麦克斯韦就通过电磁场的光速传播现象得到了光属于电磁波的结论,之后到 1866 年,电磁波被赫兹证实存在之后,对电磁波的频率、波长和传播速度等测量后发现与光的性质相同。正是由于电磁学说的提出,才使光的各种现象诸如干涉、衍射、偏振等得以解释。

将光波进行分段,把人类肉眼可见的电磁光波称作可见光[2],这部分电磁波的波长范围为 380~780nm,当光的波长大于 780nm 或者小于 380nm 时,这个范围内的光是人类肉眼无法看到的,因此被称为不可见光。根据它们与可见光的距离可以进一步对这些不可见光进行划分,其中波长长的分段为红外光,波长短的分段为紫外光,如图 2-1 所示。虽然这两种光不能被人类视觉发现,但通过科学仪器能够探测到这些光线。

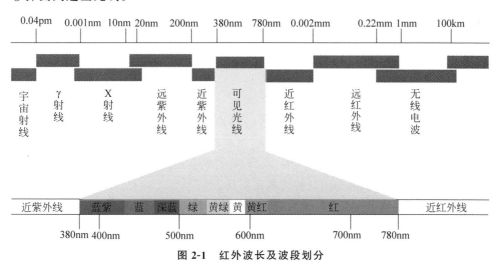

图 2-1 红外波长及波段划分

2. 光的粒子学说

光的粒子学说认为光在本质上是一种粒子,如同其他可见实体一样。光的粒子学说最早于 1638 年由数学家皮埃尔·伽森获提出,他认为光和其他物体一样是由众多坚硬的粒子组成的,能够在均匀的介质中以特定的速度传播。由于粒子在光滑平面上碰撞反射的特性与光的反射特性相同,因此这种学说对于光的直进性和反射性能够很好地做出解释。

3. 光的波粒二象性

对于光是粒子还是电磁波的讨论持续了很长一段时间,直到 1950 年,光的两种学说的争论才发生了戏剧性的变化。爱因斯坦提出光是由被称为"光量子"的粒子组成的,他的光量子理论成功解释了光照射金属表面后电子溢出的现象,即光电效应,这是光的电磁理论无法解释的,爱因斯坦因此获得了诺贝尔物理学奖。光的波粒二象性表明,光既有波动性又有粒子性,光的反射和折射可以用光的波动性来解释,光可以像波一样传播,能量跃迁和光电效应反映光的粒子性,两者并不矛盾。因此,可以认为光实际上是一组沿一个方向连续运动的光子。

2.1.3 光的特性

通过光的各种学说,我们其实对光已经有了一个初步认识,为深入研究光学原理,下面对一些光学性质加以说明。

(1)光的直线传播。光在同一均质介质中的传播是直线形式的。

(2)光的传播速度。光的传播速度远远高于声速,光在 1s 内可以环绕地球 7.5 圈,光从太阳到地球只需要 8min20s,速度达到了 $3.00 \times 10^8 \mathrm{m/s}$。

(3)光的反射。光在直线传播的性质基础上,具有反射性质,能够在两种介质的分界面处按照入射角度改变传播路径。

(4)光具有能量。光具有能量的多少表现为不同的温度。这些能量可以转化为热量,取决于光的加热程度,光的温度高则能量强,而光的温度低则能量弱。

(5)光的可见性。人眼能感知的光的波长范围是 $380 \sim 780 \mathrm{nm}$。人眼有两种感光细胞,即视杆细胞和视锥细胞,用于捕捉光的明暗及色彩。光作用于物体时,反射到视网膜,传输至大脑处理图像,再通过神经元细胞传输到视网膜,呈现出可视图像。而对于通过设备进行数字成像,使相机等设备上存在的感光元件呈矩阵排列,在光通过透镜照射到感光元件时,不同的光会使感光元件输出不同的信号,从而被设备记录下来,这种图像称为数字图像。

(6)光的散射。当光束通过不均匀的介质时,部分光束会偏离原方向,使传播分散,从侧面也能看到光的现象,称为光的散射。它实际上是不同波长光线的反射。

(7)光的衍射。光在传播过程中,遇到障碍物或小孔时,会偏离线性传播的路径,绕过障碍物,这种传播现象被称为光的衍射。衍射过程中产生的明暗条纹或光晕称为衍射图。

(8)光的折射。光的折射是光线传播从一种介质进入另一种介质时,改变传播方向的现象。这种现象可以用折射定律来描述,该定律规定了光线在介质间传播时的行为。折射定律说明了入射角和折射角之间的关系,以及介质的折射率如何影响光线的折射方向。通常情况下,光线从折射率较低的介质向折射率较高的介质传播时,折射角会减小;光线从折射率较高的介质传播到折射率较低的介质时,折射角会增大。

(9)光的干涉。光的干涉是指在空间中叠加两列或两列以上的光波时,产生相互叠加、干涉的现象。在某些区域,光波的叠加会加强光的强度,而在另一些区域,光波的叠加会削弱光的强度,形成稳定的强弱分布。光的干涉现象是由波的性质决定的,波的叠加可以产生干涉条纹,这些条纹是强度分布的周期性变化。干涉现象通常分为两种主要类型:构成干涉的波是相干的,即它们具有固定的相位关系,称为相干干涉;如果波的相位关系随机或未知,称为非相干干涉。在相干干涉中,光波的相位差会导致干涉条纹的形成。光的干涉现象在很多领域都有重要应用,包括干涉仪器、光谱学、激光技术、光学涂层、干涉显微镜等。

(10)光电效应。光电效应是光的一种重要性质,在光的作用下,电子会从物体表面逃逸。

2.1.4　红外光

通过前面对光的产生、学说、性质介绍,我们了解了光的特性及光的产生原理。对于一般的图像成像,可以使用可见光进行呈现,但在特殊的场景下,大量的环境热信息也是重要的信息获取途径,因此诞生了红外热成像技术,这是一种基于红外光进行成像的方式。为了更好地了解红外成像原理,我们首先对红外光进行简要介绍。

1. 红外光的定义

在电磁波谱中,红外光是一种频率介于微波和可见光之间的电磁波,是电磁波谱中 $0.3 \sim 400 \mathrm{THz}$ 频率的总称,在真空中对应的波长为 $760 \mathrm{nm} \sim 1 \mathrm{mm}$。位于红光外的辐射,频率低于可见光,高于微波的辐射叫作红外线。红外线是肉眼看不见的,属于不可见光。在物理学中,任何高于绝对零度(即 $-273.15 \mathrm{℃}$)的物体都能产生红外线。红外线具有热效应,能与大部分物体的分子发生共振,将光能(电磁波的能量)转化为分子能(热能),太阳的热量主要通过红外线传递到地球。红外光可以与生物体中的大多数无机分子和有机分子产生共振,使这些分子运动得更快并且相互摩擦,然后产生热量。所以红外线可以用于加热,也可以应用于分子光谱研究。

2. 红外光谱

光谱分析[3]是根据物质的光谱确定化学成分、结构或相对含量的方法。根据分析原理,光谱技术可以分为吸收光谱、发射光谱和散射光谱三类;根据被测位置的形态,主要有原子光谱和分子光谱两种光谱技术。红外光谱属于分子光谱,包括红外发射光谱和红外吸收光谱,其中常用的是红外吸收光谱。

当一束连续波长的红外光穿过材料时,材料分子中一个基团的振动频率或旋转频率与红外光的频率相同,分子便从原始基态的振动(旋转)动能水平吸收能量达到更高的振动(转动)动能水平,发生振动和旋转能级转换,而该位置的光波长被材料吸收。因此,红外光谱本质上是一种根据分子中原子的相对振动和旋转来确定物质分子结构和识别化合物的分析方法。仪器记录分子对红外光的吸收,并获得红外光谱图。

如果对一个分子使用电磁波进行照射,当使用的电磁波的能量正好等于被照射分子的两个能级的能量差值时,这个照射的电磁波会被分子吸收,而分子在吸收相应的能量后能够产生能级跃迁,宏观表现为透射光强度变小。电磁波的能量与分子的两个能级之间的差值等于材料产生红外吸收光谱必须满足的条件之一,红外吸收光谱决定了吸收峰的位置。

另一个产生红外光谱的条件就是在红外光和分子之间有着相互均匀的作用。分子振动时只有改变偶极矩才能满足这个条件。这一条件使得红外光的能量更有保障地传递给分子[4]。

红外波谱学的研发始于20世纪初期,自1904年商用红外光谱仪出现后,红外光谱学就在有机化学的各个领域获得了广泛应用。现在,有些新型方法的问世(如发射光谱、光声光谱、色谱-红外光谱组合等)使得红外光谱研究得到了更为蓬勃的发展。

3. 红外辐射

1666年,英国物理学家牛顿通过将阳光射入棱镜,观察到阳光在经过棱镜后会分裂成红色、橙色、黄色、绿色、蓝色和紫色的色带,这种现象称为色散。他进一步研究了这些颜色的特性,奠定了光学和光谱学的基础。1800年,英国天文学家弗里德里希·威廉·赫歇尔(Herschel)揭示了一个重要发现,即太阳光谱中的热效应最显著的部分不是在彩色光带内,而是在红光的外部[5]。之后的研究发现,不可见光、可见光具有相同的物理性质,遵循相同的规律,只有波长不同。

红外线辐射是电磁光谱中的重要部分,其波长覆盖了四个数量级。在整个电磁频谱中,不论是哪个波段,光的传播速度始终保持不变。为了深入研究和充分利用红外辐射,人们将其划分为近红外波段、中红外波段、远红外波段,这样划分主要是基于产生方式、传播方式、测量技术和应用范围等多方面。这种分类有助于更好地利用红外辐射的特性,从而在科学、医学、军事、工业等领域中广泛应用[6]。

由于红外辐射被大气吸收,不同的气体分子所吸收的红外线波长不同,所以大气把红外辐射分为三个主要波段,即 $1\sim2.5\mu m$、$3\sim5\mu m$、$8\sim13\mu m$,在这三个波段内的红外辐射是可以透过大气的,称为大气窗口。在光谱学中,没有统一的分带方法。近红外、中红外、远红外波段一般为 $0.75\sim3\mu m$、$3\sim40\mu m$、$40\sim1000\mu m$。可以用玻璃作为透射材料和硫化铅探测器检测的波段为近红外波段[7]。值得注意的是，40μm 仍然具有特殊意义，表示石英允许红外辐射通过的起始波长，视为中红外波段与远红外波段之间的边界。但在远红外波段的长波端，传统的几何光学和微波传输技术不再适用，需要新的技术以适应这一波段的研究和应用需求。远红外波段在科学研究中又被称为"太赫兹射线"或"太赫兹光"，与微波波段相邻，具有红外波段和微波的双重特性。它在科学研究中受到广泛关注，主要应用于生物学、化学、分子光谱学等学科。

此外，随着远红外波段激光器的出现，将辐射源的相干性作为划分远红外波段和微波的标准已不再适用。因此，将 1mm 作为远红外波段的边界，波长为 $1\sim$ 3mm 的电磁波称为短毫米波。

2.2　红外热成像技术

2.2.1　红外热成像基础

红外技术是一门现代技术，主要研究红外波段内的电磁辐射规律。一般来讲，电磁辐射包含无线电波到宇宙射线内的所有波段，同时一切物质在不断地释放和吸收电磁辐射。红外技术多数情况下指的是针对红外辐射的产生、传播、转化等过程进行的技术研究。

由前文可知，在自然环境中，红外能量是物体通过红外辐射源源不断地向外界传递，红外辐射是所有物体固有的一种物理特性，温度在 $-273.15℃$（绝对零度）以上时，红外线就会不断地向外界辐射。辐射的强度主要受到温度、物体本身辐射能力两个因素的影响，其中温度与红外辐射的光谱分布有密切关系。

红外线是指 $\lambda_m > 780nm$ 的肉眼不可见的电磁波。红外辐射强度可由物体表面温度情况来计算，其基本规律是：温度越高，物体内部分子、原子的运动越剧烈，辐射出的红外能量越强[8]；温度越低，物体内部分子、原子的运动越缓慢，辐射出的红外能量越弱。

物体由于表面温度高于外界温度而辐射出红外线。红外热成像系统作为一种先进而强大的技术工具，融合了多个关键组件，包括红外探测器、光机扫描系统等。这些组件协同工作，接收和处理物体表面所辐射出的红外辐射信号。通过将这些信号转换为电信号并通过电子系统加工处理，最终生成"实时热图像"，展现了物体表面热分布的图像，实质上将物体原本不可见的热分布转化为可见的图像呈现出来，从而揭示物体中尚未被察觉的或异常的状态[9]。

基于光电检测技术对物体热辐射特定波段信号的检测，红外成像技术能够实现将肉眼不可见的不同物体间或物体不同区域间的温度和发射率差异信息转化为可供人类视觉分辨的图像，打破了人类的视觉障碍和生理限制，拓展了人类的视野，并表现出巨大的发展潜力。

2.2.2 红外热像仪介绍

1. 热力学原理

根据热力学规律[10]，系统总是处在变化中，通过边界与环境发生作用、交换能量，如功和热。自然界中存在许多自发的过程，如热量从高温物体自然而然地传至低温物体，这是由势差引起的自发过程[11]。

人将手放于墙面，离开后此处会残留一定的温度痕迹，这是由于人手的温度略高于墙面温度，故系统与环境之间存在温差，温差是传热的驱动力，有温差就有传热。传热过程主要有热传导、热对流和热辐射三种模式。

热传导模式下的传热速率由傅里叶导热定律确定，即

$$Q = -Ak\frac{\mathrm{d}T}{\mathrm{d}x} \tag{2-1}$$

式中，k 为导热系数，单位是 W/(m·K)；A 为平板侧面积，单位是 m^2；T 为温度，单位是 K；$\frac{\mathrm{d}T}{\mathrm{d}x}$ 表示温度梯度，单位是 K/m。

热对流模式下的传热速率由牛顿冷却定律确定，即

$$Q = Ah(T_s - T_\infty) \tag{2-2}$$

式中，A 为对流换热面积，单位是 m^2；h 是热传导系数，单位是 W/(m·℃)；T_s 为固体表面的温度，单位是 K；T_∞ 为远离固体表面的流体温度，单位是 K。

热辐射模式下发射热辐射的速率由斯特藩-玻尔兹曼定律计算，即

$$E_b = \sigma T^4 \tag{2-3}$$

式中，T 为表面的热力学温度，单位是 K；σ 为斯特藩-玻尔兹曼常量，单位是 W/(m^2·K^4)，其值为 5.67×10^{-8} W/(m^2·K^4)。

实际上，热传递过程往往由多种传热模式叠加，涉及风速、光照、温度等诸多因素的影响。

2. 热成像原理

基于任何物体在正常环境下都会产生自身分子和原子的无规则运动，并不断辐射出红外热辐射这一基本规律，可以得到物体自身分子、原子运动的剧烈程度与其辐射出的红外能量成正比[8]。根据目标与背景之间存在的红外能量差，能够获得不同的红外图像，即热图像，以不同颜色、灰度值展现了被测目标表面的温度分布情况[12]。

在自然界中，由于黑体辐射的存在，任何温度高于绝对零度（−273.15℃）的物体都会向外辐射热。若温度变化，电磁波的辐射强度、波长分布特性也会发生变化[13]。

黑体辐射中有一个重要的定律——基尔霍夫辐射定律，描述了物体的发射率

和吸收比之间的关系。在物理学中,普朗克黑体辐射定律[14-15]描述了在任意温度下,一个黑体中发射出的电磁辐射的辐射率与频率之间的关系。理论研究证明,黑体向外的辐射能力、辐射波长同自身温度存在重要关联。

一般地,发射率指的是比辐射率,即物体的辐射出射度与相同温度、相同波长下绝对黑体的辐射出射度的比值[16]。发射率是反映物体热辐射性质的重要参数之一[17],即

$$\varepsilon_\lambda = \frac{M_1(T,\lambda)}{M_2(T,\lambda)} \tag{2-4}$$

式中,$M_1(T,\lambda)$为物体的辐射出射度;$M_2(T,\lambda)$为相同条件下黑体的辐射出射度。一般地,发射率大小受到物体本身介电常数、表面粗糙度、温度、波长、观测角度等不同因素的影响,其值介于0~1之间。

物体向外辐射光波的波长和强度由物体的温度及其发射率决定,通过红外探测器接收物体向外辐射的光波波长和强度信息,能够获得反映物体间温度差异、发射率差异的人眼可见的灰度图像。

3. 红外热像仪的使用

红外热像仪作为高效的热能感知装置,充分利用了红外探测器、光学成像物镜的协同工作原理。通过接收被测目标发出的红外辐射能量,提取到红外探测器的光敏元件上,获得被测目标的红外热像图。从而能够直观地展示物体表面的热分布情况[18],将原本不可见的红外能量转化为可见的热图像,不同颜色对应不同温度区域。

通过观察这些热图像,我们能清晰地了解被测目标的整体温度分布状况,为各个领域的研究与应用提供了极为重要的数据支持。这种技术的应用有助于深入了解热态信息,为科学研究和实践应用提供了新的视角和可能性[19]。

红外热像仪是红外探测器及其整机产品,可测定目标和背景之间的红外辐射能量差,将其转换为电信号,并形成热图像,从而能够转换为人眼可视的信息。红外热像仪最初应用于军事目的,比如搜集情报、夜间观察和作为武器的瞄准具,包括目标搜索、捕获、火控、导航、跟踪、制导等[20]。随着红外热像仪的普及,逐渐被应用于多个领域,如边海防线、国防工程、油田、铁路、机场、港口、森林防火、公安侦查、工程建设和医学等领域。

红外热像仪由五大部分构成[21]:

(1) 红外镜头,主要用来接收和汇聚被测物体发射的红外辐射。

(2) 红外探测器组件,将热辐射信号转变成电信号。

(3) 电子组件,将电信号进行处理。

(4) 显示组件,将电信号转变为可见光图像。

(5) 软件,处理采集到的温度数据,将其转换成温度读数或图像。

在红外热像仪的工作过程中,探测器起着关键作用。当扫描器进行扫描时,探

测器接收来自物体不同位置的辐射,这个过程被称为景物分析。探测器将物体相应位置的辐射变化转换成信号与时间的关系,随后通过扫描器扫描位置传感器输出的同步信号,最终可以将物体的图像显示出来。扫描器的存在与类型取决于所选用的探测器类型。如果选用面阵探测器,类似于电视摄像机的工作原理,无需额外的扫描器,光学系统直接成像于焦平面阵列(focal plane array,FPA)器件上。这种直接将光学信息转换成图像的方式简化了系统结构,提高了效率。

图 2-2 所示为红外热像仪的基本工作原理示意图。红外探测器光学成像物镜接收目标物体的辐射能量分布情况,并将其反映在光敏元件上,再通过光电转换、电子处理,最终显示为红外图像。

图 2-2 红外热像仪的工作原理

红外热像仪能够采集到案发现场物体表面的红外辐射信息并以红外图像的形式呈现物体表面的温度分布图。目前灵敏度最高的红外热像仪精确度可达0.03℃。根据被测量物体的距离调整焦距,可以实现对案发现场作案温度痕迹的准确捕获。红外热像仪还可以将物体表面的能量分布通过算法软件精确处理,以肉眼可见的红外图像进行再次分析。

常见的红外热像仪的操作步骤如下。

(1)调整焦距。使用前先仔细调整焦距。在使用红外热像仪时,精确调整焦距非常关键。事先确保焦距的准确调整可以确保获取清晰准确的热图像,如果焦距调整不准确,可能会导致图像模糊或失真,影响后续的热分析和数据解读。

(2)了解测量距离。在进行目标温度测量时,测量距离的选择至关重要。为了确保准确的测温读数,需要充分了解能够获得精准结果的测量距离。在实践中,应尽量使红外热像仪的视场被目标物体充满,并确保有足够的背景,以便清晰地分辨目标。此外,红外热像仪与目标的距离不能比光学系统的焦距小,否则将无法捕获清晰的图像,从而影响测温的准确性。因此,精心选择适当的测量距离是确保目标温度测量精准度的重要因素,有助于获得可靠的测温结果。

(3)选择正确的测温范围。为了确保温度测量的准确性,必须设置适当的测温范围。当我们观测目标物体时,微调仪器的温度跨度可以改善图像的质量,这也会直接影响到温度曲线的清晰度和红外热像仪的测温精度。因此,正确设定适当的测温范围是保证获得准确、可信的温度数据的关键。合理的温度范围调整不仅提高了图像质量,也确保了温度测量的准确性和可靠性。

(4)保证测量过程中仪器平稳。现代红外热像仪通常具备较高的帧频,但在拍摄过程中,仪器的移动可能导致图像模糊,因此保持仪器的稳定性至关重要。为了确保图像清晰,建议在冻结和记录图像时使用稳定的支架或三脚架,以减少晃动。在移动仪器时要平稳移动,避免突然震动。另外,可以开启防抖功能来降低振动对图像质量的影响。适时调整帧频和曝光时间,以平衡图像清晰度和动态信息捕捉。此外,对操作人员进行培训,教授正确的操作技巧也是保持图像清晰的关键,包括平稳持握和缓慢移动等。

在实际案发现场的场景下使用红外热像仪采集图像的步骤如下。

(1) 在案发现场进行图像采集时,需要先对红外热像仪进行参数配置,设置发送率。使用配置好的红外热像仪检测目标物体的表面温度,将测量所得的温度数据存储到存储卡内,并与环境温度进行对比。

(2) 评估案发现场的环境、状态、案发已过时长等因素,在红外热像仪中设置待检测物体的发射率。

(3) 确定红外热像仪摄像头的放置距离,调整光圈和焦距,监测是否存在温度异常点。若发现某一区域的温度突然变化,应立即拍照并生成异常刑侦红外图像传输到信息中心。

(4) 通过数字图像处理软件对采集到的红外热像图进行初步处理,标注信息。

(5) 通过免疫智能图像处理算法,对案发现场的刑侦红外图像进行分析,分割出异常温度区域。自动提取刑侦目标进行分析,检测出当前目标的信息并进行提取。

(6) 根据刑侦检测处理数据,判断所检测的目标是否确定为犯罪嫌疑人遗留的痕迹。

4. 红外热像仪的分类

红外热像仪能将探测到的红外能量转化为电信号,生成被测目标的热图像、温度数值。通过对温度进行计算和分析,为实时监测目标的热分布、温度变化提供直观的视觉显示和精确的数值数据。

红外热像仪的发展历程大致为四个阶段[22]:

(1) 第一代红外热像仪。第一代红外热像仪具备二维红外焦平面阵列器,红外器件的规格已经开始向超大规模阵列和多波段复合方向发展。大量的便携式、固定式车载和机载热像仪应用于夜间和恶劣天气下的目标搜索、观察和监视[23]。

(2) 第二代红外热像仪。第二代红外热像仪是基于红外焦平面成像技术的一种热成像装置,其研究重点主要在焦平面阵列器件和成像系统方面。这种技术采用了面阵探测技术,具有多样化的实现方式。其中一种实现方式是扫描焦平面技术,采用时间延迟积分技术进行扫描;另一种实现方式是凝视焦平面技术,采用电荷耦合技术等读出方式,同时器件内部继承了部分信号处理功能。

(3) 第三代红外热像仪。第三代红外热像仪采用先进薄膜材料,具备长线程。其关键特点是配备了复杂信号处理功能的集成电路,同时可采用简单的光机扫描结构或无扫描结构。相较于第二代红外热像仪,第三代红外热像仪作用距离和空间分辨率明显提高,代表了红外热成像技术的先进发展方向。这种技术的突破对于改善红外热像仪的性能、拓展应用领域具有重要意义。

(4) 第四代红外热像仪。第四代红外热像仪引入了先进的技术和材料,如多层薄膜材料和超长线程,以实现多光谱面阵。独特之处在于其采用了亚微米工艺集成,具有强大的信号处理功能。结合了复杂的信号处理、图像融合技术,能够生成高清晰度的多光谱甚至全光谱的"彩色"热图像。第四代红外热像仪在作用距离、空间分辨率、信息量和数据处理能力等方面都有较为强大的能力。

红外热像仪主要分为光子探测和热探测两种类型。光子探测利用半导体材料上光子产生的电效应进行成像,具有高敏感度,但其性能受探测器本身温度的影响,因此需要降温处理。热探测则是通过入射的红外辐射能量升温,进而借助物理效应将升温转化为电信号进行成像。热探测器的敏感度不如光子探测器高,但它不需要制冷。

热探测器对辐射没有选择性响应,因此被称为无选择性探测器[24]。选择适合应用需求的探测类型,能够更好地满足不同场景的红外热成像要求。下面介绍几种常见的红外热像仪。

1) 手持红外热像仪

以 HA-384 型号设备为例,手持红外热像仪是集可见光和热成像图像于一体的新一代手持测温产品,内置高灵敏度红外探测器和高分辨率可见光探测器,能够快速感知环境温度的变化,准确测量环境中高温目标的温度。配合双光融合、画中画等图像处理技术,可实现热成像和可见光图像的融合叠加,帮助现场人员快速捕捉热量信息。

该设备广泛应用于冶金、危险废物处理与环保、煤矿、医疗、建筑、科研、消防等场合,也适用于钢材缺陷及电力故障的监测等。

2) 美国 FLIR 红外热像仪

以 FLIR E320 为例,E320 型号设备红外热像仪是一种高性能的红外热成像设备,用于检测和显示热辐射,以提供物体温度信息和热图像。FLIR E320 红外热像仪采用先进的热感应器技术,可以提供 320×240 像素或更高分辨率的热图像,确保图像清晰、细节丰富。该热像仪能够在广泛的温度范围内进行准确的温度测量,通常可覆盖 $-20 \sim +450$℃的范围,并根据实际需要进行调整。FLIR E320 配备了图像分析软件,支持热图像的处理、测量、标记区域,以及生成详细的热图像报告,为用户提供非接触式的温度测量和表征方法,帮助提高工作效率和准确性。

3) 迷你网络型测温机芯

以 IPT640M 型号设备为例,IPT640M 迷你网络型测温机芯是一种高性能、高精度的通用网络测温成像仪,采用非致冷红外焦平面探测器,具有灵敏度高、测温范围宽、运行稳定的特性。该产品基于通用接口协议开发,配备了功能丰富的 Web 系统和易于使用的 SDK 包。

它的优点有：体积小、重量轻、很容易集成，将热成像测温和 IP 网络功能集于一体，其结构紧凑、体积很小，便于携带；配备 2 款电调镜头，能够在 1s 内完成高成功率的自动对焦；支持设置超温报警、温差报警、温度区间报警等多种报警功能；可以同时对 21 个（点、线、矩形、多边形、圆）测温对象进行检测；支持 ONVIF、RTSP、DHCP、GB/T 28181 等通用网络协议；可以提供十分丰富的 SDK、API，易与第三方系统集成。

该产品适用于集成到电力巡检机器人和安监类护罩中，以解决室内外中小范围场景的温度监测。

4）微观检测热像仪测试平台

以 FOTRIC 246M 型号设备为例，微观检测热像仪测试平台采用全球尖端硬件，包括红外探测器、主处理芯片、FPGA、电源芯片等，充分保证了热像仪的质量、性能和稳定性。热像仪可以配置 $50\mu m$ 和 $100\mu m$ 的微距镜头，使热像仪比较容易获得芯片和其他微结构的温度分布和详细数据。热像仪配有专门的研发和测试平台，使研究人员能够灵活、准确、稳定地进行观察和分析。FOTRIC 246M 微观检测热像仪测试平台出色的硬件配置，结合业界领先的算法，使得其拥有卓越的产品性能，其简单的设计便于用户操作，较大程度上提高了测试效率。

5）红外综合应用热分析仪

红外综合应用热分析仪的主要型号为 TA-20、TA-30、TA-60，利用红外探测成像原理检测和测量物体温度随时间变化的数据，能够存储测量结果和可靠性分析。

该系列产品的特点是：高清热像可以辅助判断 IC 芯片引脚的状态；支持手动对焦，便于近距离精确对焦；支持多维数据分析，提供更详细的数据参考；通过分析电压、电流和温度曲线可以查找相关变化；同时还有灵活的扩展架、USB 连接，以供快速布局；能够进行模块化分析数据窗口，可根据用户意愿提取数据；多样化的温度测量方法，以满足科研和试验的不同要求；可与环境温度传感器、负载功率计等传感器接口进行连接，同步提供更多数据；一台计算机可以连接两台热分析仪，以同步分析材料和电路板。

该产品主要应用于印制电路板（printed circuit board，PCB）漏电、短路、断路位置的定位和检测维修；进行手机或者其他智能设备对比评测，对电子设备的性能进行辅助分析；对导热散热材料的温度传导进行分析；对材料的均匀度进行分析；能够用于电路设计中的发热实验、热仿真、发热合理性验证、热设计数据分析等。

6）福禄克红外热像仪

福禄克的 Expert 系列为红外热像仪产品提供了高度的灵活性，使其不仅能够捕获近距离图像，还可以捕获远距离图像。其中，TiX640 型号兼容 8 种不同镜头。这种多样的镜头选择能够满足不同的拍摄需求，为用户提供了更广阔的应用场景，从而使得红外热成像技术更具实用性和适用性。

本书中红外图像的获取采用的是 Fluke TiX640 型号的红外热像仪(图 2-3),采用非致冷型微测辐射热计 FPA 探测器(非致冷焦平面阵列),分辨率为 640×480,测温范围为 -20~+1200℃(即 -4~+2192℉),测量精度为 ±1.5℃,光谱范围为 7.5~14μm,可实现多个测量点和感兴趣区域(region of interest,ROI)的检测[25]。

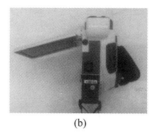

(a)　　　　　　　　　　(b)　　　　　　　　　　(c)

图 2-3　Fluke TiX640 型号的红外热像仪

(a) 主视图;(b) 俯视图;(c) 侧视图

5. 红外热成像技术的应用

红外热成像技术在不断发展与完善[26],如今,该技术已经越来越多地应用于不同领域中,如刑事侦查领域、军事领域、国民经济方面及民用行业。

军事领域主要体现于制导、通信、军用红外夜视侦查、反隐身武器装备、预警、对抗等十分先进的现代军事应用技术,极大地促进了军队的现代化及智能化建设;在国民经济方面主要体现在测温、遥控、医疗、辐射加热等技术的广泛投入使用,对国民经济的提升和社会的发展产生了积极影响;民用行业的应用主要集中在电力行业、石油石化行业、煤矿行业、制造行业等一些大型生产企业,同时其他行业的应用也逐渐增多,对行业发展和进步及安全的保障都具有重要作用。

红外技术在刑侦领域中的应用起步较晚、较新颖,刑侦领域对该技术的应用正在逐渐发展深入。在目前刑侦领域的侦查技术中最常用的是指纹提取、生物 DNA 检测,但随着热成像技术的革新,红外技术在刑侦领域中逐渐占有一席之地,并且其重要性日渐提升。不同于可见光成像技术的种种局限性,红外技术具有更不容易受到环境影响的巨大优势,能够全天候地进行工作;在恶劣环境的适应性、抗干扰性、穿透性和隐蔽性等方面都具有较好的性能;在雨、雾、黑夜等极端复杂环境等因素影响下仍然能够正常捕捉追踪目标或痕迹;在实际刑侦领域应用过程中,需要在夜间黑暗条件或可见光极弱的情况下对犯罪嫌疑人进行跟踪或追捕,由于可视条件极差,刑侦人员很难追踪到犯罪嫌疑人,但是利用红外热成像技术的特点,可以通过红外设备定位到正在逃匿的犯罪嫌疑人,较大程度上解决了刑侦人员在能见度较低的环境下执行工作的难题。

由于一些犯罪案发现场具有极高的复杂性和不确定性,刑侦人员既要保证勘查时不破坏犯罪现场,又需要在复杂的环境中快速精准地找出有利于案件进展的犯罪证据,这对于刑侦人员的侦查技术和侦查方案要求都十分严格。在这种情况下,红外技术能够非接触式地工作,并且通过红外辐射能够快速定位案发现场的热痕迹信息,在保证案发现场完整性的前提下高效率地提取有效的犯罪痕迹或寻得犯罪证据。例如,在实际刑侦过程中,为了防止打草惊蛇,有时需要避免直接接触犯罪嫌疑人及嫌疑车辆,特别是在夜晚等可见光较弱的环境中,为了确定嫌疑车辆或嫌疑人的位置及其特征信息,可以通过红外摄像机远距离探查嫌疑对象的情况。

图 2-4 所示为几种现场情境模拟示意图,其中图 2-4(a)为停靠在户外环境中的嫌疑车辆情境示意图;图 2-4(b)为藏匿在嫌疑车辆附近的犯罪嫌疑人情境示意图;图 2-4(c)为藏匿在夜晚户外复杂环境中的嫌疑人情境示意图。

  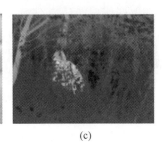

(a)   (b)   (c)

图 2-4 现场情境模拟示意图

相较于可见光成像技术,红外热成像技术更不容易受到环境影响,对于红外热成像技术来说,光照不是必需的,而是由物体自身的热辐射所决定的。红外成像技术具有较好的环境适应性、抗干扰性、穿透性和隐蔽性,在雨、雾等恶劣极端天气及复杂环境下均能够顺利地探测到目标,且工作时不易被其他人察觉,是一项融合了红外物理、微电子、半导体、信号处理等多门学科知识的综合性高新技术。

在实际的案发现场,犯罪嫌疑人可能通过穿戴、破坏、擦拭、遮挡等手段掩盖可检测的典型犯罪痕迹,但往往缺乏对肉眼不可见的热痕迹的干预意识。而红外图像能够采集、呈现可见光条件下难以获得的热辐射信息,捕捉作案残留的细微温度信息,获得肉眼无法察觉的痕迹,为确定侦查方向、锁定犯罪嫌疑人的身份提供帮助和参考。即使是在复杂、恶劣、能见度低的环境中,红外图像也能快速获取目标与环境的温度差异。因此,红外成像技术作为一项将不可见的热辐射信息转化为可见热图像的非接触式检测技术,通过红外成像技术能够将现场残留的热痕迹分布以红外图像的形式快速、全面、准确地呈现出来,能够实现在不破坏现场(非接触式)、不受是否有可见光限制的状态下完成现场残留热痕迹的检测,表现出优异的成像技术和捕捉能力。

由以上分析可知,红外图像处理技术能够从刑侦现场的图像中自动锁定温度异常区域,根据物体热辐射成像原理获取、反映物体的红外光强度特征,捕获残留在物体表面的温度痕迹或根据图像特征分析物体表面的温度变化。将这种特点应用于刑侦调查,即使在恶劣环境下对目标的检测跟踪,也能有效检测到肉眼无法观测或辨识困难的痕迹,可较大程度地辅助刑侦人员办理案件。

2.3 红外图像目标提取难点分析

2.3.1 红外图像目标提取难点

在案发现场,基于红外热成像技术原理的红外热像仪可以获取案发现场残留的温度,并以红外图像的形式呈现出人为活动留下的热痕迹,但是这些人为热痕迹往往与环境温度存在差异,并伴随着温度的变化而衰减。通过红外热成像技术能够获取刑侦现场环境、物品、痕迹的温度分布情况并以可视化的红外图像形式展现出来。将红外热成像技术引入刑侦处理领域可以达到较好的刑侦效果,辅助刑侦人员高效准确地捕捉案发现场的遗留手印、脚印、指纹等作案痕迹的信息。

在刑事侦查中,虽然红外热成像技术可以凭借优异的特性对案发现场的热痕迹进行有效的拍摄提取,但是根据实际情况的区别,案发现场所拍摄、采集获得的红外刑侦图像具有不同于一般图像的特性,如图像分辨率不高、对比度较低、目标内部特征差异性较显著、目标边缘深度模糊、背景复杂、存在类目标干扰等,这给红外特征目标的有效提取带来了难度[27]。一般的目标提取算法不适用于红外图像目标提取,在实际图像应用中,其主要影响因素包括以下几个方面(图 2-5):

图 2-5 刑侦红外图像目标提取的影响因素

(1) 目标边缘深度模糊,特征信息不明确。一般目标检测对于目标边缘模糊具有一定的适用性,由于拍摄中的抖动或环境因素所造成的影响使边缘与背景特征趋于一致,这种模糊仍能够通过人为观察发现痕迹边缘。但红外刑侦图像的目标由于热传递作用,导致某些残留痕迹可保留的时间较短。在对热痕迹进行采集时,图像的局部边缘已经无法通过人为辨识轮廓[28]。这种情况下,一般的检测方法无法有效划分目标,需要在使用检测算法时考虑目标本身的特征。传统的目标提取算法主要利用图像灰度值的不连续性和相似性特性,对于不连续的灰度以灰度剧烈变化为基础进行处理,对于相似的灰度则以一定的预定准则将图像分为相似的区域。但红外刑侦图像目标由于热传导、热对流作用,使得目标边缘与背景特征趋于一致,并且某些残留痕迹消失得较快,可保留的时间不长,在刑侦现场存在采集困难的问题,使得图像的局部边缘轮廓难以辨别,需要在目标提取算法中考虑目标本身具有的先验特征信息。

(2)目标区域与背景区域对比度较低,目标区域内部差异性显著。可见光图像不同,红外图像反映的是目标热辐射信息,由于目标本身可能存在温度分布不均匀的现象,故在红外图像中显示出目标区域内部存在灰度差异性的问题。在刑侦现场,热痕迹目标内部过大的特征差异,在目标检测过程中比较容易出现误检测或漏检测的情况,当目标内部的特征在局部接近背景特征时,有可能出现以误检测为背景的情况。实质干扰导致了红外图像分辨率较低、目标区域同背景区域对比不高、视觉效果模糊等问题,无法满足刑侦应用中对红外痕迹目标提取的处理需求。

(3)背景复杂,存在类目标干扰。一般地,实际刑侦现场具有复杂性和高度的不确定性,犯罪嫌疑人的故意破坏、干扰及现场复杂的环境因素都导致了红外刑侦图像目标提取的技术难题。所采集的红外刑侦图像目标与背景灰度交错、目标区域存在无规则的杂乱变化、背景区域内存在类目标干扰[29]使得红外刑侦痕迹目标的特征及其参数具有特殊性,进而导致一般目标提取方法的效果较差。

(4)目标轮廓不完整。由于犯罪嫌疑人的作案行为具有随机性和不确定性,在作案时嫌疑人的手与物体、墙体表面可能接触并非均匀紧密接触,使得刑侦中采集的红外手印痕迹可辨识的轮廓不完整,手指的指腹部分一般与对象接触较不充分,反映在图像上的痕迹较浅,检测时容易误测为背景;也可能出现痕迹覆盖重叠现象,手印的不完整、重叠覆盖会影响手印的辨识,不利于更深层次的红外刑侦目标处理。

2.3.2 现有图像目标提取算法分析

自1970年专家学者开始研究红外成像制导技术后,红外目标分割算法取得了快速发展。国内外的专家学者在研究中提出了多种红外目标分割方法,主要包括基于区域的方法、基于边缘检测的方法、特征聚类算法和阈值分割算法等[30]。这些方法不仅丰富多样,而且在提高红外图像目标分割的精度和效率方面都发挥了积极的作用。

(1)基于区域的目标提取算法[31]。该算法是一种以寻找图像特定区域为基础的目标提取方法,主要利用目标与背景灰度分布的相似性,如图2-6所示。该方法主要包括两种基本形式:一种是从某个或某些像素点角度出发,逐步合并形成所需的目标区域,即区域生长;另一种是从整幅图像的全局角度出发,逐步分裂切割目标区域,即区域分裂合并。其中最为典型的算法包括区域增长算法、分水岭算法等。

(2)基于边缘检测的分割方法[32]。此方法主要是通过边缘检测算法对图像特征不连续的点进行检测,如图2-7所示。边缘本身是图像中不同区域间一种特征与另一种特征的分界,是特征之间差异性划分的表现。经典的边缘检测算法通

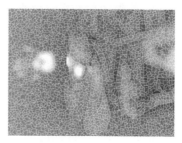

图 2-6　基于区域增长的红外图像目标提取

常有正交梯度算法、Prewitt 算法、Sobel 算法、拉普拉斯算法及 Canny 算法等。边缘检测分割应用至今,根据图像目标特征的分割需求,出现了许多结合新理论的边缘检测方法和改进算法。例如,一种基于改进的模糊边缘检测图像分割算法将模糊边缘增强和阈值分割相结合,在突出目标图像边缘信息的同时,提高了分割效率。

图 2-7　基于边缘检测的红外图像目标提取

（3）基于特征聚类算法[33]的目标提取。所谓聚类从数学上说,就是把大量的 d 维数据样本(m 个)聚集成 k 个类别,其中 $k \ll m$,使同类内样本的相似度最大,而不同类内样本的相似度最小[34]。聚类的过程就是对含有多个属性的数据对象不断地进行分类,分类由聚类算法自动执行,通过识别数据特征将数据切割成若干类[35]。所以完全可以用聚类规则挖掘算法,找出各类目标的聚类依据,然后以此为依据进行图像的识别与分割。

（4）基于阈值分割算法[36]的目标提取。阈值分割是基于区域的一种图像分割方法,由于其拥有实现简单、自适应性强、运行速度快等特点,在灰度图像目标分割中应用较为广泛,几乎所有的分割算法都离不开阈值的划分。传统的阈值分割算法主要包括:

① 基于最大类间方差的阈值分割。最大类间方差法是由日本学者大津(Nobuyuki Otsu)于 1979 年提出的,是一种自适应的阈值确定方法,又叫大津法,简称 OTSU[37-39]。它是按图像的灰度特性,将图像分成背景和目标两部分,寻找一个灰度阈值为 K,将图像分为 $1,2,\cdots,K$ 的部分和 $K+1,K+2,\cdots,256$ 的部分。

② 基于灰度直方图的阈值分割。基于灰度直方图的阈值分割是图像处理中常用的技术,利用图像的灰度直方图分析图像的灰度分布情况。首先,通过直方图分析确定图像的灰度分布特性,如单峰、双峰或多峰,以了解图像的亮度特征。然后根据具体问题选择适当的阈值分割方法,将图像二值化分为两类或多类,以便进行进一步的处理或分析。这种分割方法能够有效地将图像中的目标与背景分开,为图像处理和分析提供了基础。选择合适的阈值分割方法对于获得清晰、准确的分割结果至关重要,有助于优化后续图像处理的效果[40]。

③ 基于最大熵的阈值分割。最大熵阈值分割方法是一种基于图像熵原理的阈值分割技术,类似于 OTSU 算法。该方法将图像划分为背景和前景两个部分,其目标是通过寻找最佳阈值,使得图像的整体信息熵达到最大化。在这个过程中,熵被视作图像的信息量度量,用于评估图像的信息丰富程度。最大熵算法致力于找到使得背景和前景两部分的熵之和,达到最大的最优阈值,从而实现最优的图像分割。这样的分割结果能够最大化地保留图像的信息,有助于明确区分图像中的目标和背景,为进一步的图像处理与分析奠定基础。

④ 基于空间位置的阈值分割。空间位置在图像处理中扮演着重要角色,基于空间位置的阈值分割方法则以此为基础实现图像分割。这种方法将图像划分为不重叠的小区域,每个小区域内的像素被视为同一类别分量的来源。首先,确定图像分割的类别数目 K,并计算观测值与其来源的联合概率的似然函数。然后,通过比较小区域内像素的类别,将相同类别的小区域合并,直到不再存在可以合并的小区域。这样,可以得到一个新的小区域划分,实现图像的有效分割。通过充分利用空间位置信息,该方法能够提高图像分割的精确度和效率,为图像处理和分析提供有力支持[41]。

⑤ 局部自适应阈值分割。局部自适应阈值分割的思想不是计算全局图像的阈值,而是根据图像不同区域的亮度分布,计算其局部阈值,所以对于图像的不同区域,能够适应计算不同的阈值[30]。

随着红外目标检测技术的发展,红外图像分割也出现了许多新的算法:结合熵率法和模糊相关图的一种非监督层次化模糊相关分割算法在有效解决了自动确定划分数的同时,提高了分割精度,加快了运行速度。针对模糊边缘的红外目标提取问题,使用基于流形正则化多核半监督分类的提取方法,能够有针对性地处理不同的图像特征并实现对图像结构信息的提取,克服模糊边缘的影响,分割出相对完整的目标区域。

对于一般图像而言,当前的目标检测技术在视频监控、人机互动和医学图像等领域有着广泛的应用。目标检测的目的是在视频影像中快速定位目标的位置,以便能够在后续的视频中实时锁定目标在各帧中的位置,同时对目标的各个状态进行检测。目标分割是利用感兴趣目标的特征将其从图像或视频中检测提取出完整的区域。而红外刑侦目标的识别与提取都是基于红外摄像仪拍摄所获取的红外图像,通过对红外图像目标提取的难点分析可知,用于刑侦领域红外图像的目标提取算法需要解决红外图像背景复杂、目标边缘模糊、存在类目标干扰等问题,才能完成刑侦目标的有效识别与提取。

红外目标检测的实质是图像目标提取与分割问题,主要依据图像的某些特性或特征相似性,通过将图像划分成一系列具有特性的区域[40](即背景区域和目标区域),对图像的所有像素进行分类。为了后续的图像目标提取和目标识别跟踪,需要预先将目标和背景分割开来。与我们平常所见的可见光成像图像不同,红外图像更具有特殊性,其对比度普遍较低,同时图像边缘信息并不明显,因此那些能够对可见光成像生成的图像行之有效的分割算法对红外图像的处理效果不尽如人意。同时红外图像的目标识别一般用于军事等关键领域,对实时性也有较高的要求。所以,红外图像的分割算法要求具备复杂度低、实时性好、分割精度高等特点。在这种现状下,红外图像技术作为一种将不可见的热辐射转化成可见热像图的非接触检测技术而受到各领域的关注。

当前的刑侦目标检测与跟踪还没有成熟完善的技术和解决方案,对于不同类型的目标,单一的检测算法无法有效准确地提取,主要问题在于跟踪目标内部特征的差异性显著、目标背景环境的复杂性、检测痕迹的弱对比度和完整性较差。因此,如何获取更为有效的先验信息,如何构建适应不同情况下的红外刑侦图像目标特性分析及先验知识学习方法,并在此基础上构建对目标边缘模糊、目标与背景区域对比度低、目标内部差异性显著、背景复杂、存在类目标干扰的高度不确定红外刑侦图像的目标提取方法是红外刑侦图像目标提取算法深度应用于刑侦领域中亟待解决的问题。对于不同情况、状态下的刑侦目标,如何在现场进行快速、全面的提取与检测,是对刑侦红外图像处理领域提出的挑战与要求。

故而,针对实际刑侦红外图像的多样性和复杂环境造成的背景复杂、目标区域成像模糊、边缘不清晰等问题,研究怎样准确、有效地从这类背景特征复杂、边缘模糊的红外图像中提取目标区域,是刑侦图像目标提取研究中一类新的理论与实践难题,也是红外图像应用于刑事侦查领域中亟待解决的科学问题。这对于提高实际刑侦过程中痕迹信息采集分析的准确性,提高公安部门的破案效率、维护社会的稳定和谐具有重大意义。虽然目前已有许多文献对关于刑侦中的目标分割和检测跟踪技术进行了研究,并且取得了可观的进展,但针对刑侦中红外图像的目标检测,获取清晰可靠的破案素材还有待深入研究。

本书为解决拍摄到的刑侦红外图像模糊、类目标干扰较多、热痕迹目标与背景之间区分度较低等问题,结合生物免疫机制,设计了多种刑侦红外图像免疫智能算法,形成一套免疫智能刑侦图像的处理方案,为目前刑侦红外图像处理领域注入了新兴科技力量,达到对案发现场热痕迹的高效识别与提取,能够协助办案人员进行案件证据分析、作案过程推理、抓捕犯罪嫌疑人等工作。

2.4　本章小结

在本章中,我们为解决刑侦领域中侦破案件、提取作案痕迹的难题,论述了引入红外图像处理技术的可行性及处理方案。为方便读者理解,对于红外图像的基础进行了深入浅出的论述,介绍了光学原理中光的产生、光的特性、光学成像等基础知识,并分析了热力学原理。以这些基础作为铺垫,讲述红外图像的成像原理及常用的红外热像仪设备,并讲述了红外热像仪的使用步骤及在实际刑侦处理案件过程中使用红外热像仪进行拍摄的处理流程。最后,针对目前在红外图像处理领域的算法及图像的成像特性进行分析,论述了当前的处理手段和处理方案的不足。为解决此类难题,本书引入免疫机理,形成一套免疫智能处理方法,对刑侦红外图像进行处理,达到了高效、清晰、准确地提取案发现场作案痕迹的目的,如手印、脚印、指纹等,有着较强的指向性,能够为刑侦人员提供有力的证据,协助公安机关处理刑事案件。

本章参考文献

[1]　宋舒杰.结构光照明的荧光数字全息层析成像研究[D].北京:北京工业大学,2019.
[2]　方晓静.基于空间光调制器的高光谱成像系统的研究[D].南京:南京邮电大学,2016.
[3]　张卉,宋妍,冷静,等.近红外光谱分析技术[J].光谱实验室,2007(3):388-395.
[4]　张婧.基于遗传算法-偏最小二乘法的红外光谱特征提取解析烯烃共轭类型[D].成都:四川大学,2007.
[5]　王俊.尖晶石型远红外陶瓷材料的研究[D].南京:南京理工大学,2015.
[6]　牟桐.电子倍增APD型红外探测器研究[D].北京:北京工业大学,2017.
[7]　任晓辉,张旭东,何文,等.红外辐射材料的研究进展及应用[J].现代技术陶瓷,2007(2):26-31.
[8]　石颖桥.红外图像增强技术及检测方法的研究[D].郑州:郑州大学,2012.
[9]　徐金烨.利用光辐射特性检测钢水中渣含量的研究[D].南京:南京理工大学,2009.
[10]　王竹溪.热力学[M].北京:高等教育出版社,1983.
[11]　郑宏飞.热力学与传热学基础[M].北京:科学出版社,2016.
[12]　杨立,杨桢,等.红外热成像测温原理与技术[M].北京:科学出版社,2012.
[13]　崔昌浩,周汉林.一种高精度测温红外热像仪的温漂修正方法[C]//中国光学学会红外与光电器件专业委员会.全国第十七届红外加热暨红外医学发展研讨会论文及论文摘要集,昆明:《红外技术》编辑部,2019:100-102.
[14]　普朗克,曹则贤.论黑体辐射定律的基础[J].物理,2020,49(6):391-396.
[15]　康永强,杨成全,姜晓云,等.黑体辐射定律研究及验证[J].大学物理实验,2010,23(4):18-19,39.
[16]　孙继根,孙向东,王忠,等.前视红外景象匹配技术[M].北京:科学出版社,2011:14-18.
[17]　卓义.基于MODIS数据的蒙古高原荒漠化遥感定量监测方法研究[D].呼和浩特:内蒙

古师范大学,2007.

[18] 叶溪.基于生物因子机理的红外刑侦图像目标提取算法研究[D].天津:天津理工大学,2021.

[19] 郑梦原,王国友,卢洪军.关于变电检修方向的带电检测技术研究[J].2020(9):83.

[20] BIRCHENALL R P,RICHARDSON M A,BUTTERS B,et al. Modelling the infrared manpad track angle bias missile countermeasure[J]. Infrared Physics and Technology, 2011,54(5):412-421.

[21] 陈可中,谭翔,董建杰,等.红外测温仪的设计[J].电子测量技术,2007(10):11-14,25.

[22] 蔡毅,汤锦亚.对红外热成像技术发展的几点看法[J].红外技术,2000(2):2-6.

[23] 张守荣.双视场焦平面热像仪精确定位研究[D].济南:山东大学,2009.

[24] 蒋爽.易爆危险品非接触式温度检测的研究[D].哈尔滨:黑龙江大学,2013.

[25] 白梓璇.基于免疫算法的电力设备红外图像目标提取技术研究[D].天津:天津理工大学,2020.

[26] 彭焕良.热成像技术发展综述[J].激光与红外,1997(3):131-136.

[27] 周子杰.基于人工免疫算法的红外刑侦目标的检测与跟踪[D].天津:天津理工大学,2019.

[28] 于晓,周子杰,KAMIL R.基于最小平均距离免疫算法的模糊红外图像分割(英文)[J].光谱学与光谱分析,2018,38(11):3645-3652.

[29] 周子杰,张宝峰,于晓.基于神经免疫生长可免域网络的红外光谱图像分割算法(英文)[J].光谱学与光谱分析,2021,41(5):1652-1660.

[30] 李棉.红外图像目标分割方法研究[D].西安:西安电子科技大学,2011.

[31] 王媛媛.图像区域分割算法综述及比较[J].产业与科技论坛,2019,18(13):54-55.

[32] 迟慧智,田宇.图像边缘检测算法的分析与研究[J].电子产品可靠性与环境试验,2021,39(4):92-97.

[33] 姬强,孙艳丰,胡永利,等.深度聚类算法研究综述[J].北京工业大学学报,2021,47(8):912-924.

[34] 王永卿.高维海量数据聚类算法研究[D].南宁:广西大学,2007.

[35] 黎新伍.医学图像体分割的特征聚类算法[J].清华大学学报(自然科学版),2008(S2):1790-1793.

[36] 谢鳃,王辉,张雪锋.图像阈值分割技术中的部分和算法综述[J].西安邮电学院学报,2011,16(3):1-5,13.

[37] OSTU N. A threshold selection method from gray-histogram[J]. IEEE Transactions on Systems,Man,and Cybernetics,2007,9(1):62-66.

[38] 张振杰,丁邺,肖里引.基于阈值分割的石化保温管线高温区域提取方法[J].计算机时代,2015(8):15-17.

[39] YAMINI B,SABITHA R. Image steganalysis:adaptive color image segmentation using otsu's method[J]. Journal of Computational and Theoretical Nanoscience,2017,14(9):4502-4507.

[40] 侯越.基于灰度直方图的阈值分割算法[J].硅谷,2010,71(23):54,165.

[41] 刘咏梅,姚爱红.基于空间位置信息的图像分割方法:CN201410246912.7[P].2014-06-06.

第二部分

免疫智能算法

第3章

生物免疫机理

在刑事侦查的过程中,利用红外设备采集案发现场犯罪嫌疑人作案遗留的痕迹,能够帮助刑侦人员快速定位热痕迹的位置,同时依靠红外热成像技术观测到可见光下无法察觉的痕迹,有利于为案件的侦破提供有效的证据支持。然而,在目标痕迹的采集过程中,案发现场拍摄的红外图像背景混乱及热痕迹信息的消散等问题容易使红外目标的形状特征与实际特征产生差异,并且环境因素对目标的遮挡等干扰易使目标痕迹信息缺失。在这种情况下,使用传统的图像目标检测算法很难获得有效的处理结果。为解决以上问题,获得清晰、可靠的痕迹信息,本书通过对生物免疫进行研究并借鉴生物免疫工作机制,形成了一套免疫智能红外图像处理算法,用以辅助刑侦人员高效获取作案证据、快速侦破案件。

医学研究表明,生物免疫在抗原分类、检测上表现出认知、学习、容错等多方面的优异特性,这些生物免疫特性在各类工程领域中具有重要的启示意义,包括识别、学习、记忆与遗忘、适应性、特异性、多样性等。受到生物免疫学的启发,将这种优异的免疫工作机制应用于目标提取算法中,能够在一定程度上解决红外图像目标提取中存在的一些困难与问题。

大部分生物体有一种避免被外界微生物或病毒等伤害或防止患病与被传染的能力,这种能力被称为免疫能力。生物体的免疫系统构成相当复杂,主要由免疫细胞、免疫组织、免疫器官和免疫活性分子等相互作用、协调构成。免疫系统并不是盲目的,而是具有识别能力,能够把生物体的自身体内细胞、自身体内分子与外界感染而产生的各种非自体元素或者病原体区分开来,在检测出这些异体元素后将其消灭,从而消除因此产生的诸如生物体机能不良、各器官功能障碍和功能紊乱等现象。在生物体内,免疫效应细胞具有重要作用,能够对从外环境进入生物体的病原体及毒素或者生物体自身因基因突变与异变而产生的肿瘤细胞进行识别与清理,进而实现生物体的免疫防御功能,达到保护生物体内环境稳定的目的。免疫系统具有极其强大的识别能力,这种识别能力一部分是先天固有的,另一部分是由免疫系统对入侵病毒进行识别学习后产生的。生物体对每一种感染源做出标记,当再次遇到相同的感染源时,能够依循其原有的记忆,更迅速地对不良入侵做出有效应对,故而免疫系统几乎能够实现对无穷多种外部感染元素的识别。

免疫系统是一把"双刃剑",从生物体保护方面来说,免疫系统中的免疫效应细胞能够及时清除感染的异体元素或者自身变异的细胞,从而保证生物体安全;但从另一方面来说,对于一些病原体,免疫系统也可能因应答不够或者过分应答而导致生物体发生感染、过敏等反应。例如,在免疫系统应答不足时,生物体极易产生严重感染。又如,免疫系统过分响应时,对于本来不会发生危害的情况,却由于免疫系统反应过度而产生不良生理反应。但总的来说,免疫系统为生物体提供了一个强大的保护屏障,其利远大于弊。免疫系统与组成生物体的多种系统及器官相互协调、相互作用,从而保障生物体能够稳定正常地工作[1]。

3.1   免疫系统的组成与结构

对于免疫智能刑侦图像处理算法,生物免疫系统的研究是算法基础,对生物免疫机制的深入研究有利于将生物机理引入智能算法。生物免疫系统是一个具有自适应能力的极其复杂的综合体,由多种组织器官构成,主要包括免疫分子、免疫细胞、免疫组织和免疫器官。对于人体来说,体内的免疫器官或免疫组织遍及全身,其中起到重要作用的是中枢免疫器官及各种外周的免疫器官,如淋巴和黏膜系统等,这些器官或组织各司其职,各自负责人体不同的免疫功能。从生物体的角度来说,免疫系统中极其重要的两个组成系统为淋巴系统与补体系统[2]。

3.1.1   淋巴系统

免疫系统遍及生物体尤其是人体的各个部分,这些组成免疫系统的器官或组织通过各种不同的方式协调完成免疫过程,在此过程中起到重要作用的便是淋巴器官与淋巴组织,它们为淋巴细胞的诞生和成长提供了温床,为淋巴细胞提供了生长与发展的空间。淋巴系统实现免疫的过程,主要是由各种免疫细胞协作完成的,而在众多的免疫细胞中,白细胞是执行免疫功能的主要部分。

淋巴器官具有多种功能,按照不同的功能可以分为:中枢淋巴器官和外周淋巴器官[3]。中枢淋巴器官由胸腺和骨髓等组成,它们的出现较早,在胚胎发生的初期产生,并且胸腺和骨髓产生的功能并不会受到抗原刺激的影响[4]。淋巴器官最为重要的功能就是产生免疫细胞,并为造血干细胞等创造发育与成熟的环境和条件。相比中枢淋巴器官,外周淋巴器官在胚胎发生时产生较晚,主要结构包括淋巴结、扁桃体及黏膜淋巴组织等,外周淋巴器官为淋巴细胞提供了容纳场所。经过血液与淋巴循环,淋巴细胞能够自由进出外周淋巴器官和组织,以此构成完整的免疫系统网络。免疫系统网络不但可以将免疫细胞聚集于各个被病原体入侵的部位,还能把感染部位的抗原通过吞噬细胞带入淋巴组织和器官,从而使得T淋巴细胞(简称T细胞)与B淋巴细胞(简称B细胞)被激活,进行特定的免疫行为。淋巴器官中的各个细胞,如淋巴细胞和各种非淋巴细胞在整个免疫发生和免疫作用阶段都在不断地相互协调作用。

(1)淋巴管。淋巴管的主要作用为运输淋巴细胞和外源性抗原至免疫器官和血液中[5]。淋巴管是淋巴液回归血液循环的闭锁管道。淋巴管系统主要包括毛细淋巴管、淋巴管、淋巴干、淋巴导管。淋巴管系统可以形象地比喻为渔网,毛细淋巴管是细分支,淋巴管是渔网的网线,淋巴干和淋巴导管是渔网的粗干,它们共同构成了人体的淋巴管系统。淋巴管与静脉血管一样,管壁较薄,且管径粗细不均,呈串珠状排列。淋巴管分为浅、深淋巴管,二者之间有交通支。

(2)骨髓。骨髓是人体内位于骨骼中的关键组织,分为红髓和黄髓,各自具有重要的生理功能。红髓作为主要的造血器官,负责生成、成熟血液的红细胞、白细胞和血小板,起着维持血液系统正常运作的关键角色。它分布于全身骨骼的中空部分,如骨盆、椎体、肋骨和颅骨等,对于人体的整体健康至关重要。黄髓主要用于脂肪储存以及储存一些成熟的细胞。随着年龄的增长,骨髓中黄髓的比例逐渐增加,而红髓的比例相应减少。这种转变可能会对造血功能产生影响,尤其在老年时期可能导致贫血等血液相关问题。骨髓不仅在血液系统中起着至关重要的作用,还对免疫系统的功能和整体健康有深远影响。

(3)淋巴结。淋巴结是哺乳动物特有的外周淋巴器官,是一种小型的椭圆形或圆形结构,分布在淋巴管道中,主要分布在颈部、腋窝、腹股沟、腹部、盆腔等区域。淋巴结具有过滤和清除体内废物、病原体和异物的功能,同时也是免疫系统的重要组成部分,参与免疫反应和维持免疫平衡。淋巴结通过淋巴管与全身各部位的淋巴组织相互连接,起到传递免疫细胞和淋巴液的作用。淋巴结内储存了多种免疫细胞,这些细胞通过淋巴管汇聚而成,是适应性免疫反应发生的重要场所[6]。

(4)胸腺。胸腺是一对位于胸腔前上部的腺体,具有双侧对称的结构。它主要由两个叶片组成,一般分为左右两叶。这两个叶片呈三角形或椭圆形,表面较为光滑[7]。胸腺内部主要包含两种类型的细胞:淋巴细胞和上皮细胞。其中,淋巴细胞是免疫系统的重要组成部分,分为T细胞和B细胞,而胸腺主要负责T细胞的分化、成熟和功能的调控。上皮细胞形成胸腺的基质结构,为T细胞的成熟和分化提供必要的支持和信号。

(5)脾。脾是重要的淋巴器官,位于腹腔的左上方,呈扁椭圆形,暗红色、质软而脆。脾脏的重要功能是为白细胞破坏侵入的外源性抗原提供场所,并且脾脏是生物体内存在的最大的外周淋巴器官。在免疫过程中,入侵到血液内的病原体等"非己"细胞经过血液循环系统被带入脾器官,然后被巨噬细胞分解成抗原分子,进而激活T细胞和B细胞,实现特异性免疫。

(6)黏膜相关淋巴组织。在各种腔道黏膜下有大量的淋巴组织,称为黏膜相关淋巴组织,包括阑尾、扁桃体等。扁桃体是一种特殊的淋巴结,对于呼吸系统有着重要作用,能够避免病原体从呼吸系统进入人体;而阑尾的作用是保护人体的消化系统[8]。这些淋巴器官组织包含丰富的免疫细胞,如巨噬细胞、B细胞、T细胞和浆细胞等,当有病原体侵入时,这些细胞被激活,一边发挥免疫作用,一边活化B细胞使其分化,从而进行局部的特殊免疫。

3.1.2　补体系统

补体系统在生物免疫系统中具备多种功能[9],既有非特异性免疫特性,又参与特异性免疫过程。激活补体系统产生的活性物质具有多重作用,包括直接杀菌、提高病原体被免疫细胞识别和清除的效用、促进特异性免疫响应和引发炎症反应。这些作用有助于保护机体免受病原体侵害,调整免疫响应,并协调炎症过程,维护免疫平衡,是免疫系统中不可或缺的重要组成部分[10]。在体液或者血液中,研究人员发现了一种同样参与免疫效应的大分子,这类大分子统称为补体分子。在细胞膜表面或者组织液、血液等多个部位,广泛地存在着由大量蛋白质组成的补体,它们能够精密地调控蛋白质之间的反应。

补体系统是一组结构极其复杂的联合状态体,它与抗体具有互补作用,能够有效调节浆细胞蛋白质的组成[8]。在抗体发挥溶解细胞作用时,补体充分提供互补条件,辅助特异性抗体实现溶菌作用。补体的存在并不是单一的分子个体,而是广泛分布于人体和脊椎动物的组织液中,是经过激活后具有活性的蛋白质酶,其中包括大量的可溶性的膜结合蛋白。

在病原体入侵的过程中,补体系统最先做出免疫反应,一般在感染病菌的前几个小时发生,当一些细菌进入体液中时,浆细胞中的补体分子与这些侵入的特定细菌相互结合,使得这些细菌被溶解和调理,补体溶解细菌的过程是通过破坏细菌的外膜而实现消杀的。不论是在生物体内进行实验还是在体外实验,将一些细菌加入相应的免疫血清之中,可以发现两种情况下补体分子都可以将细菌分解、溶解,这种现象被称为免疫溶菌。补体的调理过程为:在细菌侵入时,补体分子包裹住细菌,然后被吞噬细胞检测到并被其吞噬,从而起到辅助免疫系统对入侵病菌的消杀作用。

3.1.3　免疫系统的层次结构

免疫系统的防御从本质上来看是多层次的,大致可以分为非特异性免疫系统(先天性免疫系统)、特异性免疫系统(适应性免疫系统)[11]。

非特异性免疫系统一般包括物理屏障、免疫反应、吞噬细胞等。①物理屏障:这是人体最外层的防御屏障,包括皮肤和黏膜。②免疫反应:先天性免疫系统具有一系列反应来应对病原体。这些反应包括炎症反应和炎症介质的释放。当病原体进入时,机体会通过炎症反应来尝试清除病原体并修复受损组织。③吞噬细胞:这是一类特殊的细胞,如巨噬细胞和中性粒细胞,它们能够吞噬和消化外来病原体。巨噬细胞通过吞噬病原体来清除感染,而中性粒细胞是一种主要参与炎症反应的白细胞。

特异性免疫系统与非特异性免疫系统相互协作,以应对各种感染和病原体。它包括多个免疫器官和免疫细胞,其中最重要的免疫器官包括胸腺、淋巴结和脾脏。①胸腺:胸腺位于胸骨后方,是特异性免疫系统的关键器官之一。在胸腺中,T细胞经过发育和分化,成为不同类型的T细胞,包括CD4＋辅助T细胞和CD8＋细胞毒性T细胞。这些T细胞在免疫应答中扮演着关键的角色。②淋巴结:淋巴结是分布在全身的小型器官,它们充当免疫细胞的集结地。当病原体侵入体内,免疫细胞会从周围组织和淋巴液中迁移到淋巴结。在淋巴结中,免疫细胞相互交流,协调免疫应答,识别和消灭病原体。③脾脏:脾脏是一个免疫器官,位于腹部左上方。它在特异性免疫中起到重要作用,充当了过滤血液中病原体和老化血细胞的功能。脾脏中也包含免疫细胞,包括B细胞,它们在体内产生抗体,协助抵抗感染。特异性免疫系统还包括各种类型的免疫细胞,如B细胞、T细胞、巨噬细胞、树突状细胞等。这些细胞在识别和消灭病原体、产生抗体、协调免疫应答等方面发挥着重要作用。

3.2 免疫细胞

免疫系统中的免疫细胞[12]绝大部分来自骨髓,它们在骨髓中生长,成熟之后从骨髓中迁移出来,进入血液与淋巴液中进行循环。这些免疫细胞分工不同,一部分免疫细胞负责简单的一般性防御工作,另一部分则经过特异变化后进行专门的特异性免疫工作,以解决特定的病原体。图 3-1 所示为免疫细胞与分子的结构划分。

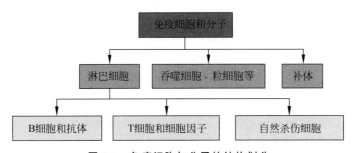

图 3-1　免疫细胞与分子的结构划分

正是由于免疫系统中众多的免疫细胞结构紧密、构成组织繁多、分工明确,才能够有效地协调人体机能,成功抵抗绝大多数的病毒、病菌入侵。

3.2.1 淋巴细胞

淋巴细胞[13]属于白细胞的一种,是生物体进行免疫的重要细胞成分,由淋巴器官产生。淋巴细胞主要分为两个类型,即 T 细胞和 B 细胞,两种细胞具有不同的作用。对于大多数淋巴细胞而言,它们的形成基于一些静止的微小细胞,通常状态下它们并不活跃,只是在与淋巴细胞所对应的抗体相互作用后,才执行各自的功能。B 细胞和 T 细胞的表面具有针对特定抗原的特异性识别受体,其中属于 T 细胞的称为 T 细胞受体、属于 B 细胞的称为 B 细胞受体,它们简称为抗体[14]。

1. B 细胞

B 细胞,是免疫系统中的关键组成部分。一般而言,生物体的 B 细胞在骨髓中生长发育、成熟。成熟的 B 细胞广泛分布于扁桃体、淋巴结等免疫器官和组织中。当病原体入侵时,在 T 细胞的辅助作用下,B 细胞被激活并进入淋巴滤泡进行增殖,随后分化为浆细胞,负责分泌抗体,以及寿命较长的记忆细胞,负责记忆抗原特征,为未来免疫应对提供基础。这个过程是免疫系统中重要的防御机制,确保机体能够迅速有效地应对外部病原体的侵袭。

2. T 细胞

T 细胞是一种重要的免疫细胞,其主要功能是参与机体免疫应答并具有特异性。T 细胞从骨髓干细胞发育,在成熟后分布于淋巴组织和循环系统中。T 细胞可以根据表面上的不同 CD 分子进行分类,常见的分类包括 CD4＋T 细胞和 CD8＋T 细胞。CD4＋T 细胞被称为辅助性 T 细胞、助记 T 细胞,其主要作用是通过产生细胞因子来调节其他免疫细胞的功能,如 B 细胞和其他 T 细胞。CD8＋T 细胞则被称为细胞性 T 细胞或者毒性 T 细胞,可以识别并杀死感染了病原体的细胞。T 细胞的激活需要通过抗原呈递细胞的介导,即由专门的抗原呈递细胞(如树突状细胞)将抗原加工处理后供给 T 细胞识别。一旦 T 细胞受到激活,它们会开始迅速增殖,并产生效应分子(如细胞因子)调节免疫反应。T 细胞在免疫应答中起到至关重要的作用,它们能够识别和清除感染的微生物、肿瘤细胞以及其他异常细胞,并参与调控炎症反应。T 细胞也具有记忆功能,一旦机体再次遭遇相同的抗原,它们可以迅速做出反应,从而提供长期的免疫保护。按照功能可以将其分为两类:辅助性 T 细胞、调节 T 细胞。辅助性 T 细胞在与抗原反应时能够分泌出分子,用以帮助刺激 B 细胞[15];调节 T 细胞用来维持自身的耐受性和免疫细胞稳态。

3.2.2　细胞因子

细胞因子并不是一种细胞,而是作为一种信号并具备各种不同的功能。它的来源非常广泛,除了能够由免疫细胞产生外,还能由巨噬细胞及并非免疫系统的细胞产生,因感染而死亡的细胞也会产生细胞因子。细胞因子的作用是激发炎症反应,通过增加血液和组织之间的相互渗透,使得大量免疫细胞随着循环来到感染位置,同时诱使体温升高,用于增加适应性应答的密度并强化适应性应答,从而激活巨噬细胞和补体。

3.2.3　自然杀伤细胞

自然杀伤细胞(natural killer cell,NK细胞)是免疫系统中一类特殊的白细胞,具有重要的免疫防御功能。NK细胞不依赖于特定抗原的识别,它们通过识别目标细胞表面的分子特征,执行其清除作用。可以快速识别并杀伤体内病毒、肿瘤细胞及异常细胞,被称为免疫系统的"第一道防线"。自然杀伤细胞的杀伤作用主要通过释放细胞毒素、诱导目标细胞凋亡、分泌细胞因子等方式实现,起着重要的调控和平衡免疫反应的作用。这些自然杀伤细胞也能通过分泌激活素来调节细胞的免疫。在被病毒感染时,一些细胞会产生干扰蛋白,激活自然杀伤细胞来清除感染。当与正常细胞进行结合时,健康细胞禁止信号分子表达,当面对的是被感染的细胞时,则不能禁止这种信号,因此会被激活的自然杀伤细胞处理,使细胞释放化学物质而造成感染细胞的编程性死亡。

3.2.4　噬菌细胞与粒细胞

噬菌细胞和粒细胞都是免疫系统中的重要细胞类型,发挥着保护机体免受病原体侵害的关键作用。噬菌细胞是一种专门负责吞噬和消化病原体的免疫细胞,属于单核吞噬细胞系统,能够摄取并消化细菌、病毒、真菌等微生物,清除病原体以维持机体免疫平衡。噬菌细胞通过吞噬外部病原体并将其内部分解,清除病原体并激活其他免疫细胞参与免疫反应。粒细胞则是白细胞中的一类,属于颗粒细胞系。粒细胞包括中性粒细胞、嗜酸性粒细胞和嗜碱性粒细胞。粒细胞主要负责对抗细菌,参与炎症反应,是急性炎症和感染的主要免疫细胞。它们通过吞噬、释放毒性物质和产生炎症介质来消灭病原体。

3.3　免疫系统的功能与免疫过程

3.3.1　免疫系统的功能

免疫活动是生物体内一项自然而强大的生理机能,它使生物体能够辨别"自我"和"非我",并积极抵制和消灭入侵体内的抗原物质,如病菌或异常细胞,以确保身体的健康状态。免疫系统也能抵御和预防微生物或寄生生物的感染,以及阻止其他不受欢迎的生物入侵,维护生物体的内稳平衡。这种免疫活动不仅是生物体的自然防线,也是维持生命健康的重要保障[16]。

免疫系统的功能[17]主要有以下三大类:免疫防御、免疫监视和免疫自稳,如图3-2所示。

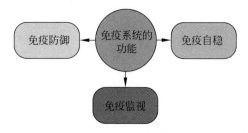

图 3-2　免疫系统的功能

（1）免疫防御的核心主体是人体的皮肤和黏膜，以及多种免疫细胞如巨噬细胞、自然杀伤细胞、T细胞和B细胞等。这些是先天性免疫和适应性免疫的重要组成部分。先天性免疫提供了一种快速而广泛的防线，能够阻止外部病原体的侵入。而适应性免疫则具有高度特异性，能够根据不同病原体做出精准回应。这些免疫防御机制不仅保卫我们免受病原体的侵害，还能清除已经侵入体内的病原体和有害物质，维护我们身体的稳定和健康。它们共同构筑了一个强大的免疫系统，为我们的生存和健康提供了坚实保障。

（2）免疫监视就是可以随时发现、清除体内出现的病原体成分[18]。

（3）免疫自稳是免疫系统的一种独特平衡，通过自身免疫耐受和免疫调控来保持免疫系统内环境的稳定。这种平衡确保生物体的器官能够保持正常功能，不受异常的干扰。一旦免疫自稳失调，免疫功能可能出现紊乱，导致自身免疫疾病和过敏性疾病的发生[19]。免疫系统过于活跃、过于抑制或者缺乏免疫功能，都可能引发不同的疾病，比如过敏反应或免疫缺陷病等。这种免疫自稳的平衡是机体内免疫系统健康和正常运行的关键，对于维持整体生物体的稳定和健康至关重要。

免疫系统涉及先天性和适应性免疫。先天性免疫不要求事先暴露即可迅速响应，立刻有效地抵御各类病原体的侵入。与此相反，适应性免疫是在生物体的生命周期内建立，专门针对特定病原体产生免疫应答。

先天性免疫系统不针对特定病原体，而是对多种病原体起到防御作用。其主要由皮肤、黏膜、先天性免疫因子等构成，能产生多种杀菌物质，如杀菌霉和乳酸等，有效杀灭细菌和病毒。适应性免疫系统则是在生物体遭遇病原体后建立，它具有高度特异性，能够识别特定抗原并产生针对性的免疫应答，为生物体提供长期的免疫保护。这两种免疫系统共同组成生物体强大的免疫防线，确保生物体免受病原体侵害，保持生理稳定。

适应性免疫系统由体液免疫和细胞免疫两大功能构成，是生物体在出生后逐渐发展形成的后天防御机制。在免疫过程中，该系统对特定病原体表现出明确的针对性，主要通过淋巴细胞释放的物质进行杀菌，具有快速见效的优势。

最新医学研究表明，生物免疫系统中的补体系统与先天性免疫网络、适应性免疫网络之间产生相互作用，共同构建一个高度复杂、多层次、分布广泛、自适应、网络化的免疫系统[20-21]，在抗原检测、提取、消除方面具有重要作用。将整个免疫系统与目标提取算法相结合,有望产生更加精准、可靠的结果。

3.3.2 免疫过程

生物免疫系统中,先天性免疫系统和适应性免疫系统在保护机体免受病原体侵袭方面扮演着关键的角色。先天性免疫系统和适应性免疫系统之间的协作是确保机体充分、有效地对抗感染和病原体的关键[22]。先天性免疫系统和适应性免疫系统之间的协作是机体对抗感染和维持免疫平衡的关键。它们共同工作,以提供最佳的免疫保护,确保身体能够有效地对抗各种威胁。

在免疫防御中,体液也具有一定的作用,其免疫过程如图 3-3 所示:

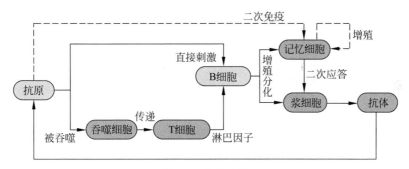

图 3-3 体液免疫

1. 感应阶段

抗原进入机体后,它们以不同的方式与免疫系统互动。少数特殊抗原能够直接影响淋巴细胞,但大部分抗原需要先被吞噬细胞摄取并进行内部处理。这种处理使抗原的隐藏部分暴露出来,以便后续免疫反应。随后,吞噬细胞会将处理后的抗原呈递给 T 细胞,激活 T 细胞产生特定的信号分子。这些信号分子进一步刺激 B 细胞增殖分化,分化出浆细胞和记忆细胞。同时,少数特定抗原也能直接激活 B 细胞,引发相应的免疫应答。

2. 反应阶段

B 细胞受到抗原刺激后,立即开始增殖分化,形成效应 B 细胞。在这个过程中,只有少数 B 细胞会转变成记忆细胞,而大多数会成为效应 B 细胞。这些记忆细胞具有特殊的能力,能够保持对抗原的长期记忆。这些记忆细胞能够存活很长时间,即使在体内抗原消失后,它们仍能保持对抗原的识别能力。同一抗原再进入机体时,记忆细胞会迅速增殖分化,生成大量的效应 B 细胞,产生更强的适应性免疫反应,快速地清除抗原,提供了一种快速、精确应对病原体的机制。这种记忆反应是免疫系统的重要特征,保障了机体对已知病原体的持久免疫保护。

3. 效应阶段

在此阶段中,效应 B 细胞产生的抗体具有重要的免疫效应。抗体与病毒结合后,使病毒失去破坏宿主细胞的能力,进一步保护宿主[23]。

免疫系统的第三道防线体现了先天性免疫系统和适应性免疫系统的协同作用。这个免疫屏障的机制旨在确保生物体免受病原微生物的侵害。当病菌、病毒等病原微生物侵入生物体时,先天性免疫系统迅速展开反应。巨噬细胞会吞噬这些病原微生物,并通过酶的作用将其分解成小片段。这些微小的片段会在巨噬细胞表面展示,向 T 细胞发出信号[24]。随后,适应性免疫释放 T 细胞将受感染的细胞摧毁。

T 细胞受到刺激后,转化为致敏 T 细胞,又称效应 T 细胞。当相同类型的抗原再次入侵时,效应 T 细胞会对抗原直接杀伤。效应 T 细胞释放的细胞因子发挥着协同杀伤作用(图 3-4)。

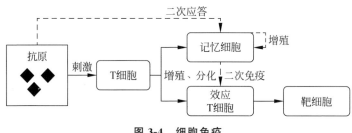

图 3-4　细胞免疫

细胞免疫的作用过程与体液免疫一样,也分为感应、反应、效应三个阶段。细胞免疫的作用机制包括两个方面:

(1) 致敏 T 细胞的直接杀伤作用。当致敏 T 细胞与带有相应抗原的靶细胞再次接触时,两者发生特异性结合,从而产生刺激作用,使靶细胞膜的通透性发生改变,引起靶细胞内的渗透压改变,使靶细胞肿胀、溶解以致死亡[25]。致敏 T 细胞在杀伤靶细胞的过程中,本身未受伤害,可以重新攻击其他靶细胞,参与这种作用的致敏 T 细胞称为杀伤 T 细胞。

(2) 淋巴因子在免疫系统中发挥着关键作用,它们相互配合、协同作用,共同增强了免疫效应,特别是对抗原和异物的清除。例如,皮肤反应因子能够增加血管通透性,使吞噬细胞更容易释放出来。与此同时,巨噬细胞趋化因子集中免疫细胞到抗原部位,对抗原进行吞噬、杀伤、清除。淋巴因子的协同作用,确保对抗原的全面清除。这种免疫系统内部各要素之间的默契合作,展现了机体自身保卫系统的高度智能和协同机制,为维护身体健康提供了强大支持。

3.4　免疫学的发展

3.4.1　免疫学发展史

免疫学的发展伴随着人类与传染病斗争的发展。免疫学的发展经历大致可以分为三个阶段,即经验免疫学阶段、科学免疫学阶段和现代免疫学阶段。

　　免疫学说相对于一些其他的学说较为新颖,它的起源一般认为是在1796年人类天花传染病使用牛痘作为疫苗治疗,当时的詹纳E.(Edward Jenner)发现了牛痘可以有效预防天花,并把接种牛痘的免疫过程称为疫苗,同时他还提出我们能够通过对削弱过的病原体接种,获得对该疾病的抵抗能力,从而保护身体健康。

　　最初的免疫学为经验免疫,当时的人们对于免疫的生物机理还不了解,直到19世纪关于感染类疾病和病原体微生物的关系被罗伯特·科赫发现,这表明任何感染疾病的发生都有一定的病理学依据。同时期,路易斯·巴斯德等人发现并制造了鸡瘟和狂犬病疫苗,并成功完成了接种治疗。在此基础上,人们开始了对免疫防护机制的研究。到了20世纪初期,特异性免疫概念由朱尔·博尔代等人提出,引发了人们的激烈讨论,特异性免疫表明免疫系统能够针对世界上从未出现过的人工分子产生特异性抗体。

　　1930—1950年,免疫学领域发表了众多学术研究成果,其中的代表性研究成果为模板指令理论。而在后面的20年中,即1951—1970年,原来的模板理论逐渐被淘汰,相对应的选择理论开始兴起。在1959年的克隆选择理论[26]基础上,麦克法兰·伯内特总结前人的成就,并提出了克隆选择的学说。他认为免疫细胞是多样性细胞克隆的结果,克隆的细胞表达了细胞的抗体分子,当抗原侵入时,细胞表面的特异性受体与这些入侵抗原结合以不断增殖后代细胞,从而合成大量抗体,不同的抗原使不同的特异性细胞克隆不同的抗体。

　　在1960年以后的20多年间,免疫学迎来了迅猛的发展。在这段时间里,人们对特异性免疫,尤其是对T、B细胞的研究取得了深入的进展,积累了丰富的知识,揭示了两者抗原识别受体产生的机制。与此同时,1970—1990年,免疫网络理论开始崭露头角,为人工免疫网络的发展奠定了基础。

3.4.2　现代免疫学的研究

　　在现代的免疫学发展中,提出了越来越多的新学说。最近二三十年,免疫学扩展了众多内容,其中包括细胞凋亡理论、免疫调节理论、细胞裂解、抗原提呈、DNA疫苗、细胞间发生信号和免疫应答成熟等。

　　(1) 细胞凋亡理论。细胞凋亡是指生物体细胞为了保持体内环境的生物稳定性,而在细胞内的基因控制作用之下自发地进行有计划的细胞死亡过程[27],此过程是有序的,因此也把这种细胞自发死亡的方式称为细胞编程性死亡。基因是细胞凋亡过程中的重要控制部分,凋亡基因的激活、表达和调控贯穿于整个细胞凋亡过程。细胞凋亡的过程就像是植物自然凋谢的过程,是为了满足自身发展需要的生理过程。

　　(2) 免疫调节理论。免疫调节顾名思义是指在免疫分子、免疫细胞和免疫系统三者之间进行相互协调的过程[28],是免疫应答过程的重要部分,免疫调节的存在使得生物体内构成一个相互协调的网络,有效提高了免疫应答的强度和质量,进而有效增强了生物体内环境的稳定。

(3) 细胞裂解。病毒对生物体的危害巨大,通过入侵宿主细胞并在宿主细胞内争夺营养物质用于合成自己的后代或产物,从而使得宿主细胞被破坏死亡,复制后的病毒后代又会再次被释放到内环境中去,形成恶性循环。在病毒侵入后,细胞膜的破坏并不一定是被动的,也可能是免疫系统自发选择的行为。例如,当病菌入侵靶细胞后,效应 T 细胞会主动与靶细胞结合使其裂解。

(4) 抗原提呈。在生物体内,有一种细胞被称为抗原提呈细胞,它的功能就是在病原体入侵产生抗原之后,将这些抗原摄取[29],并对这些抗原进行处理后将处理获得的信息呈递给淋巴细胞,用于激活免疫系统的工作机制,因为这种细胞具有辅助免疫的功效,因此被称为辅助细胞。它可提取出免疫源性多肽进而形成多肽复合物,激活 T 细胞,引发免疫应答。

(5) DNA 疫苗。DNA 疫苗是在基因层次的操作,将能够产生某种抗原的基因信息提取,把提取的基因编码插入质粒上,然后再将质粒注入生物体,于是宿主便可以通过该质粒表达出抗原蛋白,引发体内免疫应答[30]。基因疫苗在持续时间内不断表达抗原蛋白,不断加强机体免疫,从而达到预防的功效。

(6) 细胞间发生信号。细胞间的信号是通过分泌各种物质并在其他细胞上由受体结合来进行传递信息的,细胞间相互传达信号来整合与协调不同单个细胞之间的功能,在基因的控制下,每个细胞会对特定的细胞信号分子做出反应。

(7) 免疫应答成熟。免疫应答通俗来讲就是生物体发生免疫的过程。在收到抗原之后,生物体内的免疫细胞发生变化,发挥免疫效用。免疫应答分为三个阶段,即感应阶段、反应阶段和效应阶段,分别对应抗原识别和呈递、免疫细胞增殖分化、效应细胞清除抗原。

3.5 本章小结

免疫系统是一个极其复杂的系统,在生物机体的运作中起着举足轻重的作用,因此免疫学是一门极为重要的研究学科。从免疫学发展开始,众多的分支领域不断被发展出来,包括基础免疫、临床免疫和细胞免疫学说等,众多的免疫学说得到了广泛的关注与重视。本章通过对免疫系统组成结构的简单说明,介绍了免疫细胞及其多种细胞因子,综合概括了免疫系统的免疫过程及其对于生物体的重要功能。通过对免疫系统机理的学习,能够帮助我们更好地了解免疫过程,进而在以后能够从免疫学的角度更深刻地认识人工免疫系统,从而在人工免疫方面获得更好的理解。

本章参考文献

[1] 陈钰.免疫系统[J].自然杂志,1996(1):30-33.
[2] 陈慰峰.医学免疫学[M].北京:人民卫生出版社,2001.
[3] 罗丁.基于免疫学习的网络入侵检测技术研究[D].阜新:辽宁工程技术大学,2005.

[4] 许春.人工免疫系统及其在计算机病毒检测中的应用[D].成都：四川大学,2004.

[5] 莫宏伟.人工免疫系统原理与应用[M].哈尔滨：哈尔滨工业大学出版社,2003.

[6] 孙宗波.人体组织学与解剖学[M].长春：吉林大学出版社,2015.

[7] 张蕊.乌头碱联合PolyIC抑瘤效应及其促胸腺T淋巴细胞发育机制[D].兰州：兰州大学,2021.

[8] 周泉.人工免疫系统理论及免疫克隆优化算法研究[D].长沙：湖南大学,2005.

[9] JERNE N K. The generative grammar of the immune system [J]. Scandinavian Journal of Immunology,1993,38(1)：2-8.

[10] MOREAU S C,SKARNES R C.Complement-mediated bactericidal system：evidence for a new pathway of complement action[J].Science,1975,190(4211)：278-280.

[11] 张晓明.免疫系统的三道防线[J].医药与保健,2004(9)：30.

[12] 沈霞芬.免疫学基础(二)免疫细胞[J].畜牧兽医杂志,1986(1)：53-56.

[13] 汪美先.免疫学基础[M].西安：陕西科学技术出版社,1981.

[14] 刘东晓.基于DFL的多Agent安全模式设计[D].苏州：苏州大学,2006.

[15] 马向东.基于免疫原理的控制器研究与设计[D].哈尔滨：哈尔滨工程大学,2009.

[16] 王俊婷,石桦,刘剑英.姬松茸多糖生物活性作用研究[J].中国疗养医学,2014,23(7)：592-594.

[17] 李梅.生物机体的免疫系统与功能[J].医学文选,2004(3)：393-394.

[18] 白荣德.免疫学[M].济南：山东科学技术出版社,1984.

[19] 朱彤波.医学免疫学[M].成都：四川大学出版社,2017.

[20] VIVIER E,RAULET D H,MORETTA A,et al. Innate or adaptive immunity? The example of natural killer cells[J].Science,2011,331(6013)：44-49.

[21] SCHENKEL J M,FRASER K A,BEURA L K,et al. Resident memory CD8 T cells trigger protective innate and adaptive immune responses [J].Science,2014,346(6205)：98-101.

[22] CHARLES A J,JANEWAY J.免疫生物学：中译版[M].钱旻,马端,译.5版.北京：科学出版社,2008.

[23] 课程教材研究所.高中生物必修3：人教版[M].北京：人民教育出版社,2015.

[24] 于晓,白梓璇,高强,等.最优可免域补体免疫网络边带模糊红外目标提取算法[J].中国科技论文,2019,14(6)：698-704.

[25] 于善谦,王洪海,朱乃硕,等.免疫学导论[M].北京：高等教育出版社,2018.

[26] BURET F M. The clonal selection theory of acquired immunity [M]. Cambridge：Cambridge University Press,1959.

[27] 李敏,林俊.细胞凋亡途径及其机制[J].国际妇产科学杂志,2014,41(2)：103-107.

[28] WAKSMAN B H,戴顺志.免疫耐受性和免疫调节的有关机理[J].国外医学(免疫学分册),1980(5)：254-256.

[29] UNANUE E R,程一擢.抗原提呈：对其调节及机理的评论[J].国外医学(免疫学分册),1985(1)：37-39.

[30] 李萍,严家新.DNA疫苗研究进展[J].国外医学(预防、诊断、治疗用生物制品分册),1995(3)：100-104.

第4章

先天性免疫与适应性免疫

生物免疫系统是一个复杂的系统,由多种执行免疫功能的器官、组织、细胞、分子及其分泌的免疫活性物质等构成。免疫系统通过识别、排除"异己"来维护生物自身的稳定性,免疫系统的正常工作保障了生物机体的生存与发展。生物免疫是指机体免疫系统对自身成分产生免疫耐受,对非己抗原(入侵病原体等)产生排除作用的生理反应。

本章重点对免疫功能中的先天性免疫(又称为固有免疫、非特异性免疫)、适应性免疫(又称为自适应免疫、获得性免疫、特异性免疫)做进一步的论述与探讨。

先天性免疫是抵抗病毒、病菌的第一道防线,抗原大多数在这里被阻止、消杀。若病原体绕过了先天性免疫系统,那么就需要适应免疫系统发挥作用。适应性免疫系统具有"记忆"功能,会记住入侵的病毒抗原,并且在相同的抗原下一次来袭时,快速把它清除。适应性免疫系统发生作用时,会释放一种具有杀伤性的 T 细胞,将受感染的细胞摧毁[1]。

通过借鉴生物免疫过程机理,先天性免疫因子与适应性免疫因子相互联结,共同构筑免疫网络[2]。进而构建模糊的红外图像抗原集,使用生物免疫机制识别技术初步确定病原体目标的范围。

4.1 先天性免疫系统

人体免疫系统主要包括先天性免疫系统和适应性免疫系统[3],二者相互联系,共同构成了完整的防御体系。先天性免疫系统对入侵机体的细菌、病毒能够积极且快速地发挥防御作用,具有直接性、快速性、广谱性等特点。

4.1.1 先天性免疫系统的组成

先天性免疫是一种没有选择性的消杀、排斥病毒细胞的过程,是免疫系统的第一支"小分队",包括外部保护机制和内部保护机制两种机制。外部保护机制的主体包括皮肤、表皮、黏膜分泌等,作为一种外部屏障,对病毒细胞进行阻挡。一旦外部屏障被攻破,先天性免疫系统的保护机制就会立即启动,对病毒微生物进行杀灭。先天性免疫系统的内部保护机制主要包括单核吞噬细胞系统,由体液中的非特异性杀菌物质等组成。在内部保护机制启动时,中性粒细胞和单核吞噬细胞共同作用于入侵的微生物,对病菌进行吞噬、消化和清除[4]。先天性免疫系统主要由组织屏障、先天性免疫细胞、先天性免疫分子组成。

1. 组织屏障

组织屏障(又称为物理屏障),包括皮肤黏膜及皮肤黏膜的附属成分和体内屏障[5]。

(1) 皮肤黏膜及皮肤黏膜的附属成分。以人类为例,人类的皮肤表面覆盖着多层鳞状上皮细胞,它们紧密结合在一起,可以有效地形成一个封闭的空间,从而构成有效抵御微生物入侵的外部屏障。人体还有皮肤黏膜等物质,虽然黏膜上皮细胞的屏障作用较弱,但黏膜上皮细胞分泌富含蛋白的黏液,微生物包裹的黏液使其难以黏附表皮细胞。此外,人体的肠道蠕动、呼吸道上皮纤毛的定向振荡和尿液冲洗都有助于排除入侵黏膜表面的病原体。皮肤和黏膜不仅是抵抗感染的物理屏障,还分泌各种抑菌或杀菌物质。当皮肤及黏膜屏障被打破时(如创伤、烧伤和身体内部上皮细胞的完整性被破坏),病毒细胞就会入侵体内。

(2) 体内屏障。体内屏障包括血-脑屏障、血-胎屏障、血-睾屏障。

① 血-脑屏障。血-脑屏障结构密集,可以阻止血液中的病原体进入脑组织和脑室。

② 血-胎屏障。血-胎屏障由母体子宫内膜的基底蜕膜和胎儿绒毛膜滋养层的滋养细胞组成。怀孕三个月内,血-胎屏障可能尚未形成完全的保护层,使胎儿暴露于感染的风险中。如果孕妇在怀孕期间感染了病原体,特别是风疹病毒和巨细胞病毒,这些病原体可以穿越血-胎屏障,导致胎儿的畸形发育或流产。

③ 血-睾屏障。血-睾屏障能阻止病原体及有害分子进入睾丸生精小管,保护正常的精子衍生。

2. 先天性免疫细胞

先天性免疫细胞是我们身体内固有的、天生就存在的一支重要免疫队伍。这些特殊的细胞包括吞噬细胞、树突状细胞、NK 细胞、NKT 细胞、γδT 细胞、B-1 细胞、肥大细胞、嗜碱性粒细胞、嗜酸性粒细胞等[6]。

(1) 吞噬细胞。吞噬细胞包括中性粒细胞和单核吞噬细胞。

① 中性粒细胞。中性粒细胞(neutrophil)占血液中白细胞总数的 $60\%\sim70\%$,具有很强的趋化作用和吞噬功能[7]。局部病原体感染后,白细胞可迅速通过血管内皮细胞进入感染部位,起到吞噬致死作用。它还可以通过表面表达的 IgGFc 受体和补体 C3b 受体发挥调节吞噬和杀菌作用。中性粒细胞由骨髓产生,生产周期短,生存周期也短,通常为 $2\sim3$ 天。

② 单核吞噬细胞。单核吞噬细胞是免疫系统中的重要部分,它们构成了先天性免疫系统的核心组成部分。这类细胞包括巨噬细胞、树突状细胞和单核细胞等,

共同承担着清除异物、抵御感染的使命[7]。巨噬细胞分布于全身各个角落,负责吞噬和分解细菌、病毒及其他微小入侵者。树突状细胞则向其他免疫细胞展示外部威胁的信息,激发免疫系统做出反应。而单核细胞则可以根据需要转变身份,成为巨噬细胞或树突状细胞,为免疫系统的反应提供多样化的支援。这些单核吞噬细胞合作紧密,共同守卫着我们的身体,确保免疫平衡。

(2) 树突状细胞。树突状细胞(dendritic cell,DC)分支较多,占人体外周血单个核细胞的1%,包括表皮朗格汉斯细胞(Langerhans cell,LC)、胸腺并指状树突状细胞(thymus dendritic cell,IDC)和外周免疫器官的滤泡树突状细胞(follicular dendritic cell,FDCs)。

(3) 自然杀伤细胞。自然杀伤细胞(natural killer cell,NK 细胞)是机体免疫系统中重要的免疫细胞。作为免疫细胞的一种,NK 细胞在血液和淋巴中流动,在遇到异常细胞之后,会释放细胞毒性物质,使异常细胞凋亡。NK 细胞除了会消杀外界异己细胞,也会对自身细胞产生作用。正常健康的细胞表面会含有特殊的蛋白质 MHC I(MHC I 类蛋白是在所有有核细胞上发现的糖蛋白)——主要组织相容性复合体,若体内细胞受到病毒感染或者已经癌变,其表面会停止产生 MHCI,NK 细胞检测到异常细胞后,会分泌一种酶,使异常细胞凋亡,这个过程即程序性细胞死亡。

(4) NKT 细胞。NKT 细胞为淋巴细胞中的一种类型,也被称为自然杀伤 T 细胞,细胞表面存在 NK 细胞受体和 T 细胞受体,可对人体内老化的细胞进行识别,同时完成吞噬、杀灭处理。若机体存在感染等异常情况时,能够对病原体、发生异常增生的肿瘤细胞进行高效清除。NKT 细胞被成功激活后会不断分泌穿孔素、肿瘤坏死因子等物质,对异常变异细胞进行攻击,也是人体抵御外界感染、恶性肿瘤的一道防线。

(5) γδT 细胞(gamma delta T 细胞)是一种特定类型的 T 细胞[8],其名称中的"γδ"代表它们的 T 细胞受体中包含 γ 和 δ 链,这种 T 细胞属于免疫系统的一部分,可以识别并应对身体中的不同类型的感染和疾病 γδT 细胞的抗原识别机制更为多样化,它们能够识别非蛋白质抗原,如磷脂、糖类和微生物代谢产物。这种不同的识别能力使得 γδT 细胞在特定感染、癌症和炎症等疾病的免疫应答中起到重要作用。γδT 细胞也参与调节免疫系统的平衡,具有调节免疫细胞的功能。它们可以产生不同的细胞因子,影响炎症、抗病原体应答以及免疫调节等生理过程。

(6) B-1 细胞。B-1 细胞是免疫系统中特定类型的 B 细胞,这类细胞产生主要为 IgM 的抗体,对早期免疫应答至关重要。B-1 细胞能够非特异性地产生抗体,对抗原做出自然免疫反应,分布于腹腔、胸腔、黏膜等固有组织和外周血液中。除了参与自身免疫耐受和自我抗原清除,B-1 细胞也在调节免疫反应、局部防御和固有免疫中发挥作用。了解 B-1 细胞的特征及功能对于深入理解免疫系统及其潜在临床应用具有重要意义。

（7）肥大细胞。肥大细胞(mast cell,MC)具有抵抗病原体及调节免疫系统炎症反应的能力。肥大细胞和中性粒细胞都是白细胞,对人体的免疫防御至关重要。

（8）嗜碱性粒细胞。嗜碱性粒细胞是一种白细胞[9],起源于骨髓造血多功能干细胞,在骨髓中分化成熟后进入血液。嗜碱性粒细胞胞体呈圆形,直径为 $10\sim12\mu m$,是自身免疫性疾病的关键免疫调节细胞。嗜碱性粒细胞的数量仅为循环白细胞的 1%,是生物体内 IL-4 的重要来源。它们在 Th2 型免疫应答中发挥着潜在的作用,包括抗寄生虫免疫和过敏反应。

（9）嗜酸性粒细胞。嗜酸性粒细胞是一种特殊类型的白细胞,其特征在于细胞内含有丰富的嗜酸性颗粒,能够被酸性染料显现出来。这些颗粒中含有对酸性染料特异的结构,包括嗜酸性颗粒、嗜酸性小体、嗜酸性颗粒核。嗜酸性粒细胞在免疫系统中发挥多重作用,例如,在对抗寄生虫感染时,通过释放嗜酸性颗粒内的化学物质来消灭寄生虫。此外,它们也参与过敏反应,释放的化学物质会导致过敏症状,如瘙痒和呼吸急促。嗜酸性粒细胞还能调节炎症过程,通过释放细胞因子参与对抗细菌感染。

3. 先天性免疫分子

先天性免疫分子在关于免疫系统的成长、促进免疫细胞的活化及免疫应答反应方面起着主要的作用。免疫分子不仅包含免疫细胞膜分子,比如分化抗原分子、抗原识别受体分子等,还包含由免疫细胞或者非免疫细胞分泌的分子,比如免疫球蛋白分子(抗体)和细胞因子等,这些分子在执行免疫活动中也起着非常重要的作用。总的来说,免疫分子囊括了抗体、补体、细胞因子、主要组织相容性复合体等,是对免疫细胞合成和分泌出执行免疫功能的各种分子的统称。免疫分子依靠淋巴循环网络这一流动的环境,使得其中的免疫细胞和分子流向身体的各个部位[10-11]。

4.1.2　先天性免疫系统的工作机制

基于对先天性免疫的研究可知,T 细胞是免疫系统中的关键细胞,具有多种功能。它们可以进行细胞免疫,直接杀灭病原体和异常细胞。同时,T 细胞也在免疫应答中发挥辅助作用,协助激活其他 T 细胞和 B 细胞,促进免疫反应。此外,它们分泌多种淋巴因子调节免疫过程。然而,在 T 细胞发挥免疫功能之前,需要在胸腺内分化成熟,并在受到抗原和辅助分子激活后方能发挥作用,这对于确保 T 细胞能够识别特定抗原并做出适当应答至关重要。这些步骤保障了 T 细胞的特异性和有效性,使其能够参与免疫防御。

胸腺组织是 T 细胞分化和成熟的重要场所,T 细胞的分化和成熟过程并不复杂,包括两个阶段,即迁移和繁殖、分化和选择。T 细胞相比于其他细胞除了具有不同的抗原特异性,还有两个基本特点:首先,T 细胞对于抗原的识别要受到自身主要组织相容性复合体(MHC)分子限制;其次,T 细胞成熟之后并不会对自身的抗原做出应答,具有自我耐受性,不能单独识别自身的 MHC 分子及和自身 MHC 分子结合的自身抗原,故不会对自身抗原产生应答反应。

1. T 细胞的迁移和繁殖

T 细胞产生于骨髓,迁移至胸腺后,部分细胞受到刺激而生长,其他的则死亡,存活下来的细胞发育成熟后,迁移至血液及外周淋巴组织,发育为 T 细胞。随着胸腺细胞的成熟,它们与胸腺中的非淋巴细胞(胸腺上皮细胞、从骨髓来的巨噬细胞及树突状细胞)的联系愈发紧密,通过与这些细胞相互作用达到成熟和迁移。

2. T 细胞的分化和选择

T 细胞在胸腺中发育成熟的过程中,早期表达 TCR:CD3 复合物,随后表达其他辅助分子(包括 CD4 和 CD8)用于淋巴细胞的分类及表示淋巴细胞的成熟次序。同时,T 细胞逐渐分化为辅助性 T 细胞、细胞毒性 T 细胞及其他功能尚不清楚的不同亚群。图 4-1 所示为 T 细胞成熟的个体发育和相应的谱系示意图。

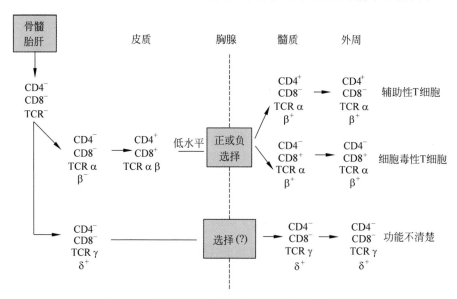

图 4-1 T 细胞成熟的个体发育和相应的谱系示意图

一般来说,生物个体在其基因组中含有全套的 TCR 基因,可编码识别各类不同入侵病毒与 MHC 分子结合在一起的抗原受体。图 4-2 所示为 T 细胞成熟过程中在胸腺中的正、负选择示意图。选择针对全部发育的 T 细胞群,并通过生长或死亡来实现。T 细胞受自身的 MHC 分子限制,该选择称为正选择(胸腺),该过程要求 TCR 对外来抗原和 MHC 分子进行双重识别,那些不能结合外来抗原或不能与自身 MHC 分子结合的 T 细胞将死亡而被除去。而负选择去除或钝化与自身成分应答的细胞,以保障成熟的 T 细胞自我耐受,该过程中把 TCR 能与自身抗原-MHC 复合物结合的胸腺细胞除去,仅保留对外来抗原有特异性的 T 细胞。

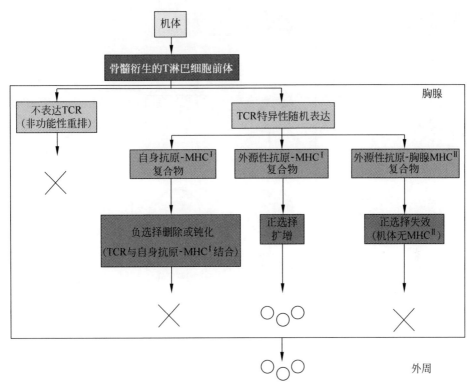

图 4-2　T 细胞成熟过程中在胸腺中的正、负选择示意图

　　先天性免疫系统是机体防御众多病原体的第一道防线[12]，效应机理如图 4-3 所示。病原体入侵后，先天性免疫具有迅速的免疫防卫作用。当少量病原体侵入人体后，可被先天性免疫巨噬细胞吞噬清除。其中，G-菌等能够激活补体系统从而被溶解破坏，补体系统产生的活化分泌因子 C3b、C4b 等能够增强先天性免疫吞噬细胞的吞噬杀菌能力。另外，其所产生的分泌因子 C3a、C5a 等能够使肥大细胞产生活性胺类物质和炎性介质等，引发血管扩张，改善通透性，进而增强吞噬效应。中性粒细胞是机体抗细菌、抗真菌感染的主要效应细胞，被活化后，能够进入感染部位，对绝大多数的病原体进行吞噬和杀灭。除了吞噬、清除抗原之外，先天性免疫系统中的巨噬细胞还可以产生大量分泌因子，提高先天免疫识别能力和杀灭能力。这些先天性免疫因子在病原体入侵机体的早期发挥着重要的免疫作用。

4.1.3　先天性免疫系统机理给智能算法带来的启示

　　通过对先天性免疫的原理进行分析，我们对于先天性免疫的工作机理有了一定的认识，那么先天性免疫在刑侦红外图像处理中如何工作呢？它又为我们的刑侦图像处理带来哪些启发或作用呢？

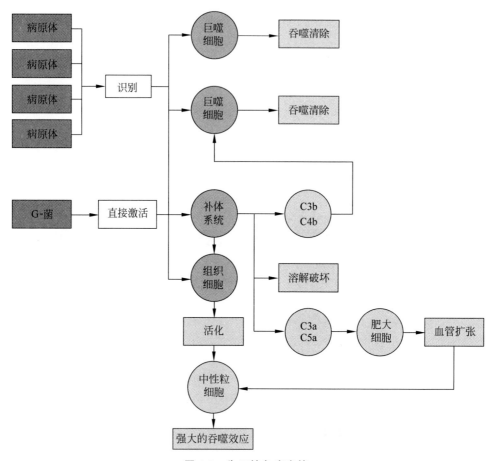

图 4-3　先天性免疫应答

下面以一个简单的图像初步分割例子,了解先天性免疫系统对智能算法在刑侦红外手印图像处理过程中的启发与作用。

将复杂背景下红外手印图像的像素表示为抗原集,像素的灰度、位置等其他特征可以作为抗原的分子结构模式[13]。通过设计具备初始特征值的先天性免疫因子实现对目标抗原集的有效识别,先天性免疫因子的效应机理如图 4-4 所示。因此,利用先天性免疫因子这一特性可对复杂背景下的红外手印图像进行初步处理,确定复杂背景下红外手印图像目标区域的初始位置及过滤掉大部分背景区域。

在生物免疫理论中,当抗原或病毒入侵时,先天性免疫是人体的第一道防线,它可以非特异地识别并作用于病原体[14]。因此通过借鉴先天性免疫作用阶段,基于抗原的表面分子模式,采用阈值法获取两个阈值 T_1 和 T_2,将抗原集分为高于 T_2、低于 T_1、介于 T_1 和 T_2 之间的三个子集,即

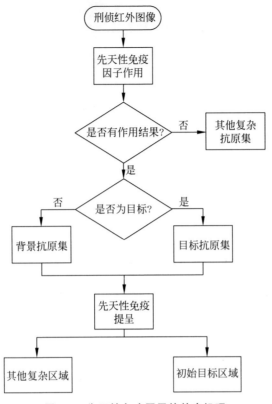

图 4-4　先天性免疫因子的效应机理

$$G = \begin{cases} G_1(i,j) & I(i,j) < T_1 \\ G_2(i,j) & T_1 < I(i,j) < T_2 \\ G_3(i,j) & I(i,j) > T_2 \end{cases} \quad (4\text{-}1)$$

其中，i 为图像矩阵的行数，j 为图像矩阵的列数，I 为图像中每一点的像素值，G 代表整幅图像矩阵。取 G 中像素值小于 T_1 的像素保留，得到矩阵 G_1，视为图像的背景；保留 G 中像素值大于 T_1 且小于 T_2 的像素，得到矩阵 G_2，视为图像中的模糊区域；取 G 中像素值大于 T_2 的像素保留，得到矩阵 G_3，视为图像中待处理的目标。对以上三个抗原子集进行式(4-2)的赋值处理，其过程示意图如图 4-5 所示，图像抗原输入后经过先天性免疫获得两阈值粗划分的目标背景和背景区域，对模糊区域无法识别，需要后续处理。

$$G_b = \begin{cases} 0 & I(i,j) \in G_1 \\ G_2(i,j) & I(i,j) \in G_2 \\ 255 & I(i,j) \in G_3 \end{cases} \quad (4\text{-}2)$$

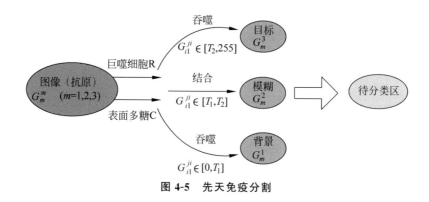

图 4-5 先天免疫分割

4.2 适应性免疫系统

4.2.1 适应性免疫系统的组成及作用

适应性免疫系统与先天性免疫系统有所不同,是指生物机体后天受到抗原的刺激所产生的获得性免疫[15],由于适应性免疫应答能够通过首次认识行为后,识别不同抗原之间的微小差别,所以适应性免疫又称为获得性免疫、特异性免疫、自适应免疫。自适应免疫是人类适应生存环境并接触抗原物质而产生的一种有针对性的、进化程度较高的免疫功能。除此之外,适应性免疫系统还具有记忆功能。适应性免疫系统的记忆功能表现为当再次遇到相同类型的抗原时可以迅速识别,并且适应性免疫可以识别特定的病原微生物(抗原)或生物分子,在识别自身和排除异己方面发挥着重要作用。如图 4-6 所示,适应性免疫系统由免疫器官、免疫细胞和免疫分子组成。

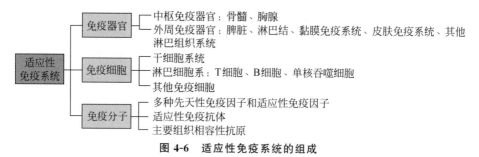

图 4-6 适应性免疫系统的组成

1. 免疫器官

免疫器官是免疫细胞产生、分化、成熟及发生免疫问答的场所[16]。免疫器官主要是指能够完成免疫功能的组织或者器官,按照免疫系统功能的不同,可以分为中枢免疫器官(central lymphoid organs)、外周免疫器官(peripheral lymphoid organs)。

(1)中枢免疫器官包括骨髓和胸腺。其中,骨髓(bone marrow)是免疫细胞发生、B 细胞分化成熟的场所,而胸腺是 T 细胞分化、成熟的场所。骨髓具有造血功能,也为适应性 B 细胞的发育提供了机体组织场所;胸腺为适应性 T 细胞的发育提供了机体组织场所。

（2）外周免疫器官是免疫系统的重要组成部分,用于免疫应答和调节,包括脾脏、淋巴结、黏膜免疫系统、皮肤免疫系统以及其他淋巴组织。它们是成熟的适应性 T 和 B 细胞的分布场所,也是这些细胞应对病原体产生免疫效应的主要场所。在这些器官内,免疫细胞经过成熟和激活,应对病原体触发免疫反应。

2. 免疫细胞

免疫细胞表示所有与机体免疫效应相关联的先天性免疫细胞和适应性免疫细胞。主要的适应性免疫细胞包括：T、B 细胞等,这两种细胞又被称为 αβT 细胞和 B2 细胞。这些适应性免疫细胞具备抗原识别受体,如 T 细胞受体（T cell receptor,TCR）与 B 细胞受体（B cell receptor,BCR）,因此能够识别被先天性免疫提呈细胞提呈后得到的抗原肽-MHC 复合体分子。先天性免疫细胞主要包括巨噬细胞、树突状细胞等,这些先天性免疫细胞虽然不具备特异性的抗原识别受体,却具备一种特殊的模式识别受体,能够识别部分表达于抗原表面的抗原表面分子共有模式。这些细胞的识别范围广,对多种病原体均可产生作用,它们构成了机体免疫系统的第一道防线,能够迅速地对病原体发生作用,同时还能够启动、活化适应性免疫。

在免疫系统中,骨髓不但是机体中主要的造血器官,还是不同的免疫细胞进行分化的场所。在骨髓中形成的多能干细胞（pluripotent stemcells）拥有十分强大的分化力度,能够增殖并且分化成非淋巴系细胞（non-lymphoid cells）及淋巴系干细胞（lymphoid stemcells）[17]。在骨髓中,非淋巴系细胞最终成为粒细胞系、红细胞系和单核-巨噬细胞系等,淋巴系干细胞成为前淋巴细胞,然后在胸腺中分化成为 T 细胞,在骨髓中分化成为 B 细胞[18]。对于 T 细胞和 B 细胞来说,外周免疫器官具有重要意义,这里不仅是它们成熟后存在的场所,还是它们在受到外来抗原刺激后发生免疫应答的场所。此外,淋巴细胞能够在淋巴结中不断增殖,大量淋巴细胞将随着血液和淋巴液进行循环,从而保证拥有不同抗原受体的不同淋巴细胞在生物体内不断移动,进而可以增加和抗原及抗原递呈细胞触碰的概率[19]。

3. 免疫分子

免疫分子主要由适应性免疫抗体、主要组织相容性抗原及多种先天性免疫因子和适应性免疫因子组成,在免疫系统的应答过程中起着非常重要的作用。

（1）抗体。抗体是适应性免疫 B 细胞在被病原体激活并分化为浆细胞后分泌的球蛋白。抗体能够识别相应的病原体,产生免疫效应。

（2）免疫细胞因子。免疫细胞因子是指由多种免疫细胞分泌的具备生物学活性的小分子蛋白。多种先天性免疫细胞因子和适应性免疫细胞因子在免疫细胞成熟、免疫效应等阶段具有重要的意义。

（3）主要组织相容性抗原。移植不同个体间的组织后,常因两者细胞表面同种异型而产生排斥,引起强烈排斥作用的同种异型抗原称为主要组织相容性抗原。这种抗原具有提呈抗原、活化适应性免疫等作用。

对于整个免疫系统的器官、组织来说,免疫应答在免疫机制中发挥重要作用,对于免疫应答,简单来说,是指免疫活性细胞诸如 T 细胞和 B 细胞识别抗原,产生应答(也就是活化、增殖、分化等),将抗原进行破坏和清除的过程[20]。适应性免疫应答可以分为体液免疫应答和细胞免疫应答,效应机理如图 4-7 所示。

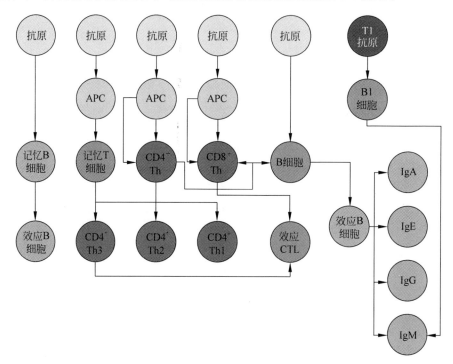

图 4-7　适应性免疫应答

体液免疫应答和细胞免疫应答都可分为活化启动、增殖分化、效应作用三个阶段。

(1) 在活化启动阶段,先天性免疫中的抗原提呈细胞将抗原提呈为抗原肽-MHC 复合体分子,并提供给适应性免疫因子,适应性免疫因子受到活化后启动适应性免疫识别。

(2) 在增殖分化阶段,适应性免疫因子如 T 细胞、B 细胞等在接受相应的抗原刺激后,在刺激分子、先天性免疫分泌因子等细胞因子的作用下,活化增殖,发育为相应的效应 T 细胞、浆细胞等。

(3) 在效应作用阶段,浆细胞分泌的抗体、效应 T 细胞释放的穿孔素、颗粒酶等细胞因子发挥免疫保护作用。

4.2.2　适应性免疫系统机理给智能算法带来的启示

受到生物细胞学机体免疫过程的启发,结合人工免疫算法,将人体的免疫过程机理应用于模糊刑侦图像的文字目标提取过程,可以有效提高刑侦图像目标提取的完整性、准确性。

体液免疫和细胞免疫是免疫系统的两个关键组成部分,对于抵御病原体和异常细胞至关重要。在体液免疫中,B细胞通识别受体抗原,分化为产生抗体的浆细胞、记忆B细胞。抗体能够特异性识别和消除抗原。而细胞免疫则主要针对受到感染、自身突变或同种异体移植的细胞。效应T细胞直接接触并溶解靶细胞,消除感染或异常细胞。这两种免疫方式共同保护机体免受感染和疾病的影响。

上述两种免疫过程中产生的记忆细胞可以直接对相同的抗原细胞做出反应,大大加快了对抗原的识别、消灭、裂解。体液免疫和细胞免疫共同依赖淋巴细胞对蛋白质抗原的特异性识别。可以将这个过程抽象为类似于对模糊的刑侦图像进行智能匹配,不同类型的免疫因子能够准确、完整地提取目标,就如同匹配不同类型的模糊刑侦图像目标一样。图4-8为体液免疫过程,图4-9为细胞免疫过程。

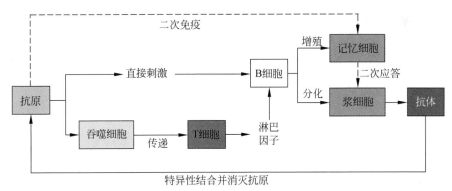

图 4-8　体液免疫过程

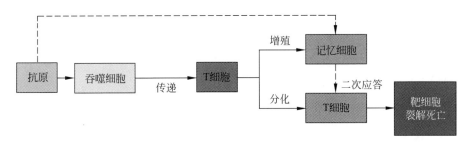

图 4-9　细胞免疫过程

4.2.3　适应性免疫因子算法的提取与处理

通过以上对自适应免疫的原理进行分析,为了解自适应免疫在处理实际问题中如何工作,接下来以刑侦图像处理流程为例,分析自适应免疫因子在图像处理过程中的作用。

刑侦图像的获取受到诸多复杂条件的影响,而在不同部门间的流转过程中,图像可能会受到噪声和外界环境因素(如光照、设备等)的干扰,导致图像信息模糊、目标与背景混杂等问题。这对刑侦图像目标提取构成显著干扰,增加了识别目标与背景的难度。为了解决这个问题,自适应免疫因子算法在进行目标提取前,会对刑侦图像进行预处理,包括图像滤波和去噪,以使图像平滑化,去除可能的干扰噪声,为后续的图像目标提取工作奠定坚实基础。

刑侦图像目标的提取首先是将原始图像转化为灰度图像,采用中值滤波法去除噪声点。虽然中值滤波作为一种传统的滤除噪声的方法,对模糊刑侦图像所具备的高椒盐噪声能够获得较好的滤波结果,在平滑脉冲噪声方面效果很好,但是如果需要更加有效地保留目标的边缘细节,更大程度地去除更复杂的异常像素值,选择适当的点来替代噪声污染点,传统的中值滤波方法是远远不够的。因此在适应性免疫机理上,将传统中值滤波算法改进为自适应中值滤波的方法,利用迭代法找到合适的值替代噪声点的值。具体步骤如下:

(1)首先选择一个滤波窗口,遍历图像,将图像各个像素点的值记录下来。

(2)对图像进行噪声监测,如果滤波窗口对过滤窗口有影响,则根据之前设置的条件合理调整滤波窗口的大小,反之,没有影响则不需要调节。

(3)当遍历图像时,需要一一判断当前点的像素中值是否为噪声点。

(4)若判断一点不是噪声点,则直接输出该点的像素值。

(5)若判断一点是噪声点,则输出当前窗口的中值,首先需要判断当前滤波窗口中值是否是噪声点:若滤波窗口中值是噪声点,则根据设定条件自动增大窗口尺寸,直到选出正确的中值;若滤波窗口不是噪声点,则输出本窗口的中值。

利用自适应中值滤波结合形态学的方法进行处理,这样不仅可以使图像中目标样本的细节保留,还可以将不需要的噪声信号滤除,为后续的刑侦图像目标提取提供可行性条件。

通过以上步骤,采用自适应免疫因子将原始模糊图像中无法提取的目标边缘细节保留下来,并把干扰提取目标的噪声点合理剔除,为后续的目标提取提供了条件,且极大地提高了提取目标细节的准确度。

4.3　先天性免疫系统与适应性免疫系统的区别、协作机制

4.3.1　先天性免疫系统与适应性免疫系统的区别

免疫系统是人体内重要的防御机制,分为先天性免疫系统和适应性免疫系统。其中,树突状细胞和吞噬细胞是先天性免疫系统的重要组成部分,负责抗原的吞噬和初步加工。随后,抗原会被这些细胞加工成更易于适应性免疫系统识别的形式。

适应性免疫系统的免疫应答包括细胞免疫和体液免疫两个方面,涉及效应分子、抗体和多种细胞类型,如 NK 细胞。这些细胞会受到不同细胞因子的调节,在免疫应答中发挥重要作用。最终,免疫系统会通过细胞成熟和免疫应答的协同作用,为机体提供有效的免疫保护[21]。先天性免疫系统与适应性免疫系统的特点及组成见表 4-1。

表 4-1　先天性免疫系统与适应性免疫系统的特点及组成

免疫系统	特点	组成
先天性免疫系统	免疫反应迅速;由先天基因获得;没有个体性差异;不因同一抗原进入机体的次数而改变反应强弱	皮肤、黏膜的阻挡作用及分泌的抑菌物质、杀菌物质,吞噬细胞,NK 细胞;血液、体液中的抗菌有关分子:补体、溶菌酶
适应性免疫系统	后天免疫作用时获得;免疫发生时间因首次或再次接触抗原而不同;有个体差异;免疫发生的强弱与抗原进入次数有关	细胞免疫由 T 细胞主导完成;体液免疫由 B 细胞主导完成

先天性免疫与适应性免疫的不同之处:

(1)先天性免疫是固有性的、先天性的,无须抗原激发即可获得;而适应性免疫应答是获得性的,须在接触抗原后获得。

(2)先天性免疫在抗原出现的早期即可快速(几分钟至 4 天)发挥作用;而适应性免疫应答需在 4～5 天发挥作用。

(3)先天性免疫无免疫记忆,适应性免疫有免疫记忆性,并产生记忆细胞。

(4)先天性免疫主要包括抑菌物质、杀菌物质、补体、炎症因子、吞噬细胞、NK 细胞、NKT 细胞。适应性免疫主要包括 T 细胞、B 细胞[22]。

4.3.2　先天性免疫与适应性免疫的协作机制

虽然部分病原体能够被先天性免疫因子识别和杀灭,然而由于先天性免疫因子依赖胚系基因编码的受体识别病原体[23],因此,仍然有部分病原体不能够被先天性免疫识别,如具有保护性包囊的病原菌、不具有细菌那样保守分子的病毒等。对于这些病原菌和病毒等,先天性免疫中的树突状细胞等因子仍然能够通过非受体依赖的巨胞饮作用对其进行摄取[24]。这类细胞因子被称为抗原提呈细胞(antigen-presenting cell,APC),是指在免疫应答过程中向 T 细胞提呈抗原物质的一种辅助细胞。APC 抗原提呈细胞分为两类:专职 APC,包括树突状细胞、单核/巨噬细胞、B 细胞等;非专职 APC,包括内皮细胞、成纤维细胞、上皮细胞和间质细胞、嗜酸性粒细胞等。

先天性免疫抗原提呈细胞能够对病原体进行提呈、加工,组成表达主要组织相容性复合体(major histocompatibility complex,MHC)Ⅱ/Ⅰ类分子等,并将提呈、加工的结果提供给适应性免疫因子,从而启动适应性免疫识别。先天性免疫抗原提呈细胞所加工处理的病原体可分为两类:一类是从细胞外摄入胞内的抗原,称为外源性抗原;另一类是在细胞内产生的抗原,称为内源性抗原。

先天性免疫提呈因子对第一类病原体的提呈称为外源性提呈,或 MHC II 类提呈,如图 4-10 所示[24]。

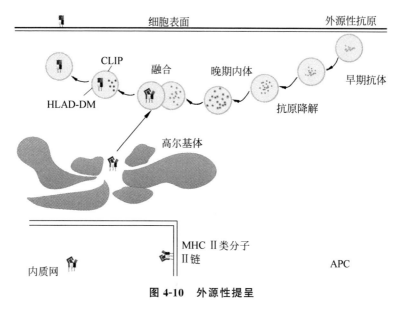

图 4-10　外源性提呈

先天性免疫提呈因子对第二类病原体的提呈称为内源性提呈,或 MHC I 类提呈,如图 4-11 所示[24]。

经过先天性免疫提呈因子的加工、处理,抗原被提呈为抗原肽-MHC 分子复合体,并被提供给适应性免疫因子。

免疫系统的整体运作过程以病原体的入侵为例,病毒进入人体时,免疫系统发挥着关键作用。免疫系统中的巨噬细胞起着重要的吞噬和清除作用,通过吞噬病原体,它们将病原体分解成碎片,并通过分泌的酶进一步消化这些碎片。这些碎片被巨噬细胞呈递给 T 细胞,激活免疫反应,控制和清除体内的感染。

T 细胞和巨噬细胞表面的微生物碎片,也即微生物抗原相遇后立即产生免疫反应。这时,巨噬细胞会产生一种淋巴细胞的物质,它最大的作用就是激活 T 细胞。一旦 T 细胞"苏醒",它们立即向整个免疫系统发送"警讯",报告"敌军"入侵。此时,免疫系统会派出一名"杀手"——T 细胞,协助 B 细胞,最终通过 B 细胞产生一种特异性抗体。

杀伤性 T 细胞可以找到那些被感染的人类细胞,一旦发现,它们就会像杀伤细胞一样摧毁这些被感染的细胞,阻止病原微生物的进一步繁殖。B 细胞产生的抗体在破坏感染细胞的同时,与细胞内的病原微生物结合,使其失去入侵作用。

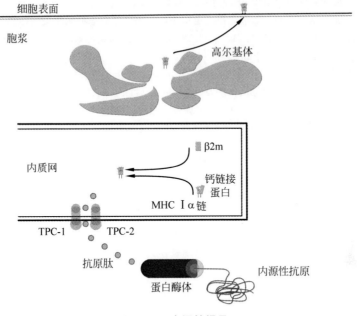

图 4-11　内源性提呈

4.4　本章小结

　　本章基于第 3 章对免疫系统的基础分析,对免疫系统的先天性免疫、适应性免疫做了进一步研究。对于先天性免疫部分,本章分析了先天性免疫的概念、先天性免疫系统的组成及各部分的作用,并论述了先天性免疫系统的工作机理及其对免疫智能算法带来的新思路。在此基础上,讲述先天性免疫系统的工作机理对智能图像处理带来的启发,并简单讲述处理流程。

本章参考文献

［1］　于晓,白梓璇,高强,等.最优可免域补体免疫网络边带模糊红外目标提取算法［J］.中国科技论文,2019,14(6)：698-704.

［2］　YU XIAO. Blurred trace infrared image segmentation based on template approach and immune factor［J］. Infrared Physics & Technology,2014 (67)：116-120.

［3］　NAKANISHI Y. Humoral and cellular responses in innate immunity［J］. Journal of the Pharmaceutical Society of Japan,2006,126(12)：1207-1212.

［4］　刘永波.认识免疫系统［J］.新农村,2018(2)：39.

［5］　丛秋霞.鞭毛蛋白在重组减毒鼠伤寒沙门菌诱导固有免疫应答中的作用研究［D］.扬州：扬州大学,2011.

［6］　金伯泉.医学免疫学［M］.北京：人民卫生出版社,2008：136-149.

［7］ 曹雪涛.医学免疫学［M］.7 版.北京：人民卫生出版社,2018.

［8］ 崔大伟,梁雨,陈瑜.γδT 细胞在病毒免疫中的作用［J］.中华临床感染病杂志,2013(1)：6.

［9］ HAJIME KARASUYAMA. Basophils have emerged as a key player in immunity［J］. Current Opinion in Immunology,2014,31：1-7.

［10］ 蒙文川.人工免疫算法及其在电力系统中的应用研究［D］.杭州：浙江大学,2006.

［11］ 孙勇智.人工免疫系统模型、算法及其应用研究［D］.杭州：浙江大学,2005.

［12］ 孙汶生.医学免疫学［M］.北京：高等教育出版社,2010.

［13］ 付冬梅,孙静,杨焘.基于人工靶向免疫疗法的红外手部痕迹目标提取［J］.电子与信息学报,2018,40(2)：346-352.

［14］ 毛泽民,于晓,白梓璇.基于补体免疫的模糊红外图像目标提取［J］.激光杂志,2021,42(6)：62-67.

［15］ 袁博.鸡枞菌通过抗氧化调节免疫及辅助治疗 2 型糖尿病及糖尿病肾病的研究［D］.长春：吉林大学,2019.

［16］ 刘涛.支持向量机方法在 T 淋巴细胞表位预测中的应用［D］.大连：大连理工大学,2009.

［17］ 李向华.基于人工免疫系统的增量聚类算法及其优化与应用的研究［D］.长春：吉林大学,2009.

［18］ 杨斌.基于 Multiagent 独特型人工免疫网络［D］.西安：西安电子科技大学,2005.

［19］ 张燕.基于免疫克隆选择算法的研究与应用［D］.临汾：山西师范大学,2013.

［20］ 郑德玲,梁瑞鑫,付冬梅,等.人工免疫系统及人工免疫遗传算法在优化中的应用［J］.北京科技大学学报,2003(3)：284-287.

［21］ 廖俊.1.β-［1,2]-寡聚甘露糖肽化合物的合成及白念珠菌疫苗的免疫活性研究 2.新型氮唑类化合物的合成及抗真菌活性研究［D］.上海：第二军医大学,2013.

［22］ 白荣德.免疫学［M］.济南：山东科学技术出版社,1984.

［23］ SAMPSON T,WEISS D. Degeneration of a CRISPR/Cas system and its regulatory target during the evolution of a pathogen［J］.RNA Biology,2013,10(10)：1618-1622.

［24］ CHARLES A J,PAUL T,MARK W,et al. Janeway's immunobiology［M］. Florida：Garland Science,2012.

第5章

免疫系统与神经系统

通过对免疫系统工作机理的分析,为刑侦红外图像的处理带来了启发,将刑侦红外图片的模糊区域视为抗原进行处理。为进一步研究免疫智能算法,扩充算法的全备性与智能性,获得高效且清晰的刑侦图片,本章将继续深入研究人体的神经系统,以及神经系统与免疫系统的关系、神经系统与免疫系统的协作机理,为刑侦红外图像的处理带来更多的思路。

5.1 免疫细胞与免疫系统

对于免疫细胞,相信大家已经不再陌生,这里再做简单回顾。免疫系统是人体防御外部病原体侵入并维护内部稳态的重要生理系统。它主要由两个关键组成部分构成:先天免疫系统和适应性免疫系统。先天免疫系统是人体最初的防线,包括物理屏障(如皮肤和黏膜)、炎症反应和吞噬细胞(如巨噬细胞和中性粒细胞),能快速识别并攻击病原体。适应性免疫系统则具有高度特异性和记忆性,它包括 T 细胞和 B 细胞,能对特定病原体做出适应性反应,形成长期免疫记忆,以便日后迅速应对相同病原体侵入。这两个系统共同协作,构成了一个高效的免疫防御网络,确保身体对抗各种感染和疾病。

细胞免疫是指生物经过后天感染或人工接种某种病原体(抗原)而使机体获得抵抗感染的能力[1],这种能力是通过病原体刺激生物机体产生抗体而获得的。抗体能与抗原产生特异性反应,使细胞免疫具有特异性。细胞的免疫过程一般分为以下三步:

(1) 免疫识别。免疫识别是免疫过程的首要步骤,免疫系统通过特定受体识别和区分抗原,这些抗原可能是来自病原体、癌细胞或其他异常细胞的特定分子结构。T 细胞通过 T 细胞受体(TCR)识别感染细胞表面的抗原肽,而 B 细胞则通过 B 细胞受体(BCR)识别游离在体液中的抗原。

(2) 免疫应答。这一步骤涉及多个免疫细胞协同工作,包括 T 细胞和 B 细胞。T 细胞分为辅助 T 细胞和细胞毒性 T 细胞,前者协助 B 细胞生成抗体,后者直接攻击感染的细胞。B 细胞则分化成浆细胞,产生特异性抗体,这些抗体能识别并结合抗原,协助免疫系统清除病原体。

(3) 免疫记忆。指的是机体在初次抗原暴露后形成的持久免疫应答记忆。这种记忆存储于记忆 B 细胞和记忆 T 细胞中,能快速、精确地识别先前遇到过的抗原,使免疫系统能够在再次暴露时更迅速、更强有力地产生适应性免疫反应。

免疫系统的以保护生物体免受病原体侵害的重要原则,具有严格的分工。每种抗体都是针对特定的抗原而设计,具有高度特异性。这特异性确保了抗体只能与其特定的抗原结合,而不会对其他抗原产生效应。这种特异性和分工确保了免疫系统的有效运作。如果一种抗体能够同时作用于两种不同的抗原,那么免疫系统的反应将变得混乱且无效,可能会导致不适当的免疫反应,甚至对生物体的自身组织造成损害,引发自身免疫性疾病。

基于以上分析,我们已经知道生物免疫系统的作用,然而生物机体在实际问题的处理过程中,并不是各个部分相互独立行动,人体是一个庞大的生物系统,处理问题复杂,并且牵一发而动全身。对于免疫系统的运作,背后是否还牵涉别的系统呢? 这个答案是肯定的。不同的系统、不同的器官在人体运作机制中,每一部分不是孤立的,而是相辅相成、相互交织。为深入研究人体免疫系统与相关系统之间的关系与工作机制,接下来将对神经系统与免疫系统之间的配合工作做进一步的论述研究。

5.2 免疫系统与神经系统

神经系统是人体的"司令部"[2],分布在人体的各个地方、各个角落,对各个部分起着十分重要的作用。脑内免疫稳态对于正常神经认知功能的维持有重要作用,且与外周免疫系统相互影响[3]。生物神经系统的神经元能依靠特定的信号产生免疫应答,对免疫系统做出影响,神经系统和免疫系统之间相互作用的关系可以借鉴到人工免疫系统的设计中。那么神经系统是否与免疫系统有所关联呢? 他们之间是否协同配合工作呢? 接下来将对神经系统及神经系统与免疫系统的协作机制加以阐述。

5.2.1 神经系统

1. 神经系统概述

神经系统是由人体中轴的中枢神经系统和周围神经系统组成。神经系统维持机体稳态,若受到损伤和破坏,可能会引发多种神经系统疾病。中枢神经系统位于背腔,由颅神经节、神经索、大脑和脊髓组成。在中枢神经系统中,大量的神经细胞形成一个网络,接收、整合、处理信息,其中一部分神经细胞被传输,一部分神经细胞被存储作为学习和记忆的基础,一部分神经细胞产生思维活动。外周神经系统位于中枢神经系统和其他系统器官之间,主要成分是神经纤维,它不是独立存在的,而是指除大脑和脊髓以外的神经系统的形态划分。中枢神经系统和外周神经系统构成神经系统,共同控制生物的行为。

中枢神经系统是神经系统中神经细胞集中的结构。脊椎动物的中枢神经系统包括脑和脊髓,高等无脊椎动物由腹神经索和一系列神经节组成。脊椎动物的中枢神经系统在胚胎时由身体背侧的神经管发育而来。神经管一端发育为脑,另一端发育为脊髓。在脊椎中,有髓鞘的神经纤维聚集在一起呈白色,叫白质。由大量神经细胞体和突触组成的地方呈灰色,叫灰质。在脊髓中按节段进行反射活动,具有整体性。在纵向上,脑和脊髓的左右两边由链和纤维构成。

中枢神经系统是神经系统的核心组成部分,包括大脑和脊髓。它担负着处理和解释传入神经信息的重要任务。当感受器接收到来自内外环境的刺激时,传入神经将这些信息传送至中枢神经系统,大脑负责解读和处理这些信号。大脑的复杂结构允许我们进行思考、决策和感知,同时脊髓负责协调许多基本的反射动作。

反射是一种基本的神经响应机制,它在没有中枢神经系统直接干预的情况下产生快速的生理反应。反射通过反射弧完成,反射弧包括感受器、传入神经、神经中枢、传出神经和效应器。当感受器受到刺激时,传入神经将信息传递至脊髓或其他反射中心,然后传出神经发出指令,使相应的肌肉或腺体产生迅速的、无意识的反应,这种机制帮助生物体迅速对潜在威胁或危险做出适应性反应。

神经系统的调节功能在维持生物体内部稳态和适应外部环境变化方面起着关键作用。通过感知内外环境的变化,神经系统可以调节生理过程,如体温、心率、呼吸等,以确保这些生理指标保持在合适的范围内。这种调节功能是通过协调中枢神经系统、自主神经系统和内分泌系统之间的复杂互动来实现的。通过这种方式,生物体能够适应不同的环境条件,保持内部环境的相对恒定性,从而维持其正常的生命活动和健康状态。

2. 神经系统的基本结构

神经系统是由神经元(神经细胞)和神经胶质组成的。

(1)神经元,又名神经细胞。承担了神经系统的基本单位角色,具有高度特化的结构和功能。20世纪前发展的神经元学说,认为神经元网络是维持高级大脑功能的唯一细胞类型。它们是神经信号传递和处理的核心,负责感知外部刺激并传递神经冲动。神经元的形态呈现多分支的长形态,分布于脑、脊髓和神经节中。细胞体主要分布于这些中枢器官内,而突起则广泛分布于全身各个器官和组织。

神经元的结构主要分为细胞体和突起两个部分。神经元是神经系统的基本功能单元,其复杂结构和分工对于神经信号传递和信息处理至关重要。细胞体是神经元的主要控制中心,含有细胞核和各种细胞器,负责整合来自树突的输入信号。而突起则起着传递和发送信号的作用,分为树突和轴突,其中树突接收神经冲动,轴突传递冲动到其他神经元或靶细胞。根据突起的数目和结构特点,神经元可分为假单极神经元、双极神经元、多极神经元。

① 假单极神经元,是一种特殊类型的神经元,也称为假单极细胞。与典型的多极神经元不同,假单极神经元只有一个突起,通常称为轴突,而没有明确的树突。这种神经元的轴突分支延伸出来,并在外部组织或神经系统中传递信号。尽管形态上只有一个突起,假单极神经元能够执行复杂的信号传递和处理功能。它们在神经系统中起着重要作用,参与感觉信息的传递和整合,以及控制运动和自主功能。

② 双极神经元,是神经系统中一种特定类型的神经元,其特征是具有两个主要突触结构:一个用于接收输入信号的树突,以及一个用于传递输出信号的轴突。这种特殊的结构使得双极神经元能够传递信息并进行信号处理。树突负责接收信号,可以接收来自其他神经元的化学和电信号,并将这些信号集中,以便进行信息处理。随后,处理后的信号通过轴突传递到其他神经元或目标组织,传递信息和指令。

③ 多极神经元,是神经系统中的基本单元之一,具有多个突触输入和一个突触输出。其特征是具有多个树突,可以接收其他神经元的突触输入,而轴突则传递信息到其他神经元。多极神经元的结构使其能够接收多源信息,对这些信息进行整合和处理,并产生适当的输出信号。

神经系统的基本组成单位是神经元,其结构包括多极神经元,具有树突用于接收信号,以及轴突用于传递信号。神经元的主体为胞体,包含感觉神经元、运动神经元,分别负责传递感觉信息和运动指令。这些神经元通过联络神经元进行信息传递,其中感觉神经元是传入神经元,运动神经元是传出神经元。感觉神经节是神经元体集合,而运动核是控制运动神经元的核心结构。神经元间的电化学传导称为冲动,由环境刺激引发。最终,神经信号会影响效应器,如肌肉或腺体,产生相应的生理效应。

(2) 神经纤维。神经纤维是神经系统的重要组成部分,负责传递神经信号。其中,轴突是神经元的突起,负责将电信号传输到目标细胞;鞘状结构是一种多层脂质结构,覆盖在某些神经纤维上,有助于提高神经信号的传导速度;髓鞘的形成主要由少突胶质细胞和神经膜细胞完成,提供保护和支持;神经末梢位于神经纤维末端,与其他细胞结合以传递信号,使我们能够感知和响应外部刺激;神经纤维的功能和协调是神经系统正常运作的关键,它们是复杂神经网络中的重要通信线路。

(3) 突起。神经细胞的突起是神经系统中关键的结构,分为树突和轴突两种类型。树突呈树枝状,广泛分布并负责接收来自其他神经细胞的信号和信息。它们扩大了表面积,提高了信息接收能力。而轴突通常较长且单一,负责将神经信号从细胞体传递到目标细胞,如其他神经元、肌肉或腺体。髓鞘是覆盖在轴突上的多层脂质结构,有助于加速信号传导。这两种突起的协同作用是神经信号传递的基础,决定了我们对外界刺激的感知和对环境的适应能力。神经系统的功能和复杂性在很大程度上依赖于这些突起的精密运作。

（4）神经胶质。神经胶质是神经系统中的关键成分,由多种胶质细胞组成,起着支持、保护和调节神经元的作用。少突胶质细胞主要存在于中枢神经系统,负责形成髓鞘,加速神经信号传导。星形胶质细胞是最常见的胶质细胞,广泛分布于中枢神经系统、周围神经系统,提供支持、维护离子平衡、促进代谢和清除代谢产物。微胶质细胞是免疫细胞,保护神经组织免受损害。室管膜细胞覆盖脑室表面,参与脑脊液的生成、循环和脑室内的排泄功能。这些神经胶质细胞共同维持神经系统的稳定功能,对神经信号传递、免疫防御和代谢平衡起着重要作用。

3. 神经系统的构成

神经系统分为中枢神经系统和周围神经系统。中枢神经系统包括大脑和脊髓,大脑和脊髓位于人体的中轴线,被头盖骨和椎骨包围,由于骨骼坚硬而有弹性,因此大脑和脊髓可以得到很好的保护。

人体的神经系统复杂而精密,其中大脑是人体神经系统的核心,分为大脑皮质和脑干两部分。大脑皮质是外层灰质,负责感知、思考、意识和运动控制等高级功能,由左右两半球[4]和各叶区域组成,每个区域具有特定功能如决策、听觉、情感处理等。脑干位于底部连接大脑与脊髓,调节基本生理功能如呼吸、心跳和睡眠。大脑还涵盖感知、知觉、运动控制、认知、情感、自主神经系统和内分泌等多种功能,是人体生理、心理活动的枢纽。

周围神经系统包括脑神经、脊神经和自主神经,共有 12 对脑神经控制头部和面部器官的感觉和运动,而 31 对脊神经则负责身体其他部位的感觉和运动。这个系统使我们能感知外界、产生情绪和适应环境。

脊神经起源于脊髓,主要负责传递信息和控制身体的运动和感觉,是由脊髓和脑干发出的神经束,通过脊椎的椎间孔向身体不同部位传递神经信号。脊神经分为胸腰段、颈段、骶段和尾段,每段都与特定的身体区域相连接。这些神经负责传递感觉信息,如触觉、疼痛和温度,同时也控制肌肉的运动,确保身体各部位的协调和运作。

自主神经,是人体神经系统的一部分,负责控制自动生理功能,如心率、呼吸、消化和代谢等。此系统分为两个主要部分:交感神经系统、副交感神经系统。交感神经系统激活时,会促使身体进入"应激"模式,提高心率、加速呼吸,以应对压力或危险情况。而副交感神经系统则促使身体进入"放松"模式,降低心率、减慢呼吸,有助于恢复和平衡身体的功能。这两个系统共同协调和平衡自主神经功能,确保机体能够适应各种生理和环境条件。

5.2.2 神经系统与免疫系统的关系

早在 1975 年就有部分科学家发现,一些动物受到刺激后,免疫活动可以形成一种条件反射,为神经系统可以对免疫系统产生影响提供了有力证据[5]。例如,条件反射可以延长患自身免疫性疾病小鼠的寿命。对于人体机能,条件反射是生物体对于特定刺激产生的自动、无意识的反应,这种反应往往深受个体的个性、情绪以及自身免疫性疾病等因素影响。个性的差异可以影响一个人对于情绪和外界刺激的反应方式,比如一些个体可能更容易感受到焦虑、恐惧或孤独的情绪,进而影响其免疫系统的功能。免疫系统作为人体的防御机制,受到个体的遗传、心理刺激和生活方式等多方面的影响,这些因素可以降低或增强免疫活性物质的产生和免疫器官的功能。神经系统与免疫系统在许多方面有共同性、特殊性和相互调节的特性。

生物神经系统构成了人体复杂的神经网络,其中高级中枢包括丘脑、下丘脑、海马体和嗅球,与胶质细胞、细胞因子等生理结构相互交织。这一系统与免疫系统息息相关,共同调控免疫反应。免疫系统是人体的防御力量,维持健康状态至关重要。然而,免疫性疾病,如类风湿性关节炎,可能导致免疫反应失调,诱发炎症[6]。神经系统和生物免疫是人体复杂而密切相关的生理系统。神经系统由神经元组成,这些神经元通过复杂的信号途径传递信息[7-8],控制身体的运动、感觉和认知功能。神经元之间的连接形成了神经网络,其活动和互动使我们能够感知外界环境并做出反应。生物免疫系统是生命体内的重要防线,保护机体免受病原体和异物侵害。先天免疫作为先发防御,通过生理屏障、炎症反应及巨噬细胞等机制,迅速做出非特异性应答。而获得性免疫则是一种精确、特异性的防御,通过识别特定病原体并产生免疫记忆,为机体长期提供保护。这些免疫功能共同构成了生物体对抗疾病的重要保障,彰显了免疫系统的深奥与复杂。神经系统和免疫系统之间相互作用关系[9]能够用于人工免疫系统的设计,此类人工免疫系统在图像处理领域中已取得一定的成果。图 5-1 所示为神经系统与免疫系统协作框架。

在免疫系统中,B 细胞、T 细胞是适应性免疫的核心,B 细胞产生抗体能够直接抵御病原体,而 T 细胞则分为多种类型,协调免疫反应。免疫系统不仅在初次感染时发挥作用,在病原体再次入侵时展现出强大的记忆性免疫,通过记忆性 B 细胞和 T 细胞快速做出反应,阻止病害的蔓延。此外,免疫调节和免疫监视保持着免疫系统的平衡和警惕,确保机体免受异常细胞和病原体的侵害。与此同时,神经系统作为信息传递和控制中枢,与免疫系统息息相关,共同维护人体的健康。感觉神经元感知外界刺激,降钙素基因相关肽作为神经递质传递重要信号,而中性粒细胞和树突状细胞等细胞协同合作,增强免疫效应。

1. 神经肽及激素的作用

免疫细胞能够产生神经内分泌肽激素,称为免疫反应性激素(immune reactive hormone)。免疫细胞的神经肽和激素作用于免疫系统,发挥着关键的调节和调动功能。神经肽和激素通过神经-免疫系统的相互作用,影响免疫细胞的分化、增殖、活化功能,从而调节免疫应答、炎症反应和免疫平衡。神经肽如 β-内啡肽、神经肽Y、血管活性肠多肽等可影响免疫细胞的活性,调控免疫细胞的迁移、炎症反应和

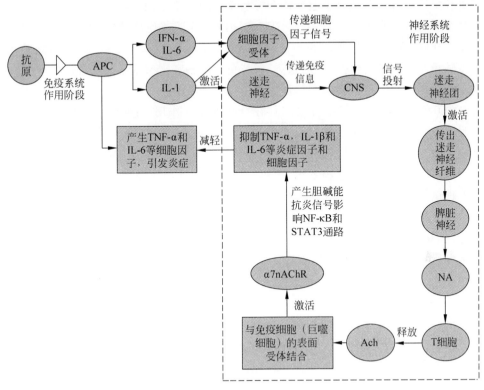

图 5-1　神经系统与免疫系统协作框架

免疫应答,对维持免疫系统的平衡至关重要。激素也对免疫系统起着重要作用。例如,肾上腺和去甲肾上腺素是交感神经系统产生的激素,能够调控免疫细胞的活性和分布。而皮质醇(一种肾上腺皮质激素)可以抑制炎症反应,调节免疫细胞的功能,对于维持免疫平衡和防止过度炎症反应至关重要。

神经肽及激素的生理意义:

(1)调节免疫应答和炎症反应:神经肽和激素能够调节免疫细胞的活性和功能,影响免疫应答的强度和性质。这种调节作用对于抵御病原体、调控炎症反应至关重要。

(2)维持免疫平衡和免疫功能的稳定性:神经肽和激素可以影响免疫细胞的分化、增殖和活化,帮助调节免疫系统的平衡。通过对免疫细胞的信号传递,神经肽和激素确保免疫系统在面对不同病原体时能够做出适当的反应,同时避免对自身组织的攻击。

2. 细胞因子对神经内分泌系统的影响

免疫系统是人体内一个极其复杂而协调的系统,其中包括多种重要组成部分,如免疫细胞和细胞因子。免疫细胞包括 T 细胞、B 细胞、巨噬细胞等,起着抵御外源性病原体和异常细胞的关键作用。而细胞因子,如 IL-1、IL-6 和 TNF 等,在免疫过程中发挥着调节免疫细胞功能和炎症反应的重要作用。与免疫系统密切相关的是神经内分泌系统,它通过星形细胞和胸腺素等调节免疫功能。神经内分泌系统与下丘脑、垂体、靶腺体等组成的丘脑-垂体-甲状腺轴和下丘脑-垂体-性腺轴等生理轴相互联系,以维持机体内稳态,调节免疫应答和生殖系统的功能。这些轴的调节和抑制机制对于人体的整体健康和免疫平衡至关重要。

(1) 免疫系统和神经系统之间存在复杂的相互作用,这种相互作用主要通过细胞因子和神经递质来实现。细胞因子是免疫系统中的信号分子,可以影响免疫反应的强度和性质,同时也能够影响神经内分泌系统的功能。免疫细胞产生的细胞因子可以传递信号到神经系统,影响神经内分泌系统的活动。这种影响可以通过多种途径实现,包括影响神经元的兴奋性、突触传递、神经递质的释放等。反过来,神经递质也可以影响免疫系统,调节免疫细胞的活性和免疫反应;神经元存在细胞因子受体,如 IL-2 受体大量分布在海马体、小脑、下丘脑和大脑皮质层;淋巴细胞可通过血-脑屏障,在中枢神经系统内发挥免疫监视作用。

与此同时,神经系统可以通过两条途径影响免疫功能:首先,神经系统可以通过释放神经递质影响免疫功能。这些神经递质如去甲肾上腺素、乙酰胆碱、肽类可以通过神经末梢释放并扩散到免疫细胞。神经递质的释放可以直接影响免疫细胞,改变它们的活性和功能。去甲肾上腺素、乙酰胆碱和脑啡肽等神经递质在这方面发挥重要作用,对免疫反应产生抑制或刺激作用。这种直接的神经递质影响可以通过调节免疫细胞的代谢、分泌、迁移和细胞间相互作用等途径实现。其次,神经系统也可以通过控制内分泌活动来调节免疫功能。通过自主神经对免疫器官的控制,释放神经递质影响内分泌系统,进而通过血液循环作用于免疫细胞。免疫细胞表面的受体能感知和响应这些信号,调节免疫反应的强度和方向。免疫细胞表面的受体对神经递质起着重要作用,使免疫细胞能够感知和响应神经系统释放的信号。这些受体在免疫细胞上的分布使得神经递质能够直接影响免疫细胞的活性、增殖、分化和免疫应答。

(2) 神经系统与免疫系统之间存在紧密的相互作用,通过多种途径共同调节免疫反应。自主神经系统中的交感神经和副交感神经分别在应激、炎症及免疫反应的调节中发挥关键作用。神经内分泌系统的 HPA 轴通过释放肾上腺皮质激素抑制免疫系统活性,维持免疫平衡。此外,神经-内分泌-免疫调节网络传递神经递质影响免疫细胞功能,神经元和免疫细胞之间的直接相互作用也起调节作用。免疫细胞产生的神经递质可反过来影响神经系统,形成一个反馈回路,共同维持稳定的免疫环境。

(3) 早期关于中枢神经系统对免疫系统影响的研究主要采用破坏特定脑区的方法,比如电解损毁、手术切割或化学损毁等,以揭示大脑对免疫功能的调节机制。这些方法通过影响特定的神经结构,使我们能够了解大脑对免疫系统的调控方式。研究发现,大脑的左右半球在免疫功能调节中发挥不同作用。右侧大脑半球与负性情感相关,而左侧大脑半球与正性情感相关。具体来说,左侧大脑半球的损伤可能使个体更容易患感染性疾病,因为左侧大脑半球似乎对免疫系统具有刺激作用,而右侧可能具有一定的抑制作用。另外,当脑垂体被切除或保留时,研究表明刺激或破坏下丘脑的不同区域可以直接影响免疫系统,不仅仅取决于垂体激素分泌量的变化。此外,海马区、杏仁核和松果体等脑部区域也被发现对调节免疫系统功能状态起着重要作用。

解剖学研究中发现,自主神经系统是人体内控制脏器和血管的关键调节系统,它通过调控淋巴器官和神经纤维的活动来维持生理功能的平衡。在这个调控过程中,脑啡肽、神经肽 Y 和神经肽 P 等神经肽类物质发挥着重要作用。脑啡肽能够影响疼痛感知和情绪,神经肽 Y 参与调节食欲和能量代谢,神经肽 P 则在疼痛传递和炎症过程中起到调节作用。此外,血管活性肠肽和降钙素基因相关肽也是神经调节的重要分子,它们影响血管张力和钙离子平衡。

免疫系统是保卫机体免受病原体和异常细胞侵害的重要系统,它包括免疫细胞、内分泌激素、细胞因子等多个组成部分。免疫细胞是免疫系统的执行者,内分泌激素和细胞因子是免疫信号的传递者。免疫系统具有免疫记忆,这种免疫记忆通过细胞因子和内分泌激素的释放来实现,它们协同作用,促进免疫系统发挥最佳效果。神经免疫通信则是神经系统与免疫系统之间的重要联系方式,神经素是其中关键的调节物质,它们通过调节免疫信号传递,调整免疫反应的强度和方向,确保免疫系统和神经系统之间的协调运作。这种协同作用是维持机体内稳定环境和健康状态的重要生物免疫机制。

研究发现,不同神经免疫通信的生物学机制清晰地表明神经系统能够控制免疫反应,神经系统与免疫系统在生物免疫机制上相互协同作用。

5.3　神经系统与免疫系统协同作用机制带来的算法启示

神经系统与生物免疫学家、神经科学家也对免疫进行了研究。近年来,研究人员又研究了免疫系统和神经系统之间通信的生物学机制,结果表明神经系统可以控制免疫反应。

与之有异曲同工之妙的隔空对话是 Ader 和 Conhen 在 1975 年提出了"心理神经免疫学"的概念。它强调互动在神经、内分泌和免疫系统之间的关系,并解释了身体和精神压力与人类疾病的关系。研究表明,情绪和反应机制是通过心理免疫途径的高度相互依赖实现的,免疫和内分泌系统由中枢神经系统(CNS)调节。表示"与神经有关的"神经内分泌产生的递质和激素系统可以作用于免疫细胞,产生正负离子免疫系统的主动调节。除了心理神经免疫学,我们还研究发现了一种神经免疫网络系统,它的网络拓扑如图 5-2 所示。

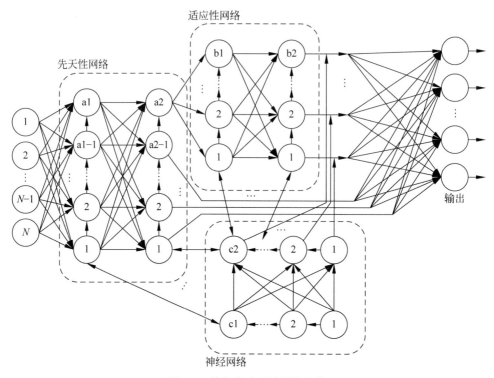

图 5-2   神经免疫系统网络拓扑

神经免疫通信是指神经系统与免疫系统之间的相互作用和信息交流,通过神经调节物质传递信号,影响免疫系统的功能和调节免疫应答。神经免疫通信涉及多种神经调节物质,如神经肽、神经递质和神经激素等。这些物质可以通过神经纤维和神经末梢释放到目标组织或器官,进而影响免疫细胞的活动和免疫反应的调节[3]。这种神经系统和免疫系统之间的相互作用关系能够用于人工免疫系统的设计[10,11]。在案发现场进行刑侦工作中,利用红外成像技术对现场痕迹检测、定位,辅助分析案发现场的情况。

根据生物免疫机理和神经系统工作机理的原理,结合刑侦红外图像特点,设计了一套新的图像抗原集和目标提取方法。刑侦红外图像抗原集被分为背景抗原集、目标抗原集、边带模糊抗原集,模拟了生物免疫系统中的抗原分类。先天性免疫识别阶段通过模糊抗原集的初步分割,初步确定病原体目标的范围,类似于生物免疫的初步识别过程。

为了提高目标的提取效果,引入了自动预处理方法,将图像中的像素视为抗原,具有灰度、位置等信息。通过免疫系统中的抗原表面分子结构式,为目标的识别、分割提供基础。在先天性免疫阶段,部分抗原被识别并赋予标签,达到初步分割的效果。在适应性免疫阶段,未被赋予标签的抗原通过免疫模板得到新的特征,进一步被识别和分割,模拟了适应性免疫阶段的抗原学习和识别过程。将补体系统作用机制加入适应性免疫模板,达到共同识别作用,通过借鉴先天性免疫、适应性免疫、补体系统之间的相互协作实现具有边带模糊特征的刑侦目标提取。首先,利用阈值分割算法获得最佳阈值 T 作为初始阈值。然后,结合边带模糊红外图像的模糊特点,在该最佳阈值为中心确定一个范围系数 α。使用系数 α 将模糊红外图像划分为目标区域、背景区域、模糊区域。预处理分割图像的结果 $I(x,y)$ 可表示为

$$I(x,y)=\begin{cases} 1 & I(x,y)\geqslant T+\alpha \\ I(x,y) & T-\alpha\leqslant I(x,y)<T+\alpha \\ 0 & I(x,y)\in T-\alpha \end{cases} \tag{5-1}$$

这种划分类似于生物免疫系统对抗原的区分和标记。预处理在划分模糊红外图像中起着关键作用,通过扩展的最佳阈值范围,从而划分模糊图像为绝对目标区域、绝对背景区域和模糊待划分区域。极大地缩小了检测范围,使得目标提取更具准确性和鲁棒性。类比于人体机体中神经系统与免疫系统的相互作用,预处理阶段可以被视为模拟神经系统的信号传递和处理过程。这阶段通过调整信号的强度和范围,为后续的目标识别提供更好的输入,类似于神经系统在感知和处理信息时的作用。

通过预处理阶段将模糊红外图像划分为绝对目标区域、绝对背景区域、模糊待划分区域,模拟了生物免疫系统中对抗原的初步识别和分类。这个模拟过程不仅提高了目标提取的效率和准确性,还展示了生物学原理对于图像处理中解决实际问题的指导意义。同时,引入补体系统的共同识别作用也在模拟生物免疫系统中免疫网络和补体系统之间的相互协作,算法的具体流程如图5-3所示。

针对刑侦红外图像边带模糊区域的分割问题,提出模糊红外目标图像提取算法。以最优神经免疫可免域作为基础,采用神经网络、免疫网络的协同作用方法,结合容错域理论和生物免疫系统作用范围机理。它定义了能被生物免疫系统识别的抗原特征空间为免疫可免域,并通过垂直平分可免域中的抗原与非可免域中其他抗原所表示特征的方法来确定最优神经免疫可免域。

借鉴生物免疫中神经系统对免疫系统的调节作用[12],在刑侦图像的模糊边带区域划分过程中引入神经网络提供的模板匹配信息,用以表示神经系统的促进或抑制免疫的效果。经反复实践验证,用于划分边带模糊待测区域的最优神经免疫可免域的表达式为

$$\mathrm{NI}=\sqrt{g_1^2+g_2^2+\frac{\beta}{2}} \tag{5-2}$$

式中,β 为促进或抑制免疫的参数;g_1 和 g_2 为所提取的目标区域特征与背景区域特征。

在刑侦案发现场应用红外成像技术进行检测具有重要意义,可以快速检测和精确定位关键信息。然而,面临着深度模糊和目标边缘模糊的挑战,降低了图像清

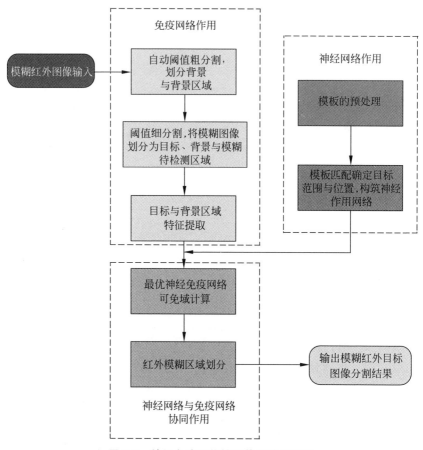

图 5-3   神经免疫网络提取算法的流程图

晰度和准确性。外界环境因素也对红外图像质量产生影响,需要研究改进算法以应对不利环境。在解决这些科学与技术问题的过程中,关注如何准确识别目标、提高图像质量,并利用红外图像分析获取案发现场的特征信息,将为刑侦工作提供更有力的支持和指导。

5.4   本章小结

神经系统的智能认知与免疫系统的协同作用可以创造一种复杂的生理反应网络,该网络可能产生促进免疫工作的因子,这些因子能够超越传统抗体保护的作用,类似于免疫系统的"眼睛和耳朵",能更智能、精准地识别和应对病原体。将这种生物系统中神经系统和免疫系统的相互作用理念转化为人工免疫系统的设计,可以为创新性疾病防治策略提供新思路。通过模拟神经系统与免疫系统之间的信息交流方式,我们或许可以开发出具有自适应性和高效率的人工免疫系统,使其能够更智能地应对多变的疾病威胁。特别是在处理模糊红外图像目标提取的挑战中,借鉴免疫系统的算法能够帮助我们开发出更强大的图像处理工具,精确地提取目标的结构信息和邻域关系。

本章参考文献

[1] 曹雪涛. 免疫学研究的发展趋势及我国免疫学研究的现状与展望[J]. 中国免疫学杂志, 2009,25(1):14.

[2] 吴逸群. 认识脑血管炎[J]. 家庭医学:下半月,2021(11):2.

[3] RODET F,TASIEMSKI A ,BOIDIN WICHLACZ C,et al. Hm-MyD88 and Hm-SARM: two key regulators of the neuroimmune system and neural repair in the medicinal leech[J]. Scientific Reports,2015,5(1):9624. DOI:10.1038/srep 09624.

[4] 马兰. 儿童少年脑电发育特点与速度素质关系的研究[D]. 北京:北京体育大学,2015.

[5] 詹姆斯·D. 沃森. 基因的分子生物学[M]. 7 版. 杨焕明,译. 北京:科学出版社,2015.

[6] RIBCIRO-DA-SILVA M, VASCONCELOS D M, ALENCASTREL S, et al. Interplay between sympathetic nervous system and inflammation in aseptic loosening of hip joint replacement [J]. Scientific Reports,2018,8(1). DOI:10.1038/s41598-018-33360-8.

[7] PAVLOV V A,TRACEY K J. Neural regulation of immunity:molecular mechanisms and clinical translation[J]. Nature Neuroscience,2017,20(2):156-166.

[8] PAVLOV V A, TRACCY K J. Neural regulators of innate immune responses and inflammation [J]. Cellular and Molecular Life Sciences CMLs,2004,61(18):2322-2331.

[9] SBASTIEN,FOSTER S L,WOOLF C J. Neuroimmunity:physiology and pathology [J]. Annual Review of Immunology,2016,34(1):421-447.

[10] YU X, ZHOU Z J, KAMIL R. Blurred infrared image segmentation using new immune algorithm with minimum mean distance immune field[J]. Spectroscopy And Spectral Analysis, 2018, 38(11):3645-3652.

[11] FU D,YU X,TONG H. Target extraction of blurred infrared image with an immune network Template Algorithm[J]. Optics and Laser Technology,2014,56(1):102-106.

[12] YU X,LU Y H,GAO Q. Pipeline image diagnosis algorithm based on neural immune ensemble learning [J]. International Journal of Pressure Vessels and Piping, 2021, 189:104249.

第6章

免疫系统与内分泌系统

众所周知,人体的八大系统是指构成人体的基本生理结构和功能系统,包括呼吸系统、循环系统、消化系统、泌尿系统、神经系统、内分泌系统、免疫系统以及骨骼肌肉系统。神经、内分泌与免疫系统密切合作,通过反馈机制维持体内环境的稳定,进行调节而发挥作用[1]。

除神经系统与免疫系统之间的关系与协作机制之外,免疫系统与其他系统之间又是怎样工作的呢? 本章将进一步分析免疫系统与内分泌系统之间的协作关系。

内分泌系统主要进行各级激素调节,通过激素调节一般会使人体的内部环境达到稳态,从而控制全身各种系统的运作。可以说,内分泌系统是比较高级的调控系统,与各大系统息息相关,当然免疫系统也包括其中。免疫系统的基础是免疫细胞引起的一系列免疫反应,如果免疫细胞的稳态受到影响,那么免疫系统也会受到影响。

6.1　内分泌系统

内分泌系统是指机体内部的组织(细胞)向体内分泌一些化学活性物质,通过化学活性物质的传递影响某些组织(细胞)的功能,从而实现机体调节的生理系统[2]。内分泌系统是生理信息传递系统,它通过激素调节机体的生理机能,维持内环境的相对稳定。内分泌系统包括内分泌腺体、内分泌细胞和内分泌激素,如图 6-1 所示。

图 6-1　内分泌系统

1. 内分泌腺体

内分泌腺是人体内负责分泌激素的重要器官,包括下丘脑、垂体、甲状腺、副甲状腺、胰腺、肾上腺、卵巢（女性）以及睾丸（男性）。它们释放各种激素，如生长激素、胰岛素、雌激素等，通过血液循环调节体内的生理活动，维持机体的内稳态[3]，如图 6-2 所示。

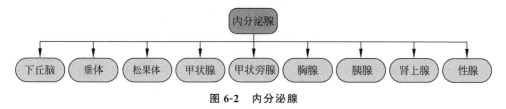

图 6-2 内分泌腺

这些腺体可以分泌高效能的有机化学物质（激素），经过血液循环将化学信息传递到靶细胞、靶组织或靶器官，发挥激励或抑制作用，调节人体的生理功能。它们功能各异，发挥着复杂的调节作用，在整个系统中处于基础地位。除了上述内分泌腺外，在身体其他部分如胃肠道黏膜、脑、肾、心、肺等处均分布有内分泌组织，或存在兼有内分泌功能的细胞，这些散布的内分泌组织也属于内分泌系统，这些细胞分泌的激素可通过细胞间隙弥散作用于邻近细胞，发挥着就近调节作用。此外，内分泌激素调节与神经系统还有着密切的配合，使机体能够更好地适应环境变化。免疫腺体、散布的免疫细胞和游离的激素之间互相协作、互相制约、密切配合，共同完成复杂的生理信息传递，调节机体的生理机能[3]。

内分泌腺体之间的作用：内分泌腺体之间形成了一个复杂而密切的调节网络，彼此相互影响以维持机体内稳态。下丘脑通过释放控制垂体的激素，进而影响甲状腺、肾上腺、生殖腺等的功能[4]。垂体分泌的生长激素可以促进骨骼生长，而甲状腺素则影响基础代谢率。胰岛素和胰高血糖素在胰腺中相互协调，调节血糖水平。例如，睾丸素的分泌调节过程是：睾丸素的分泌受到下丘脑释放促性腺激素释放激素（GnRH）的调控，GnRH 刺激垂体释放促性腺激素（LH 和 FSH），LH刺激睾丸产生睾丸素，维持男性生理功能。睾丸素在体内的浓度通过各种传导因子或感受器反馈给垂体和下丘脑，使 GnRH 和 LH、FSH 的分泌降低，从而引起睾丸性激素浓度的变化，最终达到平衡状态[3]。

2. 内分泌细胞

人体内的内分泌细胞大致可分为神经分泌细胞、腺垂体细胞和靶细胞，如图 6-3 所示。在细胞与细胞间的信息传递上，内分泌细胞与神经细胞之间有许多相似之处[5]。

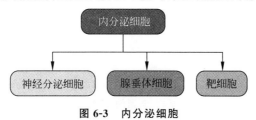

图 6-3 内分泌细胞

(1) 神经分泌细胞。神经分泌细胞较大,细胞质丰富,有长轴突,位于脑、咽下神经节和其他胸、腹神经节上[6]。神经分泌细胞主要由脑神经分泌细胞组成,通过分泌神经激素调节脑垂体的活动,同时还可以接受来自大脑等部位的神经信息,并根据神经信息分泌相应的荷尔蒙激素。因此,神经分泌细胞在连接神经系统和内分泌系统方面起着重要的作用。

(2) 腺垂体细胞。腺垂体细胞对内分泌系统起着核心调节作用[7]。下丘脑神经分泌细胞通过垂体门脉系统这一重要通道,精确地调节着垂体前叶激素的分泌,这个精密的协调系统确保了内分泌系统的平衡和正常运作,对维持整体健康起着至关重要的作用。每种激素都会对特定的器官或器官内特定类型的细胞产生作用,被称为荷尔蒙激素的靶器官或靶细胞。

(3) 靶细胞。靶细胞有特定的受体与激素结合,并产生作用[8]。激素可以在血液中传播,当它们与受体接触时可以相互作用,通过改变各自的分子结构来适应彼此的分子结构。荷尔蒙激素与受体之间的结构和特征为相互作用和特异性结合提供了物质基础。

内分泌细胞接收来自体内外各方面的各种刺激,产生应对刺激的活性水平,从而决定了内分泌细胞的行为,影响分泌的激素种类,以及分泌量的大小。内分泌细胞所产生的激素会在机体内部环境中通过扩散的方式,无选择地传播到身体的各个部位。各种内分泌靶细胞的细胞膜上存在特异的激素受体。这些受体可以接收来自机体内部环境中内分泌细胞所分泌的特定激素,并做出相应的反应,要么增强激素的释放,要么减弱激素的释放,形成了一个复杂的调控网络,涵盖了各种内分泌细胞、激素和靶细胞之间的相互作用。

3. 内分泌激素

内分泌激素是由内分泌腺体分泌的一类化学物质,它们在人体内通过血液循环传递,调控着各种生理过程,如代谢、生长、免疫和生殖等。内分泌激素的分泌受到生物钟、环境因素和负反馈机制等调控,其作用相对缓慢但持续,对维持人体内稳态至关重要。常见的内分泌激素包括甲状腺激素、胰岛素、肾上腺素等,它们在机体内协同作用,确保了各器官系统的协调运作,维护了人体的健康和平衡状态。激素对靶细胞的生理过程起增强或减弱的调节作用,但不参与具体的代谢过程。对于同一功能的调节,是由两种或多种激素之间进行协同和拮抗作用。激素的传输方式主要有四种:远距分泌、自分泌、旁分泌和神经分泌[10],如图 6-4 所示。

图 6-4　激素的传输方式

（1）远距分泌。远距分泌指荷尔蒙等激素被内分泌细胞释放后，通过血液循环运输到远处的目标细胞。例如，甲状腺激素分泌后，通过血液运输到机体的各个组织中，对体内大多数细胞起调节作用。

（2）自分泌。自分泌指激素分泌后，会在局部扩散，然后反馈到产生激素本身的内分泌细胞[12]。这类激素主要调节产生激素的细胞本身，并在调节细胞本身和邻近类似细胞的活动中发挥局部作用。例如，分泌雌性或雄性激素，调节自身的性腺发育。

（3）旁分泌。旁分泌指细胞产生的激素或调节剂，通过细胞间的空间调节其他邻近细胞而起到调节的作用。激素由内分泌细胞分泌并进入组织液，扩散到邻近的靶细胞，并调节其功能。例如，生长素、蛋白质是一种局部介质，能够调节细胞的生长、分裂。

（4）神经分泌。神经分泌激素主要由神经细胞合成[10]，沿轴向浆流输送至相连的组织，或由神经末梢释放至毛细血管，经血液输送至靶细胞。与之相对应分泌的激素被称为神经激素，例如，下丘脑产生的催产素和抗利尿激素通过垂体分泌到血液中，可以调节子宫肌肉的收缩和肾脏对水分的再吸收。

6.2　内分泌系统与免疫系统的关系

6.2.1　内分泌系统与免疫系统的协作机制

很早之前，医学界已发现肾上腺皮质分泌的糖皮质激素在治疗许多自身免疫疾病方面具有显著疗效。此外，性别和性激素水平与许多自身免疫疾病的发生密切相关，为内分泌系统与免疫系统之间的联系提供了有力证据。一些研究还发现，切除垂体部分能够导致胸腺萎缩，从而在不同角度上证实了内分泌与免疫系统之间存在关联。这些发现凸显了内分泌激素与免疫系统之间的相互影响，为理解和治疗免疫相关疾病提供了重要线索。

研究表明，当机体受到某些特定的刺激时，免疫反应会被激活，导致免疫细胞释放出一系列的细胞因子和肽类激素等物质。这些物质并非僵硬地在免疫系统内发挥作用，而是通过对下丘脑进行调控，同时对垂体激素以及下丘脑神经激素的分泌产生影响，从而实现一种高度协调的生理调控。同时，细胞因子也能够直接影响到内分泌腺体，例如，某些炎症性细胞因子可以影响到内分泌腺体，如下丘脑垂体系统的功能，从而调节内分泌激素的释放。垂体、胰腺、甲状腺、性腺和肾上腺等内分泌腺体，被细胞因子调节分泌活动，进而维持内环境的稳定。此外，免疫细胞释放的一些肽类物质，能够有效刺激肾上腺皮质激素的释放，同时还能够在应激发生时进行负反馈调节，从而降低免疫反应的强度。胸腺素 a1、白介素-1(IL-1)等物质也在这一过程中扮演着重要的角色，它们通过刺激垂体，提高特定激素水平，如 ACTH 和皮质醇，维持相应的生理平衡。它们还能够刺激胰岛 B 细胞分泌胰岛素等，形成了一个复杂而精密的内分泌调控网络,保障着机体的正常运转和健康状态。

与之相对应,内分泌激素在免疫功能调节中起着关键作用。大部分内分泌激素具有免疫抑制作用,如生长抑素、ACTH、糖皮质激素等,它们在维持内稳态的同时,也参与调节免疫系统的活动,起到关键的免疫调节作用,能够减弱淋巴细胞的增殖能力、降低抗体生成并抑制吞噬功能。然而,少量的糖皮质激素反而可以刺激淋巴细胞的增殖,以及抗体的合成,从而发挥免疫增强的效果。另外,还存在一些激素具有免疫增强作用,如胸腺素、干扰素等,它们能够促进免疫系统的活性化,增强机体对病原体的抵抗能力,起到重要的免疫调节作用。特别值得一提的是,生长激素在免疫增强方面具有重要作用,能够促进大多数免疫细胞分化,并其增强功能。

此外,内分泌激素也能影响中枢神经系统的功能[11],如行为、情绪、欲望等。内分泌激素不仅仅在体内的代谢和生理过程中扮演着重要角色,它们也能对中枢神经系统产生显著影响。例如,甲状腺素能够调节体温、心率和情绪,而肾上腺素则影响情绪状态和应激反应。胰岛素在维持血糖平衡的同时也会影响大脑对葡萄糖的利用。这种内分泌激素与中枢神经系统之间的相互作用,使得我们的生理与心理过程紧密相连,共同维持了机体的整体平衡与健康。此外,还有一些激素能够调节突触传递,例如,肾上腺素和去甲肾上腺素可以影响突触的活性,增强或削弱神经元之间的信号传递。促肾上腺素释放激素(CRH)和促甲状腺激素释放激素(TRH)等释放激素也可以影响神经递质的释放和突触传递的效率。这些激素的作用使得内分泌系统与神经系统密切交织,共同调节着神经信号的传递和调节。

内分泌系统通过分泌激素可以影响免疫系统,进而达到协作的机制[12]。下面进一步深入研究分析下列各种激素的作用与影响:

1. 生长激素

生长激素在机体免疫系统中扮演着重要的调节角色。它能够促进免疫细胞的生成和活化,例如增加淋巴细胞、单核细胞的数量,同时也影响各种免疫细胞的功能,如促进T淋巴细胞的增殖和分化,增强巨噬细胞的吞噬能力等。此外,生长激素还能调节免疫因子的产生,如促使白细胞释放干扰素,从而加强抗病毒防御。研究发现,老年小鼠的胸腺会出现萎缩,但通过生长激素治疗,可以使其恢复到年轻时的状态。

2. 催乳素

垂体分泌的催乳素(PRL)可起到刺激免疫反应的作用[13]。催乳素是一种由垂体前叶分泌的内分泌激素,主要负责促使哺乳动物产生乳汁。除了其直接的乳房生理作用外,研究表明催乳素也在免疫系统中发挥着一定的调节作用。它能够影响免疫细胞的活性和功能,例如增强巨噬细胞的吞噬活性、调节T细胞的活性水平等。此外,催乳素还可以通过影响免疫细胞的分泌行为,如抑制炎性因子的释放,从而对免疫反应产生一定的抑制作用。催乳素在哺乳期间可能参与调节免疫反应,保护母体免受感染的影响。研究显示,垂体切除会导致小鼠免疫功能下降,但补充泌乳素(PRL)可在一定程度上恢复正常免疫功能。

3. 性激素

大量的实验和临床资料表明,两性之间的免疫反应存在着明显的性别差异[14]。性激素对免疫系统有着显著的影响。在男性体内,睾丸素(睾酮)可以抑制免疫反应,降低免疫细胞的活性,从而减缓炎症反应。而女性体内,雌激素则可能提高免疫细胞的活性,加强免疫反应,这也可能解释了女性在免疫应对方面相对优势的一部分原因。此外,性激素还影响免疫细胞的分布和功能,对免疫系统的平衡和调控起到重要作用,使得性激素与免疫系统之间形成了一个复杂而密切的交互作用网络。实验表明,成年人患慢性淋巴细胞性甲状腺炎的男女患者比例为1∶25～1∶50,而患系统性红斑狼疮和干燥综合征的男女性患者比值大约为1∶9,这些差异可能源于性激素水平的不同。

由以上分析可知,内分泌系统对免疫功能有显著的影响。

6.2.2　内分泌系统、免疫系统与神经系统的关系

神经系统、免疫系统和内分泌系统紧密联系、相互作用[15]。它们共同协调着机体的生理活动,保持内稳态。神经系统通过电信号传递快速调节各种生理功能,免疫系统保护机体免受病原体侵害,内分泌系统通过激素的分泌调节代谢、生长、生殖等多个方面的功能。这三个系统之间密切联系,相互影响,共同维持了机体的正常生理状态。

神经系统、内分泌系统和免疫系统这三大调节系统之间的交流通信,主要通过一些化学信号分子来进行,三者之间相互协调,最终构成完整的功能活动调制网络[16]。神经、内分泌和免疫系统之间的关系如图6-5所示。

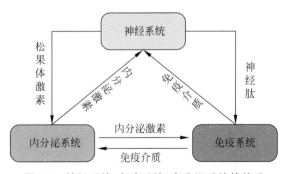

图 6-5　神经系统、免疫系统、内分泌系统的关系

内分泌系统、神经系统和免疫系统之间存在着密切的联系和共同点。它们之间使用公共的激素、神经肽、神经递质与细胞因子,不同系统的不同细胞膜表面,都各自存在着上述的激素受体。在大脑以及外周免疫细胞中均存在神经肽和激素,其结构和功能与神经系统以及内分泌系统的细胞相似。比如,淋巴细胞、巨噬细胞

等各类细胞都携带着生长激素、促肾上腺皮质激素和内啡肽受体。而胸腺细胞也具备生长激素、释放激素、催乳素等受体。通常情况下,内分泌系统能释放一部分细胞因子,在受到诱导后会分泌更多的细胞因子。这种紧密的相互作用网络确保了机体各系统之间的协调运行,维持了内部稳态的平衡。

在人体系统中,下丘脑既属于神经系统又属于内分泌系统[17],是神经系统中的一个关键结构,负责调控和整合神经系统与内分泌系统之间的信号传递,调节体温、生物钟、饮食行为等生理功能。下丘脑释放的激素在调控垂体和其他内分泌腺的激素释放中有着重要作用,影响机体各种功能活动。在这些内分泌激素中,大多数属于免疫抑制类神经激素,它们通过免疫细胞上的激素受体,调节免疫功能,使其减弱或增强。只有少数激素属于免疫增强类神经激素。这说明了下丘脑激素在机体内部的调节作用,以及其对免疫系统的影响。

除此之外,胸腺既是中枢淋巴器官,也是内分泌腺体,与内分泌系统相互影响,免疫系统通过释放细胞因子,激活下丘脑-垂体-肾上腺轴,调节机体对感染、炎症等应激情况的生理应对。免疫系统和内分泌系统之间的协作关系如图6-6所示。

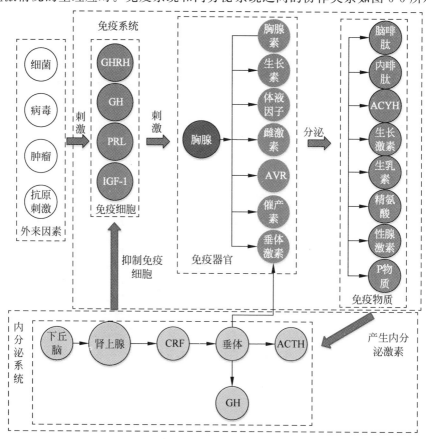

图 6-6   免疫系统与内分泌系统的协作

神经-内分泌系统与机体免疫系统相辅相成,构建起一个错综复杂的调控网络。免疫系统通过释放细胞因子,启动下丘脑-垂体-肾上腺轴,迅速调动机体资源以应对外部威胁。同时,神经-内分泌系统也通过神经递质和激素的作用影响免疫细胞的活性,调节免疫反应的速度和幅度。这一联系不仅在免疫应答中起着重要作用,也在免疫调节和监视过程中起到关键的调解作用,保持了机体内部环境的稳定和免疫功能的平衡。

另一方面,免疫系统的功能很大程度上依赖于激素。激素在机体内传递信息并调控各种生理过程,免疫系统与内分泌系统之间存在着紧密的交互作用。例如,肾上腺素和皮质醇等应激激素可以在压力情况下抑制免疫系统的活性,以保护机体免受应激的负面影响。而甲状腺激素则对免疫细胞的生长、分化和活性具有直接的影响,在免疫应答中扮演着重要角色。此外,脑垂体分泌的促肾上腺皮质激素、甲状腺激素等激素也可以通过对免疫细胞的作用来调节免疫应答。例如,胸腺分泌的多种激素,如胸腺素、胸腺生长素等既属于免疫调节因子,也是内分泌激素。

在免疫细胞膜上存在许多激素受体,如 GHRH、GH、PRL 和 IGF-1 等是位于细胞膜上的特殊蛋白,能够感知、传递激素信号。GH、PRL 和 IGF-1 对免疫活性细胞的增殖、代谢,以及免疫功能的执行、调节至关重要。这些激素在免疫系统中扮演着关键角色,其作用涵盖了多个方面。首先,它们通过感知激素的信号,引导免疫活性细胞进行分化,使其成为特定类型的细胞,从而执行特定的免疫功能。其次,激素受体影响细胞的代谢通路,调节能量利用和物质合成,为免疫活动提供必要的能量支持。此外,这些受体还能够调控自然杀伤细胞(NK 细胞)、巨噬细胞和中性粒细胞等免疫细胞的活性水平和功能,从而调节它们对异常细胞和病原体的识别与消灭能力。

不论是胰岛素、性激素、肾上腺糖皮质激素还是甲状腺激素,它们在免疫过程中都扮演着重要的角色。一旦机体缺乏上述激素,则容易引发糖尿病、性腺功能障碍、肾上腺皮质功能减退症或甲状腺功能减退症等诸多病症,因此这些疾病患者的免疫功能可能会呈现不同程度的异常。

由抗原激活特殊 T 细胞产生的效应 T 细胞,在免疫应答中具有重要功能。胸腺内的因子、内分泌激素以及交感神经共同参与调控 T 细胞的成熟过程,其中交感神经的作用尤为显著,其包含的去甲肾上腺素能纤维具有表达酪氨酸羟化酶的能力,形成了一个局部的非神经源性儿茶酚胺能性细胞网络。儿茶酚胺通过神经分泌、内分泌、自分泌和旁分泌等方式,对 T 细胞的成熟产生重要影响。此外,免疫产物如 IL-1、IL-6、干扰素、肿瘤坏死因子等也可能成为内分泌疾病的重要病因[18],它们对内分泌系统产生显著影响。在骨组织中,TNF 和 IL-6 共同协调成骨细胞和破骨细胞的活动,直接影响了骨重建的过程。这些相互作用构建了免疫和内分泌系统之间紧密的交织网络,对于维持机体整体平衡和健康至关重要。

(1)所有的内分泌功能在广义上都受到神经系统的直接或间接控制,因此可以将神经系统和内分泌系统归纳为神经内分泌系统。神经内分泌通过激素、神经肽和神经递质作用于免疫系统，对免疫功能调控包括：①免疫组织及器官受到交感、副交感和肽能神经的支配，这种神经支配有突触和非典型突触两种方式[19]；②神经递质及神经肽受体分布在免疫器官和免疫细胞上；③神经肽或激素可以由免疫细胞合成。包括 T 细胞、B 细胞等多种类型的白细胞，能够合成并释放特定的神经肽和激素。这些生物活性分子在免疫应答中扮演信号传递的作用，同时也参与了内分泌系统的调节，从而参与某些免疫病理过程。

（2）免疫系统对神经系统、内分泌系统的调控主要表现在：①中枢及外周神经系统的功能活动可以受到免疫应答的发生和发展影响，免疫应答也可以影响经典激素的分泌；②免疫因子，比如白细胞介素，在神经内分泌组织中合成或者被诱发产生；③神经、内分泌组织及细胞都表达了多种免疫因子的受体；④通过受体，免疫因子对神经内分泌系统产生了广泛的影响。

（3）内分泌系统在免疫调节方面发挥着广泛而重要的作用。研究数据清晰显示，肾上腺糖皮质激素可以抑制大多数的免疫细胞，为免疫系统的平衡提供了一种重要的调节机制。此外，松果体分泌的褪黑素在神经内分泌免疫网络中扮演着不可或缺的角色，其调节作用可在多个层面上影响免疫应答。实验证明，褪黑素对抗光照变化或连续超声对小鼠白细胞计数和淋巴细胞百分率的降低，成功将它们恢复至正常水平。此外，实验证明褪黑素对脾脏也存在昼夜节律性的调节作用，进一步突显了其在免疫调节中的重要地位。

此外，生长素（GH）和催乳素（PRL）在免疫系统中具有重要作用色。GH 具有促进分化、加强免疫细胞功能的作用，能够增强体内的免疫反应。而 PRL 能够促进淋巴细胞中 RNA、蛋白质的合成过程。科研人员进行了大量研究以了解神经内分泌对免疫系统的调控机制。研究表明，神经递质和激素的受体普遍存在于免疫细胞上，当这些细胞被激活时，受体的浓度会增加，从而提高了对相应激素的敏感性。与此同时，这也会影响免疫细胞的一些反应环节，进一步影响免疫系统的整体功能。

在近年来的研究中，人们不断发现肽类和蛋白质在神经内分泌系统和免疫系统中的作用类似于细胞信使，该发现说明在免疫与内分泌系统之间具有一些共同的特性。免疫系统通过不断合成肽类因子并将其释放，从而给神经系统传递信息，在神经内分泌系统接收到相关信息后，就会产生相应的生理或病理反应。

6.3　本章小结

本章内容对内分泌系统进行了探讨与研究：内分泌系统分泌的化学物质被称为激素，分泌活性物质的组织叫作内分泌腺或内分泌细胞。机体内部能够接受激素，并受激素影响的组织被称为靶器官靶腺，激素的传递主要通过血液循环系统传播。激素对机体的正常运作有着非常重要的作用,其中较为常见的激素有生长激素、性激素和甲状腺激素等。

内分泌系统和免疫系统有许多相似之处,包括具有共同的激素、神经肽、神经递质以及细胞因子,并且它们的细胞表面都具备相应的受体。研究发现,大脑内存在的神经肽和激素同样存在于外周免疫细胞中,外周免疫细胞的结构和功能与神经系统和内分泌系统中的细胞完全相似。本章详细分析了内分泌系统与免疫系统、神经系统之间的相互影响、相互作用,免疫系统工作中导致内分泌系统释放相应的刺激激素,进而对人体进行调整和控制,共同达到消灭病菌的效果,对人体的控制达到"殊途同归"的效果。

本章参考文献

[1]　陆伊人.体液调节与内分泌疾病[J].临床医药文献电子杂志,2017,4(40):7898-7899.

[2]　郑堃.基于神经内分泌免疫调节机制的类生物化制造系统调度技术研究[D].南京:南京航空航天大学,2016.

[3]　关丽霞.人工内分泌系统研究[J].微计算机信息,2012,28(7):92,97-99.

[4]　BESSER,G M. Hypothalamus as an endocrine organ:I[J]. British Medical Journal,1974,3(5930):560-564.

[5]　李霞.人工内分泌机制及其应用研究[D].合肥:中国科学技术大学,2011.

[6]　AKHMADEEV A V,KALIMULLINA L B,MINIBAEVA Z R,et al. Neurosecretory cells of brain amygdaloid complex[J]. Bulletin of Experimental Biology & Medicine,1999,128(4):1061-1065.

[7]　VLT A,GMS B. Multimodal hypothalamo-hypophysial communication in the vertebrates[J]. General and Comparative Endocrinology,2020,293:113475.

[8]　JOHNSON S A,TAKASHIMA A,ZHENG W J,et al. Targeting dendritic cells[J]. Journal of Leukocyte Biology,1998:60.

[9]　王玉.人工内分泌模型中人工激素调节机制的研究[D].西安:西安理工大学,2016.

[10]　HUTTNER W B,OHASHI M,KEHLENBACH R H,et al. Biogenesis of neurosecretory vesicles[C]//Cold Spring Harbor symposia on quantitative biology. Cold Spring Harbor Laboratory Press,1995,60:315-327.

[11]　CSABA G. The immuno-endocrine system:Hormones,receptors and endocrine function of immune cells. the packed-transport theory[J]. Advances in Neuroimmune Biology,2011,1(1):71-85.

[12]　BLECHA F. Introduction-Interplay between the immune & endocrine systems in domestic animals[J]. Comparative Biochemistry and Physiology Part A Physiology,1997,116(3):181.

[13]　BADOWSKA-KOZAKIEWICZ A. Biological role of prolactin[J]. Menopausal Review,2012,16:305-308.

[14]　CANDORE G,BALISTRERI C R,LIST F,et al. Immunogenetics,gender,and longevity[J]. Annals of the New York Academy of Sciences,2006,1089(1):516-537.

［15］ CHROUSOS G P,ELENKOV I J. Interactions of the endocrine and immune systems［J］. Endocrinology,2006,1(1)：799-818.

［16］ STEIGERWALD E. Psychoneuroimmunology：Bi-directional interaction between the immune,endocrine,and central nervous systems［J］. Exp Clin Endocrinol Diabetes,1998, 106(3)：237-238.

［17］ CLIFFORD B,BRADFORD B. The hypothalamus［J］. Current Biology,2014,24(23)： 1111-1116.

［18］ OLUSAYO A,RAHMAN M S,PARK Y J,et al. Endocrine-disrupting chemicals and infectious diseases：from endocrine disruption to immunosuppression［J］. International Journal of Molecular Sciences,2021,22(8)：1-20.

［19］ 孟惠平,孟婷婷,杨延哲.论神经系统与免疫机能的关系［J］.吉林师范大学学报(自然科学版),2007,28(3)：3.

第7章

免疫系统与补体系统

生物免疫系统是一个具有复杂性、整体性、多样性、适应性特征的大系统[1]，补体系统在其中也发挥着重要的作用。为发掘免疫系统与补体系统之间的关系，并为免疫智能算法融入新的思路，本章通过展开介绍补体系统的构成、补体系统的工作机制及生物免疫系统与补体系统的相互作用[1]，参考两者之间的连接运行机制和网络协同机理，并结合免疫系统的学习和遗忘机理，扩充免疫智能算法在刑侦图像目标识别领域的算法思想。

7.1 补体系统

通过前面章节对于免疫系统机理的介绍可知，生物体的免疫系统分为先天性免疫系统、适应性免疫系统。先天性免疫系统是一种天然存在的免疫防御机制，而适应性免疫系统是在生物生长过程中，与外界环境中不同的抗原接触逐步发展而来的。在生物学家的研究过程中发现，适应性免疫系统的各种主要成分在高级脊椎动物中均有发现，而无脊椎生物或者原始脊椎生物仅存在补体系统的相关成分。也就是说，从进化的角度分析，补体系统的存在比起适应性免疫系统要早得多。

补体系统可以看作是一个复杂的蛋白质反应集合，由血清蛋白、调节蛋白和感受器等多种蛋白构成。这些蛋白种类繁多，有的用于直接激活补体，有的则用于调控补体，如抑制因子和补体受体等。补体系统属于原始的非特异性免疫部分，在体液和细胞膜上广泛存在，参与多种疾病的发生、发展[2]。当生理条件正常时，免疫系统中的各种补体成分是非活化的，当生物体遭到病原体的入侵时，系统会对病原体和炎症等异常情况产生应答，血清蛋白就会产生连续的激活作用来进行免疫防御。

人体的补体系统相比其他系统更加复杂，补体系统的组成成分繁多，包括30多种表面蛋白。补体系统的构成复杂，并且拥有极其精密的调控机制，通过这种精密的调控机制对侵入的感染源进行抑制，从而参与免疫防御工作当中。对于原始无脊椎动物而言，补体系统仅有抑制感染的功能，但对于具有适应性免疫功能的脊椎动物而言,补体系统还有清理免疫复合物和辅助细胞凋亡的功能。由此发现,补体系统作为先天性免疫和适应性免疫之间联系的关键,随着免疫系统的发展不断完善和丰富[3]。

7.2 补体系统中的成分

在人体和脊椎动物的组织液与血清中,补体作为一种蛋白质能够在活化之后作为介质调控免疫与炎症反应。由前文可知,补体系统是由可溶性蛋白、调节蛋白和膜蛋白受体等构成的包含多种分子的系统,按照各种分子的不同作用,可以将它们分为三个类别:固有成分、调节分子、受体成分。

固有成分就是在血浆及体液中参与补体激活级联反应的基本成分。从不同的激活途径来看,固有成分可以分为四个类别:经典激活途径的 C1、C2、C4;旁路激活途径的 B 因子、D 因子和 P 因子;甘露聚糖结合凝集素 MBL 激活途径的 MBL 和丝氨酸蛋白酶;参与共同末端通路的 C3、C5、C6、C7、C8、C9[4]。

调节分子是指以可溶性或膜结合的形式存在、参与调节补体活化和效应的一类蛋白分子,包括可溶性调节分子与膜结合性调节分子。

补体系统的受体成分包括 C1qR、CR1、CR2、CR3、C3aR、C5aR1 等。

激活的补体固有成分能够生成活性酶,这些活性酶最终会成为一种用于破解膜的复合物,从而实现溶解细胞的作用。补体系统作为重要的免疫调控部分,将先天性免疫与适应性免疫连接,在消除感染、减轻炎症、调控免疫和处理抗原等多种场合都发挥了巨大的作用,促进免疫系统的稳定。

下面根据三类免疫因子,对这些补体系统中的主要成分做具体的论述。

1. 固有成分补体 C1~C9

(1) C1:补体 C1 是一个大的分子蛋白复合体,由一个 C1q 分子和两个 C1r 分子及两个 C1s 分子组合而成。其中,C1q 是最大的补体部分,并且具有识别能力,能够识别抗原抗体,而 C1r 和 C1s 则具有催化作用。C1q 表面包含一个具有识别功能的头部和胶原样结构的尾部,通过与 C1r 和 C1s 结合形成补体 C1,能够执行特异性的识别免疫复合物,进而开启经典激活途径,进行免疫调节[5]。

(2) C2:补体 C2 在血液中的浓度极低,是补体第一前端反应中 C3 转化酶的酶原部分[6]。C2 的本质为 β 球蛋白,是一种单链糖蛋白,其分子虽然也是 C1 的底物,但是在 C1 与 C4 结合之后,能够明显增强与 C2 的作用。

(3) C3:补体 C3 是补体系统中重要的组成部分,尤其对于哺乳动物最为重要,是补体激活和免疫效应的核心[7],因为在补体系统的三大激活途径中,所有的方式要经过 C3 产生效应。C3 是一个包含着硫酯的蛋白分子,虽然它的结构相对于其他分子而言并不是十分清晰,但是它的起源较早,可以说是补体系统进化过程中出现最早的分子[8]。

（4）C4：C4 是 C1 的底物，在镁离子的作用下，C4 被 C1 分裂成为两个部分，即 C4a 和 C4b，这两者位于人体的第六号染色体，结构多样且数量较多，负责组织相容性复合体Ⅲ类抗原基因区域。其中，C4a 主要负责的是免疫复合物的溶解、清除、调节作用，而 C4b 则负责对经典激活途径中的病原体进行清除工作。C1 与 C4 反应之后能够更加鲜明地显露出 C2 的酶活性部位。

（5）C5：补体成分 5 是参与补体系统活化的固有成分，可以被 C5 转化酶裂解成两段，即 C5a 与 C5b，其中 C5a 以液相游离，而 C5b 能够与后续的 C6 结合成为新的复合物。

（6）C6～C9：末端的补体成分 6～9 构成了膜攻击复合体，这是 MAC 的主要成分，能够引发靶细胞溶解破坏。

2. 抗原-抗体复合物

（1）IgG：IgG 即免疫球蛋白 G，它是免疫系统抵抗细菌、病毒的主要成分，是抵抗生物体感染的重要基础物质。IgG 由脾脏和淋巴器官生成，在人体中的含量极高且在血清中的半衰期长。

（2）IgM：IgM 即免疫球蛋白 M，与免疫球蛋白 G 相同，IgM 在脾脏和淋巴中生成，以五聚体的形式存在于血清之中，含量在 5%～10%。免疫球蛋白 M 不仅能够有效杀灭病菌，还能够激活补体，实现免疫调节等作用。

3. MBL

MBL（mannan-binding lectin），中文名称为甘露糖结合凝集素，是一种存在于血液之中的凝集素，我们又把它称为甘露糖结合蛋白质（mannose-binding protein，MBP）。它能够与病原体表面的甘露聚糖残基结合并与 MASP 结合，从而激活该蛋白酶[9]。

MBL 属于胶原凝集素蛋白，由肝细胞进行合成并分泌。因为 MBL 能够结合具有甘露聚糖末端成分的能力，因此被称作甘露聚糖结合蛋白。它是一种同源二聚体，由许多同种多肽链合成。再进一步，MBL 能够形成类似于郁金香花束形状的六聚体。所生成的六聚体能够和病原体相结合从而激活 MASP 蛋白酶，进而能够将补体成分 4 和补体成分 2 分别降解为两部分，即 C4a/b 与 C2a/b，而 C4b 和 C2b 相结合便形成了 C3。对于众多微生物或者病毒而言，正是由于 MBL 具有结合多种糖类的能力，所以才能够十分有效地识别并侵入它们。

MBL 能够通过不同的方法与微生物作用从而清除它们：一种方法是作为调理素，促进病原体和吞噬细胞的结合，使得吞噬细胞对病原体进行吞噬，从而达到消杀病原的目的；另一种方法是与血液中的丝氨酸蛋白酶结合从而激活补体中的成分 4～9，形成攻膜复合物来杀死致病微生物。

4. MASP

MASP 是一种丝氨酸蛋白酶，MASP 和补体中 C1s 的结构域相同，都拥有两个 CUB 和 CCP 结构域及一个 EGF 结构域。MASP（MBL Associated Serine Protease）即与 MBL 相关的丝氨酸蛋白酶，它的组分包括：MASP-1、MASP-2、MASP-3 及 MAp19。其中，MASP-1 和 MASP-3 拥有相同的 A 链，但是它们的 B 链不同，两者都是相同基因选择剪切后产生的。同样，MASP-2 和 MAp19 也是同一基因——MASP-2 基因选择剪切后产生的，两者不同的是后者包含前者的部分片段，片段后连接着 4 个 C 端氨基酸残基。

在血清中，MASP 作为酶原，它的结构由单一的多条肽链构成，当它的肽链断裂时，MASP 就会被激活，于是便会形成一种二硫键连接多肽链构成的二聚体[10]。活化后的 MASP-1、MASP-2 能够分别分解补体成分 C3C2 及 C4C2。此外，研究发现 MASP-1、MASP-2 两者都能够和 C1 抑制剂发生反应，进而终止酶的溶解能力。

5. 丝氨酸蛋白酶

丝氨酸蛋白酶[11]（serine proteases，SP），在生物体的补体系统之中，包含多种丝氨酸蛋白酶，分别为 C1r、C1s、MASP-1、MASP-2、补体成分 2、B 因子、D 因子、I 因子。这些丝氨酸蛋白酶是由多个独立功能块组成的模块蛋白。SP 的三个保守残基构成它的活性中心，在补体激活之后，这些丝氨酸蛋白酶停止水解功能并与巨大的糖蛋白复合体作用。补体成分 2 和 B 因子作为单肽链酶原，当它们因为水解而被激活之后，会像其他 SP 在受到抑制剂调节之后结合非酶蛋白辅助因子来形成活性蛋白，所生成的蛋白酶复合体将受到多种因子的调节。

B 因子可与 C3b 结合形成 C3bB 复合体 D 因子，作用于其中的 B 因子将其裂解为 Ba 和 Bb，形成旁路途径的 C3 转化酶 C3bBb。D 因子仅裂解与 C3b 结合的 B 因子，在与 C3bB 复合体结合时，只有与活性中心的 His、Asp 和 Ser 结合才能发挥最大的催化活性，但只有作用于 B 因子的 vWF 区才能有效地诱导蛋白酶的活性。

7.3 补体激活的三条途径

由前文可知，补体系统是在它的固有成分被激活之后，通过生成活性酶进行细胞溶解等功能。因此，补体的激活可以说是整个补体系统发挥作用的起始阶段，只有成功激活补体，才能引发后续的连锁反应。在生物机体中，补体系统作为抗体是发挥溶解细胞作用的必要补充条件，对特异性抗体介导的溶菌功能起到辅助作用[12]。

补体系统通过激活途径产生攻膜复合体（MAC），MAC 可以穿透细胞膜磷脂的双层孔道，从而破坏细胞的稳态，导致水和无机盐自由进出，最终使细胞溶解。此外，还可使大量钾离子外溢，致使钙离子被动地向细胞内弥散，最终导致细胞死亡。

根据补体激活过程中激活物的区别，可以把补体系统的激活方式划分成三条途径：基本途径、旁路途径及 MBL 途径[13]。下面分别对这三条激活途径进行简要描述。补体激活途径如图 7-1 所示。

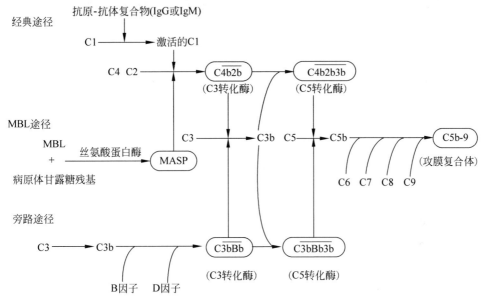

图 7-1 补体激活途径

首先,经典途径在识别阶段依赖于抗原抗体复合物的形成。当抗原(通常是细菌或病毒)与相应的抗体(IgM 或 IgG)结合时,这个复合物会激活 C1 的 C1q 部分,接着 C1r 和 C1s 也被激活。在底物 C2 和 C4 的参与下,C1s 转化为含有丝氨酸蛋白酶活性的 C1 酯酶。从而达到活化阶段,C1s 将 C4 分解成为小碎片 C4a、大碎片 C4b。C4b 能够结合在病原体的表面,为后续的反应奠定基础。随后,C1s 接着激活 C2,使其裂解成 C2a 和 C2b 两个片段。C2b 与 C4b 结合,形成活性的 C4b2b,也就是 C3 转化酶。在这一阶段,C3 被 C4b2b 裂解为 C3a 和 C3b 两部分,其中 C3b 与 C4b2b 结合形成具有酶活性的 C4b2b3b,这也被称为经典途径的 C5 转化酶。这一系列反应齿轮咬合,将免疫系统的攻击力度逐步升级。然后,在感染初期,MBL 具有重要作用。当 MBL 结合细菌表面的甘露糖残基时,形成了 MBL-丝氨酸蛋白酶复合物(MASP),为后续的反应做好了充足的准备。最后,旁路途径是在细菌性感染早期,尚未产生特异性抗体时,起到关键作用的途径。这时,细菌的细胞壁成分构成活化物质,包括脂多糖、多糖、肽聚糖等。在活化阶段,这些物质与 C3 成分相互作用,由 B 因子、D 因子的参与,C3b 自身结合 Bb 形成了 C3bBb,也就是 C3 转化酶。C3 被裂解成 C3a 和 C3b,大量的 C3b 与沉积在细胞表面的 C3bBb 结合,形成了新的复合物 C3bBb3b,即 C5 转化酶。这一系列反应最终将导致 C5 的裂解产生 C5b,然后形成攻膜复合体(C5b6789 复合体),导致细胞膜溶解。

7.3.1 补体激活的经典途径

补体激活的经典途径主要依赖于抗体,在补体被激活的过程中,大概有 11 种成分参与,按照参与的功能不同,可以将这 11 种成分以识别、活化、攻击 3 种作用划分,用作识别的成分包括 C1q、C1r 和 C1s,用作活化的成分包括 C2、C3 和 C4,用作攻击的成分包括 C5、C6、C7、C8 和 C9。由于具有相同功能的成分之间有着较强的亲和力,因此它们在激活之后能够相互结合,从而共同实现自己的功能。经典途径是由 IgG 及 IgM 等复合物激活,之后蛋白酶 C1s、C1r 与识别分子 C1q 进行结合,生成 C1 复合物,进而激活 C1s 和 C1r。激活的 C1s 将 C4 剪切开,分别剪成 C4a 和 C4b 两种,然后剪切后暴露出的硫酯基团与 C4b 结合形成共价沉淀物。同时结合 C4 的 C2 也会被剪开成为 C2a 和 C2b 用来调节 C3 转化酶的产生。

经典途径下补体的激活可以按照功能分为三个阶段,即与成分分类对应的识别、活化与攻击,这三个阶段会分别作用于靶细胞的不同部位[14]。在整个激活过程中,C2～C5 都会被剪切成两个以上的片段,并按照 a、b 进行标识,表示为 b 的部分会与靶细胞相结合,进而以固相的形式溶解细胞,而标识为 a 的部分则以液相游离。激活过程中,C5～C7 会相互聚合,并与游离的 C3a 和 C5a 一起发挥功能。三个阶段的工作过程如下:

1. 识别阶段

在这个阶段,IgG 是独立的单个体,IgG 必须通过接触抗原才能结合并产生用于和 C1q 连接的结合点。同理,IgM 也必须与抗原结合进而改变构造后才能与 C1q 结合。C1q 表面具有 6 个补体结合点位,当这些补体结合点中至少有 2 个点位被免疫球蛋白分子结合时,才能接着激活其他补体成分。C1q 被结合之后,其形状构造发生变化,成为能够激活 C1r 和 C1s 的成分。C1s 的合成标志着识别阶段的完成和活化阶段的开始。

2. 活化阶段

从 C1 开始作用一直持续到 C3 和 C5 转化酶形成的这个阶段为活化阶段。在这个阶段,C4 被 C1 分解成两部分后,C4b 被迅速结合并失去结合能力,C2 在镁离子作用下也被分裂成 C2a 和 C2b 两个部分,并且 C4b 与 C2b 结合成为 C3 转化酶。于是 C3 经过合成的转化酶的裂解之后,其内部分子硫酯基暴露,变得极不稳定,C3b 通过不稳定的部位结合到抗原、抗体等上面,进而实现介导调节作用和免疫黏附作用。

3. 膜攻击阶段

从 C5 转化酶将补体成分 C5 裂解开始,到后续对其他补体成分作用最终使得细胞破损裂解,是经典途径的膜攻击阶段。在此阶段,补体成分 5 被 C5 转化酶分解成 a 和 b 两部分,其中的 C5a 游离,而 C5b 被吸附到细胞膜表面,变得极不稳定。不稳定的 C5b 与 C6 结合成为稳定的复合物,再次与 C7 结合成三分子复合物并吸附到附近的致敏细胞上,与细胞膜结合。在此期间如果未能与适当的细胞膜结合,则会很快失去活性。无活性的 C5b67 容易和 C8 结合,进而与 C9 结合,最终形成补体的膜攻击成分,对细胞膜穿孔而破解细胞。

7.3.2　补体激活的旁路途径

与一般的经典激活方式不同,旁路激活的方式可以直接跳过补体成分C1、C4、C2的过程,对补体成分3进行活化从而完成补体成分5到补体成分9的一系列连锁反应,并且该方式的激活物并非是抗原抗体复合物IgG和Igm,而是构成细菌细胞壁的脂多糖、肽聚糖及凝聚的IgA和IgG4等[15]。旁路激活发生在感染前期尚未产生特异性免疫的时候。旁路途径的激活也可以分为三个阶段:

1. 准备阶段

在生物体的正常生理条件下,体内的补体成分3与B因子和D因子作用能够产生少量C3转化酶,由于会被H因子和I因子等迅速抑制,因此不能发生后续的激活过程,只有当体内的H因子和I因子被抑制时,旁路途径的激活方式才能实现。于是在准备阶段,生物体内的补体成分3缓慢地自然裂解成少部分C3b并被血液中的I因子快速灭活。此时生物体内一般存在有活性和无活性的两种D因子,D因子对于C3b作用而形成C3转化酶,转化酶使得C3裂解并被H因子缓慢解离后再由I因子迅速灭活,若没有刺激物质存在,体内将不能大量产生裂解补体成分3,而是形成一种动态的平衡,这种状态一旦被刺激成分激活,将会迅速爆发。

2. 激活阶段

当脂多糖、肽聚糖等激活物质出现时,旁路途径将被激活,此时H因子可转化C3bBb复合物中的Bb,玻璃C3b、Bb,不会再被I因子立即灭活,从而打破了原来的动态平衡,使其从缓慢的准备阶段进入激活阶段。

3. 激活效应扩大阶段

激活效应扩大阶段就是体内补体成分的正反馈阶段,在这个阶段,生物体内含量最多的补体成分C3被激活物激活,它裂解后的产物又会在B因子及D因子的作用下和C3转化酶发生反应,从而使得C3裂解,因为血浆中的C3和B因子等成分非常丰富,因此这个过程一旦触发就会十分激烈。

7.3.3　补体激活的MBL途径

MBL途径在感染早期,体内分泌甘露聚糖结合凝集素(MBL)和C反应蛋白。MBL与细菌表面的甘露糖残基结合,然后与丝氨酸蛋白酶结合形成MASP。在这条途径中,血浆中的MBL甘露聚糖结合蛋白质与多种病原体表面的甘露糖等末端糖基识别,使得MASP-1和MASP-2激活,从而裂解补体成分C4产生C4b,再与补体成分2相互作用后裂解,继而裂解C3,完成后续的激活。

7.4　补体系统的功能

1) 补体系统的生物学活性

在补体系统激活时产生的各种补体物质是补体系统发挥生物活性的重要源泉。

在补体系统被激活之后,可以形成有效攻击性的膜攻击复合物对靶细胞进行裂解,从而溶解靶细胞[16]。补体系统溶解细胞的方法是免疫防御中的重要功能部分,在尚没有抗体产生的情况下,一部分微生物能够从旁路途径激活补体,从而被免疫防御杀灭,这种机制对于病菌感染具有十分重要的意义。当然在一些情况下,如补体的活化过程中,会产生许多诸如 C3a 和 C4a 等对炎症具有介导作用的活性片段,由于它们不仅针对病原体,还会针对自身组织进行反应,因此补体系统也可能引起生物体自身细胞的溶解。但总的来说,补体系统不仅能够抵抗细菌,还能够避免一些寄生虫和其他微生物的感染。生物体一旦存在补体缺陷,就会被病原微生物轻易入侵[17]。

2)补体对免疫复合物的作用

补体除了可以抑制免疫复合物的产生外,还能够对已经产生的免疫复合物进行分解。

3)补体对免疫应答的作用

补体能够对免疫应答过程中的各个阶段进行调控,补体成分 3 能够对抗原进行捕获和定位,从而便于该抗原被处理和呈递,同时它也能够和众多免疫细胞作用,调控细胞的分化和增殖过程。例如 C3b 和 B 细胞进行结合之后便能够促使 B 淋巴细胞分化成为浆细胞,又例如 C3b 结合杀伤细胞能够有效增强其对靶细胞的作用,说明补体成分 3 还能调节免疫细胞效应。

4)补体在抗感染免疫的作用

当抗原侵入机体后,机体会做出相应的免疫反应。抗原感染触发了抗体的产生,同时也激活了补体系统。细菌的脂多糖可以直接启动补体系统,无需借助抗体介入。抗体和补体在保卫宿主免受病毒侵害方面起到了密不可分的作用,它们可以联手阻止病毒侵入宿主,甚至补体也同样具有直接溶解某些病毒的能力。C3b、C4b 补体通过免疫黏附、调理作用,将会增强巨噬细胞对病原体的吞噬能力,从而在免疫防御中扮演着关键的角色。这一系列精密的免疫反应构成了机体抵御病原体侵袭的坚实防线。正常情况下,生物机体内含有少量的 TCC、C3a、C5a,当补体活化异常时,TCC 会在组织中出现沉积,血液中 C3a、C5a、C5b-9 的浓度将会增高[18]。

7.5 补体对免疫系统的调节

7.5.1 补体与免疫系统的协作原理研究

生物医学研究表明,完成生物机体免疫过程的不仅包括先天性免疫系统、自适应性免疫系统,还包括补体系统、神经系统。而补体系统不仅能够自主识别病原体,还能够在先天性免疫、适应性免疫的识别过程中起到促进作用。神经系统能够利用自身的智能认知来产生促进先天性免疫、适应性免疫工作的因子,神经系统传递的压力信息能超越抗体的保护作用,类似于免疫系统的眼睛和耳朵。因此,先天性免疫、适应性免疫与补体系统、神经系统共同构成了生物免疫对病原体的认知网络,如图7-2所示。

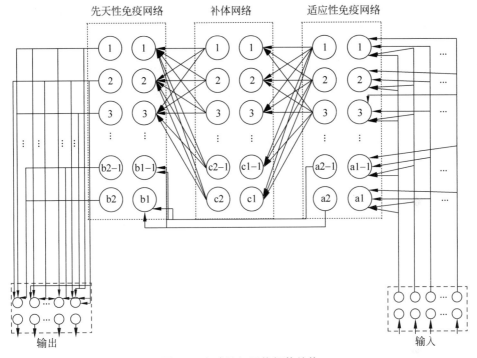

图 7-2 免疫认知网络拓扑结构

当补体系统与免疫细胞相互作用时,补体系统的特征在适应性免疫阶段发挥出来,为刑侦红外图像的目标划分提供有益的思路。通过借鉴补体系统的原理,提出一种针对红外图像模糊区域目标的提取方法。首先,设计多种能够与目标表面结构相互作用的模板结构,这些模板结构类似于补体蛋白与病原体表面相互作用的方式。接着,将图像按照目标的方向特征划分为不同的区域,并使用设计好的模板匹配检测,对像素赋予新的特征值,获得目标信息分类依据。

根据现有研究,构建一种先天性免疫、适应性免疫、补体系统、神经系统协调模型的一般形式:

$$\begin{cases} E = E(D_a, D_c, C, N, e, E_1, E_2, \cdots, E_n) \\ D_c = D_c(D_{c1}, D_{c2}, \cdots, D_{cm}) \\ D_a = D_a(D_{a1}, D_{a2}, \cdots, D_{am}) \\ C = C(C_1, C_2, \cdots, C_p) \\ N = N(N_1, N_2, \cdots, N_q) \end{cases}$$

$$\text{s. t.} \quad D(D_a, D_c, C, N, E) = D_o \qquad (7\text{-}1)$$

式中，D_c 为先天性免疫系统的作用范围，D_{c1}，D_{c2}，$\cdots$，D_{cm} 描述了影响先天性免疫系统作用范围的不同因素；D_a 为适应性免疫系统的作用范围，D_{a1}，D_{a2}，$\cdots$，D_{am} 分别描述了影响适应性免疫系统作用范围的不同因素；C 表示补体系统的作用范围，C_1，C_2，$\cdots$，C_p 描述了影响补体系统作用范围的不同因素；N 表示神经系统的作用范围，N_1，N_2，$\cdots$，N_q 表示影响神经系统作用范围的不同因素；e 表示协调因子，E 表示协调因子的作用范围，E_1，E_2，$\cdots$，E_n 表示影响协调因子作用范围的各种因素；D 表示先天性免疫、适应性免疫、补体系统、神经系统之间相互协作的作用范围，D_o 表示先天性免疫、适应性免疫、补体系统、神经系统之间相互协作时期望的作用范围[19]。

7.5.2　补体对免疫细胞的调控

（1）对巨噬细胞的调控[20]：补体成分 3 和补体成分 5 在巨噬细胞中表达丰富，它们通过 C3a 和 C3b 受体对巨噬细胞调控。巨噬细胞按照功能可以分为促炎性巨噬细胞 M1 和抗炎性巨噬细胞 M2，补体激活时产生大量的 C3a 和 C5a，它们能够诱使 M1 极化，更利于炎症因子的释放与表达。如血压上升时，巨噬细胞表达的补体分子 C1q 被促进，进而调控血管平滑肌细胞。补体受体 3 和补体受体 4 主要由树突状标志分子组成，而补体分子 C1q 能够促进树突状细胞成熟，促进其抗原呈递作用，参与因子表达。补体 C5a 能促进嗜中性粒细胞外杀菌网络的形成，进而促进炎症小体的活化，加剧动脉瘤的进程。

（2）对 T 细胞与 B 细胞的调控：对于 T 细胞来说，同样按照功能能够分为促进反应炎症细胞、抗炎症细胞、调节性 T 细胞等。对于 T 细胞的调控方式，补体按照直接和间接两种形式进行。间接形式的方法为，在激活之前补体分子就会发出一些如巨噬细胞的天然免疫细胞释放因子，从而进行 T 细胞生物学活性的调控。C3a 和 C5a 能够促进树突状细胞释放因子，参与促炎症免疫细胞的活化。此外，补体受体还会在 T 细胞表面大量表达，通过调节受体活性，能够使得 T 细胞分化为免疫抑制 T 细胞，实现抑制免疫炎症的作用。

（3）补体对血管损伤的调控：在生物体的血清中，补体分子存在的数量很多，且在血管内皮细胞中有大量的补体受体被表达出来，因此在血管功能的调节中补体具有十分重大的影响作用。补体分子 C1q 能够增强内皮细胞增殖，补体成分 C1 抑制因子能够阻止免疫细胞的沉积，从而防止血管损伤后的内膜新生。补体成分 3 及其裂解后的 C3a 能够激活内皮细胞表达，进而加快内膜新生。补体途径抑制因子具有阻断补体活化的功能，于是可以抑制验证表达，改善血管损伤的修复过程。

7.6　补体与免疫系统的算法启发

先天性免疫因子、适应性免疫因子、补体系统因子、神经系统因子是生物免疫认知网络的四个组成部分，在先天性免疫网络与适应性免疫网络协同作用的基础上,发挥补体系统与免疫系统的相互作用,赋予表面抗原分子新的特征,突出其特征区别,以便于下一步的提取。最优可免域的定义是指如果该可免域对应的抗原识别(超)平面,垂直平分可免域中抗原与非可免域中其他类抗原所构成的凸壳间最近点对应的连接线段,则称该可免域为最优可免域[21]。免疫因子的最优可免域识别能够保证免疫因子以最大的置信度对抗原进行识别。

根据免疫因子对抗原特征空间的作用范围机理,给出适应性可识域、抗体可识域、补体系统可识域、神经系统可识域的相关定义,并根据免疫认知网络间的协调作用机理,给出生物免疫认知网络可识域。

定义 1　　能够被生物免疫认知系统识别的抗原特征空间构成了生物免疫认知可识域。

定义 2　　能够被先天性免疫系统识别的抗原特征空间构成了先天性可识域。

定义 3　　能够被适应性免疫系统识别的抗原特征空间构成了适应性可识域。

定义 4　　能够被补体系统识别的抗原特征空间构成了补体系统可识域。

定义 5　　能够被神经系统识别的抗原特征空间构成了神经系统可识域。

定义 6　　每一个免疫认知网络因子识别的抗原样本特征空间,即为该免疫认知网络因子的可识域。

推论 1　　先天性可识域、适应性可识域、补体系统可识域、神经系统可识域分别是所有先天性免疫因子可识域的并集、所有适应性免疫因子可识域的并集、所有补体系统因子可识域的并集、所有神经系统因子可识域的并集。

根据以上定义,可以给出在刑侦深度模糊红外图像处理中,免疫认知网络节点可识域的一种定义方式:假设经过免疫认知网络特征提取、选择后,刑侦深度模糊红外图像中共有 $M \times N$ 个子图像块样本,将每一个子图像块样本视为一个抗原,则共有 $M \times N$ 个抗原 $x_i^{j_i}$,$i = 1, 2, \cdots, M \times N$,$j_i$ 为抗原的类别标记,$j_i = 1, 2, \cdots$,分别表示各种目标、各类背景及各种边带区域类别。

经过免疫特征构建,抗原成为具有免疫特征的多维向量 $\boldsymbol{x}_i^{j_i} = \{x_{i1}^{j_i}, x_{i2}^{j_i}, \cdots\}$,$x_{i1}^{j_i}, x_{i2}^{j_i}, \cdots$ 表示抗原样本向量的分量。若经过免疫认知网络节点构造算法得到某个网络节点 w_m,使得该网络节点确定的抗原样本集为 $X_m = \{\boldsymbol{x}_i^{j_i} \mid i \in [1, M \times N]\}$,且满足 $\{j_i = j_k \mid \boldsymbol{x}_i^{j_i} \in X_m, \boldsymbol{x}_i^{j_{ki}} \in X_m\}$,则 X_m 即为网络节点 w_m 的可识域。

在刑侦模糊红外图像的目标最优识别中,根据被处理图像的特殊性质和问题需要,可以设计不同条件下的免疫可识域构造方法。

基于对免疫可识域定义的理解,根据统计学习理论给出可控可识域的定义,即

定义 7　　对于某个免疫认知网络因子所识别的可识域,如果该可识域对应的抗原识别(超)平面可以按照确定的轨迹运动,在轨迹中确定的位置,该识别(超)平面垂直平分可识域中抗原与非可识域其他类抗原所构成的凸壳间最近点对的连接线段,且当有新的可识域加入或者旧的可识域删除后,新的识别(超)平面仍然满足

以上要求,则称该可识域为可控可识域。

基于可识域理论,考虑到刑侦深度模糊红外图像的时间相关性,已提出一种序列刑侦深度模糊红外图像目标提取算法。首先获得初始序列刑侦深度模糊红外图像中不同特征区域的特征描述:

$$\begin{cases} x_{00} = I_0(i_0, j_0), x_{01} = I_0(i_1, j_1), x_{02} = I_0(i_2, j_2) \\ x_{03} = I_0(i_3, j_3), x_{04} = I_0(i_4, j_4), x_{05} = I_0(i_5, j_5) \end{cases} \tag{7-2}$$

在后续刑侦深度模糊红外图像 I_1 中,获得与 I_0 相同特征区域的特征描述:

$$\begin{cases} x_{10} = I_1(i_0, j_0), x_{11} = I_1(i_1, j_1), x_{12} = I_1(i_2, j_2) \\ x_{13} = I_1(i_3, j_3), x_{14} = I_1(i_4, j_4), x_{15} = I_1(i_5, j_5) \end{cases} \tag{7-3}$$

$$\begin{cases} I_1(i_0, j_0 - 1), I_1(i_0, j_0 + 1), I_1(i_0 - 1, j_0), I_1(i_0 + 1, j_0) \\ I_1(i_1, j_1 - 1), I_1(i_1, j_1 + 1), I_1(i_1 - 1, j_1), I_1(i_1 + 1, j_1) \\ I_1(i_2, j_2 - 1), I_1(i_2, j_2 + 1), I_1(i_2 - 1, j_2), I_1(i_2 + 1, j_2) \\ I_1(i_3, j_3 - 1), I_1(i_3, j_3 + 1), I_1(i_3 - 1, j_3), I_1(i_3 + 1, j_3) \\ I_1(i_4, j_4 - 1), I_1(i_4, j_4 + 1), I_1(i_4 - 1, j_4), I_1(i_4 + 1, j_4) \\ I_1(i_5, j_5 - 1), I_1(i_5, j_5 + 1), I_1(i_5 - 1, j_5), I_1(i_5 + 1, j_5) \end{cases} \tag{7-4}$$

构建刑侦深度模糊红外图像特征区域特性的函数关系式:

$$\begin{cases} I_0(i_0, j_0) = aI_1(i_0, j_0 - 1) + bI_1(i_0, j_0 + 1) + cI_1(i_0 - 1, j_0) + dI_1(i_0 + 1, j_0) \\ I_0(i_1, j_1) = aI_1(i_1, j_1 - 1) + bI_1(i_1, j_1 + 1) + cI_1(i_1 - 1, j_1) + dI_1(i_1 + 1, j_1) \\ I_0(i_2, j_2) = aI_1(i_2, j_2 - 1) + bI_1(i_2, j_2 + 1) + cI_1(i_2 - 1, j_2) + dI_1(i_2 + 1, j_2) \\ I_0(i_3, j_3) = aI_1(i_3, j_3 - 1) + bI_1(i_3, j_3 + 1) + cI_1(i_3 - 1, j_3) + dI_1(i_3 + 1, j_3) \\ I_0(i_4, j_4) = aI_1(i_4, j_4 - 1) + bI_1(i_4, j_4 + 1) + cI_1(i_4 - 1, j_4) + dI_1(i_4 + 1, j_4) \\ I_0(i_5, j_5) = aI_1(i_5, j_5 - 1) + bI_1(i_5, j_5 + 1) + cI_1(i_5 - 1, j_5) + dI_1(i_5 + 1, j_5) \end{cases}$$

$$\tag{7-5}$$

7.7 本章小结

本章内容对补体系统做出了较为详细且全面的介绍,对补体系统的组成及每部分的作用做出了详细分析,介绍每个补体细胞的工作机制,并详细阐述了补体系统工作的三个阶段。在此基础上,探究补体系统与先天性免疫系统、适应性免疫系统之间的协作关系,分析互相之间的影响及作用,构建免疫系统和补体系统的拓扑结构。通过借鉴免疫系统与补体系统的关系与运作,以此作为启发,将生物免疫与补体系统的工作机制引入免疫智能算法,并给出了生物免疫认知网络可识域的七个算法定义和一个算法推论,为免疫智能红外图像处理算法提供了扎实的理论基础和创新思想启迪。

本章参考文献

[1] 毛泽民,于晓,白梓璇.基于补体免疫的模糊红外图像目标提取[J].激光杂志,2021,42(6): 62-67.

[2] 张坤,张延,殷淑君,等.补体与肾脏疾病研究进展[J].临床肾脏病杂志,2022,22(4): 5.

[3] 王长法,张士璀,王勇军.补体系统的进化[J].海洋科学,2004(8): 55-58.

[4] 曹博,赵怡霞,江嫚,等.补体系统及其与自身免疫性疾病关系概述[J].生物学教学,2018, 43(3): 66-68.

[5] 刘阁,逄越,刘欣,等.C1q 蛋白家族的结构、分布、分类和功能[J].遗传,2013,35(9): 1072-1080.

[6] 赵修竹,田延武.C2——补体第一激活途径中的一个重要分子[J].国外医学(免疫学分册),1989(4): 173-177.

[7] 曹雪妍,刘瑛,杨梅,等.牛初乳和牛常乳乳清 N-糖蛋白质的差异分析[J].食品科学,2019, 40(12): 160-167.

[8] 昝琦,刘欣,逄越,等.补体 C3 结构与功能研究进展[J].中国免疫学杂志,2014,30(4): 549-553.

[9] 刘俊丽,曹诚,马清钧.MBL 调控 MASP 激活补体系统[J].生物技术通讯,2006(4): 624-625.

[10] 程少文,陈扬平,张安强,等.MBL2 与 MASPs 家族蛋白质相互作用的生物信息学分析[J].海南医学院学报,2019,25(15): 1121-1124,1129.

[11] 何智,陈政良.补体系统丝氨酸蛋白酶的结构与功能[J].国外医学(免疫学分册),2004(6): 316-319.

[12] 白梓璇.基于免疫算法的电力设备红外图像目标提取技术研究[D].天津:天津理工大学,2020.

[13] 王青青,王悦,李艳博,等.补体 C3 在糖尿病肾脏疾病中的作用[J].临床肾脏病杂志,2022,22(7): 606-611.

[14] 曾敏,徐惠芳.云木香多糖的抗补体活性研究[J].现代中药研究与实践,2018,32(2): 4.

[15] 周丽丽,杜伯涛.补体系统在器官移植中的作用研究进展[J].国际免疫学杂志,2015,38(4): 4.

[16] 秦颂兵.全人源抗 PD-L1 抗体的筛选及其与放疗联合治疗肿瘤的效果和机制研究[D].苏州:苏州大学,2015.

[17] 盘箐.补体的生物活性与抗感染免疫[J].实用预防医学,2009,16(5): 1680-1681.

[18] 上官毕文,黄醒华,王维.补体活化与妊娠高血压综合征发病的关系[J].中华妇产科杂志,2000,35(9): 2.

[19] 李凯臣.红外刑侦手印图像目标提取算法研究[D].天津:天津理工大学,2022.

[20] 阮承超,高平进.补体介导的炎症免疫功能紊乱在高血压及其靶器官损伤中的作用[J].中国科学:生命科学,2022,52(5): 8.

[21] FAYARD E,MONCAYO G,HEMMINGS B A,et al. Phosphatidylinositol 3-kinase signaling in thymocytes: the need for stringent control [J]. Science Signaling,2010,3(135): 5.

第三部分

免疫智能算法在刑侦红外图像中的应用

第8章

生物免疫学对刑侦红外图像处理算法的启发

在刑事侦查过程中对于案发现场所拍摄的红外图像进行处理,其中检测到嫌疑目标痕迹并有效提取是重要的研究内容和待解决的问题。目标提取是根据不同的刑侦红外图像特征将图像中疑似作案痕迹的区域加以区分,从拍摄的案发现场图像中识别、诠释有意义的物体实体,进而提高刑事侦查人员实际的工作效率,减少人工消耗。但目前的图像识别技术尚不完善,针对一般图像的阈值分割算法、边缘分割算法及区域生长算法在非红外图像数据中可能取得较好的实现效果,然而由于红外成像仪的成像特性,红外图像具有目标边缘模糊、特征信息不明确、对比度差、背景复杂等缺点,在此情形下,传统目标提取算法将难以有效解决实际问题,为此必须提出新的目标提取算法。

通过对传统算法的分析及在本书第二部分内容中生物领域免疫医学的研究发现,生物的免疫系统在对抗原进行分类识别的过程中,在学习、认知和容错等特性上具有极强的能力,而这些特征恰好为图像目标提取算法中有待加强的部分,因此生物免疫学对于该领域具有重要的启示意义。受到免疫生物学的启发,将上述各种优异的特性应用于刑侦红外图像目标提取,能够极大限度地解决面临的难题。

8.1 近年国内外免疫算法研究

8.1.1 国内免疫算法研究现状

由于免疫机制的优异特性,引起了许多专家学者的注意,并将免疫机制应用于各个领域,在国内学者的研究中,2010 年,张向荣等人[1] 提出了一种免疫谱聚类算法,把 NJW 算法结合免疫克隆聚类,不仅可以降低特征维数,还能够提高数据聚类的精度。同年,刘云龙等人[2] 利用改进的 Hausdorf 距离提出一种新的抗体浓度评价算法并对与之相对的免疫算法做出了定义,同时对免疫操作过程进行化简,使得算法具有更强的自适应寻优能力,聚类过程的适应度函数使用一种有效性函数,自适应地确定聚类数目与中心,达到图像的自动高有效性分割。同年,刘海龙等人[3]提出一种改进的遗传算法,算法借鉴了免疫系统的免疫特性,在初始种群中加入了疫苗,这些疫苗具有一定的先验知识,从而使得算法的收敛速度提高,并且根据细胞的亲和力进行变异,进而提高了图像分割的速度。

2011年,王慧[4]等人提出了免疫组化图像的自动分割方法,并成功地将其运用于病理切片染色分析,为免疫组化彩色图像的自动分析开辟了一条新的道路。同年,耿利川等人[5]提出了一种遥感图像检索算法。该算法为了增强系统对用户语义的理解能力,将免疫学技术与反馈理论相结合结,对用户反馈的图像通过克隆选择算法特征进行泛化学习。同年,杨咚咚[6]深入分析了多目标优化模型,并结合人工免疫理论,针对多种具有挑战性的问题进行深入研究,如新型支配机制、高效的多样性保持技巧等,并将提出的方法与实际结合,应用于雷达图像分割,成功解决了合成孔径雷达图像分割难题。

2012年,薄立华等人[7]根据多年计算机图像分析系统的使用经验,结合免疫组化图像分析的特点,详细分析了免疫组化图像计算机定量分析的主要环节及诸多方面的影响因素,尤其对免疫组化图像测量参数及测量方法的选择和设计进行了较深入的探讨。同年,马文萍等人[8]提出了基于免疫密母算法的图像分割(IMAIS)方法,分别采用密母算法、免疫克隆算法对两个种群同时进化,加快种群收敛速度。同年,刘志华等人[9]提出了一项改进的免疫遗传算法,用于自动搜索图像非线性增强函数的最佳变换参数,在保持原算法优点的同时引入了免疫算法,利用待解问题的特征信息或先验知识,抑制优化过程中可能出现的退化现象。

2013年,徐平等人[10]对于小波系数使用人工免疫遗传算法优化,利用相似性距离方法,分别对于Canny算法、传统小波算法和免疫遗传小波算法进行分析并总结不同方法的优缺点,结果显示该方法能够更好地将图像边缘信息保留显示,从而说明在精确定位和抗噪声能力方面遗传小波变换算法具有较大优势。同年,孟军等人[11]采用一种自动分割双重标记免疫组化图像的方法,此方法提高了分割准确度,且需要样品切片的数量从3张减少到1张。同年,易宗锐等人[12]提出一种新的免疫组化数字图像处理方法。首先将转换到LAB色彩空间的原始图像进行归一化处理,然后转换至HSV色彩空间并采用基于差异最大化加权聚类的方法对图像中不同类别的细胞进行有效分类,最后综合利用形态学方法对免疫组化病理图像中不同类别的细胞进行分割、计数。同年,赵云霞等人[13]提出了免疫系统作为高度并行的分布式信息处理系统,具备独特的自学习、自组织性以及高速的并行计算能力等特点。同年,王萌萌等人[14]提出了一项基于着色分离的核分割技术,通过对细胞核尺寸的分析进行后续处理,成功地实现了对苏木素或其他染色方式的免疫组化图像进行准确的核分割。

2014年,王辉等人[15]针对在计算二维熵图像分割算法时存在的计算时间和计算量问题,设计出一种新的图像分割方法,该方法基于机体免疫中的免疫调节,将免疫疫苗理论与熵理论结合,能够加快算法的搜索速度、提高了算法适应性。同年,邓晓政等人[16]提出了基于流形距离的自动免疫克隆聚类图像分割算法。这一算法通过利用流形距离,实现了自动免疫克隆聚类图像分割。它具备了自动确定聚类数量和全局收敛的能力,并且通过采用超像素技术,进一步提高了分割效率。这使得算法在处理复杂图像时表现出色,能够准确地将图像分割成具有相似特征的区域。同年,马文萍及其团队[17]提出了一种图像分割算法,巧妙地将粗糙集模糊聚类与差分免疫克隆聚类相融合,为图像处理技术开创了崭新的局面。该算法不仅使得聚类信息更加翔实和多样,同时也为图像分析提供了更为全面的视角,为解决实际问题提供了有力的支持。

2015年,刘翔等人[18]针对传统图像增强方法的一些缺陷,提出了一种基于自适应免疫遗传算法的图像增强方法。该方法在优化过程中引入了免疫机制,以防止解的质量退化。通过适应度动态调整遗传算法的参数,从而提升了解的多样性、搜索速度以及全局收敛性。这种策略有效地保证了算法在解空间中的探索能力,并在寻找最优解的过程中取得了显著的改进。同年,宗广静[19]提出分别运用ICP算法、免疫算法、免疫ICP算法对二维和三维医学图像进行不同变换程度下的配准实验分析。

2016年,刘欢等人[20]提出一种基于免疫机理的图像去噪方法,通过模拟生物免疫系统中抗体、抗原间的信息处理机制,去除图像中的噪声。同年,吴宇翔等人[21]提出基于免疫模糊聚类的医学图像分割,该算法借助免疫模糊聚类技术,能够在医学图像分割中展现出卓越的性能。它以高效的方式确定初始聚类中心值,使其接近理想结果,从而在算法的执行过程中显著提高了效率,同时也成功地规避了局部解的困扰。同年,冉涌[22]使用免疫克隆选择算法使得图像处理效果既有并行计算的优势,又能兼顾全局搜索和局部搜索,具有较好的鲁棒性,可以用较少的迭代次数稳定获得正确的聚类结果。

2017年,熊珍珍等人[23]提出了基于人工免疫原理的图像边缘检测算法,主要是模拟生物免疫系统中的阳性选择和人工免疫网络机制。

2018年,贾春鹤等人[24]提出一种免疫遗传算法,使得遗传算法在进行交叉和变异的过程中有一定的干预性,加快了求解速度。同年,程秋云[25]提出了遥感图像应用中一个重要的分类方法。通过深入研究并应用免疫遗传算法以及多种其他优化技术对BP神经网络进行了全方位的优化,充分发挥了免疫算法在保持多样性方面的独特优势,克服了训练速度缓慢以及陷入局部最优解的困境,显著地提升了遥感图像分类的准确性。

2019 年,童何俊等人[26]提出基于免疫遗传算法的形态学自适应结构元素生成算法,并将其用于光学相干断层成像(optical coherence tomography,OCT)图像中的视网膜组织边缘检测。

2019 年,王学忠等研究人员[27]提出了一种基于免疫的 GA-Otsu 算法(IGA-Otsu 算法),从而有效地增强了种群结构的复杂性,同时避免过早收敛,使得分割后的图像更加清晰。

2020 年,白梓璇[28]提出一种最优可免域补体免疫网络红外目标提取算法,解决了温度分布不均匀、故障区域和故障预警区域距离较近的电力设备红外图像目标提取问题;提出一种补体免疫网络红外图像数据分类算法,解决了故障区域不明显、目标特征不清晰的电力设备红外图像目标提取问题;提出一种补体免疫聚类目标提取算法,解决了电力设备红外检测中存在背景复杂、痕迹重叠而难以有效提取目标电力设备的问题。同年,李大华等人[29]基于细胞免疫机制提出了一种改进的 Otsu 算法,根据红外图像中管道及复杂背景的特征,该算法计算出两个不同的阈值,并将它们分别用于管道的提取与复杂背景的区分,在应用于管道红外图像时可以取得较好的效果。

2021 年,毛泽民等人[30]提出了一种模糊红外图像的目标提取算法,该算法借鉴了生物免疫中先天、适应性免疫与补体系统之间的关系作用,从而实现了对目标区域的高度准确提取。同年,廖娟等人[31]提出基于模糊免疫网络算法的嵌入式数字图像处理系统,对图像进行模糊免疫网络聚类处理,在模糊聚类结果下设计图像处理流程。

8.1.2　国外免疫算法研究现状

关于免疫算法的探索,在国外学者的研究中,2006 年,Cserey G 等人[32]表明,免疫系统与神经系统和遗传系统类似,为"计算机制"提供了原型,形成一种基于免疫响应的算法框架,用于使用 CNN 技术的时空目标检测。

2010 年,Mehrad E 等人[33]基于阴性选择机理将车辆图像样本和非车辆图像样本用于训练免疫抗体,提供了一种在非城市地区的卫星高分辨率图像中识别车辆和道路的新方法。

2011 年,Konstantinos K D 等人[34]用基于克隆选择原理的免疫模型提取候选特征点和确定点的对应,这是一种受理论免疫模型的启发的相对新颖的基于群体的算法。当用作函数优化器时,人工智能具有定位函数全局最优及大量强局部最优点的特性。

2012 年,Samadzadegan F 等人[35]将克隆选择优化算法用于高光谱图像特征选择中的适应度函数计算。特征选择结果与遗传算法的比较表明,克隆选择在解决特征选择方面具有更高的性能。

2014 年，Amoon M 和 Rezai-Rad G A[36]提出了一种新的合成孔径雷达图像自动目标检测算法。

2015 年，Alirezazadeh P 等人[37]着重于人脸图像有效特征的组合和选择，将局部特征和全局特征结合起来，利用亲缘遗传算法选择了有效的识别特征，并进行亲缘关系验证。

2017 年，Ahmadi K 等人[38]基于稀疏编码算法，以搜寻步骤为研究重点，提出一种新的遗传演算法的自适应变异，以搜寻字典中最接近的匹配项，从而获得较好的超分辨率图像质量。

2018 年，Nematzadeh H 等人[39]提出了一种基于改进遗传算法和耦合映射格混合模型的医学图像加密方法。同年，Ashour AS 等[40]提出一种新的基于遗传算法的皮肤损伤检测方法，优化中性粒细胞集，减少了皮肤镜图像的不确定性。

2019 年，Liu L 和 Fieguth P 等人[41]提出了一种新的 GANet 网络，在网络训练过程中，使用遗传算法来改变隐藏层中的滤波器，促进了更多信息语义纹理模式的学习。同年，Liu Y 和 Kurths J 等人[42]提出了一种进化算法的框架，用以寻找分割网络的最小节点间隔。详细设计了目标函数，加入变异算法，提出了一种特殊的选择策略，并给出了种群初始化方法。同年，Goncalves J 等人[43]提出一种基于遗传算法图像分割的方法，应用于地理对象的图像分析。

2020 年，Hawas AR 等人[44]提出一种新的皮肤损伤分割算法，称为中性粒细胞图切割算法的优化聚类估计。该算法利用遗传算法对基于直方图的聚类估计过程进行优化，保证了皮肤病变图像自动分割的有效性。同年，Abd Elaziz M 等人[45]在图像分割中引入了一种新的概念，称为超启发式算法，即在每次迭代时确定提供最优阈值的元启发式算法的最优执行序列，该算法采用了遗传算法确定元启发式算法的执行顺序。

8.1.3　现有的人工免疫算法研究

经过不断的发展，人工免疫方法得到了广泛应用。现有人工免疫系统的算法研究主要集中在对适应性免疫机理的研究上，如否定选择算法、克隆选择算法和免疫网络算法等。

1. 否定选择算法

Forrest 等根据生物免疫系统中，适应性免疫 T 细胞在发育成熟的过程中，与自身细胞进行作用时的"否定选择"机理，设计了人工否定选择免疫算法，并设计了检测器。经典的基于"否定选择"机理的算法流程图如图 8-1 所示。

2. 克隆选择算法

Burnet 等根据抗体与抗原作用时的选择性增殖、高频率基因突变等生物免疫机理,给出了一种克隆选择学说。该学说及其相应的克隆选择机理逐渐成为免疫优化计算中常被借鉴的理论之一。De Castro 等提出一种经典的克隆选择算法(CLONALG),算法流程图如图 8-2 所示。

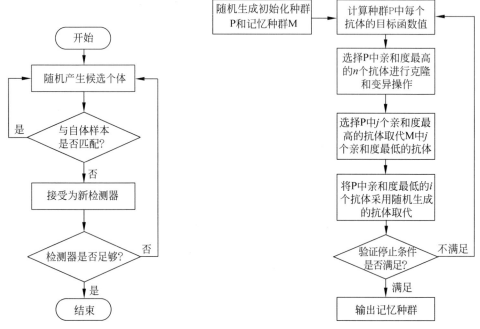

图 8-1 否定选择算法流程图   图 8-2 克隆选择算法流程图

此外,Timmis 等人提出了 B-Cell 算法[46],Cutello 等人基于 De Castro 等提出的经典克隆选择算法设计了不同的高频变异操作,提出了用于优化的 opt-IA[47]。

3. 免疫网络算法

1974 年,诺贝尔奖获得者 Jerne 等认为免疫系统中的免疫因子不仅能与入侵机体的病原体发生相互作用,在免疫因子之间也存在相互作用。由于存在内部的相互作用,即使没有外来的入侵病原体,免疫因子网络也能够呈现出动态行为,这种构想被称为独特性网络理论。

基于这种构想,许多学者基于生物免疫中的适应性免疫机理提出了多种免疫网络模型。例如,1986 年,Farmer 等提出的 FPP(farmer packard perelson)网络;1993 年,Fukuda 等人提出的改进 FPP 模型。近年来,Timmis 等给出的资源受限人工免疫系统(Resource Limited Artificial Immune System,RLAIS)[48] 和 De Castro 等给出的 aiNet 网络模型[49] 受到广泛的关注。图 8-3 给出了典型的免疫网络算法的流程图。

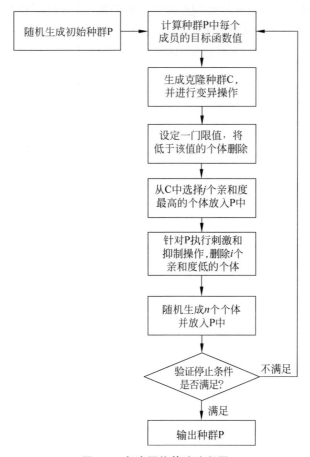

图 8-3 免疫网络算法流程图

8.2 图像处理技术在刑侦领域的应用

近年来,随着视频监控系统的不断普及,刑侦方式逐渐朝着数字化、智能化的方向发展,公安机关也更多地以监控视频和数字图像作为破案证据和线索。其中,图像处理作为一项至关重要的技术,正逐渐被应用于刑事侦查过程中,而关于刑侦检测中图像处理的研究也在逐步深入。

2014 年,吴春生等人[50]为满足公安机关尤其是刑侦领域中掌纹自动识别技术的需求,探讨了基于高分辨率的掌纹细节特征点识别方法的必要性,分析了掌纹细节特征点匹配算法的瓶颈。同年,赵玉丹等人[51]针对刑侦图像数量大、质量差、管理难等特殊问题,提出一种基于模糊分类理论对刑侦视频图像的场景进行分类的方法。

2015 年,MillietQ 等人[52]第一次全面描述了一种利用图像重建事件的方法,通过对图像在整个调查过程中如何获取人、物、空间、时间和行为信息的概述,逐步重建事件,为调查和犯罪重建过程提供了线索。

2016 年,雷博等人[53]针对刑侦图像自动提取问题,提出一种基于最小卡方统计的图像阈值化分割算法。同年,Ahmad Radzi S 等人[54]提出一种利用卷积神经网络进行手指静脉生物识别的新方法,即一种基于融合卷积子采样结构的四层 CNN 指纹识别算法。同年,Speir JA 等人[55]为了帮助阐明鞋印作为刑事调查证据来源的辨别潜力,构建了一个部分自动化的图像处理链,并深入描述在半随机选择的鞋类上随机获得特征在位置、形状和几何结构上的机会关联。同年,Kamenicky J 等人[56]提出一套新的图像和视频取证分析方法,该方法能够帮助评估图像和视频的可信度和来源,并通过减少不需要的模糊、噪声和其他可能的伪影以恢复和提高图像质量。

2017 年,吴倩等人[57]针对刑侦图像分类问题,提出一种基于多核支持向量机的多示例学习算法。

2018 年,肖骏等人[58]提出一种新的基于刑侦关注模型的监控视频显著性检测方法,通过对刑侦关注对象出现概率的计算得到空余显著度图,并引入时域的运动信息,融合得到最终的时空域显著度图,实现刑侦关注区域的快速确定。

2018 年,Stojanovic B 等人[59]研究提出一种新的重叠指纹掩模分割方法,并提出全自动指纹分离解决方案。

2019 年,兰蓉等人[60]针对刑侦图像分割问题提出一种基于粒子群优化直觉模糊集相似度的阈值算法。

2019 年,Salamh FE 等人[61]提出一个由十个技术阶段组成的技术取证过程来分析包括无人机在内的遥控空中系统技术的法医伪迹,并利用计算机取证参考数据集分析无人机图像,降低了无人机识别和调查的复杂性。

2020 年,Sajjad M 等人[62]提出一种树莓派和云辅助的人脸识别框架。该方法利用词包从检测到的人脸中快速、旋转地提取特征点,然后利用支持向量机协助警方进行嫌疑人识别。

但是,面对背景复杂、深度类目标的干扰、黑暗等恶劣环境中容易受到较大影响的情况下,并且犯罪嫌疑人通过擦拭、佩戴手套等行为破坏、消除犯罪痕迹增大了刑侦目标有效提取的难度。近年来,红外成像技术不断发展,红外热成像技术在刑事侦查领域中的应用也越来越受到关注,国内外许多专家学者针对红外图像在刑侦领域的应用已取得一些研究成果[63-66]。

综上所述,时代的不断进步、科技的快速发展促使公安机关等部门对刑侦图像目标提取的要求和需要日益提升,图像处理技术在刑事侦查等领域中的地位也愈发重要。因此,研究刑侦图像目标提取逐渐成为图像目标提取领域中又一研究热点。

8.3　生物免疫学对刑侦红外图像处理的启发

为解决以往刑侦图像目标提取和目标检测的难点,本书研究生物免疫中先天性免疫、适应性免疫与补体系统、内分泌系统、神经系统的协同作用机制,设计免疫认知网络,最后设计免疫认知网络的最优识别域、可控识别域、遗忘与新学习的自优先级机制,从而实现深度模糊红外图像目标的最优识别。免疫智能算法机制如图 8-4 所示。其具体研究方案如下所述。

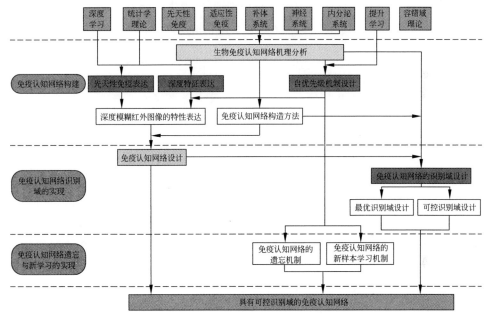

图 8-4　免疫智能算法机制

8.3.1　问题表示与免疫描述

基于统计学习理论的图像目标识别学习的一般问题可以表示为:设有定义在刑侦红外图像特征 z 空间上的概率测度 $F(z)$。考虑函数的集合 $Q(z,\alpha),\alpha\in A$。学习的目标就是最小化风险泛函 $R(\alpha)=\int Q(z,\alpha)\mathrm{d}F(z),\alpha\in A$。其中概率测度 $F(z)$ 未知,但根据刑侦红外图像集给定特征空间独立分布样本 $z_1,z_2,\cdots,z_l$。这种一般问题就是在经验数据 $z_1,z_2,\cdots,z_l$ 的基础上最小化风险泛函 $R(\alpha)$,其中 z 代表了刑侦红外图像数据在特征空间的分布,而 $Q(z,\alpha)$ 就是特定的损失函数。可根据刑侦红外图像目标识别学习问题的类型设计不同形式的损失函数。

为了在未知的刑侦红外图像特征空间分布函数 $F(z)$ 下最小化风险泛函 $R(\alpha)$,可以采用以下归纳原则:

首先，把风险泛函 $R(\alpha)$ 替换为所谓的经验风险泛函，即

$$R_{\mathrm{emp}}(\alpha) = \frac{1}{l}\sum_{i=1}^{l} Q(z,\alpha) \tag{8-1}$$

这是通过已知的刑侦红外图像样本训练集 $z_1,z_2,\cdots,z_l$ 得到的；其次，使经验风险泛函 $R_{\mathrm{emp}}(\alpha)$ 最小的函数 $Q(z,\alpha_l)$ 逼近使得风险泛函 $R(\alpha)$ 最小的函数 $Q(z,\alpha_o)$。这一原则就称作是经验风险最小化归纳原则。实际上，经验风险最小化归纳原则是非常一般性的，在经验风险泛函 $R_{\mathrm{emp}}(\alpha)$ 中代入不同定义的损失函数，可以得到不同情况、方法下的最小化经验风险泛函。

在刑侦红外图像的目标识别即模式识别问题中，考虑损失的数学期望：

$$R(a) = \int L(y,f(x,a))\mathrm{d}F(x,y) \tag{8-2}$$

式中，(x,y) 为刑侦红外图像训练样本；y 表示训练样本的类别标号，根据识别类别数量进行以 0 起始的整数取值，分别对应不同类型的刑侦红外图像目标；$f(x,a)$ 表示识别算法的预测结果；$L(y,f(x,a))$ 表示二者之间的差异。由此，所研究的深度模糊刑侦红外图像目标识别问题就可以转化为一类概率测度未知，但 1 个独立同分布观测已知的数学问题。

此外，在免疫系统对病原体的识别过程中，由于病毒、具有保护性包囊的细菌等病原体不能直接被适应性免疫因子识别，只有经过先天性免疫因子的吞噬、提呈后，才能被适应性免疫因子识别。在此过程中，生物先天性免疫和适应性免疫、补体系统、神经系统、内分泌系统紧密联系、协同作用，基于可控识别域的免疫认知网络实现对深度模糊刑侦红外图像目标的最优识别，其核心为对刑侦红外图像的目标区域不清晰且不连续、目标与背景边界深度交错、特征相互融合等特性的充分表达和对特征空间的最优划分。用免疫机理进行描述，待识别的刑侦红外图像目标被看作病原体，深度模糊刑侦红外图像集即为病原体的环境。

令 $T=T(D,E,H,G)$ 为待识别的深度模糊刑侦红外图像。D 为深度模糊刑侦红外图像的目标，E 为红外图像中的背景，H 表示深度模糊边带，G 表示类目标干扰。设 $D=D(d_1,d_2,\cdots,d_k)$，$E=E(e_1,e_2,\cdots,e_l)$，$H=H(h_1,h_2,\cdots,h_r)$，$G=G(g_1,g_2,\cdots,g_m)$，分别用于描述这些刑侦红外图像信息的映射空间特性。又设 $P=P(M,\mu_1,\mu_2,\cdots,\mu_{k'})$ 用于描述先天性免疫因子的识别、吞噬、提呈作用，$F=F(\gamma_1,\gamma_2,\cdots,\gamma_k)$ 用于描述免疫认知网络的计算规则或算法机制。其中 M 描述先天性免疫因子的提呈方式，$\mu_{k'}$ 表示先天性免疫因子映射空间的属性；γ_k 表示免疫认知网络的计算规则或算法机制的参数和规则。因此，F 与 P 互相协作，对 T 进行处理，基于 P 中的 μ_j 能够启发诱导 T 中 D、E、H、G 对应的 d_i、e_i、h_i、g_i 的作用完成 T 的分类。算法过程中，先天性免疫因子的提呈方式 M 根据所识别的深度模糊刑侦红外图像的不同特性而有不同的特征表征形式，图 8-5 为部分表层提呈形式的示意图。

更具体的，先天性免疫因子映射空间的属性 $\mu_{k'}$ 是根据不同特征表征形状，由

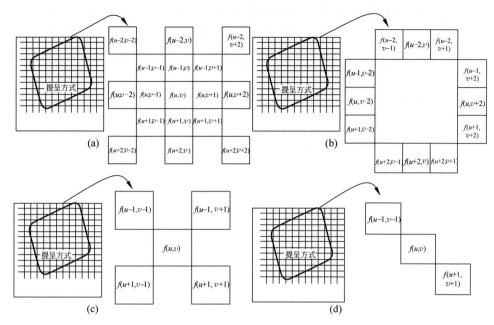

图 8-5 表层提呈方式示意图

串联相邻提呈形状表征的信息获得。例如,表层提呈形状获得范围内的图像信息,提呈后的信息表达范围内的综合空间的特性。然后,进一步将相邻综合空间的特性串联表达出先天性免疫因子映射空间的属性。

另外,先天性免疫因子的提呈方式 M 涉及抗原的摄取与加工(吞噬溶酶体的形成、MⅡC 的结合、抗原的降解)及 MHCⅡ类分子的合成转运和 MHCⅡ类分子的组装提呈,这是复杂的抗原转化过程,因此提呈方式 M 还存在深度提呈形式,如图 8-6 所示。其中,每层提呈方式均对应抗原在先天性免疫系统中的提呈环节,这种方式能够在有效挖掘表层特征的基础上,融合和表达表层特征之间的深度关联。

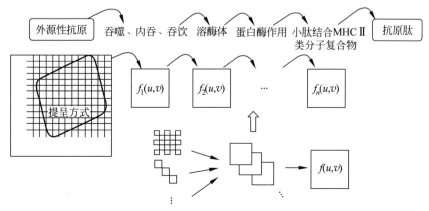

图 8-6 免疫深度提呈方式示意图

不同于卷积神经网络依赖从局部像素(块)开始逐渐获得全局的视野特征,也不同于带有自注意力的 Transformer 在特征处理的各层会在不同的刑侦红外图像位置间建立联系,免疫特征表达模块通过自优先级机制,控制特征处理各层中不同刑侦红外图像位置间建立带有优先级机制的联系,使其各层均可获得具有优先级机制的全局视野特征,从而有效抽取、描述、表达深度模糊刑侦红外图像的目标特性,为后续目标的识别奠定基础。

8.3.2 生物免疫认知网络机制的模拟、延伸和拓展

生物医学研究表明,完成生物机体免疫过程的不仅包括先天性免疫系统、适应性免疫系统,还包括补体系统、神经系统、内分泌系统。

基于生物免疫机理提出了一种先天性免疫、适应性免疫、补体系统、神经系统、内分泌系统协调模型的一般形式:

$$
\begin{cases}
E = E(D_a, D_c, C, N, I, e, E_1, E_2, \cdots, E_n) \\
D_c = D_c(D_{c1}, D_{c2}, \cdots, D_{cm}) \\
D_a = D_a(D_{a1}, D_{a2}, \cdots, D_{an}) \\
C = C(C_1, C_2, \cdots, C_p) \\
N = N(N_1, N_2, \cdots, N_q) \\
I = I(I_1, I_2, \cdots, I_t)
\end{cases}
\tag{8-3}
$$

$$\text{s. t.} \quad D(D_a, D_c, C, N, I, E) = D_o$$

式中,D_c 为先天性免疫系统的作用范围,$D_{c1}, D_{c2}, \cdots, D_{cm}$ 描述了影响先天性免疫系统作用范围的不同因素;D_a 为适应性免疫系统的作用范围,$D_{a1}, D_{a2}, \cdots, D_{an}$ 分别描述了影响适应性免疫系统作用范围的不同因素;C 表示补体系统的作用范围,$C_1, C_2, \cdots, C_p$ 描述了影响补体系统作用范围的不同因素;N 表示神经系统的作用范围,$N_1, N_2, \cdots, N_q$ 表示影响神经系统作用范围的不同因素;I 表示内分泌系统的作用范围,$I_1, I_2, \cdots, I_t$ 表示影响内分泌系统作用范围的不同因素;e 表示协调因子,E 表示协调因子的作用范围,$E_1, E_2, \cdots, E_n$ 表示影响协调因子作用范围的各种因素;D 表示先天性免疫、适应性免疫、补体系统、神经系统、内分泌系统之间相互协作的作用范围,D_o 表示先天性免疫、适应性免疫、补体系统、神经系统、内分泌系统之间相互协作时期望的作用范围。

本书在免疫认知网络的构造方面做了初步尝试,首先,根据先天性免疫、适应性免疫与补体系统、神经系统、内分泌系统的相互作用关系,总结出先天性免疫因子、适应性免疫因子与补体系统因子、神经系统因子、内分泌系统因子的相互连接和协同作用关系,给出了免疫认知网络的协作框架图。图 8-7 对应免疫认知网络免疫系统内先天性免疫与适应性免疫之间的协作框架图,图 8-8 对应免疫认知网络免疫系统与补体系统之间的协作框架图,图 8-9 对应免疫认知网络免疫系统与神经系统之间的协作框架图,图 8-10 对应免疫认知网络免疫系统与内分泌系统之间的协作框架图。

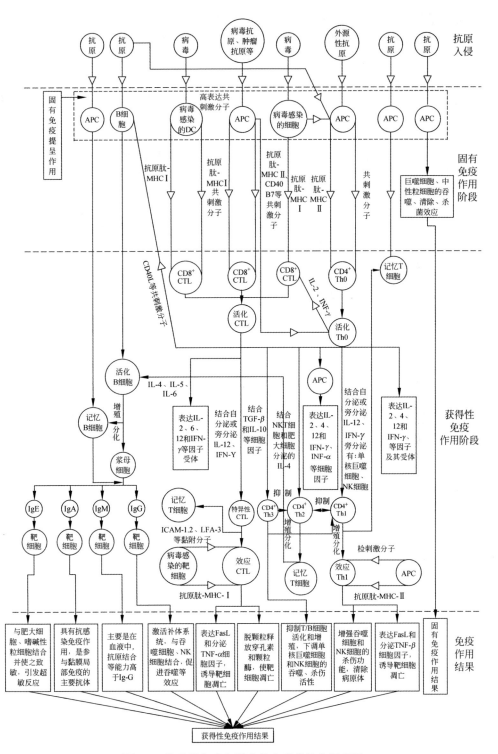

图 8-7　先天性免疫与适应性免疫的协作框架图

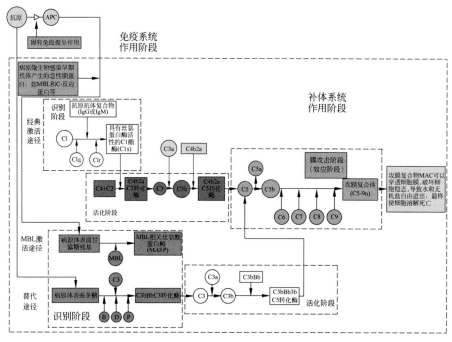

图 8-8　免疫系统与补体系统的协作框架图

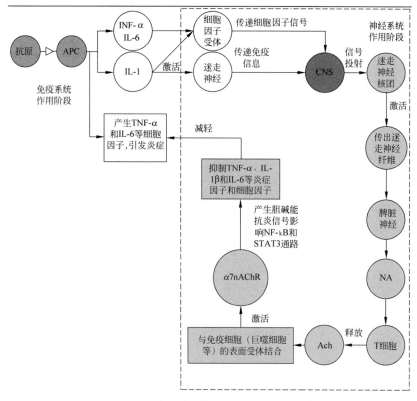

图 8-9　免疫系统与神经系统的协作框架图

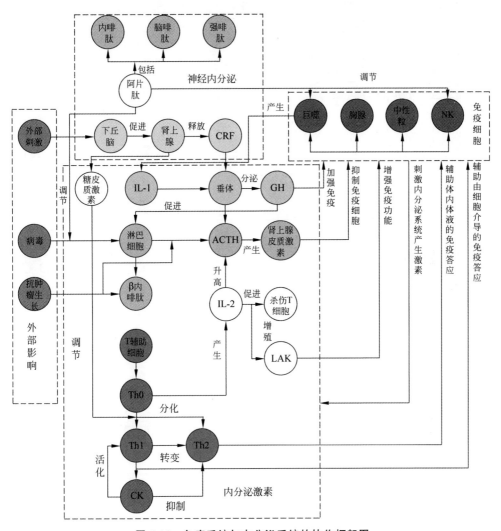

图 8-10　免疫系统与内分泌系统的协作框架图

进一步基于两类免疫系统与补体系统间的协作框架,搭建初步的免疫认知网络拓扑结构,如图 8-11 所示。

给出一种初步的免疫认知网络设计的概念流程图,如图 8-12 所示。通过多系统的协调作用,免疫认知网络能够对深度模糊刑侦红外目标实现最优识别。

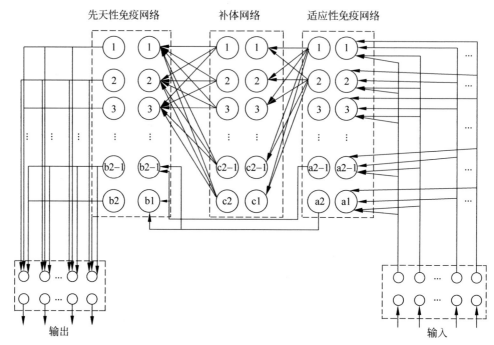

图 8-11 初步的免疫认知网络拓扑结构

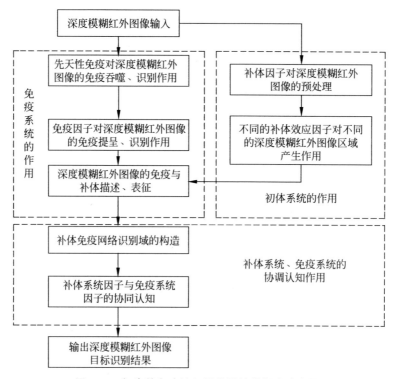

图 8-12 初步的免疫认知网络设计的概念流程图

8.4　本章小结

　　本章作为第三部分免疫智能算法在刑侦红外图像中的应用的第 1 章，充分分析了近年来国内外专家学者在免疫算法领域的研究，以及近年来专家学者们对刑侦图像处理的研究。然而，对于免疫算法的研究，多数仅仅是分析了适应性免疫，未考虑到先天性免疫的存在；当前的计算机视觉处理算法多用于非红外图像，而对于刑侦红外图像中存在模糊、噪声等复杂因素的情况难以得出较好的处理效果。为了解决此类问题，本书对先天性免疫系统、适应性免疫系统、神经系统、内分泌系统、补体系统进行了分析，受人体生物机体的免疫协作机制启发，开发新的免疫智能算法，并给出各个系统之间协作关系的处理方法，为第三部分免疫智能算法在刑侦红外图像处理上做出了引申和铺垫。

本章参考文献

[1] 张向荣,骞晓雪,焦李成.基于免疫谱聚类的图像分割[J].软件学报,2010,21(9)：2196-2205.

[2] 刘云龙,林宝军.一种人工免疫算法优化的高有效性模糊聚类图像分割[J].控制与决策,2010,25(11)：1679-1683.

[3] 刘海龙,李新,葛红.免疫遗传算法在图像分割中的应用[J].电脑编程技巧与维护,2011(4)：89-91.

[4] 王慧,江锋,叶永安,等.一种新的免疫组化图像分割算法研究[J].计算机应用与软件,2011,28(6)：54-56.

[5] 耿利川,孟亭记,刘元宝,等.基于人工免疫系统的遥感图像检索[J].北京测绘,2011(2)：7-11.

[6] 杨咚咚.基于人工免疫系统的多目标优化与 SAR 图像分割[D].西安：西安电子科技大学,2011.

[7] 薄立华,杨绍娟,郭志良,等.免疫组化图像计算机定量分析中若干问题的探讨[J].中国体视学与图像分析,2012,17(2)：180-184.

[8] 马文萍,李聪玲,黄媛媛,等.基于免疫密母算法的图像分割[J].工程数学学报,2012,29(4)：477-485.

[9] 刘志华,王敏,黄峰,等.改进的免疫遗传算法在图像非线性增强中的应用[J].科学技术与工程,2012,12(29)：7607-7610,7615.

[10] 徐平,张方舟,常洪庆,等.基于免疫遗传小波分析的管道焊缝图像处理方法[J].东北石油大学学报,2013,37(1)：11-12,110-115.

[11] 孟军,陆伟,王丽珍,等.一种新的双重标记免疫组化图像自动分割方法[J].电子显微学报,2013,32(2)：150-155.

[12] 易宗锐,朱敏,杨寸月,等.基于差异最大化加权聚类的免疫组化图像处理方法[J].四川大学学报(工程科学版),2013,45(S2)：150-154.

[13] 赵云霞,王沛.基于免疫算法进行图像分割的应用和研究[J].硅谷,2013,6(13)：77,112.

[14] 王萌萌,傅蓉,吕庆文.基于着色分离的免疫组化图像核分割研究[C].广东省生物物理学会2013年学术研讨会论文集.2013：56.

[15] 王辉,于立君,毕晓君,等.自适应熵疫苗算法的免疫图像分割方法[J].哈尔滨工业大学学报,2014,46(1)：72-76.

[16] 邓晓政,焦李成.流形距离的自动免疫克隆聚类图像分割算法[J].电子科技大学学报,2014,43(5)：742-747.

[17] 马文萍,黄媛媛,李豪,等.基于粗糙集与差分免疫模糊聚类算法的图像分割[J].软件学报,2014,25(11)：2675-2689.

[18] 刘翔,董昱.改进的自适应免疫遗传算法在图像增强中的应用[J].传感器与微系统,2015,34(6)：156-160.

[19] 宗广静.免疫ICP算法在三维医学图像刚性配准中的应用研究[D].天津：河北工业大学,2015.

[20] 刘欢,欧阳春娟,肖根福.免疫机理的图像去噪方法研究[J].微电子学与计算机,2016,33(3)：76-79.

[21] 吴宇翔,龚涛,梁文宇.基于改进的免疫模糊聚类方法的医学图像分割[J].微型机与应用,2016,35(6)：51-53,57.

[22] 冉涌.基于免疫克隆选择的图像聚类方法[J].柳州职业技术学院学报,2016,16(6)：69-72.

[23] 熊珍珍.基于人工免疫原理的图像边缘检测算法研究[D].南昌：南昌大学,2017.

[24] 贾春鹤,樊彦国.免疫遗传算法分割图像研究[J].北京测绘,2018,32(5)：568-572.

[25] 程秋云,刘宁.基于免疫遗传算法优化的神经网络遥感图像分类研究[J].数字技术与应用,2018,36(8)：119-120.

[26] 童何俊,付冬梅.基于免疫遗传形态学的视网膜光学相干断层图像边缘检测方法[J].工程科学学报,2019,41(4)：539-545.

[27] 王学忠,李美莲.免疫遗传算法最大类间方差图像分割法研究[J].佳木斯大学学报(自然科学版),2019,37(5)：736-738,817.

[28] 白梓璇.基于免疫算法的电力设备红外图像目标提取技术研究[D].天津：天津理工大学,2020.

[29] 李大华,王宇,高强,等.基于细胞免疫的红外图像分割算法及FPGA实现[J].红外,2020,41(4)：27-35.

[30] 毛泽民,于晓,白梓璇.基于补体免疫的模糊红外图像目标提取[J].激光杂志,2021,42(6)：62-67.

[31] 廖娟,阮运飞.基于模糊免疫网络算法的嵌入式数字图像处理系统[J].现代电子技术,2021,44(15)：85-88.

[32] CSEREY G,FALUS A,ROSKA T,et al. Immune response inspired spatial-temporal target detection algorithms with CNN-UM[J]. International Journal of Circuit Theory and Applications,2006,34(1)：21-47.

[33] MEHRAD E,KARIM F. Automatic traffic monitoring from satellite images using artificial immune system[J]. Lecture Notes in Computer Science,2010：170-179.

[34] KONSTANTINOS K D,PANTELIS A,George K M. Automatic point correspondence using an artificial immune system optimization technique for medical image registration [J]. Computerized Medical Imaging and Graphics,2011,35(1)：31-41.

[35] SAMADZADEGAN F. Evaluating the potential of clonal selection optimization algorithm to hyperspectral image feature selection[J]. Advanced Materials in Microwaves and Optics,2012,500: 799-805.

[36] AMOON M,REZAI-RAD G A. Automatic target recognition of synthetic aperture radar (SAR) images based on optimal selection of Zernike moments features[J]. IET Computer Vision,2014,8(2): 77-85.

[37] ALIREZAZADEH P,FATHI A,ABDALI-MOHAMMADI F. A genetic algorithm-based feature selection for kinship verification[J]. IEEE Signal Processing Letters,2015,22(12): 1.

[38] AHMADI K,SALARI E. Single-image super resolution using evolutionary sparse coding technique[J]. IET Image Processing,2017,11(1): 13-21.

[39] NEMATZADEH H,ENAYATIFAR R,MOTAMENI H,et al. Medical image encryption using a hybrid model of modified genetic algorithm and coupled map lattices[J]. Optics and Lasers in Engineering,2018,110: 24-32.

[40] ASHOUR A S,HAWAS A R,GUO Y H,et al. A novel optimized neutrosophic k-means using genetic algorithm for skin lesion detection in dermoscopy images[J]. Signal Image and Video Processing,2018,12(7): 1311-1318.

[41] LIU L,CHEN J,ZHAO G Y,et al. Texture classification in extreme scale variations using GANet[J]. IEEE Transactions on Image Processing,2019,28(8): 3910-3922.

[42] LIU Y,WANG X,KURTHS J . Framework of evolutionary algorithm for investigation of influential nodes in complex networks [J]. IEEE Transactions on Evolutionary Computation,2019,23(6): 1049-1063.

[43] GONCALVES J, POCAS I, MARCOS B, et al. SegOptim: A new R package for optimizing object-based image analyses of high-spatial resolution remotely-sensed data[J]. International Journal of Applied Earth Observation and Geoinformation, 2019, 76: 218-230.

[44] HAWAS A R,GUO Y H,DU C L,et al. OCE-NGC: A neutrosophic graph cut algorithm using optimized clustering estimation algorithm for dermoscopic skin lesion segmentation [J]. Applied Soft Computing,2020,86: 1-13.

[45] ABD ELAZIZ M, EWEES AA, OLIVA D. Hyper-heuristic method for multilevel thresholding image segmentation[J]. Expert Systems With Applications,2020,146.

[46] KELSEY J,TINUNIS J. Immune inspired somatic contiguous hypermutation for function optimization[J]. Lecture Notes in Computer Science,2003,2723: 207-218.

[47] CUTELLO V,NARZISI G,NIEOSIA G. Exploring the capability of immune algotithms: A characterzation of hypermutation operators[C]. ICARIS,2004: 263-276.

[48] TIMMIS J,NEAL M. A resource limitied artificial immune system for data analysis[J]. Knowledge Based Systems,2001,14(3/4): 121-130.

[49] CASTRO L N,ZUBEN F J. AiNet: an artifical immune network for data analysis[M]// Data mining: a heuristic approach. IGI Global,2002: 231-260.

[50] 吴春生,冯才刚,迟学斌.刑侦领域高分辨率掌纹识别技术及快速匹配方法[J].中国科学院大学学报,2014,31(4): 555-563.

[51] 赵玉丹,王倩,范九伦,等.基于模糊 KNN 的刑侦图像场景分类[J].计算机应用研究,2014,31(10): 3158-3160,3164.

[52] MILLIET Q,DELEMONT O,SAPIN E,et al. A methodology to event reconstruction from trace images[J]. Science & Justice,2015,55(2):107-117.

[53] 雷博,范九伦.基于最小卡方统计的刑侦图像目标提取算法[J].西安邮电大学学报,2016,21(6):20-23.

[54] AHMAD RADZI S,KHALIL-HANI M,BAKHTERI R. Finger-vein biometric identification using convolutional neural network[J]. Turkish Journal of Electrical Engineering and Computer Sciences,2016,24(3):1863-1878.

[55] SPEIR J A,RICHETELLI N,FAGERT M,et al. Quantifying randomly acquired characteristics on outsoles in terms of shape and position[J]. Forensic Science International,2016,266:399-411.

[56] KAMENICKY J,BARTOS M,FLUSSER J,et al. PIZZARO:Forensic analysis and restoration of image and video data[J]. Forensic Science International,2016,264:153-166.

[57] 吴倩,李大湘,刘颖.基于 MKSVM 的多示例学习算法及刑侦图像分类[J].电视技术,2017,41(Z4):59-63.

[58] 肖骏,肖晶,王中元,等.面向刑事侦查的监控视频显著性检测仿真[J].计算机仿真,2018,35(7):367-371,442.

[59] STOJANOVIC B,MARQUES O,NESKOVIC A. Deep learning-based approach to latent overlapped fingerprints mask segmentation[J]. IET Image Processing,2018,12(11):1934-1942.

[60] 兰蓉,程阳子.基于 PSO 直觉模糊集相似度的刑侦图像分割[J].计算机工程与设计,2019,40(10):2949-2954,3001.

[61] SALAMH F E,KARABIYIK U,ROGERS M K. RPAS forensic validation analysis towards a technical investigation process:A case study of yuneec typhoon H[J]. Sensors,2019,19(15):1-13.

[62] SAJJAD M,NASIR M,MUHAMMAD K,et al. Raspberry Pi assisted face recognition framework for enhanced law-enforcement services in smart cities[J]. Future Generation Computer Systems—The International Journal of Escience,2020,108:995-1007.

[63] 朱晓斌,张立新,赵学智,等.近红外照相显现深色衣料上血迹的实验研究[J].刑事技术,2010(5):29-31.

[64] YU X. Blurred trace infrared image segmentation based on template approach and immune factor[J]. Infrared Physics & Technology,2014,67:116-120.

[65] XIAO Y,ZHOU Z J. Infrared image extraction algorithm based on adaptive growth immune field[J]. Neural Processing Letters,2020,51(3):2575-2587.

[66] 沈臻懿.犯罪现场调查新利器[J].检察风云,2016(5):35-37.

第9章

▷▷▷▷▷

免疫极值区域的刑侦红外图像目标提取算法

在刑侦图像处理领域,对嫌疑目标和作案痕迹的有效提取是图像处理过程中的关键。成熟的痕迹检验技术能够帮助刑侦人员获悉犯罪分子的动向,通过联系物证信息,形成有效的证据链[1]。现今的刑侦痕迹检测技术主要包括对指纹、脚印、工具等痕迹的检测。传统的痕迹检测主要依靠刑侦人员的判别,检测效率低、容易失误。近年来,随着视频监控系统的不断普及,刑侦方式逐渐朝着数字化、智能化的方向发展,除传统的痕迹检测手段外,公安机关也更多地使用监控视频和数字图像作为破案证据和线索。

然而,随着侦查技术的飞速发展,犯罪分子的反侦查意识也随之提高,对于犯罪现场痕迹的处理越来越谨慎,犯罪分子往往选择佩戴手套等工具作案,使得传统的指纹侦查技术不再适用。犯罪手法的层出不穷,使得案件侦破变得更加困难,尤其是在复杂环境的案发现场,刑侦人员很难获取到关键信息,导致案件陷入僵局,罪犯得以逍遥法外,损害了公众利益。然而,即使是具备强大反侦查能力的犯罪分子,也难以完全消除热痕迹的残留。利用红外图像技术能够快速定位整个犯罪现场中的热痕迹,从而有效获取犯罪分子在案发现场留下的线索。由于案发现场环境复杂,拍摄的红外图像背景也复杂且存在干扰,所得待处理图像特征信息具有高度的不确定性、混杂性,传统的图像处理方法难以准确区分有效的目标区域。因此,在复杂场景中,有效、准确地提取目标,排除无用信息的干扰,成为案件推进的关键所在。

为解决此类问题,针对背景复杂的图像,结合人工免疫算法区域特征提取理论,诞生了一种基于免疫极值区域的刑侦图像目标提取算法。我们通过分析 T 淋巴细胞的成熟过程,将此生物机制应用于刑侦红外图像处理中,找到图像中的免疫极值区域,基于生物因子机理的红外刑侦图像目标提取算法研究[2],以模拟 T 淋巴细胞成熟的方式进行图像区域的划分,从而实现目标提取,从复杂场景中将刑侦目标识别并提取出来。算法通过对复杂背景的刑侦图像进行光照校正、初分割,降低其他环境因素的影响,然后利用免疫极值区域底层特征的稳定性[3]识别并检测图中可疑痕迹的分布。在本章中,我们根据对目标提取的结果分析,将免疫极值区域算法与传统图像目标提取算法比较,通过实际的目标提取效果证明该方法的优异特性,能够较好地实现复杂背景中刑侦手印痕迹目标的有效检测、识别和划分。

9.1 基于区域的传统目标提取算法

在数字图像处理领域,传统的图像目标提取算法很多,可以大致分为三个类别:基于边缘、基于阈值、基于区域的目标提取算法。这三种类型的目标提取方法根据图像的不同特征信息对图像进行分割,能够实现不同的提取效果。本章所介绍的免疫极值区域的目标提取是基于区域目标的提取算法,并结合免疫理论进行了改进。为剖析算法的原理,下面对区域生长进行简单的介绍。

9.1.1 区域生长的概念

在传统的图像分割算法中,基于区域图像提取的方法一般包括分水岭算法、区域生长算法[4],本章为铺垫后续内容,以便更容易理解智能算法,这里先对区域生长算法做简要的介绍。

从算法的实质角度进行分析,区域分割即基于区域的目标提取,就是通过某种计算方法或者判断方法将图像中具有相似特性的像素点连同归类的过程,最终构成分割后的目标区域。由于是对相邻像素之间的相似程度进行比较,因此这种方法主要利用了图像的局部信息,能够有效地克服图像中像素不连续这一缺点,也正是因为这一缺点,区域分割算法才容易过分割。区域分割算法按照不同的方式综合起来可以称为分裂与合并。如果以图像的像素点为起始,按照区域归属一致性原则对邻域内的像素进行区域划分,那么这种方法就称为区域增长。如果从整幅图像出发,按照区域归属原则进行每个像素点的归属区域,那么这种方法称为区域生长。

区域生长我们过去可能没有很多的了解,但如果使用 PhotoShop 的人一定不会陌生,因为我们常用的魔术棒工具就是基于区域生长算法原理,是将相似的像素收集到一个区域内。首先需要将目标区域内的一个像素设为生长的起始点,其次根据与起始点相似的像素进行合并,形成一个区域。生长后获得的新像素点迭代为下一次生长的起始点,直到周围不再有相似的像素,即完成区域的生长过程。在实际应用中,区域扩展算法的关键问题在于选择起始点和确定相似区域的判定标准。经典的区域扩展算法虽然实现简单,但对起始点的依赖性较高,若选择不当则难以有效地将目标区域分隔出来。

9.1.2 区域生长算法

根据区域生长原理可知,将种子区域以相似特性原则进行扩张生长,最终获得不能再继续生长的区域作为结果目标区域。然而在进行区域生长的过程中,我们不得不面临一些问题：首先，最为重要的也是决定区域生长结果的问题，便是种子点的选择问题，对于不同的种子生长点，获得的目标区域可能完全不同。其次，是关于种子的生长原则问题，即在进行区域生长过程中，如何判断两个相邻像素点是否应该归属于同一类的问题，这同样关系到区域生长的最终结果。最后，不容忽视的问题就是区域生长的停止条件，这是控制算法结束的要点。

1. 种子点的选取

一般来说，如果有人工辅助的话，可以使用人工点选的方式获得种子点的位置，这样获得的区域结果较符合我们的预期。当然如果完全使用计算机工作也可以，通过对图像中的直方图信息分析，可以选择满足一定条件的阈值点作为种子生长点。

2. 相邻像素的相似判断准则

根据不同的相邻像素的相似判断准，能够直接影响最终区域，甚至在判断准则选择不当的情况下，会造成过分割和欠分割。对于此类问题，最一般的相似程度判别准则是将像素点灰度与邻域灰度的均值做差，对获得的差求绝对值后再与设定的阈值进行比较判断。区域生长最为关键的部分就是生长准则的选取，不同的生长准则对提取结果的影响各不相同，而大部分生长准则是基于局部图像特征来进行。一般的生长准则包括以下两种方法：

（1）灰度差准则。将像素点与邻域像素点的灰度值差距作为相似性的判断条件。具体操作步骤：①遍历图像，将图像中还没有进行归类的像素点处理，以该像素点为中心，与邻域内的其他像素点进行比较，若两者的灰度值小于所设定的阈值，则将未分类的点归属为邻域点进行合并，进而以该合并的新点为出发点进行下一步的扩张；②起始时将灰度差阈值设置为0，经过步骤①可以将像素相同的点归类合并；③对图像所有相邻区域的灰度值求出区域均值后，与邻域比较获得差值，合并图像中计算出的差值最小的两个区域；④重复上面三个步骤直到满足设置的停止条件。

（2）区域形状准则。区域形状准则相比灰度差准则较为复杂，是对目标的形状进行合并判别，通常使用的方法有两种：①通过将分割成固定区域的图像计算邻域周长，对两个邻域交会的边界两边进行灰度差判别，其中差值小的部分记作长度 L，若 L 与最小周长的比值大于设定值，则进行区域合并；②将图像分割成灰度固定的区域，计算两个区域的公共边长 M，把公共边长两边灰度差小的长度记作 L，当 L 与 M 的比值大于设定值的时候，相邻区域进行合并。

3. 区域生长的终止条件问题

这个问题一般不多做思考，因为随着区域无法再生长便找不到相似的邻域，算法自然会停止。当然也可以人为设定终止方式以实现不同的效果。

区域生长法对图像目标提取有着计算简单和均匀连通区域分割效果较好的优势，但是该算法通常需要人工确定种子点，并且在噪声干扰时，该算法的结果往往受到不同程度的影响，甚至导致最终结果出现空洞。此外，在提取的图像目标较大时,由于区域生长计算方法本身的问题,分割速度会较慢,效率较低。

为解决传统算法分割效果差、过分割等缺点,我们将寻找新的算法思路,构思完善的刑侦复杂背景图像处理方案。

9.2　免疫极值区域原理

免疫极值区域目标提取算法是一种模拟 T 细胞成熟过程严格的稳定区域判别方法,能够帮助我们进行高质量的目标提取。通过对 T 细胞成熟过程中成熟或者被扼杀的模拟,将待判别区域看作未成熟的 T 细胞,以此作为是否进行特征提取的判断依据。

基于 2002 年 J. Matas 等学者的工作[5],将一种区域特征提取算法与免疫 T 细胞成熟机制相结合,提出了一种全新的免疫极值区域概念。这一特殊区域被视为图像的一种独特结构,它包含了底层灰度特征信息。免疫极值区域在不同的灰度阈值下将图像进行二值化处理,得到最稳定区域,具备特异性识别和认知的优良特性。

在人体免疫系统的先天免疫和特异免疫过程的启示下,借鉴人工免疫理论,将淋巴 T 淋巴细胞成熟机理的生物免疫过程应用于图像目标特征提取中,以提高目标特征区域的有效性和准确性。

由前文已知在生物机体中,淋巴组织通过特异性受体识别抗原,实现了人体的适应性免疫功能。该组织主要包括 B 细胞和 T 细胞,其中 T 细胞的成熟过程可抽象为免疫极值区域的筛选,即在胸腺中,未成熟的 T 细胞需经历严格筛查,只有那些不会产生机体自身应答的细胞才得以离开胸腺,前往淋巴器官执行免疫任务。T 细胞的成熟过程如图 9-1 所示。

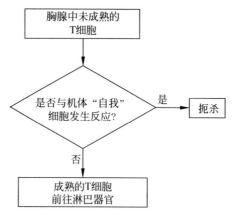

图 9-1　T 细胞的大致成熟过程

免疫极值区域就是在传统分割的结果上,将各个分割后的区域进行有效性判断,模仿上述 T 细胞在胸腺中的生长过程,当所处理的子区域不能达到稳定的条件时,认为与 T 细胞一样产生与自身的"应答",从而将该区域扼杀,抛弃此区域。而当所处理的子区域被认为是稳定区域时,则将此子区域投入后续的处理中。

9.3　基于免疫极值区域的目标提取算法

9.3.1　图像预处理

在进行目标提取之前,由于一般场景下获得的红外刑侦图像可能存在干扰等问题,并不能直接用于后面区域的分割和提取,因此必须对图像进行预处理,使刑侦红外图像满足后续处理的需要。针对复杂背景刑侦痕迹图像的不同特征,首先对图像进行光照灰度校正操作。

在不同的自然环境下(无论是室内还是室外),拍摄的刑侦图像各具特点。光照条件的差异可能导致图像出现扭曲、变形、模糊等问题,同时也可能受到遮挡物、复杂背景等因素的影响。针对光照引起的灰度分布不均匀现象,可以通过进行灰度校正解决。此外,为了减少图像失真,可以对原始的 RGB 刑侦目标图像进行颜色空间的转换,从而得到图像在 HSV 颜色空间下的三个不同分量:H(色调)、S(饱和度)和 V(明度)。

这里我们在进行图像校正之前,先对图像的 RGB 与 HSV 的含义与关系进行介绍。

1. RGB

RGB 即红色 red、绿色 green 及蓝色 blue 的缩写,因此这种方式对于图像的描述,就是以红、绿、蓝三色为基础,并组合表述颜色空间的一种表示方式,这也是我们在图像处理中经常使用到的一种颜色空间。RGB 的颜色表示方式对于计算机系统来说具有非常强大的优势,不但表述直观,而且具有非常清晰的物理意义,然而 RGB 图像对于人类视觉来说并不适合。这种表述方式以三组分量对颜色进行描述,因而不同的色彩无法精确,使得定量分析较难,并且三种基色在表达颜色时有较高的关联性,如当亮度变化时,三基色数值会同时发生变化。因此有必要使用另外更适合人类视觉的表达方式,即 HSV。

2. HSV

HSV 与 RGB 在颜色空间上具有映射关系,HSV 是 RGB 颜色空间上的点在圆锥上点的映射集合,分别将原来的红、绿、蓝三色空间基转换到色相、饱和度与亮度基上。色相为色调表示颜色的基本属性,范围值一般为 0°~360°,以红色 0°为起点,绿色 120°和蓝色 240°为间隔,到 360°再回到红色为一个循环,中间穿插各种补色。而饱和度是指颜色的纯度,可以理解为饱和越高色彩越鲜艳,越低则色彩越灰暗,饱和度的取值范围一般为 0~100。亮度容易理解,就是指明亮程度,当亮度最高时颜色会变得发白。

对两种表达方式的具体含义进行初步介绍后,现在来看两者之间的映射关系。实际上两种表达方式在颜色空间上不仅仅是单纯的映射,还具有互为双射的关系,即两者颜色空间中的点都能够一一对应到另一颜色空间中。于是,根据颜色的表述关系,不难得到从 RGB 空间到 HSV 空间的映射,即

$$H = \begin{cases} 0°, & \text{if } max = min \\ 60° \times \dfrac{g-b}{max-min} + 0°, & \text{if } max = r \text{ and } g \geqslant b \\ 60° \times \dfrac{g-b}{max-min} + 360°, & \text{if } max = r \text{ and } g < b \\ 60° \times \dfrac{b-r}{max-min} + 120°, & \text{if } max = g \\ 60° \times \dfrac{r-g}{max-min} + 240°, & \text{if } max = b \end{cases} \tag{9-1}$$

$$S = \begin{cases} 0, & \text{if } max = 0 \\ \dfrac{max-min}{max} = 1 - \dfrac{min}{max}, & \text{otherwise} \end{cases} \tag{9-2}$$

$$V = max \tag{9-3}$$

式中,r、g、b 分别表示原始图像中红色、绿色、蓝色三个分量对应的数值,取值范围为 0~255,max 表示某像素点处 r、g、b 中的最大值,即 $max = max\{r,g,b\}$,min 表示某像素点处 r、g、b 中的最小值,即 $min = min\{r,g,b\}$。一般地,H 的取值为 0°~360°,S 和 V 的取值为 0~100%。

因为 HSV 色彩模型的三个分量具有互相独立的特性,且对亮度分量 V 的调整不会影响原始图像的信息特征,因此采用高斯滤波和二维伽马[6]卷积处理亮度分量 V,可以有效校正刑侦痕迹图像中的灰度不均匀问题。

选用的多尺度高斯函数形式为

$$G(i,j) = \lambda e^{\left(\frac{i^2+j^2}{c^2}\right)} \tag{9-4}$$

式中,c 表示尺度因子;λ 表示归一化常数,保证高斯函数 $G(i,j)$ 能够满足归一化的条件。

9.3.2 最大熵初分割

在对复杂场景刑侦图像进行初分割时,采用最大熵算法[9],找到最佳的分割阈值,以实现复杂场景刑侦图像中可疑目标、混杂背景的初步区分。根据熵的定义,有

$$H(D) = -\sum_P P(x) \lg P(x) \tag{9-5}$$

式中,$P(x)$ 为概率密度函数。给定一个特定阈值 $q (0 \leqslant q < K-1)$,通过该阈值分割所得的两个区域 C_0、C_1 及其估算的概率密度函数分别为

$$C_0 : \left(\frac{P(0)}{P_0(q)}, \frac{P(1)}{P_0(q)}, \frac{P(2)}{P_0(q)}, \cdots, \frac{P(q)}{P_0(q)}, 0, \cdots, 0 \right) \tag{9-6}$$

$$C_1 : \left(0, \cdots, 0, \frac{P(q+1)}{P_1(q)}, \frac{P(q+2)}{P_1(q)}, \cdots, \frac{P(K-1)}{P_1(q)} \right) \tag{9-7}$$

$$P_0(q) = \sum_{i=1}^{q} P(i) = P(q) \tag{9-8}$$

$$P_1(q) = \sum_{i=q+1}^{k-1} P(i) = 1 - P(q) \tag{9-9}$$

故可疑目标区域与混杂背景区域对应的熵分别为

$$H_0(q) = -\sum_{i=1}^{q} \frac{P(i)}{P_0(q)} \lg \frac{P(i)}{P_0(q)} \tag{9-10}$$

$$H_1(q) = -\sum_{i=q+1}^{k-1} \frac{P(i)}{P_1(q)} \lg \frac{P(i)}{P_1(q)} \tag{9-11}$$

那么,在该阈值下,整幅图像的总熵为

$$H(q) = H_0(q) + H_1(q) \tag{9-12}$$

在遍历计算各个分割阈值下的图像总熵,并进行比较后,可得出最大的熵值。将对应于最大熵值的分割阈值确定为最优选择,从而实现图像场景中目标区域与背景区域的有效分隔,实现了免疫极值区域算法的预处理。

9.3.3　免疫极值区域算法

经过前期的图像处理过程,现在的红外刑侦图像在我们眼中已经成为一幅目标区域与背景粗分割后的多区域灰度图像。此时需要对粗分割后的区域进行选择,从而确定最终的目标区域。基于 T 细胞成熟过程的免疫极值算法能够有效帮助我们实现这一过程,免疫极值区域的选择过程如图 9-2 所示。

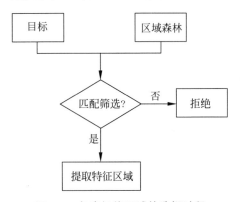

图 9-2　免疫极值区域的选择过程

免疫极值区域检测分为两个主要步骤。首先,将图像划分成多个免疫区域 $M(i)$,其中 i 取值为 $1 \sim n$。这些区域是封闭的,能够实现连续的图像坐标变换。

它们形成了连通区域,在图像中呈现出相似的集合特征。这些集合内的所有像素点与外部相比,具有明显的灰度值差异。换言之,区域外边界的像素点的灰度值要高于区域内像素点的灰度值。其次,对于检测到的免疫区域,会进行稳定度筛选,以筛选出不会受到图像自身区域影响的成熟区域,也就是免疫极值区域。这里的成熟程度 $R(V_\alpha)$ 取决于区域的稳定度,它指的是当阈值发生变化时,某区域的增长比例,即

$$V_\alpha = \frac{S_{\text{er}+\Delta} - S_{\text{er}-\Delta}}{S_{\text{er}}} \qquad (9\text{-}13)$$

式中,S_{er} 表示图像中某个连通区域的面积;Δ 表示阈值的微小变化;$S_{\text{er}+\Delta}$ 表示阈值变化前一时刻图像中某特定区域的面积;$S_{\text{er}-\Delta}$ 表示阈值变化后一时刻图像中某特定区域的面积;V_α 表示检测连通区域的面积变化快慢;V_α 的值越大说明该区域越不成熟,当 V_α 值小于给定阈值时认为该区域为免疫极值区域。

至此,全部图像目标的提取过程结束。这一过程首先经过灰度校验,之后使用最大熵法对图像进行粗分割,完成阈值分割的初步处理,最后通过免疫极值区域,检测提取出目标区域,并圈出可疑目标区域。

图 9-3 所示为免疫极值区域目标提取算法的流程图。利用算法结合生物免疫中 T 细胞成熟过程的原理,我们将其运用于刑侦痕迹图像处理。通过寻找图像中的免疫极值区域,即定位可疑痕迹的具体分布情况,从而实现对红外刑侦图像中可疑痕迹的提取和划分,为算法在刑侦领域的应用提供了有力支持。

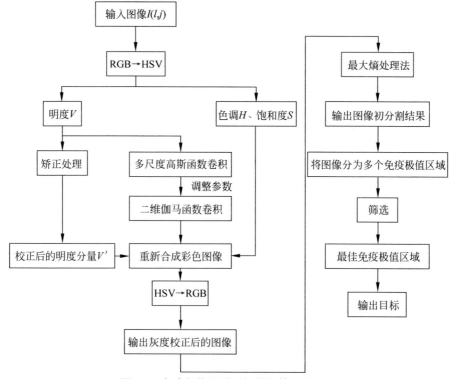

图 9-3 免疫极值区域目标提取算法流程图

9.4　免疫极值区域算法的应用与验证

9.4.1　检测算法准确性的对比分析实验

　　为了验证免疫极值区域的优越性以及该算法在复杂背景下提取红外手印痕迹图像目标的有效性,我们从刑侦红外图像数据库中选取了六张不同场景的红外可疑手印痕迹,通过免疫极值区域目标提取算法、原始目标检测算法、Sobel 检测算法和 Otsu 算法的处理效果进行对比分析。这些复杂场景的刑侦红外图像如图 9-4 所示为原始红外图像,其中图(a)~图(c)为室内复杂场景的红外手印痕迹原图,而图(d)~图(f)为户外复杂场景的红外手印痕迹原图。图 9-5~图 9-8 展示了不同算法处理后的结果。

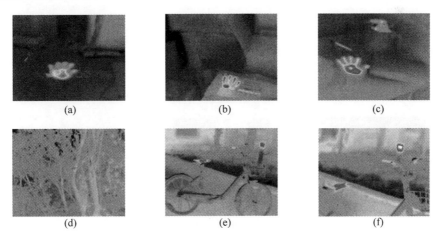

图 9-4　室内及户外复杂场景手印痕迹原图

（a）复杂场景原图Ⅰ；（b）复杂场景原图Ⅱ；（c）复杂场景原图Ⅲ；
（d）复杂场景原图Ⅳ；（e）复杂场景原图Ⅴ；（f）复杂场景原图Ⅵ

　　根据目标提取结果显示,Sobel 检测算法以及 Otsu 算法在处理室内复杂场景时具有一定的目标提取能力,然而也会带来大量的冗余信息。特别是在户外复杂场景条件下,受到复杂背景的干扰较为显著,因此难以有效地提取现场刑侦痕迹图像中可疑目标区域。此外,原始的目标检测算法在提取结果方面也表现不尽如人意。这是因为原始算法主要针对图像中的圆形和矩形区域进行判别和定位,然而在现实刑侦场景中,可疑痕迹的形状千差万别,存在着不规则形状的情况。因此,原始目标检测算法所定位的目标区域也存在着一定的局限性。直观上来看,免疫极值区域目标提取算法展现出更为优异的提取效果。它能够在一定范围内相对准确且有效地识别与定位高度不确定的复杂环境中的可疑手印痕迹目标区域,从而推动了刑侦工作中重要任务——现场有效信息的采集、识别、定位以及判断等工作的完成。

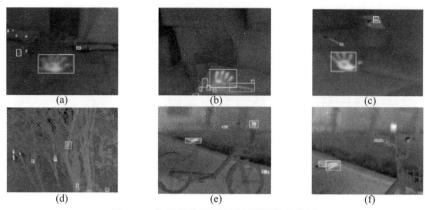

图 9-5 免疫极值区域目标提取算法结果

（a）原图Ⅰ提取结果；（b）原图Ⅱ提取结果；（c）原图Ⅲ提取结果；

（d）原图Ⅳ提取结果；（e）原图Ⅴ提取结果；（f）原图Ⅵ提取结果

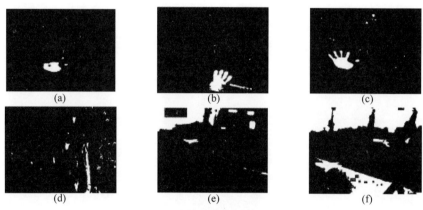

图 9-6 原始目标检测算法结果

（a）原图Ⅰ提取结果；（b）原图Ⅱ提取结果；（c）原图Ⅲ提取结果；

（d）原图Ⅳ提取结果；（e）原图Ⅴ提取结果；（f）原图Ⅵ提取结果

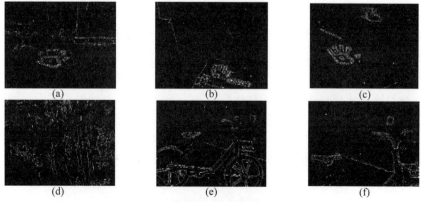

图 9-7 Sobel 检测算法结果

（a）原图Ⅰ提取结果；（b）原图Ⅱ提取结果；（c）原图Ⅲ提取结果；

（d）原图Ⅳ提取结果；（e）原图Ⅴ提取结果；（f）原图Ⅵ提取结果

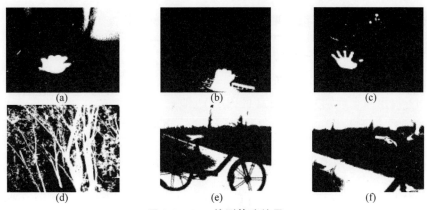

图 9-8　Otsu 检测算法结果

（a）原图Ⅰ提取结果；（b）原图Ⅱ提取结果；（c）原图Ⅲ提取结果
（d）原图Ⅳ提取结果；（e）原图Ⅴ提取结果；（f）原图Ⅵ提取结果

9.4.2　定量评价准则及结果分析

为了深入说明算法的有效性并对提取目标的结果进行更为精确的评价，图 9-9 展示了参考标准、提取结果的关系。如图示，TP(true positive)，为正确划分为目标的像素点数，TN(true negative)，为正确划分为背景的像素点数，FP(false positive)，为错误划分为目标的像素点数，FN(false negative)，为错误划分为背景的像素点数[7]。

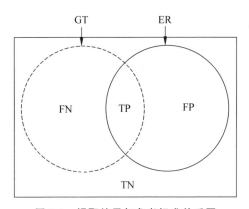

图 9-9　提取结果与参考标准关系图

常用的图像目标提取定量评价标准有：

（1）真目标提取比率（TPR）表示真实手部目标的提取比率，即

$$TPR = \frac{TP}{TP + FN} \tag{9-14}$$

（2）假目标提取比率（FPR）[8] 表示非真实手部目标的提取比率，即

$$FPR = \frac{FP}{TP + FP} \times 100\% \tag{9-15}$$

（3）$D_{(\mathrm{GT,ER})}$ 表示提取结果和真实结果中的目标重合度，即 D

$$D = \frac{2 \mid \mathrm{GT} \bigcap \mathrm{ER} \mid}{\mid \mathrm{GT} \mid \bigcup \mid \mathrm{ER} \mid} \tag{9-16}$$

此外，这里再提出两个评价标准：

（1）提出一个判别分类器好坏的因子 Y，即

$$Y = \left(\frac{\mathrm{TP}}{\mathrm{TP}+\mathrm{FN}}-1\right)^2 + \left(\frac{\mathrm{FP}}{\mathrm{FP}+\mathrm{TN}}\right)^2 = \left(\frac{\mathrm{FN}}{\mathrm{TP}+\mathrm{FN}}\right)^2 + \left(\frac{\mathrm{FP}}{\mathrm{FP}+\mathrm{TN}}\right)^2 \tag{9-17}$$

该因子直观地体现了分类器的好坏，即 Y 的值越趋近于零，分类器越好。因为 $\mathrm{FPR}=0$，$\mathrm{TPR}=1$ 即 $\frac{\mathrm{FP}}{\mathrm{FP}+\mathrm{TN}}=0$，$\frac{\mathrm{TP}}{\mathrm{TP}+\mathrm{FN}}=1$，代表最优分类器。新的分类器判别因子 Y，代表所判别的分类器与最佳分类器的差异程度，Y 的值越小，越趋近于零，则所判别的分类器与最佳分类器的差异越小。式（9-17）中的 Y 值包括两项：第一项是 $\left(\frac{\mathrm{TP}}{\mathrm{TP}+\mathrm{FN}}-1\right)^2$，表示真阳性率的补集的二次方，真阳性率即应该被分配为目标实际上也为目标的数量于真实目标数量的占比，真阳性率为 1 时最佳，$\left(\frac{\mathrm{TP}}{\mathrm{TP}+\mathrm{FN}}-1\right)^2$ 代表了距离最优分类器的差异程度，该值越小，说明所求真阳性率距 1 越接近，分类器越好。第二项是 $\left(\frac{\mathrm{FP}}{\mathrm{FP}+\mathrm{TN}}\right)^2$，表示假阳性率的二次方，假阳性率即应该被分配为背景却被分配为目标数量于真实背景的占比，该值越小，说明背景的误分率越小，分类器越好。

（2）提出一个判别分类器好坏的因子 X，即

$$X = \frac{\mathrm{FN}+\mathrm{FP}}{\mathrm{FN}+\mathrm{TP}} = \frac{\mathrm{FN}+\mathrm{FP}}{P} \tag{9-18}$$

式中，$P = \mathrm{FN}+\mathrm{TP}$ 表示实际为目标却被误分为背景的数量加上实际为目标且正确被分为目标的数量之和，即真实目标的总数；$\mathrm{FN}+\mathrm{FP}$ 表示实际为目标却被误分为背景的数量加上实际为背景却被误分为目标的数量之和，可以说，$\mathrm{FN}+\mathrm{FP}$ 代表了被误分内容的数量之和。定义因子 X 为：被误分内容的数量之和于真实目标的总数所占比值。由于真实目标的总数 P 是恒定不变的，那么，被误分内容的数量越少，则 X 的值越小，即分类器的效果越好。因此，因子 X 的值越小，越趋近于零，误分内容越少，则说明分类器越好。

真阳性率越高、假阳性率越低，说明提取结果同真实目标区域越接近、被误分的目标区域越少。系数 D 的值越接近 1，说明提取结果同真实区域的相似性越高。评价因子 Y 表示同最优分类器的差异性，其值越小，说明该分类算法越优异、同最优分类器越接近。评价因子 X 表示被误分内容的数量之和与真实目标的占比，其值越小，说明整体误分越少，提取效果越理想。

因此，所用算法追求的是更高的真阳性率、更低的假阳性率、更接近 1 的 D 值

及更小的 Y 因子和 X 因子。实验中所用算法对原始手印痕迹场景图Ⅰ～Ⅳ的定量评价结果见表 9-1～表 9-6。其中，各评价标准的最优结果已在表中用粗体标出（以下 6 个结果分析表均采用此种表示方法）。

表 9-1　各算法对原图Ⅰ的检测结果分析

算　　法	TPR	FPR	D	Y	X
免疫极值区域目标提取算法	1.0000	0.0470	0.0637	0.0022	1.4292
原始目标检测	0.4421	0.0002	0.0282	0.3112	0.5648
Sobel 检测算法	0.1244	0.0134	0.0079	0.7668	1.2839
Otsu 算法	0.9758	0.1097	0.0622	0.0126	3.3585

表 9-2　各算法对原图Ⅱ的检测结果分析

算　　法	TPR	FPR	D	Y	X
免疫极值区域目标提取算法	1.0000	0.0699	0.0361	0.0049	3.7980
原始目标检测	0.8962	0.0164	0.0324	0.0110	0.9959
Sobel 检测算法	0.1679	0.0113	0.0061	0.6925	1.4487
Otsu 算法	0.9827	0.0386	0.0355	0.0018	2.1134

表 9-3　各算法对原图Ⅲ的检测结果分析

算　　法	TPR	FPR	D	Y	X
免疫极值区域目标提取算法	0.9003	0.0258	0.0587	0.0107	0.8945
原始目标检测	0.7367	0.0026	0.0480	0.0693	0.3413
Sobel 检测算法	0.1805	0.0094	0.0118	0.6717	1.0977
Otsu 算法	0.7507	0.0031	0.0489	0.0622	0.3403

表 9-4　各算法对原图Ⅳ的检测结果分析

算　　法	TPR	FPR	D	Y	X
免疫极值区域目标提取算法	0.9883	0.0073	0.0046	0.0002	3.1312
原始目标检测	0.8921	0.0305	0.0042	0.0126	13.1662
Sobel 检测算法	0.1210	0.0315	0.0006	0.7736	14.3703
Otsu 算法	0.9461	0.3976	0.0044	0.1610	170.2580

表 9-5　各算法对原图Ⅴ的检测结果分析

算　　法	TPR	FPR	D	Y	X
免疫极值区域目标提取算法	0.9949	0.0132	0.0040	0.0002	6.5516
原始目标检测	1.0000	0.0947	0.0040	0.0090	47.0981

续表

算 法	TPR	FPR	D	Y	X
Sobel 检测算法	0.1100	0.0257	0.0004	0.7928	13.6430
Otsu 算法	1.0000	0.4657	0.0040	0.2169	231.4890

表 9-6　各算法对原图 Ⅵ 的检测结果分析

算 法	TPR	FPR	D	Y	X
免疫极值区域目标提取算法	0.7421	0.0146	0.0147	0.0667	1.7150
原始目标检测	0.9396	0.3117	0.0186	0.1008	31.2102
Sobel 检测算法	0.1025	0.0151	0.0020	0.8057	2.4057
Otsu 算法	0.9986	0.4296	0.0198	0.1846	42.9414

通过分析表 9-1～表 9-6 的数据可以得出以下结论：尽管原始目标检测方法和 Otsu 算法在 TPR 值和 FPR 值上显示出相对良好的表现，但因子值过高，表明提取结果中的区域错误分割比例较高。Sobel 检测算法的 TPR 数值普遍较低，导致目标提取效果较差且存在较大的不稳定性，受环境影响较大。相比之下，免疫极值区域目标提取算法在室内和户外复杂场景下对刑侦痕迹图像的目标提取表现出较高的 TPR 和较低的 FPR，同时 D 值普遍优于其他方法，Y 和 X 因子值相对较低。因此，综合考虑，免疫极值区域目标提取算法在复杂场景下红外痕迹图像中可疑手印目标区域的识别、定位和提取方面优于其他算法。

9.5　本章小结

在处理高度不确定且复杂的现实刑侦场景时，需要解决类目标和无用混杂信息等干扰问题，以快速检测、定位和提取刑侦现场可疑痕迹图像目标。本章采用基于免疫极值的刑侦目标提取方法，将会先对图像预处理，包括灰度校正和最大熵算法，将 RGB 图片转换为 HSV 图片，接着进行灰度校正。随后，利用免疫极值区域特征提取图像中的免疫极值区域，以识别和定位红外刑侦图像中的可疑目标区域，并以文本框的形式直观呈现。实验证明，相较于传统算法，免疫极值的刑侦目标提取方法能够提供更为明确、连续的目标区域，其识别检测结果直观且准确，涵盖了红外刑侦痕迹图像中的大部分可疑目标区域，有效提高了刑事侦查效率。

本章参考文献

[1] 甘彬，秦小路.刑事侦查中的痕迹检验技术分析[J].法制与社会，2020(21)：85-86.

[2] 叶溪.基于生物因子机理的红外刑侦图像目标提取算法研究[D].天津：天津理工大学，2021.

［3］ YU X,YE X,ZHANG S X. Floating pollutant image target extraction algorithm based on immune extremum region［J］. Digital Signal Processing,2022,123：103442.

［4］ 乔玲玲.图像分割算法研究及实现［D］.武汉：武汉理工大学,2009.

［5］ MATAS J,CHUM O,URBAN M,et al. Robust wide-baseline stereo from maximally stable extremal regions［J］. Image and Vision Computing,2004,22(10)：761-767.

［6］ 刘志成,王殿伟,刘颖,等.基于二维伽马函数的光照不均匀图像自适应校正算法［J］.北京理工大学学报,2016,36(2)：191-196,214.

［7］ UNGER C,GROHER M,NAVAB N. Image based rendering for motion compensation in angiographic roadmapping［C］. IEEE Conference on Computer Vision and Pattern Recognition(CVPR),2008.

［8］ JADIN M S,TAIB S. Infrared image enhancement and segmentation for extracting the thermal anomalies in electrical equipment［J］. Electronics and Electrical Engineering,2012(4)：107-112.

第10章

自适应生长免疫域的刑侦红外图像目标提取算法

由于大多数物体的温度分布呈现渐变过渡的趋势,因此目标和背景之间的边缘往往呈现模糊状态,给提取过程带来了一定的挑战。并且,在复杂环境下,背景中的物体可能具有与目标相近的灰度值或形状轮廓等特征,从而干扰了目标的准确提取。此外,复杂背景的灰度值分布通常呈现不均匀的特征,使得直接获取背景特征变得困难。在复杂背景情况下,红外刑侦图像中的目标与其实际形状可能存在差异,这也增加了目标提取的难度。因此,在解决这些问题的过程中,需要借助先进的图像处理技术以及针对刑侦红外图像特性的专门算法,以确保提取结果的准确性和可靠性。

本章介绍了一种基于生物免疫系统优异特性的红外目标提取算法,该系统在抗原检测、提取、消除方面展现优异的识别、学习、记忆、耐受和协调配合等能力[1]。为了克服复杂环境对红外刑侦图像目标提取的挑战,引入了具有自适应生长免疫域的方法[2]。首先,算法利用 k 均值聚类将目标从复杂背景中分离出大致区域,并将其作为生长的起点。接着,以种子点周围待生长点的区域特征作为生长判决的比较对象。同时,结合了边缘梯度信息,当种子点生长到边缘时,生长免疫域会根据梯度的剧烈变化进行自适应调整,以避免过度生长。最后,本章以红外刑侦图像中复杂环境下的背影和手印图像为实验验证对象,将改进后的算法与其他经典的分割检测算法进行了效果比较,实验证明了改进算法的有效性。

10.1 传统区域生长算法分析

由第 9 章中对传统区域生长方法的分析可知,经典的区域生长算法实现简单,但是对种子点的依赖性较强,如果选择不当则无法有效分割出目标区域。

区域生长法[3]是图像分割中的一项重要技术,其旨在识别具有相似性质的像素或区域。根据第 9 章的介绍,区域生长算法以一组称为"种子"的点作为起始点,与起始点特征相近的像素将会被吸纳到一起生成一个区域将。首先,需要确定生长的初始点,也就是种子点。接着,搜索起始点邻域内特征相似的像素进行合并。然后,合并区域内新的像素会被设为新的起始点,继续在邻域内检索特征相似的像素点,直到生长的邻域内不再由相似的像素,区域生长结束[4]。

　　在处理刑侦红外图像时,通常需要定位手印、脚印等痕迹目标,它们往往位于较亮的区域。一种常用的方法是选择图像中灰度值较高的像素点作为种子点[5]。然而,在某些红外图像中,受到热传递等环境因素的影响,可能会出现背景温度与目标相似的情况,导致目标和背景的灰度级相互交叠。

　　为解决此类问题,不得不提出一个新的概念:阈。阈指示着一种限定,而阈值又被称作临界值,用以区分两种不同的状态。在图像处理中,它通常用于条件判断,起着重要的作用。如图 10-1 所示,图 10-1(a)展示了一维情况下阈值的表示方式,其中水平线段代表阈值的长度。在这种情况下,阈值相当于两点间的距离,而两点内外则对应着两个不同的状态。而在图 10-1(b)中,垂直线段代表了阈值区域的圆域半径,用以表示二维情况下的阈值范围。在这种情况下,目标被表示为圆心,而半径则代表了阈值,圆内外也分别对应着两种不同的状态。最后,在图 10-1(c)中,同样是垂直线段,这次代表的是球体的半径,用以表示三维情况下的阈值区域范围。在这种情况下,球体的半径成为了阈值的代表,而球体内外的状态也是不同的。

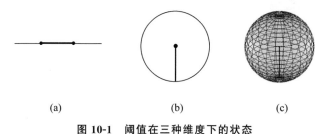

　　　　(a)　　　　　　　　(b)　　　　　　　(c)

图 10-1　阈值在三种维度下的状态

(a)一维状态;(b)二维状态;(c)三维状态

　　通常情况下,在区域的生长过程中,如果种子点符合生长条件,便朝着该方向进行扩展。而大多数生长条件是基于对种子点与其邻近点相似性的阈值判断。然而,鉴于本书侧重于处理边缘模糊的图像,传统的生长方法的效果并不理想。因此,本章引入了生长免疫域的阈值概念以取得更好的效果。

10.2　克隆阈值的选择原理

　　人工免疫系统是一种基于免疫系统,模仿免疫机理、特征、原理开发的一种智能方法[6-7]。克隆选择乃是生物免疫系统理论中的关键概念,该理论阐述了生物体免疫系统对抗原刺激的自适应动态过程,其学习、记忆、抗体多样性等特性被人工免疫系统广泛借鉴[8-9]。

10.2.1 最优熵阈值的概念

最优熵阈值与前文所述的最大熵[10]有所不同,在图像分割中,最佳熵阈值的选择受到了信息论中香农熵概念的启发。它根据图像中目标、背景的分布信息量,通过将图像灰度直方图(也称为灰度分布统计图)的熵进行计算,以寻找最优的分割阈值[11]。

对于一个灰度范围为 $\{0,1,\cdots,I-1\}$ 的图像,定义其直方图的熵为

$$H = -\sum_{i=0}^{I-1} P_i \ln P_i \tag{10-1}$$

式中,P_i 为第 i 个灰度值出现的概率。

使用单阈值计算时,假设 t 为图像的分割阈值,从而获取图像的总熵为

$$H(t) = \ln P_t(1-P_t) + \frac{h_t}{P_t} + \frac{H-h_t}{1-P_t} \tag{10-2}$$

式中,$P_t = \sum_{i=0}^{t} P_i$;$h_t = -\sum_{i=0}^{t} P_i \ln P_i$。

最终当图像的总熵取最大值时即获得最佳阈值 t^*:

$$t^* = \arg\max_{0 \leqslant t \leqslant I-1} H(t) \tag{10-3}$$

使用多阈值计算时,令 $S_1, S_2, \cdots, S_K$ 作为初始分割阈值,并且有 $S_1 \leqslant S_2 \leqslant \cdots \leqslant S_K$,则此时图像的总熵为

$$H(S_1, S_2, \cdots, S_K) = \ln\left(\sum_{i=S_1+1}^{S_1} P_i\right) + \ln\left(\sum_{i=S_1+1}^{S_2} P_i\right) + \cdots + \ln\left(\sum_{i=S_K+1}^{I-1} P_i\right) -$$

$$\frac{\sum_{i=0}^{S_1} P_i \ln P_i}{\sum_{i=0}^{S_1} P_i} - \frac{\sum_{i=S_1+1}^{S_2} P_i \ln P_i}{\sum_{i=S_1+1}^{S_2} P_i} - \cdots - \frac{\sum_{i=S_K+1}^{I-1} P_i \ln P_i}{\sum_{i=S_K+1}^{I-1} P_i}$$

$$\tag{10-4}$$

当总熵取到最大值时,最佳阈值为 $S_1^*, S_2^*, \cdots, S_K^*$:

$$(S_1^*, S_2^*, \cdots, S_K^*) = \arg\max_{0 \leqslant S_1 \leqslant S_2 \leqslant \cdots \leqslant S_K \leqslant I-1} H(S_1, S_2, \cdots, S_K) \tag{10-5}$$

另外,当处于双阈值 $S_1 \leqslant S_2$ 时,总熵为

$$H(S_1, S_2, \cdots, S_K) = \ln\left(\sum_{i=0}^{S_1} P_i\right) + \ln\left(\sum_{i=S_1+1}^{S_2} P_i\right) + \cdots + \ln\left(\sum_{i=S_K+1}^{I-1} P_i\right) -$$

$$\frac{\sum_{i=0}^{S_1} P_i \ln P_i}{\sum_{i=0}^{S_1} P_i} - \frac{\sum_{i=S_1+1}^{S_2} P_i \ln P_i}{\sum_{i=S_1+1}^{S_2} P_i} - \frac{\sum_{i=S_K+1}^{I-1} P_i \ln P_i}{\sum_{i=S_K+1}^{I-1} P_i}$$

$$\tag{10-6}$$

当总熵取最大值时,最佳阈值为 S_1^*,S_2^*:

$$(S_1^*,S_2^*)=\arg \max_{0\leqslant S_1\leqslant S_2\leqslant I-1} H(S_1,S_2) \tag{10-7}$$

10.2.2 克隆阈值的获取

克隆选择算法是一种全局搜索方法,既有记忆能力和收敛性[11,12]。使用克隆选择算法获取最佳阈值,根据最佳阈值寻找熵最大的值作为图像分割的阈值[13],克隆选择算法的实现步骤为

(1)对图像进行预处理,利用直方图均衡化来增强原图特征。如果原图是红外图像,需要经过图像增强以加强干扰噪声,接着采用均值滤波的方法来减少噪声的影响。

(2)初始化参数,设置参数 $K=0$,生成起始抗体 $A(0)$ 并计算其亲和度,其中单一阈值采用式(10-2)计算,多阈值采用式(10-4)计算;设定种群规模参数 $N=30$,最大迭代代数 gen=45。

(3)判断是否达到终止条件,当条件达到终止要求时输出计算结果,运行步骤(8);否则,继续下一步。

(4)克隆处理,根据设定的种群规模对其进行克隆处理,获得 $Y(K)$。

(5)免疫基因处理,采用单点变异处理,设置变异概率 $P_m=0.1$。

(6)克隆选择,进行克隆选择处理,获得抗体 $A(K+1)$。

(7)令 $K=K+1$,运行步骤(3)。

(8)结束计算,得到图像最优分割阈值。

10.3 生长免疫域的原理

免疫是指机体免疫系统对外部入侵的应答,保护机体不被病原体入侵[14]。当病原侵入生物机体,会立即激活免疫细胞,从而引发免疫应答。免疫应答可分为先天免疫和适应性免疫[15]。先天免疫能迅速清除病原体,而适应性免疫则特异性地识别并清除病原体。免疫系统的主要职责是辨别体内细胞[16],将其分类为自身组织或有害病原体以及体内异常组织,并启动适当的防御机制以清除有害病原体。

生长免疫域是以生物免疫为基础,在区域生长中扮演生长判定条件的角色。与传统的区域生长方法不同,它不仅考虑了种子点与相邻待生长点之间的相似性关系,还将源种子点与整个生长过程中的待生长点进行特征相似性比较,从而确定与源种子相关的区域范围。这种判定方式与传统的区域生长方法(使用固定阈值或自适应阈值)不同,能够在特定图像特征情况下避免区域过度生长的问题。

将基于生长免疫域进行区域生长的初始种子点定义为源种子点。生长免疫域是指在源种子点的生长范围内,所有待生长的点与它们之间具备的相似性关系。

假设任一源种子点 x 在生长中,其邻域候选点 $x+1$ 满足与 x 的生长免疫域,则邻域候选点 $x+1$ 成为该源种子点下的免疫生长种子点,而该免疫生长种子点的邻域候选点 $x+2$ 进行生长判决的条件满足的阈值并非传统方式中与其种子点(免疫生长种子点 $x+1$)比较,而是与源种子点 x 进行生长免疫域的判决。

常用的区域生长判决准则包括自适应阈值和固定阈值,其中生长免疫域是对自适应阈值的改进。在图 10-2 中展示了三种阈值特征的作用效果,通过这些图示可以分析生长免疫域的特点和优势。

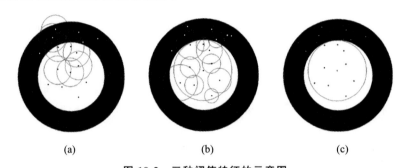

图 10-2 三种阈值特征的示意图
(a) 固定阈值;(b) 自适应阈值;(c) 生长免疫域

图中同心圆代表了一个二维空间,内部的黑色圆环表示背景区域,而圆环内的白色圆形则表示了目标区域。在图中,黑点表示目标像素点,而白点则代表背景像素点,中央的小点表示了目标中阈值的起始作用点。如图 10-2(a)所示,展现了使用固定阈值的特征。可观察到,在固定阈值的情况下,背景区域的像素点有可能会被错误地选取,导致目标被过度分割。相比之下,图 10-2(b)呈现了自适应阈值的特性。在自适应阈值下,每个被选中的像素点将会根据其个体特点拥有不同的阈值。虽然起始像素点能够有效地选择出目标像素点,但被选中的目标像素点的自适应阈值可能会错误地将其选为背景像素点。与前两种阈值相比,图 10-2(c)描绘了生长免疫域阈值的特性。该阈值仅与最初的起始像素点相关,能够有效地分割目标像素点而不会误选背景像素点。

10.4 生长免疫域的分割算法

免疫域的生长过程涉及两次独立的判定条件,导致了两轮种子点的自动选择。首先,在进行克隆选择算法的阈值分割后,会进行第一次种子点的选取。其次,在第一轮种子点生长完毕后,会进行第二次种子点的选取。

有关种子点的自动选择,通常需要符合三个条件:首先,目标区域通常位于灰度值较高的区域;其次,种子点一般与其邻域点具有一定的相似性特征;最后,种子点周围存在未经生长的区域。

下面讲述计算一个像素点与其邻域的相似性关系的方式。

假设 3×3 的一个邻域空间，像素点与邻域的关系为：

$$\sigma = \sqrt{(x_R - \bar{x}_R)^2 + (x_G - \bar{x}_G)^2 + (x_B - \bar{x}_B)^2} \tag{10-8}$$

式中，σ 表示像素点 x 与其邻域点 $\bar{x}$ 的颜色距离，x_R、x_G、x_B 分别表示像素点 x 的 RGB 三个颜色分量的数值。

第一次种子点由阈值分割区域中选取，假设分割阈值为 α，红外图像像素点为 x，则目标种子点区域 y 满足

$$y = \begin{cases} 1 & (x \geqslant \alpha) \\ 0 & (x < \alpha) \end{cases} \tag{10-9}$$

提取候选种子点源自于首次区域生长的结果。判定标准是相邻像素的颜色相似度，对第一个候选种子点的要求是其相似度必须低于特定阈值。因此，需要套用公式(10-8)以计算一个种子点与其周围区域的欧氏距离。其次，根据阈值分割的结果来看，初始种子点与其周围颜色的差异并不一定非常接近。在候选种子点集中，有些点可能在目标内部，与首次生成的种子点有相当大的颜色差异，但并不应聚集在目标的边缘。对于每个像素点，我们定义了最大颜色差异，也就是当 x 的三个颜色分量均为 0 时，max 表示该点的最大颜色差异。基于这个最大颜色差异，第二个候选种子点的条件是：最佳生长阈值必须从小于最大颜色差异的阈值中选择。

$$\sigma_{\max} = \sqrt{x_R^2 + x_G^2 + x_B^2} \tag{10-10}$$

基于生长免疫域的区域生长算法包括两个主要步骤。首先，利用固定阈值作为比较阈值来进行区域生长，将所有种子点进行一轮生长，生成候选种子点作为第二步的源种子点。其次，利用以下判定准则进行第二部分的区域生长：如果源种子点与其所有候选生长点的 RGB 颜色距离小于生长免疫域，那么将该像素点归入源种子点所在的区域中，得到分割后的图像。算法的具体执行流程如下：

(1) 获取初始种子点，开始第一轮种子点生长。

(2) 从初始种子点的邻域中筛选源种子点。

源种子点需要满足以下条件：①该点属于初始种子点邻域且符合第一轮生长前未进行生长的要求；②依据公式(10-8)，初始种子点与邻域像素的距离关系满足预设生长免疫域的要求。

(3) 依据公式(10-10)计算源种子点各自对应的最大颜色距离。

(4) 计算源种子点与各邻域的距离关系，若符合距离要求，则判断该邻域点能够生长，且选为候选源种子点；若不符合要求，则停止该点的生长。

(5) 确认源种子点和候选源种子点中是否还存在没有判断生长的邻域点。若不存在，则说明已完成生长；若存在，则继续源种子点的生长免疫域提取方法。

10.5 自适应生长免疫域分割算法

红外刑侦图像的有效分割,取决于遗留痕迹目标和背景在红外图像中呈现出的不同特征,如像素灰度值或形态特征等。由于红外图像根据目标温度呈现出不同的灰度值,因此从这些不同的灰度和形态特征中提取出用于目标提取的种子点以及目标周围的灰度信息,是该算法的关键所在。

提取算法的主要步骤可分为三个阶段:首先,通过 k 均值聚类获取源种子点;接着,获取边缘梯度信息;最后,利用自适应生长免疫域进行图像分割。自适应生长免疫域算法将红外图像分割成刑侦痕迹目标和背景两部分。当种子点扩展至边缘时,边缘梯度信息被用来指导免疫域的范围变化。在本章中提到的生长免疫域区域生长算法最初设计时,通过对阈值分割后的区域进行一次生长,选择满足生长判决条件的点作为源种子点,这些源种子点在生长过程中相互独立。生长免疫域的大小由对应的源种子点和背景灰度特征共同决定,并作为源种子点生长的判决条件。原始算法适用于图像中背景和目标的灰度特征明显不同的情况,可以直接使用阈值分割后的背景区域的平均灰度值作为背景的灰度特征。未考虑到在处理复杂背景的图像时,难以准确获取目标周围属于背景的部分特征。

因此,我们提出了一种采用自适应生长免疫域的目标提取算法。该算法通过应用 k 均值聚类技术来获取图像中各个对象的灰度特征,并结合边缘梯度信息,以在充分控制生长免疫域的同时避免过度生长。

10.5.1 聚类获取种子点

基于生长免疫域和克隆阈值的红外目标分割技术,适用于在红外图像中存在着显著内部特征差异的目标。实际上,在刑侦案件中,环境条件通常是无法受到人为控制的,因此在夜幕下探测嫌疑人的隐蔽身影,或者在恶劣的现场环境中搜索残留手印,往往无法达到理想条件下简单环境的效果。因此,在关注目标内部显著特征差异的同时,加强算法在复杂环境下的适用性也成为了红外刑侦目标研究中的一个关键问题。

在复杂的红外刑侦图像中,除了目标本身,还可能存在一些与目标具有相似温度(即灰度值接近)的物体,它们可能会对目标所在区域的种子点采集产生干扰。为了解决这个问题,可以采用 k 均值聚类算法。使用自适应搜索算法,不断迭代聚类并调整聚类的中心,将数据划分为 k 个类别,使所有个体与对应的类中心的欧氏距离之和最小[17-19]。

自适应免疫域分割算法根据红外图像的灰度特征,利用 k 均值聚类将图像分为 k 类不同灰度值的区域,再从 k 类区域中选取刑侦目标所在的区域。由于红外图像在获取的过程中,对目标具有指向性,即目标的温度(灰度值)必定大于背景其他对象[20,21]。因而,将红外图像划分为合理的 k 类,灰度值最大的一类所包含的像素点必定存在于目标区域内。

区域生长种子点的选择作为区域生长中的一个重要步骤,会直接影响目标分割的结果[22]。在这一步中,k 均值聚类一方面划分出灰度值最大的一类,其所属的像素点能够作为区域生长的源种子点。另一方面,k 均值聚类划分出的 k 类中心灰度值能够指导生长免疫域的范围,减小区域生长中种子点过度生长的可能性。这一步骤的具体情况在算法 1 中讨论。

算法 1:

输入:图像
输出:k 类中心灰度值矩阵、源种子点

步骤 1:建立图像的灰度直方图,确定 k。
步骤 2:根据 k 类中心灰度值的大小,并进行递减排序。
步骤 3:选择源种子点
　中心灰度矩阵中表示第一类灰度值所对应区域中的像素点选为源种子点。

10.5.2　边缘梯度信息

在复杂环境下,尽管目标与背景因温度逐渐变化而导致边缘模糊不清,但相比之下,在两者之间仍然存在明显的边缘信息。我们主要通过考虑图像中的 3×3 像素邻域来获取边缘梯度信息,首先引入了如下所示的 8 个方向模板(见图 10-3)。

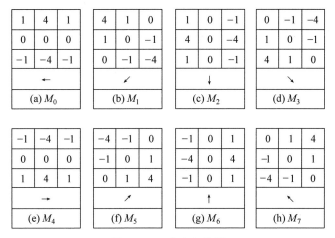

图 10-3　8 个方向模板

则某像素点 e 的梯度信息值为:

$$G_e = \max G_i, \quad i = 1,2,3,4,5,6,7 \tag{10-11}$$

$$\boldsymbol{G}_i = \boldsymbol{M}_i^{\mathrm{T}} \times \boldsymbol{X} \tag{10-12}$$

在式(10-12)中,X 为图像区域矢量,$X=[X_1,X_2,\cdots,X_9]^T$,矢量分量 $x_1,x_2,\cdots,x_9$ 代表与模板对应的图像区域上各像素点的灰度值。M_i 表示模板矢量,即图 10-3 中的各模板,$M_i=[m_1,m_2,\cdots,m_9]$,矢量分量 $m_1,m_2,\cdots,m_9$ 代表 3×3 模板中的权(即系数)。G_i 的最大值即为 e 点的梯度信息值。图 10-4 为模板模型。

a	b	c
d	e	f
g	h	i

x_1	x_2	x_3
x_4	x_5	x_6
x_7	x_8	x_9

m_1	m_2	m_3
m_4	m_5	m_6
m_7	m_8	m_9

(a)　　　　　　　　(b)　　　　　　　　(c)

图 10-4　模板模型

(a) 3×3 像素邻域;(b) 图像区域矢量;(c) 模板矢量

边缘梯度信息能够通过数值的剧烈变化直观反映出边缘与非边缘[23,24]。显著的边缘梯度特征为自适应生长免疫域提供了条件。

算法 2:获取梯度信息矩阵

输入:图像

输出:梯度信息图

步骤 1:建立 8 个方向的模板 $M_i^T(i=1,2,3,4,5,6,7)$

步骤 2:采用公式(10-12)计算图像中每个像素点对应不同模板得到的值 G_i。

步骤 3:计算每个像素点的梯度值 $G_e=\max(G_i)$。

步骤 4:获取梯度信息图。

10.5.3　自适应生长免疫域

对于每个源种子点所确定的生长免疫域,若生长免疫域能够根据图像的某些特征进行自适应变化,从而实现有效的区域生长指导作用,则定义这种免疫域为自适应生长免疫域。

算法利用 k 均值聚类算法将图像分割。首先,我们将像素按照灰度值分成 k 类,并将它们的中心灰度值从大到小排列,其中第一类的灰度值最大,第 k 类的灰度值最小。我们将第一类对应的像素点作为区域生长的起始点,而第 $k-N$ 类的灰度值将作为背景的灰度特征(其中 $0<N<k$)。鉴于红外图像中可能存在噪声,我们在生长过程中对待生长点的 3×3 邻域范围内取平均值以减少干扰,并对待生长点与起始点之间的灰度差进行判定,若满足生长条件,则进行生长。此外,在每次生长判定前,我们会检测该点的梯度信息,若大于阈值 T,则判定该点为边缘位置,从而调整生长的免疫域。当所有起始点完成生长后,得到的图像即为区域生长的最终结果。具体算法流程如图 10-5 所示。

本章算法中,将梯度信息与待生长点的位置结合起来考虑。具体来说,当待生长点位于边缘,待生长点对应的梯度信息满足预设阈值 T 时,会对当前生长中的

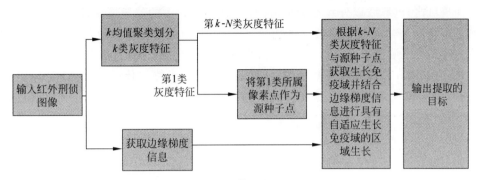

图 10-5　算法流程图

免疫域范围进行相应调整,可能是扩大或者缩小。这里我们设计了一种算法来自动调整生长免疫域,以防止过度扩张,它包括两种情况(图 10-6):第一种情况是保持源种子对应的生长免疫域范围不变,当待生长点位于边缘时,抑制生长以避免过度扩张;第二种情况是减小源种子点对应生长免疫域抑制区域的生长范围,当待生长点位于边缘时,扩大生长免疫域。

由示意图结果分析,第 2 种情况在理想状态下网点的范围比第 1 种情况大,这说明提取的区域相较第 1 种情况能够包含更多的目标区域。

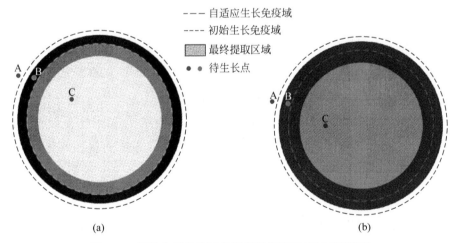

图 10-6　两种生长免疫域自适应变化情况(见文前彩图)

(a) 第 1 种情况;(b) 第 2 种情况

图中黑色圆环表示边缘区域,圆环内表示目标内部区域,圆环外表示背景区域。A、B、C 分别表示待生长点可能出现的 3 种不同位置。红色虚线表示源种子点对应的生长免疫域,绿色虚线表示待生长点位于边缘时的自适应生长免疫域。图 10-6(a)表示生长免疫域不变,自适应免疫域减小的情况。待生长点起始处于 C 点满足免疫域(在红线之内),当其位于 B 点时免疫域自适应变化,而此时的位置处于免疫域之外（绿线以外），不满足条件，因而不存在 A 的位置情况，网点部分的区域为最终结果。图 10-6(b)表示减小生长免疫域，自适应免疫域增大的情况。位于 C 点时在免疫域范围内，满足要求。当待生长点位于 B 点时，由于自适应免疫域增大，待生长点在自适应免疫域之内，满足生长条件。当待生长点位于 A 点时，由于不在边缘区域，免疫域再次变小而抑制生长。

算法 3：基于改进生长免疫域的区域生长

输入：红外图像

输出：自适应生长免疫域区域生长提取的目标

步骤 1：使用算法 1 获取图像的 k 类中心灰度值和源种子点。

步骤 2：使用算法 2 获取梯度信息图。

步骤 3：计算源种子点对应的生长免疫域和自适应生长免疫域，生长免疫域＝[源种子点灰度值－$(k-N)$类中心灰度值]×比例因子，自适应生长免疫域＝生长免疫域＋变化量。

步骤 4：计算待生长点的 $3×3$ 平均灰度值。

步骤 5：判断待生长种子点的梯度信息 t 是否大于阈值 T 如果 $t>T$，当待生长点的灰度值在自适应生长免疫域范围内时生长，反之停止生长；如果 $t \leqslant T$，当待生长点的灰度值在生长免疫域范围内时生长，反之停止生长。

步骤 6：重复步骤 3～步骤 5，直到停止生长。

步骤 7：获取自适应生长免疫域区域生长提取的目标。

10.6 自适应生长免疫域的刑侦红外图像目标提取算法分析

针对复杂背景下的红外刑侦图像，我们借鉴了生物免疫系统的优异特性，提出了一种具备自适应生长免疫域的目标提取方法。在本章前几节中，我们对生长免疫域的作用方式进行了分析，并设计了一种适用于完整提取刑侦目标的方法。该算法通过融合梯度信息和区域特征，在加强抑制过度生长的同时，提升了在复杂环境中进行目标提取的准确性。

我们对筛选出的包含手印和人物遮挡的红外图像进行了研究，这些图像中均存在背景类目标。这满足了图像背景具有一定复杂度以及目标边缘相对模糊的要求。

10.6.1 最佳自适应生长免疫域的选择

选取躲藏在窗帘背后的人体背影作为处理对象，如图 10-7 所示。图 10-7(a)进行实验并对图像进行了预处理，图 10-7(b)中对筛选的源种子点进行标注，框选部分为实验结果图 10-8 中关注的区域。

如图 10-8 所示，第一行展示了图 10-6 中第一种情况的分割结果，即在待生长点位于边缘时，保持生长免疫域不变，从而减小生长免疫域。图中显示了免疫域自

(a)　　　　　　　　　　　　　　(b)

图 10-7　原始图像

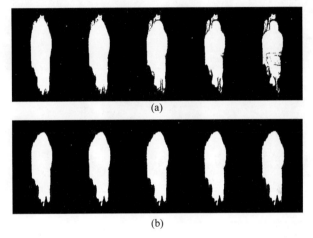

(a)

(b)

图 10-8　分割结果

适应减小的程度从左到右逐渐增大。第二行展示了将初始生长免疫域减小至 80% 时的情况,当待生长点位于边缘时,免疫域自适应增大的第二种情况。图中展示了自适应免疫域从左到右逐渐增大的情况。实验结果显示,第一种情况的结果与预期结果相近。当待生长点生长至边缘时,免疫域的减小会抑制区域的生长,但由于边缘模糊导致梯度信息不均匀,仍然存在待生长点超出预期目标的情况。自适应生长免疫域的减小虽然能有效提取目标细节,但也会导致目标内部区域的漏选问题。第二种情况提取的目标具有边缘平滑,同时保留了显著的目标特征。尽管受到目标边界模糊的影响,无法提取细节,但第二种情况提取的目标完整性较好。因此,在复杂背景环境下,采用保留较大完整性的第二种情况的自适应方式效果更佳。

10.6.2　分割算法的准确性对比

为了验证新的红外刑侦目标提取算法的准确性,从拍摄的图像中选取了三种不同目标的红外图像。我们采用了四种不同的方法来进行图像目标提取实验,包括自适应生长免疫域算法、基于生长免疫域的区域生长算法、经典的 Otsu 算法以及 SVM 算法。图 10-9 显示了这四种算法的分割结果。

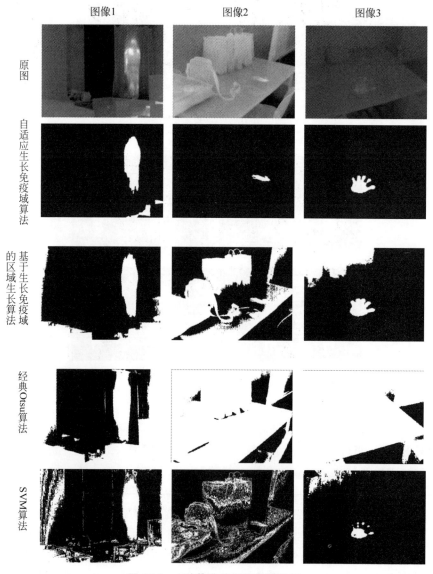

图 10-9　4 种算法的目标提取结果

在图像处理中,我们观察到在面对复杂背景时,由于目标与背景的灰度值非常接近,传统的 Otsu 算法无法有效地从图像中分离出目标。虽然 SVM 算法可以通过训练来部分地提取目标区域,但提取的区域中包含了许多误选的部分,且目标区域不完整。相比之下,基于生长免疫域的区域生长算法可以相对完整地提取目标部分,但由于其对复杂环境的适应性较弱,容易导致误选背景的情况。相对于前述三种算法,本节提出的自适应生长免疫域算法不仅能够完整地提取出目标区域,还在复杂环境下表现出色,最大限度地减小了误选区域的产生。

为了说明提出算法的有效分割能力,采用了真阳性率和假阳性率评估实验,结果见表10-1。其中,各评价标准的最优结果已在表中用黑体标出。

表 10-1 4 种算法的定量分析结果

图像	指标	自适应生长免疫域算法	基于生长免疫域的区域生长算法	经典 Otsu 算法	SVM 算法
1	TPR	0.9026	0.9771	**0.9959**	0.9728
	FPR	**0.0133**	0.1660	0.4170	0.2076
2	TPR	0.9359	**0.9718**	0.0789	0.1988
	FPR	**0.0006**	0.4586	0.0789	0.1988
3	TPR	0.9396	0.9991	**1.0000**	0.6011
	FPR	**0.0018**	0.1546	0.8677	0.0332

从表10-1中可以看出,Otsu算法在三幅图中的真阳性率最高,但相应地,其假阳性率也相当高。这表明Otsu算法在分割过程中会误选大量背景区域,无法准确地将目标与背景分隔开来。相比之下,SVM算法在图像1中的真阳性率较高,但在图像3中最低,显示出提取目标的能力不稳定,并且其假阳性率也较高,无法有效地区分背景和目标。对比区域生长免疫域方法和本章提出的算法,尽管在三幅图像中,生长免疫域方法的真阳性率平均高出本章算法5.7%,但本章算法的假阳性率却比生长免疫域方法低25.5%,能够更准确地获取目标区域。综上所述,尽管具有自适应生长免疫域的提取算法的真阳性率比其他算法略低,但较低的假阳性率以及稳定在90%以上的真阳性率表明,在复杂环境下,该算法能够有效地区分目标和背景区域,保证目标提取的完整性。

10.7 本章小结

本章针对复杂背景下的红外刑侦图像,参考了生物免疫系统的出色特性,提出了一种具备自适应生长免疫域的目标提取方法。我们进行了详尽的比较实验以了解自适应生长免疫域的作用方式,并对其进行了深入分析。根据实验结果,我们设计出一种有效提取刑侦目标的合适方法。该算法通过融合梯度信息和区域特征,在抑制过度生长的同时,显著提升了在复杂环境下的目标提取准确性。

本章参考文献

[1] 于晓,周子杰,高强.基于最优可免域神经免疫网络的深度模糊红外目标提取算法[J].红

外,2019(1):16-23.

[2] 周子杰.基于人工免疫算法的红外刑侦目标的检测与跟踪[D].天津:天津理工大学,2019.

[3] ADAMS R,BISCHOF L. Seeded region growing[J]. IEEE Transactions on Pattern Analysis & Machine Intelligence,2002,16(6):641-647.

[4] FAN J,YAU D K Y,ELMAGARMID A K,et al. Automatic image segmentation by integrating color-edge extraction and seeded region growing[J]. 2001,10(10):1454-1466.

[5] ZHONG M L,JUN W. The image segmentation algorithm of region growing and wavelet transform modulus maximum[C]// Fifth International Conference on Instrumentation & Measurement. IEEE,2016.

[6] 焦李成,杜海峰.人工免疫系统进展与展望[J].电子学报,2003,31(10):1540-1548.

[7] 廖章珍,陈强.人工免疫系统的基本理论及其应用[J].自动化与仪器仪表,2008(1):5-8.

[8] 尚荣华,焦李成,马文萍.免疫克隆多目标优化算法求解约束优化问题[J].软件学报,2008,19(11):2943-2956.

[9] JIAO L,WANG L. A novel genetic algorithm based on immunity[J]. Systems Man & Cybernetics Part A Systems & Humans IEEE Transactions on,2000,30(5):552-561.

[10] 高强,周子杰,于晓.基于结构形态几何生长的模糊红外光谱图像分割[J].红外,2018(11):21-27.

[11] 吴诗婳,吴一全,周建江,等.基于二维灰度熵阈值选取快速迭代的图像分割[J].中国图象图形学报,2015,20(8):1042-1050.

[12] 王静,保文星.基于克隆选择遗传算法的图像阈值分割[J].计算机工程与设计,2010,31(5):1070-1072.

[13] YU X,ZHOU Z J,GAO Q,et al. Infrared image segmentation using growing immune field and clone threshold[J]. Infrared Physics & Technology,2018,88:184-193.

[14] 金章赞,肖刚,陈久军,等.基于克隆选择的图像分割算法研究[J].中国图象图形学报,2010,15(2):255-260.

[15] DE C L N,VON Z F J. Learning and optimization using the clonal selection principle[J]. IEEE Transactions on Evolutionary Computation,2002,6(3):239-251.

[16] ZHOU Z J,ZHANG B F,YU X. Infrared Spectroscopic Image Segmentation Based on Neural Immune Network with Growing Immune Field[J]. Spectroscopy and Spectral Analysis,2021,41(5):1652-1660.

[17] YU X,ZHOU Z J,RÍHA K. Blurred infrared image segmentation using new immune algorithm with minimum mean distance immune field[J]. Spectroscopy and Spectral Analysis,2018,38(11):3645-3652.

[18] MOHD M R S,HERMAN S H,SHARIF Z. Application of K-means clustering in hot spot detection for thermal infrared images[C]// Computer Applications & Industrial Electronics. IEEE,2017.

[19] YUN T J,GUO Y C,CHAO G. Human detection in far-infrared images based on histograms of maximal oriented energy map[C]// International Conference on Wavelet Analysis & Pattern Recognition. 2008.

[20] CHAROENPONG T,THEWSUWAN S,CHANWIMALUEANG T,et al. Pupil extraction system for Nystagmus diagnosis by using K-mean clustering and Mahalanobis distance technique

［C］// International Conference on Knowledge & Smart Technology. IEEE,2012.

［21］ FEI C, ZHANG P, TIAN M, et al. Infrared and visible image fusion using saliency detection based on shearlet transform［C］// 2016 13th International Computer Conference on Wavelet Active Media Technology and Information Processing（ICCWAMTIP）, Chengdu,2016：273-276.

［22］ RODRÍ G C B, MALPICA J A, ALONSO M C. Region-growing segmentation of multispectral high-resolution space images with open software［C］// Geoscience & Remote Sensing Symposium. IEEE,2012.

［23］ 罗元,赖翔,张毅.基于改进的形态学灰度图像边缘检测算法［J］.半导体光电,2014, 35(5)：941-944.

［24］ DONIA E A, EL-BANBY G M, EL-RABAIE E S M, et al. Infrared image enhancement based on both Histogram matching and wavelet fusion［C］// Fourth International Japan-egypt Conference on Electronics. IEEE,2016.

第11章

基于可免域的免疫模板
刑侦热痕迹提取算法

在大多数条件中,人体温度基本高于环境温度,也就是说人手所接触的物体温度一般低于人体温度,比如墙壁、桌椅、衣物、书籍和凶器等。在犯罪现场必然有很多低于人体温度的物体,通过对上述物体的检测,便能获得犯罪分子在作案时遗留下来的热痕迹,从而可以侦测出犯罪分子的动向或者体貌特征等信息。

然而,在现实的刑侦问题处理过程中,除了会遇到如第9章、第10章对于刑侦红外图像背景复杂干扰较多的问题外,还存在从案发到现场勘察之间的时间差导致热痕迹扩散的问题。据调查,我国的刑事侦查处理现状是公安部门等相关团队一般能够在15min左右抵达犯罪现场,且在部分条件下可在5min左右到达案发现场,在这段时间内,作案嫌疑人遗留的手部、脚部痕迹通常会由于热传递、热扩散、热对流导致痕迹图像表现出深度模糊的特性。同时,由于案发环境的多样性,受周围特殊环境,如昼夜天气等的影响,会导致红外图像中出现目标与背景对比度低、目标边缘模糊、目标细节丢失等现象,使得热痕迹信息难以被直接分辨[1]。

对于图像的目标提取,在传统的图像处理方法中,模板法是图像目标提取中的典型方法,如Sobel[2]、Prewitt[3]等检测算法,此类方法采用设计的模板阵列检测图像的边缘特性,采用(偏)微/差分方程的系数来构成模板,主要分析图像中像素灰度的梯度。然而,由于边缘模板检测的前提条件是图像中目标边缘存在灰度的剧烈变化,对于手部痕迹红外图像来说,边缘模板检测的前提假设不满足。国内学者在手部痕迹红外图像的目标提取研究过程中,给出了基于阴性选择和阳性选择两种模板方法,但是这两种模板方法未考虑手部痕迹红外图像像素的邻域特征问题。

因此,为应对手部痕迹红外图像局部像素突变,使图像热痕迹提取过程中存在提取效果更加稳定,实现对犯罪嫌疑人手部痕迹红外图像目标的有效提取是本章要解决的主要问题。

本章借鉴生物免疫机理,提出了可免域的定义,给出了一类基于可免域的免疫模板提取算法,用于案发现场犯罪嫌疑人手部遗留痕迹红外图像的目标提取[4]。

主要包括以下内容：首先，设计新型模板，提取手部痕迹红外图像的模板特征；其次，设计基于可免域的集成检测器和球面检测器，实现犯罪嫌疑人手部痕迹目标的提取。

11.1　图像特征提取

在刑侦红外图像中对犯罪嫌疑人遗留的热痕迹目标提取的关键是区分目标痕迹区域特征与背景区域特征，常用的特征是灰度频率、像素灰度等。

(1) 双峰直方图阈值法采用图像的灰度频率作为特征进行目标提取。灰度直方图描述了图像灰度的分布情况，当目标与背景间的灰度区间相差较大，即目标与背景的视觉反差大时，图像的直方图会呈现双峰形式（两处波峰分别代表目标部分和背景部分），那么选择这两座波峰间的谷底处作为阈值能够获得较好的目标提取效果。

(2) 最小误差法将图像的灰度作为特征，该方法假设目标与背景的灰度均值是 μ_i，对应的方差是 σ_i，先验概率是 P_i 的分布 $p(g)$，则其概率密度函数 $p(g)$ 可表示为

$$p(g) = \sum_{i=1}^{2} P_i p(g \mid i) \tag{11-1}$$

$$p(g \mid i) = \frac{1}{(2\pi)^{1/2}\sigma} \exp\left[\frac{-(g-\mu_i)}{2\sigma_i^2}\right] \tag{11-2}$$

求解二次方程

$$\frac{(g-\mu_1)^2}{2\sigma_1^2} + \ln 2\sigma_1^2 - 2\ln P_1 = \frac{(g-\mu_2)^2}{2\sigma_2^2} + \ln 2\sigma_2^2 - 2\ln P_2 \tag{11-3}$$

得到提取目标所用的最佳灰度阈值 T^*。但是，需要已知目标与背景的统计参数 μ_i、σ_i、P_i，而这些参数往往不是已知条件，因此按 Bayes 最小误差分类准则求得准则函数为

$$\begin{aligned} J(t) = 1 + 2 \times \{P_1(t)\ln\sigma_1(t) + P_2(t)\ln\sigma_2(t)\} - \\ 2 \times \{P_1(t)\ln P_1(t) + P_2(t)\ln P_2(t)\} \end{aligned} \tag{11-4}$$

其中，

$$P_1(t) = \sum_{g=0}^{t} h(g), \quad P_2(t) = \sum_{g=t+1}^{L-1} h(g) \tag{11-5}$$

其中，

$$\sigma_1^2(t) = \frac{\sum\limits_{g=0}^{t} h(g)[g-\mu_1(t)]^2}{P_1(t)}, \quad \sigma_2^2(t) = \frac{\sum\limits_{g=t+1}^{L-1} h(g)[g-\mu_2(t)]^2}{P_2(t)} \tag{11-6}$$

其中，

$$\mu_1(t) = \frac{\sum\limits_{g=0}^{t} h(g)g}{P_1(t)}, \quad \mu_2(t) = \frac{\sum\limits_{g=t+1}^{L-1} h(g)g}{P_2(t)} \tag{11-7}$$

则最佳灰度阈值 t^* 可以通过最小化准则函数 $J(t)$ 得到：

$$t^* = \underset{t \in G}{\arg\min} J(t) \tag{11-8}$$

上述方法所采用的图像灰度或灰度频率特征，并不适用于手部痕迹红外图像的目标提取。当手部离开接触物体后，由于热传导、热对流、热辐射的作用，使手部热痕迹向周围传输热量，传输的过程会受到接触条件、物体材质、周围环境等多种因素的影响，因此，实际拍摄的手部痕迹红外图像已经不能反映手部与物体的初始接触轮廓，其灰度分布也无法反映手部目标的真实区域。由此可知，如果采用灰度或灰度频率作为特征来得到目标边缘，会导致提取结果不准确。

针对以上问题，结合手部痕迹的特点，提出了一种手部痕迹红外图像特征的模板提取方法。模板的构建过程主要包括两个步骤：第一步，以图像的像素灰度为特征，基于类间方差，将手部痕迹红外图像进行初分割，得到初步的目标、背景区域。第二步，设计模板的大小、形状、计算规则，获得手部痕迹红外图像的模板特征。

11.1.1　手部痕迹红外图像的初分割

朱志刚等提出一种图像投影的初分割方法，计算出灰度图像的水平、垂直投影，从而获得阈值门限，得到初分割结果。

水平投影公式为

$$H(n) = \sum_m u(m,n)/m \tag{11-9}$$

垂直投影公式为

$$V(m) = \sum_n u(m,n)/n \tag{11-10}$$

该方法作用于清晰的简单图像时，能实现方便、快捷的初分割。但是对于目标轮廓结构复杂、灰度层次复杂的手部痕迹及其背景图像来说，其初分割结果不佳。

结合手部痕迹红外图像的特点，本章提出了一种适用于痕迹红外图像的初分割方法。

首先，采用最大类间差法（Otsu）[5] 获得灰度阈值 T。手部痕迹图像中的 L 个不同的灰度级采用 $\{0,1,2,\cdots,L-1\}$ 表示，n_i 为灰度等级为 i 的像素数量，由于采集到的手部痕迹红外图像的像素总数为 320×240，则有 $320 \times 240 = n_0 + n_1 + \cdots + n_{L-1}$。由于归一化的直方图具有分量 $p_i = n_i/MN$，则有 $\sum\limits_{i=0}^{L-1} p_i = 1$。

设定一个阈值 k'，$0 < k' < L-1$，将手部痕迹红外图像阈值化处理为两类 C_1' 和 C_2'，C_1' 由手部痕迹红外图像中属于 $[0,k']$ 范围内的点组成，C_2' 由手部痕迹红外图像中属于 $[k'+1,L-1]$ 范围内的点组成。基于设定阈值，图像中的点属于 C_1' 的概

率为

$$P_1(k') = \sum_{i=0}^{k'} p_i \tag{11-11}$$

同样,图像中的点属于 C_2' 的概率为

$$P_2(k') = \sum_{i=k'+1}^{L-1} p_i = 1 - P_1(k') \tag{11-12}$$

属于 C_1' 的点的平均灰度是

$$m_1(k) = \sum_{i=0}^{k'} iP(i/C_1') = \frac{1}{P_1(k')} \sum_{i=0}^{k'} ip_i \tag{11-13}$$

同样地,属于 C_2' 的点的平均灰度是

$$m_2(k) = \sum_{i=k'+1}^{L-1} iP(i/C_2') = \frac{1}{P_2(k')} \sum_{i=k'+1}^{L-1} ip_i \tag{11-14}$$

整个手部痕迹红外图像的平均灰度值为

$$m_G = \sum_{i=0}^{L-1} ip_i \tag{11-15}$$

令 σ_G^2 为手部痕迹红外图像中所有点的灰度方差:

$$\sigma_G^2 = \sum_{i=0}^{L-1} (i - m_G)^2 p_i \tag{11-16}$$

定义 σ_B^2 表示类间方差:

$$\begin{aligned} \sigma_B^2(k') &= P_1(m_1(k') - m_G)^2 + P_2(m_2(k') - m_G)^2 \\ &= P_1 P_2 (m_1 - m_2)^2 \end{aligned} \tag{11-17}$$

可见,两类像素的均值相隔越远,类间方差越大。计算一个最佳阈值 k^*,最大化类间方差:

$$\sigma_B^2(k^*) = \max_{0 \leqslant k \leqslant L-1} \sigma_B^2(k) \tag{11-18}$$

如果有多个值满足条件,则取其平均值为最佳阈值。利用得到的最佳阈值,对手部痕迹红外图像进行阈值分割,得到两个像素区域 C_1 和 C_2,其灰度范围分别为 $[0, k_1^*]$ 和 $[k_1^*+1, L-1]$。

其次,基于灰度阈值 T,设置 $T_1 = T + T_0$,$T_2 = T - T_0$,其中 T_0 为大于 0 的常数。T_1 和 T_2 将手部痕迹模糊红外图像中的像素分割为三个集合:目标像素集、背景像素集和模糊像素集。

最后,设置三个集合的类别标号分别为 1、2 和 3。

11.1.2　设计模板提取区域特征

已有的典型边缘检测算法往往基于图像的像素梯度值进行图像目标提取。如 Roberts 提出的 Roberts 检测算法采用具有对角边缘检测能力的 2×2 模板,提取

图像的对角梯度作为特征,模板示意图如图 11-1 所示。

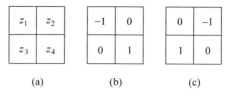

图 11-1 Roberts 检测算法
(a) 像素位置;(b) 形式一;(c) 形式二

梯度计算公式为

$$g_x = \frac{\partial f}{\partial x} = (z_4 - z_1) \tag{11-19}$$

$$g_y = \frac{\partial f}{\partial x} = (z_3 - z_2) \tag{11-20}$$

Prewitt 提出的 Prewitt 检测算法采用 3×3 大小的检测算法,提取图像的水平和垂直梯度作为特征。虽然比 Roberts 检测算法稍复杂,但是这种关于中心点对称的检测算法携带有关于边缘方向的更多信息,其结果比 Roberts 检测算法更准确。Prewitt 检测算法示意图如图 11-2 所示。

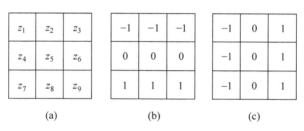

图 11-2 Prewitt 检测算法
(a) 像素位置;(b) 形式一;(c) 形式二

梯度计算公式为

$$g_x = \frac{\partial f}{\partial x} = (z_7 + z_8 + z_9) - (z_1 + z_2 + z_3) \tag{11-21}$$

$$g_y = \frac{\partial f}{\partial y} = (z_3 + z_6 + z_9) - (z_1 + z_4 + z_7) \tag{11-22}$$

Sobel 提出的 Sobel 检测算法是对 Prewitt 检测算法的改进,中心位置处的权值发生了变化,使其能够较好地抑制(平滑)噪声。Sobel 检测算法示意图如图 11-3 所示。

梯度计算公式为

$$g_x = \frac{\partial f}{\partial x} = (z_7 + 2z_8 + z_9) - (z_1 + 2z_2 + z_3) \tag{11-23}$$

$$g_y = \frac{\partial f}{\partial y} = (z_3 + 2z_6 + z_9) - (z_1 + 2z_4 + z_7) \tag{11-24}$$

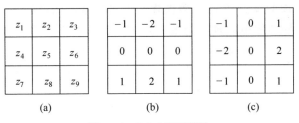

图 11-3　Sobel 检测算法

（a）像素位置；（b）形式一；（c）形式二

Marr 和 Hildreth 提出的 Marr-Hildreth 模板方法，改变了以往模板方法中采用图像像素的一阶导数作为特征的方法，采用二阶导数作为特征，具有各向同性的重要优点。模板示意图如图 11-4 所示。

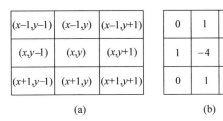

图 11-4　Marr-Hildreth 模板

（a）像素位置；（b）模板形式

梯度计算公式为

$$\nabla^2 f(x,y) = \frac{\partial^2 f}{\partial x^2} + \frac{\partial^2 f}{\partial y^2} = f(x+1,y) + f(x-1,y) +$$
$$f(x,y+1) + f(x,y-1) - 4f(x,y) \tag{11-25}$$

Canny 提出的 Canny 检测算法是较为优秀的边缘检测算法，采用图像的梯度幅值和方向作为基本特征。模板形式可采用上述各类模板中的任何一类，梯度幅度和方向计算公式为

$$M(x,y) = \sqrt{g_x^2 + g_y^2} \tag{11-26}$$

$$\alpha(x,y) = \arctan \frac{g_y}{g_x} \tag{11-27}$$

由于手部痕迹红外图像中的像素分布不能有效描述手部痕迹的初始轮廓，需要根据被处理图像自身的特殊情况，相应地对模板的形式、大小和计算规则做出改变。

基于手部痕迹红外图像的特点，本章设计了新型模板来获得像素点的区域特征。与传统边缘模板采用的微（差）分形式不同，新型模板能够提取手部痕迹红外图像的统计特性，作为图像的模板特征[6]。令 $f(u,v)$ 为手部痕迹红外图像中像素点 (u,v) 的灰度值，由于图像的大小为 320×240，故有 $u = 1,2,\cdots,240, v = 1,$

$2,\cdots,320$。设计大小为 3×3 的方形模板来计算像素的区域特性。将模板中心点滑过手部痕迹红外图像中的每一个像素点,如图 11-5 所示,则得到以此像素点为中心的 320×240 个子图(模板)$g_i(i=1,2,\cdots,320\times240)$,设计模板的计算规则,以计算模板的区域特性,该区域特性即为这一像素点的模板特征。本节中的模板特征包括区域均值 g_{i1}、区域方差 g_{i2}。

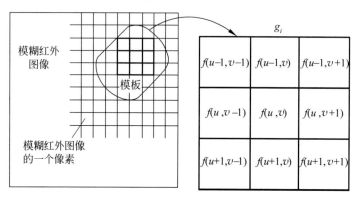

图 11-5　模板特征获取

每一子图 g_i 的均值为

$$g_{i1}=\frac{1}{9}\sum_{(s,t)\in g_i}f(s,t) \tag{11-28}$$

式中,$f(s,t)$ 为像素点 (s,t) 的灰度值。

每一子图 g_i 的区域方差为

$$g_{i2}=\frac{1}{9}\sum_{(s,t)\in g_i}\big[f(s,t)-g_{i1}\big]^2 \tag{11-29}$$

像素样本点向量两类模板特征的获得构建了像素样本的模板特征空间。

11.2　检测器设计

提取得到图像像素点样本的特征后,如何根据所得特征设计检测器,对像素进行检测,从而划分刑侦目标前景和背景像素,是又一需要解决的难题。传统的基于边缘的模板算法在提取图像的梯度特征后,采用阈值化方法得到图像的梯度阈值,从而完成手部痕迹红外图像的目标提取。Sobel 检测算法的提取效果如图 11-6 所示。

Sobel 检测算法的提取结果中未能给出封闭、明确的手部区域,也未能给出连续、有效的手部痕迹边缘轮廓,且存在较多的误检测区域。可见,传统边缘模板算法采用的梯度特征,以及基于阈值的像素划分方法,并不能较好地完成手部痕迹红外图像的目标提取。

为解决此类问题,国内的专家学者做出了许多研究,并设计了相应的处理方案,具体如下:

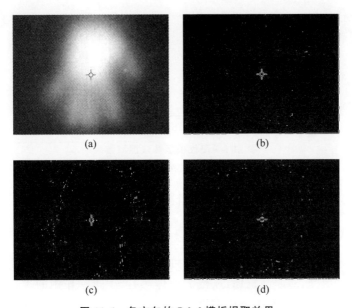

图 11-6　各方向的 Sobel 模板提取效果

（a）原图；（b）垂直和水平边缘；（c）垂直边缘；（d）水平边缘

　　文献[7]借鉴适应性免疫 T 细胞发育过程中与自身细胞作用后的否定选择作用机理,给出了以阴性选择和信息熵理论为基础的图像免疫模板提取方法。其提取效果如图 11-7 所示,由图可见提取结果中还存在未能明确划分类别的像素区域,所提取的手部目标区域尚不完整,且存在较多的离散区域。

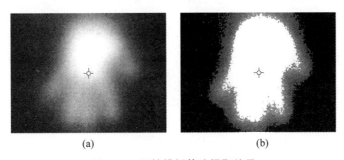

图 11-7　阴性模板算法提取结果

（a）原图；（b）提取结果

　　文献[8]借鉴适应性免疫 T 细胞发育过程中与自身细胞作用后的肯定选择作用机理,给出了基于生物免疫阴性选择机理的检测器设计方法。该方法取相同参数时(目标和背景检测误差范围分别为 0.18、0.07),得到的提取结果如图 11-8 所示。可见,其提取结果中仍存在未能明确划分类别的像素区域,且其提取效果并不稳定,设定相同的参数,可能会获得效果不同的提取结果。

　　结合手部痕迹红外图像的特点,本章借鉴生物免疫的基本概念和机理,提出了

 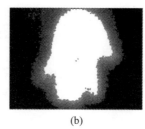 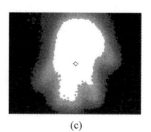

(a)　　　　　　　　　(b)　　　　　　　　　(c)

图 11-8　阳性模板算法提取结果

(a) 原图；(b) 结果一；(c) 结果二

可免域的定义，给出了基于可免域的检测器设计过程。

11.2.1　可免域

由本书第二部分中免疫系统的分析可知，生物免疫是指机体免疫系统对自身成分产生免疫耐受，对非己抗原(入侵病原体等)产生排除作用的生理反应。这里的抗原一般表示可以引发抗体或淋巴细胞活化，同时能够与这些抗体或细胞的抗原受体结合，并且最终产生免疫效应的物质。这里的免疫系统表示生物机体完成免疫相关功能的组织系统[9]。

生物免疫系统维护正常细胞不受细菌及病毒等病原体的影响，其中的关键是能够区分外部细菌和病毒，即病原体。免疫系统有其自身的作用范围，免疫系统中每一个抗体能识别特定范围的抗原[10]。本章设计的手部痕迹提取方案受生物免疫作用范围启发，设计一类基于可免域的免疫模板提取算法，用于手部痕迹红外图像的目标提取。

适应性免疫是生物免疫系统的重要组成部分，根据免疫因子对抗原特征空间的作用范围机理给出了生物免疫可免域；根据适应性免疫因子的作用范围机理给出了适应性可免域、抗体可免域的相关定义。

定义 1　能够被生物免疫系统识别的抗原特征空间构成了生物免疫可免域。

定义 2　能够被适应性免疫系统识别的抗原特征空间构成了适应性可免域。

定义 3　每一个抗体所识别的抗原样本特征空间，即为该抗体的可免域，适应性可免域是所有抗体可免域的并集。

本章借鉴生物免疫系统中的适应性可免域机制，用于实现手部痕迹红外图像的检测器设计。

11.2.2　基于可免域的集成检测器

手部痕迹红外图像中共有 320×240 个像素点，将每一个像素点看作一个抗原，则共有 320×240 个抗原 $x_i^{j_i}$，$i = 1, 2, \cdots, 320 \times 240$，$j_i$ 为抗原的类别标记，$j_i = 1, 2, 3$。经过模板特征构建，抗原成为具有模板特征的二维向量 $\boldsymbol{x}_i^{j_i} = \{x_{i1}^{j_i}, x_{i2}^{j_i}\}$，

$x_{i1}^{j_i}, x_{i2}^{j_i}$ 是样本向量的二维分量，$\boldsymbol{x}_{i1}^{j_i} = g_{i1}^{j_i}, \boldsymbol{x}_{i2}^{j_i} = g_{i2}^{j_i}$。利用初分割得到的目标抗原集合背景抗原集中的抗原向量构成训练抗原集，生成抗体检测器及其可免域，以对模糊集中的抗原进行识别。

抗体检测器及其可免域的生成流程图如图 11-9 所示，其生成步骤如下：

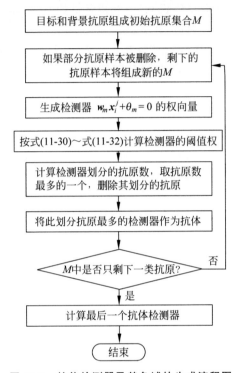

图 11-9 抗体检测器及其免域的生成流程图

步骤 1 取所有未被删除的目标和背景抗原样本组成初始抗原集合。

步骤 2 设计 α 个检测器 $\boldsymbol{w}_m \boldsymbol{x}_i^{j_i} + \theta_m = 0, m = 1, 2, \cdots, b$。检测器的权向量 $\boldsymbol{w}_m$ 随机生成。

步骤 3 计算 α 个检测器 $\boldsymbol{w}_m \boldsymbol{x}_i^{j_i} + \theta_m = 0$ 的阈值权 θ_m。以所有未被删除的初始抗原集中的抗原为计算抗原，若某一抗原 $\boldsymbol{x}_k^{j_k}$ 满足 $\langle \boldsymbol{w}_m, \boldsymbol{x}_k^{j_k} \rangle = \max \{\langle \boldsymbol{w}_m, \boldsymbol{x}_i^{j_i} \rangle\}$，则按式(11-30)~式(11-32)计算阈值权：

$$d_{m1}(\boldsymbol{w}_m, \boldsymbol{x}_i^{j_i}) = \max_{j_i \neq j_k} \{\langle \boldsymbol{w}_m, \boldsymbol{x}_i^{j_i} \rangle\} \tag{11-30}$$

$$d_{m2}(\boldsymbol{w}_m, \boldsymbol{x}_i^{j_i}) = \min_{j_i = j_k} \{\langle \boldsymbol{w}_m, \boldsymbol{x}_i^{j_i} \rangle \mid \langle \boldsymbol{w}_m, \boldsymbol{x}_i^{j_i} \rangle > d_{m1}(\boldsymbol{w}_m, \boldsymbol{x}_i^{j_i})\} \tag{11-31}$$

$$\theta_m = -d_m(\boldsymbol{w}_m) = -\frac{d_{m1}(\boldsymbol{w}_m, x) + d_{m2}(\boldsymbol{w}_m, x)}{2} \tag{11-32}$$

满足 $w_m x_i^{j_i} + \theta_m \geqslant 0$ 的抗原成为被此检测器划分的抗原。此检测器所对应的抗原类别为 j_k。

步骤 4 计算每个检测器所划分的抗原数量,找出含抗原数最多的一个检测器。将此检测器划分的抗原从初始抗原集中删除。

步骤 5 获得一个新的抗体检测器,并将含抗原数量最多的检测器权向量 w_m 和阈值权 θ_m 赋给此抗体检测器,作为此抗体检测器与抗原作用的权向量和阈值权,并将检测器对应的抗原类别赋给此抗体检测器,得到抗体检测器识别的抗原类别。此抗体检测器基于获得的权向量和阈值权划分的区域,称为此抗体检测器的可免域。

步骤 6 判断抗原集中是否只存在一类抗原。若只存在一类抗原,则跳到下一步,否则重复执行步骤 1 到步骤 6。

步骤 7 设此时已经生成的抗体检测器数量为 b。随机确定最后一个新生抗体检测器的权向量 w_{b+1}。令其阈值权 $\theta_{b+1} = -\infty$。

经过训练,得到 $b+1$ 个抗体检测器及其相应的可免域。

使模糊抗原集中的抗原与抗体检测器作用,若作用结果属于某个抗体检测器的可免域,则将此抗体检测器的类别标记作为此抗原的新类别标记。抗体检测器及其可免域对模糊抗原的识别结果与初分割的结果相结合便构成了免疫模板的提取结果。

11.2.3 基于可免域的球面检测器

在得到抗原样本的特征后,如果利用映射,将抗原样本特征空间从原有空间映射为一类(超)球面特征空间,则对原有特征空间的划分便转换为一类对(超)球面的划分。

在 n 维抗原特征空间中,假设得到抗原为 $\bar{x}_i$($i=1,2,\cdots$,为抗原序列号)的 n 维特征为 $\bar{x}_{i1}, \bar{x}_{i2}, \cdots, \bar{x}_{in}$,基于这 n 维特征进行球面映射变换,得到第 $n+1$ 维抗原特征:

$$\bar{x}_{i(n+1)} = \sqrt{\bar{D}^2 - \bar{x}_{i1}^2 - \bar{x}_{i2}^2 - \cdots - \bar{x}_{in}^2} \tag{11-33}$$

其中,$\bar{D}$ 满足要求

$$\begin{cases} \bar{D}^2 \geqslant \max\{\bar{x}_{i1}^2 + \bar{x}_{i2}^2 + \cdots + \bar{x}_{in}^2\} \\ \bar{D} > 0 \end{cases} \tag{11-34}$$

则经过球面映射后,所得到第 $n+1$ 维特征 $\bar{x}_{i(n+1)}$ 与已有的 n 维特征 $\bar{x}_{i1}$, $\bar{x}_{i2}, \cdots, \bar{x}_{in}$ 共同组成了抗原球面特征空间。

以二维抗原特征空间为例,此时抗原 $\bar{x}_i$ 的前两维固有特征为 $\bar{x}_{i1}, \bar{x}_{i2}$,可得到第 3 维抗原特征为

$$\bar{x}_{i3} = \sqrt{\bar{D}^2 - \bar{x}_{i1}^2 - \bar{x}_{i2}^2} \tag{11-35}$$

$\overline{D}$ 满足

$$\begin{cases} \overline{D}^2 \geqslant \max\{\overline{x}_{i1}^2 + \overline{x}_{i2}^2\} \\ \overline{D} > 0 \end{cases} \tag{11-36}$$

则得到的抗原球面特征空间，如图 11-10 所示。

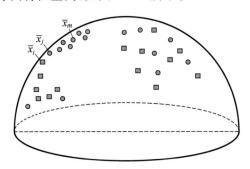

图 11-10　球面特征空间示意图

设抗原特征空间中共有两类抗原，圆形表示第一类抗原，正方形表示第二类抗原。$\overline{x}_m$ 与 $\overline{x}_j$ 属于第一类抗原，$\overline{x}_i$ 属于第二类抗原，为设计区分两类抗原、划分抗原球面特征空间的检测器，需要计算比较这两类抗原样本在空间的某种距离。

如图 11-11 所示，如果在某种距离度量下，能够找到某个距离 θ_m，使得该距离能够有效划分相邻的两个不同类抗原样本 $\overline{x}_j$ 和 $\overline{x}_i$，则可以设计相应的检测器，对整个抗原球面空间进行逐次划分。

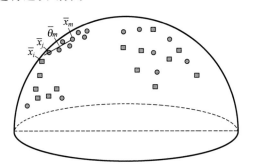

图 11-11　设计各点之间的距离度量

由于在抗原球面特征空间中，各样本点均位于球面上，因此，各抗原样本点之间以球心为原点，存在相互间的球面角度，如图 11-12 所示，可以基于各点相互间的球面角度设计它们之间的距离度量。

定义抗原球面特征空间中，各抗原样本点间的距离度量为各点之间的内积：

$$\begin{cases} d(\overline{x}_m, \overline{x}_j) = \langle \overline{x}_m, \overline{x}_j \rangle = |\overline{x}_m| \cdot |\overline{x}_j| \cdot \cos\theta_1 \\ d(\overline{x}_m, \overline{x}_i) = \langle \overline{x}_m, \overline{x}_i \rangle = |\overline{x}_m| \cdot |\overline{x}_i| \cdot \cos\theta_2 \end{cases} \tag{11-37}$$

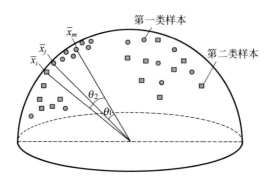

图 11-12 各点之间的球面角度

由于抗原样本点均位于球面上,因此,各点到球心原点的距离相等,且满足

$$|\bar{x}_i| = \overline{D}, \quad i = 1, 2, \cdots \tag{11-38}$$

则有

$$\begin{cases} d(\bar{x}_m, \bar{x}_j) = \langle \bar{x}_m, \bar{x}_j \rangle = |\bar{x}_m| \cdot |\bar{x}_j| \cdot \cos\theta_1 = \overline{D}^2 \cdot \cos\theta_1 \\ d(\bar{x}_m, \bar{x}_i) = \langle \bar{x}_m, \bar{x}_i \rangle = |\bar{x}_m| \cdot |\bar{x}_i| \cdot \cos\theta_2 = \overline{D}^2 \cdot \cos\theta_2 \end{cases} \tag{11-39}$$

由三角函数的性质可知,在 $(0, \leqslant \pi]$ 范围内,余弦函数 $\cos\theta$ 是单调函数,故有

$$\begin{cases} \cos\theta_1 \propto \theta_1, \quad \theta_1 \in (0, \pi] \\ \cos\theta_2 \propto \theta_2, \quad \theta_2 \in (0, \pi] \end{cases} \tag{11-40}$$

进而有

$$\begin{cases} d(\bar{x}_m, \bar{x}_j) = \langle \bar{x}_m, \bar{x}_j \rangle = \overline{D}^2 \cdot \cos\theta_1 \propto \leqslant \theta_1 \\ d(\bar{x}_m, \bar{x}_i) = \langle \bar{x}_m, \bar{x}_i \rangle = \overline{D}^2 \cdot \cos\theta_2 \propto \leqslant \theta_2 \end{cases} \tag{11-41}$$

式(11-41)表明,在抗原球面特征空间中,采用抗原样本点间的内积作为其相互间的距离度量,内积值正比于其相互间的球面夹角,能够真实反映各点距离的远近,从而区分球面抗原的位置。

将抗原球面特征空间映射方法应用于手部痕迹红外图像的目标提取中,可设计一类基于可免域的球面检测器,具体过程如下:

设定 $f(u,v)$ 为手部痕迹红外图像中像素点(u,v)的灰度值,由于图像的大小为 320×240,故有 $u = 1, 2, \cdots, 240, v = 1, 2, \cdots, 320$。设计大小为 3×3 的方形模板计算像素的区域特性。将模板中心点滑过手部痕迹红外图像中的每一个像素点,获得以此像素点为中心的 320×240 个子图(模板)$g_i (i = 1, 2, \cdots, 320 \times 240)$,设计模板的计算规则,从而获得模板的区域特性,该区域特性即为这一像素点的模板特征。本节中,模板特征包括区域方差 $g_{i1}^{j_i}$、扩展区域均值 $g_{i2}^{j_i}$,j_i 为抗原的类别标记,$j_i = 1, 2, 3$,分别表示经过初分割后像素点属于手部目标、背景和模糊区域。

每一子图 g_i 的区域方差为

$$g_{i1}^{j_i} = \frac{1}{9} \sum_{(s,t) \in g_i} \left[f(s,t) - \frac{1}{9} \sum_{(s,t) \in g_i} f(s,t) \right]^2 \tag{11-42}$$

每一子图 g_i 的扩展区域均值为

$$g_{i2}^{j_i} = \sum_{(s,t) \in g_i^{j_i}} w_{st} f(s,t) \tag{11-43}$$

式中，$f(s,t)$ 表示子图(模板)g_i 中任一像素点(s,t)的灰度值；w_{st} 表示该像素点所对应的权值，权值大小依赖于该像素点(s,t)与子图(模板)g_i 中心点像素(u,v)之间的相似性。

w_{st} 的定义为：

$$w_{st} = \frac{1}{Z_{uv}} \exp(-|f(R_{st}^n) - f(R_{uv}^n)|^2), \quad \left(\sum_{(s,t) \in g_i^{j_i}} w_{st} = 1 \right) \tag{11-44}$$

式中，R 表示一个正方形区域，该正方形区域的中心点为模板 $g_i^{j_i}$ 中的任一像素点，如图 11-13 所示，n 定义了正方形区域 R 的边长，默认情况下取 $n=3$。

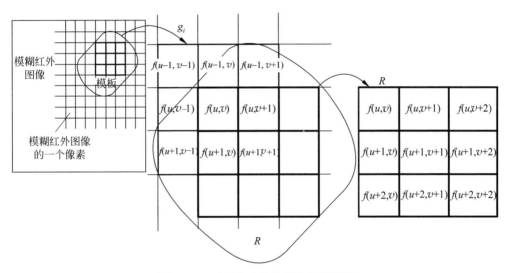

图 11-13　球面免疫模板的正方形区域

$f(R_{st}^n)$是中心点为(s,t)，边长为 $n \times n$ 的正方形区域 R 的像素点灰度值之和，$f(R_{uv}^n)$是中心点为(u,v)，边长为 $n \times n$ 的正方形区域的像素和。Z_{uv} 的定义为

$$Z_{uv} = \sum_{(s,t) \in g_i} \exp[-|f(R_{st}^n) - f(R_{uv}^n)|^2] \tag{11-45}$$

得到抗原的两类模板特征后，对所有抗原，基于式(11-46)得到第三类模板特征。

$$g_{i3}^{j_i} = \sqrt{D^2 - (g_{i1}^{j_i})^2 - (g_{i2}^{j_i})^2} \tag{11-46}$$

其中，D 满足条件

$$D^2 \geqslant \max\{(g_{i1}^{j_i})^2 + (g_{i2}^{j_i})^2\} \tag{11-47}$$

由抗原的两类模板特征得到第三类特征后,抗原特征空间由二维空间被映射为三维空间中的球面,其示意图如图 11-14 所示。

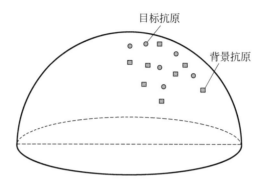

图 11-14 像素点抗原的球面特征空间示意图

经过球面特征空间映射,抗原成为具有模板特征的三维向量,$\boldsymbol{x}_i^{j_i} = \{x_{i1}^{j_i}, x_{i2}^{j_i}, x_{i3}^{j_i}\}$,其中 $x_{i1}^{j_i} = g_{i1}^{j_i}$,$x_{i2}^{j_i} = g_{i2}^{j_i}$,$x_{i3}^{j_i} = g_{i3}^{j_i}$。利用初分割得到的目标抗原集合背景抗原集中的抗原向量构成球面特征空间抗原集,生成抗体及其可免域,以对模糊抗原集中的抗原进行识别。

抗体及其可免域的生成步骤如下:

步骤 1 取所有未被删除的目标和背景球面抗原组成初始抗原集合。

步骤 2 设计检测器对抗原球面特征空间进行分割。设计 α 个检测器 $\boldsymbol{w}_m \boldsymbol{x}_i^{j_i} + \theta_m = 0$,随机生成检测器的权向量 $\boldsymbol{w}_m$。

步骤 3 计算 α 个检测器的阈值权 θ_m。由于在抗原球面特征空间中,抗原点间的内积正比于其相互间的夹角,能够真实反映相互间距离的远近,区分球面抗原的位置。可以利用式(11-48)~式(11-50)计算相应的阈值。满足 $\boldsymbol{w}_m \boldsymbol{x}_i^{j_i} + \theta_m \geqslant 0$ 的抗原成为被此检测器划分的抗原。

$$\bar{g}_{i2}^{j_i} = \frac{1}{25} \sum_{(s,t) \in g_i^{j_i}} \left[f(s,t) - \frac{1}{25} \sum_{(s,t) \in \bar{g}_i^{j_i}} f(s,t) \right]^2 \tag{11-48}$$

$$u_{ni} = \begin{cases} 1 & \text{for } n' \neq n, \quad \| \bar{g}_i^{j_i} - c_n \|^2 \leqslant \| \bar{g}_i^{j_i} - c_n \|^2 \\ 0 & \text{其他} \end{cases} \tag{11-49}$$

$$f = \frac{d_{nm}}{D_n + D_m} \tag{11-50}$$

步骤 4 找出含球面抗原数最多的一个检测器。将此检测器划分的球面抗原从初始抗原集中删除。

步骤 5 确定抗体检测器及其可免域。将含球面抗原数最多的检测器权向量 $\boldsymbol{w}_m$ 和阈值权 θ_m 设定给新生抗体检测器,并将此检测器划分的球面抗原类别赋给此抗体检测器,作为其识别的球面抗原类别。此抗体检测器所划分的球面特征空间区域,称为此抗体检测器的可免域。

步骤6　判断训练球面抗原样本集中是否只剩下一类抗原。若是,则跳到下一步,否则重复执行步骤1到步骤6。

步骤7　确定最后一个抗体检测器及其可免域。设此时已经生成的抗体检测器数量为b,随机生成一个新生抗体检测器的权向量 w_{b+1},令其阈值权为 $\theta_{b+1}=-\infty$。该抗体检测器所划分的球面特征空间范围即为其可免域。

得到划分球面抗原特征空间的 $b+1$ 个抗体检测器及其相应的可免域后,使模糊抗原集中的球面抗原与抗体检测器作用,若作用结果属于某个抗体检测器的可免域,则将此抗体检测器的类别标记作为此抗原的新类别标记。抗体检测器及其可免域对模糊抗原的识别结果与初分割的结果相结合便构成了球面免疫模板的提取结果。

11.3　仿真研究

本节使用手部分别离开塑料板、木板 2min 后留下的痕迹红外图像来检验本章提出的基于可免域的免疫模板提取算法,同时采用四种评价参数对提取效果进行定量比较分析。

11.3.1　提取结果

当手部离开塑料板 2min 时,拍摄其表面的手部痕迹得到的手部痕迹红外图像如图 11-15(a)所示。采用 Robert 检测算法、Prewitt 检测算法、Sobel 检测算法、Log 检测算法、Canny 检测算法(T2=0.1)、Canny 检测算法(T2=0.2)、Canny 检测算法(T2=0.3)、阴性选择模板、阳性选择模板,以及本章提出的基于可免域的集成免疫模板方法、基于可免域的球面免疫模板方法对原图进行处理,提取结果分别如图 11-15(b)～(l)所示。

由图 11-15 可见,由于手部痕迹红外图像的像素点灰度不能准确地反映目标的轮廓,因此基于图像像素灰度突变的经典边缘检测模板,如 Robert 检测算法、Prewitt 检测算法、Sobel 检测算法、Log 检测算法、Canny 检测算法等,难以得到有效、准确的目标边缘轮廓;当不断增大 Canny 模板中的强边缘像素阈值 T2 时,其提取结果中虽然边缘线段逐渐减少,但是仍然是不连续无规则的多条线段,无法得到有效的目标区域。阴性模板和阳性模板好于传统模板方法,但在阴性模板的提取结果中,手部目标的边缘轮廓不理想,存在部分缺失,且提取结果中存在无法确定类别的像素区域。阳性模板的提取结果也存在部分无法确定类别的像素区域,并且其提取结果不稳定。本章提出的基于可免域的免疫模板方法则有效地提取了手部区域目标,且目标的轮廓较为完整准确。

当手部离开木板 2min 时,拍摄残留的手部痕迹,得到的手部痕迹红外图像如

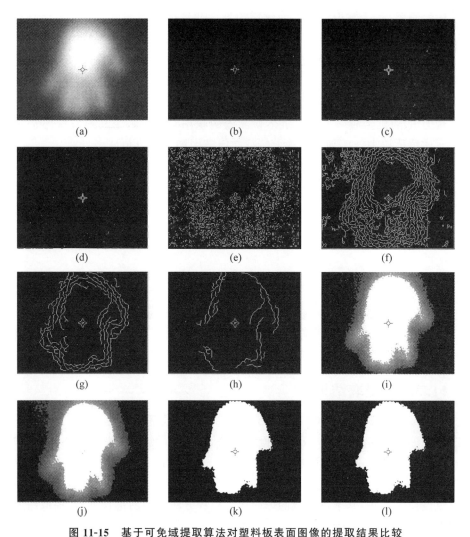

(a)　　　　　　　　(b)　　　　　　　　(c)

(d)　　　　　　　　(e)　　　　　　　　(f)

(g)　　　　　　　　(h)　　　　　　　　(i)

(j)　　　　　　　　(k)　　　　　　　　(l)

图 11-15　基于可免域提取算法对塑料板表面图像的提取结果比较

(a) 原图；(b) Robert 检测算法；(c) Prewitt 检测算法；(d) Sobel 检测算法；(e) Log 检测算法；
(f) Canny 检测算法(T2＝0.1)；(g) Canny 检测算法(T2＝0.2)；(h) Canny 检测算法(T2＝0.3)；
(i) 阴性模板；(j) 阳性模板；(k) 集成免疫模板；(l) 球面免疫模板

图 11-16(a)所示。采用 Robert 检测算法、Prewitt 检测算法、Sobel 检测算法、Log
检测算法、Canny 检测算法、阴性模板、阳性模板，以及本章提出的基于可免域的免
疫模板方法对原图进行处理，提取结果分别如图 11-16(b)～(l)所示。

　　由图 11-16 可见，基于可免域的免疫模板方法能有效提取手部区域目标，目标
的轮廓较为完整准确。经典边缘检测模板难以得到有效、准确的目标边缘轮廓。
阴性模板的边缘轮廓不理想，存在无法确定类别的像素区域。阳性模板存在无法
确定类别的像素区域，且其提取结果不稳定。

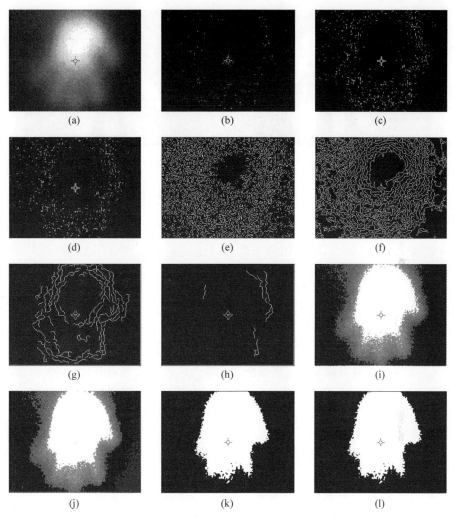

图 11-16 基于可免域提取算法对木板表面图像的提取结果比较

（a）原图；（b）Robert 检测算法；（c）Prewitt 检测算法；（d）Sobel 检测算法；（e）Log 检测算法；
（f）Canny 检测算法（T2＝0.1）；（g）Canny 检测算法（T2＝0.2）；（h）Canny 检测算法（T2＝0.3）；
（i）阴性模板；（j）阳性模板；（k）集成免疫模板；（l）球面免疫模板

11.3.2 提取结果的定量评价

定量评价提取结果（extracted result，ER）以人工手动提取结果作为参考标准图像（ground truth，GT），即评价依据。由于是在实验室条件下得到的手部痕迹红外图像，因此，不仅可以得到手部离开物体表面 2min 后的图像，还能够获得手部离开物体表面 1s 时的热痕迹图像，此时，手部痕迹红外图像能够较为真实地显示出手部与物体的轮廓形状。以手部离开物体表面（木板、塑料板）1s 时的人工分割结果作为参考标准图像，如图 11-17 所示。

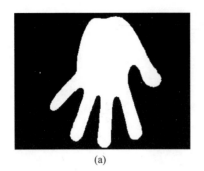 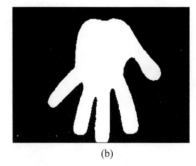

(a)   (b)

图 11-17　参考标准图像

(a) 木板表面的参考标准图像；(b) 塑料板表面的参考标准图像

常用的图像目标提取定量评价标准有：假目标提取比率（FPR）[11]、Jaccard 相似性指数（$J_{(GT,ER)}$）[12]、Dice 相似性指数（$D_{(GT,ER)}$）[13]，绝对误差率 r_{err} [14]。其含义分别为

$J_{(GT,ER)}$ 是提取结果中目标与参考标准中目标的交集与并集之商，代表提取结果和参考标准中的目标重合度。$J_{(GT,ER)}$ 越接近 1，提取效果越好。其表达式为

$$J_{(GT,ER)} = \frac{|\ GT \bigcap ER\ |}{|\ GT \bigcup ER\ |} \tag{11-51}$$

r_{err} 定义为绝对误差 n_{diff} 与图像全部像素点数 N 的比值百分数。n_{diff} 为提取结果与参考标准不相同的像素点数量。r_{err} 值越小，提取效果越理想。其表达式为

$$r_{err} = \frac{n_{diff}}{N} \times 100\% \tag{11-52}$$

而假目标提取比率 FPR、Dice 相似性指数 $D_{(GT,ER)}$ 在第 9 章中已经做出解释，这里不再赘述。

表 11-1 和表 11-2 采用上述定量评价标准，针对塑料板表面、木板表面的手部痕迹红外图像给出了各方法对于手部痕迹目标的提取结果比较。其中，各评价标准的最优结果已在表中用粗体标出。

表 11-1　塑料板表面手部痕迹红外图像提取结果分析

提取算法	FPR	$J_{(GT,ER)}$	$D_{(GT,ER)}$	r_{err}
经典模板方法	得不到连续、封闭的目标区域			
阴性模板	58.61%	0.3565	0.5235	36.19%
阳性模板	63.04%	0.3257	0.4914	42.35%
集成免疫模板	24.36%	**0.6712**	**0.8032**	11.71%
球面免疫模板	**24.10%**	0.6711	**0.8032**	**11.67%**

表 11-2　木板表面手部痕迹红外图像提取结果分析

提取算法	FPR	$J_{(GT,ER)}$	$D_{(GT,ER)}$	r_{err}
经典模板方法	得不到连续、封闭的目标区域			
阴性模板	63.91%	0.3107	0.4741	43.87%
阳性模板	66.14%	0.2976	0.4587	48.02%
集成免疫模板	26.46%	**0.6503**	**0.7881**	13.07%
球面免疫模板	**26.44%**	**0.6503**	**0.7881**	**13.06%**

由表 11-1 和表 11-2 的结果可知,阴性模板和阳性模板提取结果的 $J_{(GT,ER)}$ 值、$D_{(GT,ER)}$ 值小于基于可免域的免疫模板法,说明这两种方法的提取目标与参考标准的重合度均小于基于可免域的免疫模板法。这两种方法的 FPR 值、r_{err} 值远大于基于可免域的免疫模板法,说明其非真实目标的提取比率、提取目标的绝对误差率高于基于可免域的免疫模板法。由于手部痕迹红外图像的特殊模糊性,传统边缘检测模板不能有效提取手部痕迹目标。而在基于可免域的两类方法中,因为两类方法均基于可免域的划分机理,因此,两种方法的 $J_{(GT,ER)}$ 值、$D_{(GT,ER)}$ 值类似,又由于其采用的模板特征和抗原特征空间不同,球面免疫模板算法的 FPR 值、r_{err} 值略好于集成免疫模板算法。

11.4　本章小结

考虑到刑侦红外图像对犯罪嫌疑人在作案现场遗留的热痕迹提取过程中,犯罪嫌疑人的手部痕迹由于受到热量传递的影响,图像像素的灰度难以准确地反映出热痕迹的最初轮廓,造成手印、脚印热痕迹的边缘模糊。传统的基于边缘的模板方法以图像像素梯度为特征,在提取手部痕迹红外图像的目标时,得不到完整、理想的目标区域,不足以为刑侦人员提供可靠的案件分析依据。基于此情况,本章提出一种基于可免域的免疫模板方法,采用类间方差最大化方法,给出了初步的手部痕迹目标与背景划分,并设计像素的模板特征,构成像素的形态特征空间;最后利用手部痕迹目标与背景像素集作为抗原集生成抗体及其可免域,对模糊抗原集进行划分。将提取效果与经典的边缘检测算法、阴性模板、阳性模板相比较,基于可免域的集成免疫模板算法和基于可免域的球面免疫模板算法的提取结果均优于上述方法,能够有效识别出犯罪嫌疑人的手部遗留热痕迹,可以为刑侦人员提供作案嫌疑人的生理特征,分析作案嫌疑人在案发现场的作案动态,辅助案件的审查推理。

本章参考文献

[1]　YU X,FU D M. Target extraction from blurred trace infrared images with a superstring

galaxy template algorithm[J]. Infrared Physics & Technology,2014,64:9-12.

[2] KHALID A R,PAILY R. FPGA implementation of high speed and low power architectures for image segmentation using sobel operators[J]. J. Circ. Syst. Comput,2013,21(7):289.

[3] ZHENG X F,GAO Z,LIU E P. Applied study on image retrievals based on statistics projection algorithm and Robert Algorithm[J]. Appl. Math. Inf. Sci,2014,8(2):787-792.

[4] 于晓.红外图像中手部痕迹目标的提取研究[D].北京:北京科技大学,2014.

[5] WANG N,LI X,CHEN X H. Fast three-dimensional Otsu thresholding with shuffled frog-leaping algorithm[J]. Pattern Recogn. Lett. 2010,31(13):1809-1815.

[6] FU D M,YU X,TONG H J,et al. An ensemble template algorithm for extracting targets from blurred infrared images[J]. International Journal for Light and Electron Optics. 2014,125(3):954-957.

[7] FU D,YU X,WANG T. Segmentation algorithm study for infrared images with occluded target based on artificial immune system[C]//2012 Eighth International Conference on Computational Intelligence and Security. IEEE,2012:350-353.

[8] FU D M,YANG T,QIU X T,et al. A novel immune image template set for fuzzy image segmentation and its application research[C]. Telecommunications and Signal Processing (TSP),2011:544-548.

[9] 孙汶生.医学免疫学[M].北京:高等教育出版社,2010.

[10] 李涛.计算机免疫学[M].北京:电子工业出版社,2004.

[11] JADIN M S,TAIB S. Infrared image enhancement and segmentation for extracting the thermal anomalies in electrical equipment[J]. Electronics and Electrical Engineering,2012(4):107-112.

[12] CARDENES R,BACH M,CHI Y,et al. Multimodal evaluation for medical image segmentation[C]//Computer Analysis of Images and Patterns:12th International Conference,CAIP 2007,Vienna,Austria,August 27-29,2007. Proceedings 12. Springer Berlin Heidelberg,2007:229-236.

[13] BABALOLA K O,PATENAUDE B,ALJABAR P. An evaluation of four automatic methods of segmenting the subcortical structures in the brain[J]. Neuroimage,2009,47(4):1435-1447.

[14] TAO W B,JIN H,LIU L M. Object segmentation using ant colony optimization algorithm and fuzzy entropy[J]. Pattern Recognition Letters,2007,28(7):788-796.

第12章

▷▷▷▷▷

免疫网络模板的刑侦红外图像提取算法

在近年的研究中,基于生物免疫机理的人工免疫算法在图像目标提取中得到广泛应用。国内外学者在遥感图像分割、航空图像车辆目标提取、彩图水印提取、SAR 图像目标提取、医学图像目标提取等领域提出了多种借鉴生物免疫原理的图像目标提取方法,然而这些方法多适用于清晰图像的目标提取。

综合以上分析,如何设计新型免疫模板算法,使其能够充分借鉴整个免疫系统的作用,体现先天性免疫与适应性免疫间的协调作用,减少提取结果中手部目标边缘的毛刺,为刑侦人员提供清晰可靠的犯罪嫌疑人手部痕迹,是本章要解决的主要问题。因此,本章基于生物免疫系统中各免疫因子间的相互作用,结合人工神经网络理论,构建免疫协调网络[1],提出了两类免疫网络模板算法,用于手部痕迹红外图像的目标提取,使得该算法能够描述生物免疫的协调运行机理,以获得更理想的手部目标提取效果,从而减小刑侦人员的分析难度。

12.1 人工免疫协调算法

由生物免疫过程的机理可知,先天性免疫与适应性免疫相互联系、紧密结合,它们的联合作用构成了生物免疫系统的整体运行机理,生物免疫的整体运行示意图如图 8-7 所示。

由生物免疫运行机理可知,先天性免疫与适应性免疫间的协调作用表现在:

(1) 先天性免疫活化适应性免疫。先天性免疫的抗原提呈细胞能够对先天性免疫无法识别和杀灭的抗原进行加工、提呈,即改变抗原的表面分子模式,将抗原表达为抗原肽-MHC 复合体分子[2],供适应性免疫因子识别,进而能够活化适应性免疫因子,启动适应性免疫。

(2) 先天性免疫影响适应性免疫识别类型。先天性免疫因子通过病原体表面的相关分子模式对各种病原体进行识别;识别过程能够产生各种细胞因子,产生的细胞因子能够决定适应性免疫因子的分化过程,从而影响适应性免疫识别的类型。基于生物免疫系统中先天性免疫与适应性免疫的协调作用,总结生物免疫协调作用机理框架图如图 12-1 所示。

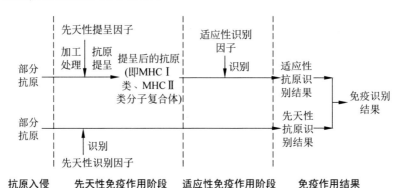

图 12-1 人工免疫协调算法框架

将生物免疫协调机理用于图像目标提取问题中,则图像目标提取问题被描述为一类免疫系统对抗原的识别问题。

将图像的像素、像素块集视为抗原集。抗原表面分子结果模式(即抗原表面重复结构基序模式)由图像的像素或像素块的灰度、位置或其他初始特征构成。问题的目标是通过设计具备初始特征阈值的先天性免疫识别因子,能够实现抗原提呈的先天性抗原提呈因子、对提呈变换后的抗原进行有效识别和分类的适应性免疫因子,实现对抗原集的有效识别。算法流程示意图如图 12-2 所示,图中内角不是直角的平行四边形表示图像的像素(或像素区域)集合,矩形表示相应的算法操作。算法的具体步骤如下:

步骤 1 根据图像特点和提取要求,构成抗原集。

步骤 2 根据图像性质,选择合适的抗原特征,确定抗原的表面分子结构模式。

步骤 3 依据图像的先验知识,构建先天性免疫识别因子的模式识别受体作用范围。对抗原集进行先天性免疫识别。

步骤 4 设计先天性抗原提呈因子对不能被先天性免疫识别因子识别的抗原,对抗原进行提呈加工,抗原被识别分子模式由抗原表面分子结构模式转换为抗原肽-MHC 复合体分子。

步骤 5 设计适应性免疫因子,作用于具备抗原肽-MHC 复合体分子特征的抗原,完成对抗原的识别。

步骤 6 将先天性免疫识别因子与适应性免疫因子的识别结果相结合,得到抗原集识别结果。

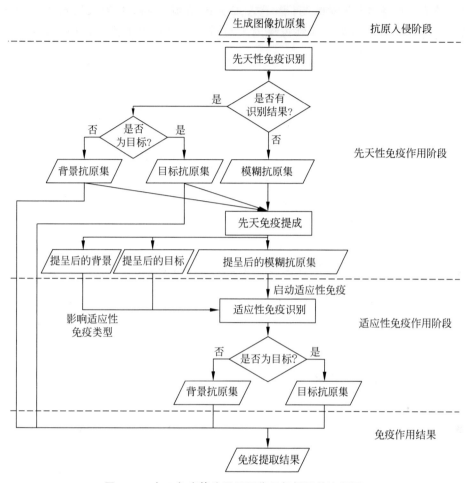

图 12-2　人工免疫算法用于图像目标提取的流程图

12.2　刺激球体免疫网络提取算法

通过对免疫系统工作机制的借鉴,常见的免疫网络算法可以分为连续型和离散型两种类型。

第一种类型是利用常微分方差,其经典代表是 1986 年 Farmer 等人构建的模型及 1991 年 Varela 与 Coutinho 构建的模型。

第二种类型包括两种模式,即利用微分方程集合和利用自调节的重复过程,其经典代表为 RAIN(resource limited artificial immune network)算法、aiNet(artificial immune network)算法等。

然而,上述免疫网络模型在图像目标提取和分割中的应用多用于清晰图像的目标分割与提取,不适用于手部痕迹红外图像的目标提取。

借鉴生物免疫协调机制，基于人工免疫协调算法，参考人工神经网络方法[3-5]，本章给出了一类先天性免疫因子与适应性免疫因子协调作用的免疫协调网络，如图 12-3 所示。

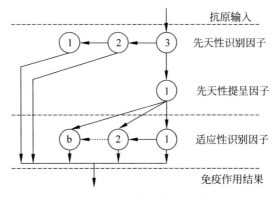

图 12-3　人工免疫协调网络示意图

通过刺激球体免疫网络算法可以设计网络模型中先天性识别因子的识别阈值和类标，先天性提呈因子的提呈规则，适应性识别因子的作用权值、阈值和类标。刺激球体免疫网络算法的整体流程图如图 12-4 所示。

12.2.1　抗原生成

设定 $f(u,v)$ 为手部痕迹红外图像中像素点 (u,v) 的灰度值（$u=1,2,\cdots,240$；$v=1,2,\cdots,320$）。设计大小为 5×5 的模板，将模板中心点依次遍历手部热痕迹图像中的每一个像素点，获得以此像素点为中心的 320×240 个子图（模板）g_i（$i=1,2,\cdots,320\times240$）。令这些模板 g_i 的集合为抗原集，从而在抗原集中提取并得到目标抗原集。

抗原 $g_i^{j_i}$ 的分子表面模式为 $g_{i1}^{j_i}$，$g_{i1}^{j_i}$ 表示模板的中心点灰度，i 为抗原序号，j_i 为第 i 个抗原的类别标号。初始时，所有抗原的类别标号为空。

12.2.2　先天性免疫识别

由先天性免疫因子 $g_m^{\prime j_m}$ 对抗原进行识别，m 为先天性识别因子的序号，$m=1,2,3$；j_m 为第 m 个识别因子的类别标号，三个先天性识别因子的类别标号分别为 1、2、3，分别识别手部抗原、背景抗原和模糊抗原。

先天性免疫因子对抗原的识别取决于抗原 $g_i^{j_i}$ 的表面分子模式 $g_{i1}^{j_i}$，若其分子模式属于某个先天性识别因子的作用范围，则将该识别因子的类别标记赋给该抗原作为类别标记。识别过程表示为

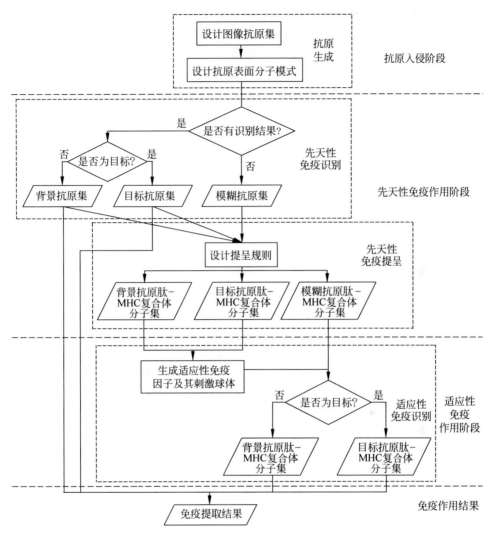

图 12-4　刺激球体免疫网络模板算法流程图

$$
\begin{cases}
j_i = j_m (m=1) & \text{if } \ g_{i1}^{j_i} \in [\theta'_{11}, \theta'_{12}] \\
j_i = j_m (m=2) & \text{if } \ g_{i1}^{j_i} \in [\theta'_{21}, \theta'_{22}] \\
j_i = j_m (m=3) & \text{if } \ g_{i1}^{j_i} \in [\theta'_{31}, \theta'_{32}]
\end{cases} \tag{12-1}
$$

其中，θ'_{11}、θ'_{12}为第一个识别因子的识别阈值，θ'_{21}、θ'_{22}为第二个识别因子的识别阈值，θ'_{31}、θ'_{32}为第三个识别因子的识别阈值，且有 $\theta'_{11}=\theta'_{32}$，$\theta'_{22}=\theta'_{31}$。

利用抗原表面分子模式，采用最大类间方差法获得图像阈值 T 将抗原集划分为两个子集，对这两个子集再采用最大类间方差法得到阈值 T_1 和 T_2。由此，先天性识别因子的识别阈值分别为 $\theta'_{11}=\theta'_{32}=T_1$，$\theta'_{12}=255$，$\theta'_{22}=\theta'_{31}=T_2$，$\theta'_{21}=0$。

将阈值和类别标记分别赋予先天性免疫层中的免疫因子。

按照式(12-1)，先天性识别因子通过识别抗原的表面分子模式，将抗原划分为三类：目标抗原、背景抗原和模糊抗原，其类别标记分别为 1、2、3。

12.2.3　先天性免疫提呈

经过先天性免疫识别，确定抗原 $g_i^{j_i}$ 的类别标记 j_i。先天性免疫提呈因子将对抗原 $g_i^{j_i}=\{g_{i1}^{j_i}\}$ 进行加工、处理，获得抗原肽-MHC 复合体分子 $\bar{g}_i^{j_i}=\{\bar{g}_{i1}^{j_i},\bar{g}_{i2}^{j_i}\}$，其中，$i$ 为抗原肽-MHC 复合体分子的序号，$i=1,2,\cdots,320\times240$，$j_i$ 为抗原肽-MHC 复合体分子的类别标号。$\bar{g}_{i1}^{j_i},\bar{g}_{i2}^{j_i}$ 为抗原肽-MHC 复合体分子的两个特征分量。

为先天性免疫提呈因子设计大小为 5×5 的方形模板，构建抗原肽-MHC 复合体分子的区域特性。将先天性免疫提呈因子与抗原集中的每一个抗原进行作用，如图 12-5 所示，得到两类模板特征，生成抗原肽-MHC 复合体分子。

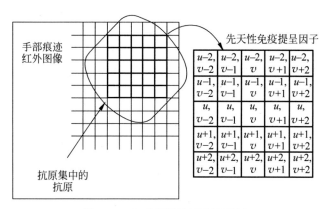

图 12-5　生成模板的正方形区域

抗原肽-MHC 复合体分子的第一个特征分量为

$$\bar{g}_{i1}^{j_i}=\frac{1}{25}\sum_{(s,t)\in \bar{g}_i^{j_i}}f(s,t) \tag{12-2}$$

抗原肽-MHC 复合体分子的第二个特征分量为

$$\bar{g}_{i2}^{j_i}=\frac{1}{25}\sum_{(s,t)\in g_i^{j_i}}\left[f(s,t)-\bar{g}_{i1}^{j_i}\right]^2 \tag{12-3}$$

经过先天性免疫因子的提呈作用，将最初的目标、背景、模糊抗原集转化为目标抗原肽-MHC、背景抗原肽-MHC、模糊抗原肽-MHC 复合体分子集[6]。

12.2.4　适应性免疫识别

为实现对免疫系统的量化表示，Perelson 和 Oster 认为，一切免疫活动均包含在形态空间(shape-space)中，它为多维空间的一种，一个坐标描述一类免疫特性。

在这类多维空间中,将一个点设置为描述抗原肽-MHC复合体分子集与免疫因子相互间作用的特性集合。

在形态空间中,每个抗原肽-MHC复合物分子都占据着特定的位置,即使微小的变化也会导致它们的位置发生变化。因此,当免疫因子的作用空间足够大时,它们可以迅速被识别,而这个免疫因子的作用范围被称为识别球体。

基于形态空间中免疫因子的刺激球体识别机理,针对得到的抗原肽-MHC复合体分子 $\bar{g}_i^{j_i} = \{\bar{g}_{i1}^{j_i}, \bar{g}_{i2}^{j_i}\}$,设计适应性因子的刺激球体,对抗原肽-MHC复合体分子进行识别,识别算法的步骤如下:

步骤 1　由目标抗原肽-MHC复合体分子集和背景抗原肽-MHC复合体分子集中的所有样本组成初始抗原肽-MHC复合体分子集合 $M = [\cdots, \bar{g}_i^{j_i}, \cdots]$,其中 $\bar{g}_i^{j_i}$ 为抗原肽-MHC复合体分子,i 为其序号,$i \in [1, 320 \times 240]$,$j_i = 1, 2$ 是序号为 i 的抗原肽-MHC复合体分子的类别标记。

步骤 2　随机生成 α 个初始适应性识别因子 $\bar{g}_m^{j_m}$,$m \in [1, 320 \times 240]$,$j_m$ 为其类别标号。对于每一个初始识别因子,计算其与集合 M 中所有抗原肽-MHC复合体分子的亲和度:

$$Q_i^m(\bar{g}'^{j_m}_m, \bar{g}_i^{j_\beta}) = \| \bar{g}'^{j_m}_m - \bar{g}_i^{j_\beta} \|_2 \tag{12-4}$$

其中,$\| \bar{g}'^{j_m}_m - \bar{g}_i^{j_\beta} \|_2$ 为 $\bar{g}'^{j_m}_m$ 和 $\bar{g}_i^{j_\beta}$ 间的欧氏距离。

对于每一个初始识别因子与所有抗原肽-MHC复合体分子的亲和度按从大到小排序,使得 $Q_k^m(\bar{g}'^{j_m}_m, \bar{g}_k^{j_\beta}) = \| \bar{g}'^{j_m}_m - \bar{g}_k^{j_\beta} \|$($k \in [1, 320 \times 240]$为抗原的序号,$j_k$ 为 $\bar{g}_k^{j_k}$ 的类别标记)满足:

$$Q_k^m(\bar{g}'^{j_m}_m, \bar{g}_k^{j_k}) \geqslant Q_\beta^m(\bar{g}'^{j_m}_m, \bar{g}_{k+1}^{j_{k+1}}) \tag{12-5}$$

对于某个常数 β($\beta \in [1, 320 \times 240]$),若 $Q_\beta^m(\bar{g}'^{j_m}_m, \bar{g}_\beta^{j_\beta})$满足

$$Q_\beta^m(\bar{g}'^{j_m}_m, \bar{g}_\beta^{j_\beta}) \geqslant Q_k^m(\bar{g}'^{j_m}_m, \bar{g}_k^{j_k}) \quad \text{for} \quad \bar{g}_k^{j_k} \in M, j_\beta \neq j_m, j_k \neq j_m \tag{12-6}$$

则此初始识别因子的刺激球体半径为

$$r_m = \frac{Q_{\beta-1}^m(\bar{g}'^{j_m}_m, \bar{g}_{\beta-1}^{j_{\beta-1}}) + Q_\beta^m(\bar{g}'^{j_m}_m, \bar{g}_\beta^{j_\beta})}{2} \tag{12-7}$$

以初始因子为中心,以式(12-7)为半径,构成因子刺激球体。识别的复合体分子由适应度值在因子刺激球体内部的抗原肽-MHC复合体分子构成。

步骤 3　遍历初始识别因子识别的抗原肽-MHC复合体分子,并计算其数量,从识别复合体分子中选择数量最多的一个初始识别因子作为识别因子,分配一个序列值 l($l = 1, 2, \cdots$)。从集合中删除识别因子识别的抗原肽-MHC复合体分子,未删除的复合体分子组成新的集合 M。

步骤 4　重复步骤2到步骤3,直到抗原肽-MHC复合体分子集中只剩下一类复合体分子。设此时共得到 b 个识别因子,b 为整数。

步骤 5　计算集合中剩余抗原肽-MHC 复合体分子在特征形态空间中的重心，作为最后一个识别因子 $\bar{g}'^{j_{b+1}}_{b+1}$，j_{b+1} 为此识别因子的类别标记，与剩余抗原肽-MHC 复合体分子的类别标记一致。按照式（12-8）计算此识别因子的刺激球体半径：

$$r_{b+1} = \max_{x^{j_k}_k \in M} \| \bar{g}'^{j_{b+1}}_{b+1}, \bar{g}^{j_k}_k \| \tag{12-8}$$

步骤 6　将 w_l 和 r_l 分别赋给各适应性识别因子节点，作为其连接权值和阈值；将各识别因子节点的激励函数设置为硬限幅台阶函数：

$$f(Z_l) = \begin{cases} j_l & \text{当 } Z_l \geqslant 0 \\ 0 & \text{当 } Z_l < 0 \end{cases} \tag{12-9}$$

其中，$Z_l = w_l \bar{g}^{j_i}_i - r_l$，$l=1,2,\cdots,b+1$ 表示节点数，$j_l = 1,2$ 表示第 l 个识别因子确定的样本类别。

步骤 7　适应性识别因子网络节点按照其序号进行工作。每个识别因子节点和与之序号相邻的识别因子节点有连接，并向下一个节点输出控制信号。初始时，所有的控制信号是不允许活动的控制信号。当识别因子的输出为 0 时，它将向下一个识别因子输出允许活动的控制信号。

生成适应性识别因子及其刺激球体后，将模糊抗原肽-MHC 复合体分子集中的复合体分子输入适应性识别网络层，则会得到抗原肽-MHC 复合体分子的新类别标记。适应性识别的结果与先天性识别的结果相结合，构成了刺激球体免疫网络的提取结果。

12.3　最优可免域免疫网络提取算法

本章借鉴了先天性免疫和自适应性免疫的识别与提呈机制，设计了刺激球体免疫网络算法，为刑侦红外图像处理提供了新的方案。此外，本章还考虑在图像处理中的应用尚未考虑最优划分问题，虽然部分学者将人工免疫理论与统计理论中的支持向量机相结合，应用于多个领域[7-9]，但是，尚未发现在痕迹红外图像目标提取中的应用。

在第 11 章中已经给出了可免域的定义，在其定义的基础上，本节给出最优可免域的定义。

定义 1　对于某个免疫因子所识别的可免域，如果该可免域对应的抗原识别（超）平面垂直平分可免域中抗原与非可免域其他类抗原所构成的凸壳间最近点对的连接线段，则称该可免域为最优可免域。

免疫因子的最优可免域识别，使免疫因子以最大的置信度对抗原进行识别。通过借鉴生物先天性免疫因子与适应性免疫因子的协调机理，将适应性免疫识别因子的成熟过程引入最优划分的几何方法，给出一种最优可免域免疫网络算法，算法的整体流程如图 12-6 所示。

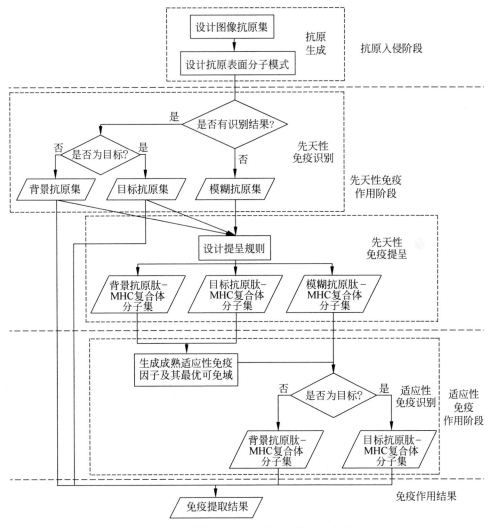

图 12-6 最优可免域免疫网络算法示意图

最优可免域免疫网络算法的网络拓扑结构与 12.2 节中的网络结构一致。通过最优可免域免疫网络算法可以给出网络模型中先天性识别因子的识别阈值和类标,先天性提呈因子的提呈规则,适应性识别因子的作用权值、阈值和类标。

为设计最优可免域免疫网络提取算法,首先,分别介绍最优划分的概念及其几何实现方法。再介绍抗原的生成过程,并给出最优可免域免疫网络提取算法中的先天性免疫作用阶段,即先天性免疫识别与提呈。最后给出最优可免域免疫网络提取算法中的适应性作用阶段,该阶段包括引入最优划分几何方法的适应性免疫因子成熟算法以及实现最优可免域划分的适应性免疫识别算法。

12.3.1 最优划分

支持向量机(support vector machine,SVM)最早于 1992 年由 B. E. Boser、I. M. Guyon 和 V. N. Vapnik 提出,目前已在地质监测[10]、图像分类[11]、食品检测[12]、疾病诊断[13]等领域得到广泛应用。支持向量机基于统计学习理论中的优秀算法,为在特征空间中实现样本的最优划分,它在样本特征空间中设计划分样本的超平面,使其特征空间中两类样本集的间隔最大化。

1. 函数间隔和几何间隔

在一个二维特征空间中,假设给定的样本集为

$$\{(\bar{x}_1,\bar{y}_1),(\bar{x}_2,\bar{y}_2),\cdots,(\bar{x}_N,\bar{y}_N)\} \tag{12-10}$$

式中,$\bar{x}_i$ 表示特征空间中的样本点,$\bar{y}_i$ 表示样本点的类别标号,同一类样本点有相同的类别标号,$i=1,2,\cdots,N$ 表示样本点的序列号。支持向量机的学习目的就是设计一个最优超平面 $\bar{w}\cdot\bar{x}+\bar{b}=0$,从而对特征空间中的样本实现划分,其中,$\bar{w}$ 表示超平面的法向量,$\bar{b}$ 表示超平面的截距。

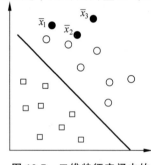

图 12-7 二维特征空间中的样本分类问题示意图

图 12-7 中给出了二维特征空间中的样本分类示意图。超平面将样本划分为两类,在超平面一侧的白色填充圆形是第一类,另一侧的白色填充正方形是第二类。

在图 12-7 中,三个黑色填充圆形 $\bar{x}_1$、$\bar{x}_2$、$\bar{x}_3$ 表示特征空间中的三个样本,它们在超平面的同一侧。在预测这三个样本的类别标号时,由于样本点 $\bar{x}_3$ 在特征空间中与超平面的距离较远,因此,预测其属于第一类样本的确信度较高,样本点 $\bar{x}_1$ 与超平面的距离较近,因此预测其属于第一类样本的确信度较低,而样本点 $\bar{x}_2$ 与超平面的距离介于 $\bar{x}_1$ 和 $\bar{x}_3$ 之间,因此预测其属于第一类样本的确信度也介于 $\bar{x}_1$ 和 $\bar{x}_3$ 之间。

可见,在特征空间中,样本点与超平面之间的距离远近可以表示样本点划分的确信度。当已知特征空间中的分类超平面 $\bar{w}\cdot\bar{x}+\bar{b}=0$ 时,$|\bar{w}\cdot\bar{x}_i+\bar{b}|$ 就相对地表示样本点 $\bar{x}_i$ 与分类超平面在特征空间中的距离远近,而 $\bar{w}\cdot\bar{x}+\bar{b}$ 与 $\bar{y}_i$ 的符号是否一致是分类是否正确的判断标准,因此,$(\bar{w}\cdot\bar{x}_i+\bar{b})\bar{y}_i$ 就能够体现分类确信度。由此能够得到函数间隔的概念,即

定义 2 给定超平面 $\bar{w}\cdot\bar{x}+\bar{b}=0$ 后,超平面对于特征空间中样本点$(\bar{x}_i,\bar{y}_i)$的函数间隔表示为

$$\bar{\gamma}_i=(\bar{w}\cdot\bar{x}_i+\bar{b})\bar{y}_i \tag{12-11}$$

对于给定的样本集$\{(\bar{x}_1,\bar{y}_1),(\bar{x}_2,\bar{y}_2),\cdots,(\bar{x}_N,\bar{y}_N)\}$,超平面关于该样本集

的函数间隔是超平面关于样本集中所有样本点的函数间隔的最小值：

$$\bar{\gamma} = \min_{i=1,2,\cdots,N} \bar{\gamma}_i \tag{12-12}$$

上述定义中给出的函数间隔可以表示特征空间中划分预测样本点的确信度。但是，这种函数间隔在超平面固定的情况下，并不是不变的。例如，当将超平面的法向量 $\bar{w}$ 和截距 $\bar{b}$ 均改变 k 倍时，超平面 $k \cdot \bar{w} \cdot \bar{x} + k \cdot \bar{b} = 0$ 与原超平面相比，并没有变化，然而函数间隔变为

$$\bar{\gamma} = \min_{i=1,2,\cdots,N} \bar{\gamma}_i = \min_{i=1,2,\cdots,N} k \cdot (\bar{w} \cdot \bar{x}_i + \bar{b}) \bar{y}_i = k \cdot \min_{i=1,2,\cdots,N} (\bar{w} \cdot \bar{x}_i + \bar{b}) \bar{y}_i \tag{12-13}$$

由此可以对超平面的法向量进行规范，使间隔确定，这种确定的间隔被称为几何间隔。图 12-8 给出了几何间隔示意图。

在特征空间中，已知超平面 $\bar{w} \cdot \bar{x} + \bar{b} = 0$，$\bar{x}_i$ 为特征空间中某一样本点，假设其类别标号 $\bar{y}_i$ 满足 $\bar{y}_i = 1$。则特征空间中样本点 $\bar{x}_i$ 与超平面 $\bar{w} \cdot \bar{x} + \bar{b} = 0$ 的距离即为线段 AB 的长度，用 γ_i 表示，即

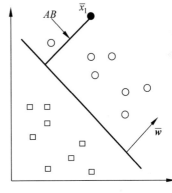

$$\gamma_i = 1 \times \left(\frac{\bar{w}}{\| \bar{w} \|} \cdot \bar{x}_i + \frac{\bar{b}}{\| \bar{w} \|} \right)$$
$$= \frac{\bar{w}}{\| \bar{w} \|} \cdot \bar{x}_i + \frac{\bar{b}}{\| \bar{w} \|} \tag{12-14}$$

图 12-8　几何间隔示意图

$\| \bar{w} \|$ 表示法向量 w 的 L_2 范数。当样本点 $\bar{x}_i$ 的类别标号 $\bar{y}_i$ 满足 $\bar{y}_i = -1$ 时，该点与超平面在特征空间中的距离为

$$\gamma_i = (-1) \times \left(\frac{\bar{w}}{\| \bar{w} \|} \cdot \bar{x}_i + \frac{\bar{b}}{\| \bar{w} \|} \right) = \frac{\bar{w}}{\| \bar{w} \|} \cdot \bar{x}_i + \frac{\bar{b}}{\| \bar{w} \|} \tag{12-15}$$

由此，可以给出几何间隔的定义，即

定义 3　给定超平面 $\bar{w} \cdot \bar{x} + \bar{b} = 0$ 后，超平面对于特征空间中样本点 $(\bar{x}_i, \bar{y}_i)$ 的几何间隔表示为：

$$\gamma_i = \left(\frac{\bar{w}}{\| \bar{w} \|} \cdot \bar{x}_i + \frac{\bar{b}}{\| \bar{w} \|} \right) \bar{y}_i \tag{12-16}$$

对于给定的样本集 $\{(\bar{x}_1, \bar{y}_1), (\bar{x}_2, \bar{y}_2), \cdots, (\bar{x}_N, \bar{y}_N)\}$，超平面关于该样本集的几何间隔是超平面关于样本集中所有样本点的几何间隔的最小值：

$$\gamma = \min_{i=1,2,\cdots,N} \gamma_i \tag{12-17}$$

2. 最大间隔划分

支持向量机实现最优划分的基础是间隔的最大化。所谓的间隔最大化是指对

特征空间中的所有样本点而言,支持向量机所确定的最优超平面能够以充分大的确信度对其进行划分。也就是说,在样本特征空间中,该最优超平面不仅要满足两类样本正确划分的要求,还要对特征空间中离超平面最近的样本点以充分大的确信度进行划分。

支持向量机实现最大间隔划分时所得到的超平面即最优超平面,该超平面满足:

$$(\bar{w} \cdot \bar{x}_i + \bar{b})\bar{y}_i - 1 \geqslant 0 \tag{12-18}$$

在此条件下,几何间隔为 $\dfrac{2}{\| \bar{w} \|}$,使式(12-18)中等号满足的特征空间点分别决定了与最优分类面平行的两个平面。这些特征空间点即为支持向量,通过这些支持向量可以求得最优超平面。

构建最优划分超平面问题可以表示为约束最优化问题:

$$\max_{w,b} \quad \gamma$$
$$\text{s. t.} \quad \left(\frac{\bar{w}}{\| \bar{w} \|} \cdot \bar{x}_i + \frac{\bar{b}}{\| \bar{w} \|} \right) \bar{y}_i \geqslant \gamma \tag{12-19}$$

基于函数间隔和几何间隔的定义和相互关系,上述约束优化问题又可以表示为

$$\max_{w,b} \quad \frac{\bar{\gamma}}{\| \bar{w} \|}$$
$$\text{s. t.} \quad (\bar{w} \cdot \bar{x}_i + \bar{b})\bar{y}_i \geqslant \bar{\gamma} \tag{12-20}$$

取函数间隔 $\bar{\gamma} = 1$,同时由于最大化 $\dfrac{1}{\| \bar{w} \|}$ 等价于最小化 $\dfrac{1}{2} \| \bar{w} \|^2$,于是可得

$$\min_{w,b} \frac{1}{2} \| \bar{w} \|^2$$
$$\text{s. t.} \quad (\bar{w} \cdot \bar{x}_i + \bar{b})\bar{y}_i - 1 \geqslant 0 \tag{12-21}$$

采用 Wolfe 对偶方法解决上述优化问题,所用 Lagrange 函数是

$$L(\bar{w}, \bar{b}, \alpha) = \frac{1}{2} \| \bar{w} \|^2 - \sum_{i=1}^{N} \alpha_i [(\bar{w} \cdot \bar{x}_i + \bar{b})\bar{y}_i - 1]$$
$$= \frac{1}{2} (\bar{w} \cdot \bar{w}) - \sum_{i=1}^{N} \alpha_i [(\bar{w} \cdot \bar{x}_i + \bar{b})\bar{y}_i - 1] \tag{12-22}$$

根据极值条件

$$\nabla_w L(\bar{w}, \bar{b}, \alpha) = \frac{\partial L}{\partial \bar{w}} = 0$$
$$\nabla_w L(\bar{w}, \bar{b}, \alpha) = \frac{\partial L}{\partial \bar{b}} = 0 \tag{12-23}$$

可得

$$\sum_{i=1}^{N} \alpha_i \bar{y}_i = 0$$

$$\bar{\boldsymbol{w}} = \sum_{i=1}^{N} \bar{y}_i \alpha_i \bar{x}_i$$

(12-24)

将式(12-25)代入 Lagrange 函数,可得对应的对偶二次规划问题为

$$\min_{\alpha} \quad \frac{1}{2} \sum_{i,j=1}^{N} \alpha_i \alpha_j \bar{y}_i \bar{y}_j (\bar{x}_i \cdot \bar{x}_j) - \sum_{i=1}^{N} \alpha_i$$

$$\text{s. t.} \quad \begin{cases} \sum\limits_{i=1}^{N} \alpha_i \bar{y}_i = 0 \\ \alpha_i \geqslant 0, i = 1, 2, \cdots, N \end{cases}$$

(12-25)

假设上述对偶最优化问题的解为$\boldsymbol{\alpha}^* = (\alpha_1^*, \alpha_2^*, \cdots, \alpha_N^*)^{\mathrm{T}}$,则可以得到支持向量机的最优超平面:

$$\bar{\boldsymbol{w}}^* \cdot \bar{x} + \bar{b}^* = 0$$

(12-26)

其中,

$$\begin{cases} \bar{\boldsymbol{w}}^* = \sum\limits_{i=1}^{N} \bar{y}_i \bar{x}_i \cdot \alpha_i^* = 0 \\ \bar{b}^* = \bar{y}_i - \sum\limits_{i=1}^{N} \bar{y}_i (\bar{x}_i \cdot \bar{x}_j) \cdot \alpha_i^* \end{cases}$$

(12-27)

1995 年,Cortes 和 Vapnik 提出的带有松弛变量 ξ 的优化问题为

$$\min_{\bar{\boldsymbol{w}}, \bar{b}, \xi} \quad \frac{1}{2} \parallel \bar{\boldsymbol{w}} \parallel^2 + C \sum_{i=1}^{N} \xi_i$$

$$\text{s. t.} \quad y_i (\bar{\boldsymbol{w}}^{\mathrm{T}} x_i + \bar{b}) \geqslant 1 - \xi_i,$$

$$\xi_i \geqslant 0, i = 1, 2, \cdots, N$$

(12-28)

对应的对偶问题为

$$\min_{\alpha} \quad \frac{1}{2} \sum_{i,j=1}^{N} \alpha_i \alpha_j \bar{y}_i \bar{y}_j (\bar{x}_i \cdot \bar{x}_j) - \sum_{i=1}^{N} \alpha_i$$

$$\text{s. t.} \quad \begin{cases} \sum\limits_{i=1}^{N} \alpha_i \bar{y}_i = 0 \\ 0 \leqslant \alpha_i \leqslant C, i = 1, 2, \cdots, N \end{cases}$$

(12-29)

构造 Lagrange 函数为

$$L(\bar{\boldsymbol{w}}, \bar{b}, \alpha, \mu) = \frac{1}{2} \parallel \bar{\boldsymbol{w}} \parallel^2 + C \sum_{i=1}^{N} \xi_i -$$

$$\sum_{i=1}^{N} \alpha_i [(\bar{\boldsymbol{w}} \cdot \bar{x}_i + \bar{b}) \bar{y}_i - 1 + \xi_i] - \sum_{i=1}^{N} \mu_i \xi_i \quad (12\text{-}30)$$

设上述对偶最优化问题的解为$\boldsymbol{\alpha}^* = (\alpha_1^*, \alpha_2^*, \cdots, \alpha_N^*)^{\mathrm{T}}$,求解可得

$$\begin{cases} \bar{w}^* = \displaystyle\sum_{i=1}^{N} \bar{y}_i \bar{x}_i \cdot \alpha_i^* = 0 \\ \bar{b}^* = \bar{y}_j - \displaystyle\sum_{i=1}^{N} \bar{y}_i (\bar{x}_i \cdot \bar{x}_j) \cdot \alpha_i^* \end{cases} \tag{12-31}$$

分类决策函数为

$$f(\bar{x}) = \text{sign}\left\{ \sum_{i=1}^{N} \bar{y}_i (\bar{x}_i \cdot \bar{x}) \cdot \alpha_i^* + \bar{b}^* \right\} \tag{12-32}$$

12.3.2　最优划分的几何方法

1998 年,由 K. P. Bennett 等人[14]给出最优划分的几何解释,将感知器的几何描述推广到支持向量机中;2000 年,他们[15]进一步研究不同情况下的支持向量机的几何解释,并且证明代数方法中对最优超平面的求解等价于几何方法中对样本点集合凸壳间最近点对的求解。D. J. Crisp 等人[16]在 1999 年也提出了相似的观点。2005 年,I. W. Tsang 等人[17]指出代数方法中的最优超平面问题能够归结为最小闭球的求解。以上对支持向量机的几何解释不仅有助于理解机器学习算法,还有助于实现求解大规模问题的算法。下面给出支持向量机最大间隔划分几何实现的具体介绍。

设特征空间的两类样本集为

$$\{(\bar{x}_1, \bar{y}_1), (\bar{x}_2, \bar{y}_2), \cdots, (\bar{x}_N, \bar{y}_N)\} \tag{12-33}$$

式中,$\bar{x}_i$ 表示特征空间中的样本点,$\bar{y}_i$ 表示样本点的类别标号,$\bar{y}_i \in Y = \{1, -1\}$,$i = 1, 2, \cdots, n$ 表示样本点的序列号。令

$$\begin{cases} I^+ = \{i: \bar{y}_i = 1\}, I^- = \{i: \bar{y}_i = -1\}, I = I^+ \bigcup I^- \\ X^+ = \{\bar{x}_i: i \in I^+\}, X^- = \{\bar{x}_i: i \in I^-\} \\ n^+ = |I^+|, n^- = |I^-|, n = n^+ + n^- \end{cases} \tag{12-34}$$

其中,$I^+ = \{i: \bar{y}_i = 1\}$表示类别为 1 的样本序号集,$I^- = \{i: \bar{y}_i = -1\}$表示类别为 -1 的样本序号集;$X^+ = \{\bar{x}_i: i \in I^+\}$表示类别为 1 的样本集,$X^- = \{\bar{x}_i: i \in I^-\}$表示类别为 -1 的样本集;$n^+ = |I^+|$表示类别为 1 的样本数量,$n^- = |I^-|$表示类别为 -1 的样本数量,$n = n^+ + n^-$ 表示样本的总数量。

当特征空间中的样本点集线性可分时,代数方法中求解支持向量机的最大间隔分类超平面可以转换为几何方法中求解两类样本集生成的两个凸壳间的最近点对。此时,代数方法中获得的最优超平面将垂直平分凸壳间最近点对的线段,如图 12-9 所示。

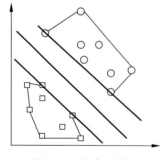

图 12-9　凸壳示意图

此时,分别由正样本点集合 $X^+ = \{\bar{x}_i : i \in I^+\}$ 与负样本点集合 $X^- = \{\bar{x}_i : i \in I^-\}$ 生成的凸壳表示为

$$
\begin{cases}
C(X^*) = \left\{ \sum_i \alpha_i \bar{x}_i \,\middle|\, \sum_i \alpha_i = 1, 0 \leqslant \alpha_i \leqslant 1, i \in I^+ \right\} \\
C(X^-) = \left\{ \sum_i \alpha_i \bar{x}_i \,\middle|\, \sum_i \alpha_i = 1, 0 \leqslant \alpha_i \leqslant 1, i \in I^- \right\}
\end{cases}
\tag{12-35}
$$

式中, $i = 1, 2, \cdots, n$。

这样,代数方法中求最大间隔分类超平面的问题就转换为几何方法中求解两类样本集合凸壳间最近点对的问题。这种几何方法的实现过程如下:

(1) 设定初始样本集为 $\{(\bar{x}_1, \bar{y}_1), (\bar{x}_2, \bar{y}_2), \cdots, (\bar{x}_N, \bar{y}_N)\}$。

(2) 在设计几何方法中,求解两类样本点集合凸壳间最近点对的优化问题:

$$
\begin{aligned}
&\min_{\alpha} \quad \frac{1}{2} \left\| \sum_{\bar{y}_i = 1} \alpha_i \bar{x}_i - \sum_{\bar{y}_i = -1} \alpha_i \bar{x}_i \right\|^2 \\
&\text{s. t.} \quad \sum_{\bar{y}_i = 1} \alpha_i = 1, \quad \sum_{\bar{y}_i = -1} \alpha_i = 1 \\
&\quad\quad 0 \leqslant \alpha_i \leqslant 1, i = 1, 2, \cdots, n
\end{aligned}
\tag{12-36}
$$

这里, $\min_{\alpha} \dfrac{1}{2} \left\| \sum\limits_{\bar{y}_i = 1} \alpha_i \bar{x}_i - \sum\limits_{\bar{y}_i = -1} \alpha_i \bar{x}_i \right\|^2$ 表示两类样本点凸壳间的最小距离,即凸壳中最近点对之间的距离;假定此最优化问题所得的解为 $\boldsymbol{\alpha}^* = (\alpha_1^*, \alpha_2^*, \cdots, \alpha_n^*)^{\mathrm{T}}$。

(3) 求得两类样本点集合中的最近点对 $\bar{c} = \sum\limits_{\bar{y}_i = 1} \alpha_i^* \cdot \bar{x}_i, \bar{d} = \sum\limits_{\bar{y}_i = -1} \alpha_i^* \cdot \bar{x}_i$。

(4) 最终求解得到垂直并且平分最近点对间线段的超平面:

$$
(\bar{w}^* \cdot \bar{x}) + \bar{b}^* = 0
\tag{12-37}
$$

其中,

$$
\bar{w}^* = \bar{c} - \bar{d}, \quad \bar{b}^* = \frac{1}{2}(\bar{c} - \bar{d}) \cdot (\bar{c} + \bar{d})
\tag{12-38}
$$

12.3.3 抗原生成

令 $f(u, v)$ 为手部痕迹红外图像中像素点 (u, v) 的灰度值。设计大小为 5×5 的模板,使模板中心点滑过手部痕迹红外图像中的每一个像素点,得到以此像素点为中心的 320×240 个子图(模板) g_i。令这些子图(模板) g_i 的集合为抗原集,算法的目的是从抗原集中提取得到目标抗原集。

抗原 $g_i^{j_i}$ 的分子表面模式为 $g_{i1}^{j_i}$, $g_{i1}^{j_i}$ 表示模板的中心点灰度, i 为抗原序号, j_i 为第 i 个抗原的类别标号。

12.3.4 先天性识别与提呈

先天性免疫因子 $g_m^{\prime j_m}$ 对抗原进行识别的过程同式(12-1)的过程一致。先天

性识别因子通过识别抗原的表面分子模式,将抗原划分为三类:目标抗原、背景抗原和模糊抗原,其类别标记分别为 1、2、3。

经过先天性免疫识别,确定了抗原 $g_i^{j_i}$ 的类别标号 j_i。由先天性免疫提呈因子对抗原 $g_i^{j_i} = \{g_{i1}^{j_i}\}$ 进行加工、处理,得到抗原肽-MHC 复合体分子 $\bar{g}_i^{j_i} = \{\bar{g}_{i1}^{j_i},$ $\bar{g}_{i2}^{j_i}\}$,j_i 为抗原肽-MHC 复合体分子的类别标号。设计大小为 5×5 的方形模板作为先天性免疫提呈因子来构建抗原肽-MHC 复合体分子的区域特性。将先天性免疫提呈因子与抗原集中的每一个抗原进行作用,得到两类模板特征,生成抗原肽-MHC 复合体分子。

抗原肽-MHC 复合体分子两类特征的第一种生成方式为

$$\bar{g}_{i1}^{j_i} = \frac{1}{25} \sum_{(s,t) \in \bar{g}_i^{j_i}} f(s,t) \tag{12-39}$$

$$\bar{g}_{i2}^{j_i} = \frac{1}{25} \sum_{(s,t) \in g_i^{j_i}} \left[f(s,t) - \bar{g}_{i1}^{j_i} \right]^2 \tag{12-40}$$

抗原肽-MHC 复合体分子两类特征的第二种生成方式为

$$\bar{g}_{i1}^{j_i} = \frac{1}{25} \sum_{(s,t) \in g_i^{j_i}} \left[f(s,t) - \frac{1}{25} \sum_{(s,t) \in \bar{g}_i^{j_i}} f(s,t) \right]^2 \tag{12-41}$$

$$\bar{g}_{i2}^{j_i} = \sum_{(s,t) \in g_i^{j_i}} w_{st} f(s,t) \tag{12-42}$$

式中,$f(s,t)$ 表示抗原 $g_i^{j_i}$ 中任一点 (s,t) 的灰度值,w_{st} 表示该点所对应的权值,权值大小依赖于 (s,t) 与抗原 $g_i^{j_i}$ 中心点 (u,v) 间的相似性。w_{st} 的定义为

$$w_{st} = \frac{1}{Z_{uv}} \exp(-| f(R_{st}^n) - f(R_{uv}^n) |^2) \sum_{(s,t) \in g_i^{j_i}} w_{st} = 1 \tag{12-43}$$

其中,R 表示一个正方形区域,该正方形区域的中心点为抗原 $g_i^{j_i}$ 中的任一点,如图 12-10 所示,n 定义了正方形区域 R 的边长,$n=3$。

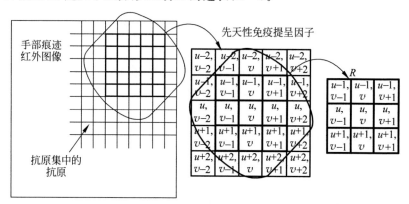

图 12-10　抗原肽-MHC 复合体分子的第二类特征生成示意图

$f(R_{st}^n)$ 是中心点为 (s,t)，边长为 $n \times n$ 的正方形区域 R 的点灰度值之和，$f(R_{uv}^n)$ 是中心点为 (u,v)，边长为 $n \times n$ 的正方形区域的和。Z_{uv} 定义为

$$Z_{uv} = \sum_{(s,t) \in g_i} \exp(-|f(R_{st}^n) - f(R_{uv}^n)|^2) \tag{12-44}$$

经过先天性免疫因子的提呈作用，原有的目标抗原集、背景抗原集和模糊抗原集转换为目标抗原肽-MHC 复合体分子集、背景抗原肽-MHC 复合体分子集和模糊抗原肽-MHC 复合体分子集。

12.3.5　最优可免域识别

在提呈得到的抗原肽-MHC 复合体分子特征空间中，针对抗原肽-MHC 复合体分子 $\bar{g}_i^{j_i} = \{\bar{g}_{i1}^{j_i}, \bar{g}_{i2}^{j_i}\}$，设计基于适应性免疫半成熟因子与成熟因子的最优可免域识别算法[18]。

算法 1——适应性免疫识别算法

步骤 1　训练集确定。

用所有目标抗原肽-MHC 复合体分子和背景抗原肽-MHC 复合体分子组成初始抗原肽-MHC 复合体分子集合 $M = [\cdots, \bar{g}_i^{j_i}, \cdots]$，$j_i = 1, 2$ 是序号为 i 的复合体分子的类别标记，$j_i = 1$ 表示目标，$j_i = 2$ 表示背景。

步骤 2　生成未成熟适应性免疫识别因子。

随机生成 α 个未成熟适应性识别因子 $\bar{g}_m^{'j_m}$（$m \in [1, 320 \times 240]$，$j_m$ 为其类别标号）。计算适应性识别因子与集合中剩余抗原肽-MHC 复合体分子的亲和度，计算公式为

$$Q_i^m(\bar{g}_m^{'j_m}, \bar{g}_i^{j_i}) = \langle \bar{g}_m^{'j_m}, \bar{g}_i^{j_i} \rangle \tag{12-45}$$

对于每一个未成熟识别因子，将其与所有训练集分子的亲和度进行降序排列，适应度最大值为 $Q_k^m(\bar{g}_m^{'j_m}, \bar{g}_k^{j_k})$（$k \in [1, 320 \times 240]$ 为抗原的序号，j_k 为 $\bar{g}_k^{j_k}$ 的类别标记）。

如果某个抗原肽-MHC 复合体分子 $\bar{g}_\beta^{j_\beta}$ 满足

$$\begin{cases} j_\beta \neq j_k \\ \langle \bar{g}_m^{'j_m}, \bar{g}_\beta^{j_\beta} \rangle \geqslant \langle \bar{g}_m^{'j_m}, \bar{g}_i^{j_i} \rangle \quad j_i \neq j_k, i \in [1, 320 \times 240] \end{cases} \tag{12-46}$$

式中，j_β 为抗原肽-MHC 复合体分子 $\bar{g}_\beta^{j_\beta}$ 的类别标记。由于已经对每一个未成熟适应性免疫识别因子所对应的亲和度值进行了降序排列，因此可以找到适应度排序中仅大于 $\langle \bar{g}_m^{'j_m}, d_\beta^{j_\beta} \rangle$ 的 $\langle \bar{g}_m^{'j_m}, d_{\beta1}^{j_{\beta1}} \rangle$。由式（12-46）可知，能够确定抗原肽-MHC 复合体分子 $\bar{g}_{\beta1}^{j_{\beta1}}$ 的类别标记为 $j_{\beta1} = j_k$。

根据上述分析，可以计算第 m 个未成熟适应性免疫识别因子所对应的阈值为

$$\theta_m = \frac{Q_{\beta1}^m(\bar{g}'^{j_m}_m, \bar{g}^{j_{\beta1}}_{\beta1}) + Q_\beta^m(\bar{g}'^{j_m}_m, \bar{g}^{j_\beta}_\beta)}{2} \tag{12-47}$$

满足 $Q_i^m(\bar{g}'^{j_m}_m, \bar{g}'^{j_i}_i) > \theta_m$ 的抗原肽-MHC 复合体分子,即为第 m 个未成熟适应性免疫识别因子识别的分子,其类别标记为 j_k。

步骤 3   生成半成熟适应性免疫识别因子。

累计计算适应性免疫识别因子识别的抗原肽-MHC 复合体分子数量,选出识别复合体分子数量最多的一个,视为最优识别因子,该最优识别因子成为半成熟适应性免疫识别因子 fac_l,并为其分配一个序列值 $l(l=1,2,\cdots)$。

步骤 4   生成成熟适应性免疫识别因子。

基于上一步生成的半成熟适应性免疫识别因子,采用算法 2,得到成熟适应性免疫识别因子 $fac_l'(l=1,2,\cdots)$。

步骤 5   删除被识别的抗原肽-MHC 复合体分子。

将成熟适应性免疫识别因子识别的抗原肽-MHC 复合体分子从集合中删除,未删除的复合体分子组成新的集合 M。

步骤 6   重复步骤 1 到步骤 5,直到抗原肽-MHC 复合体分子集中只剩下一类复合体分子。设此时共得到 $b-1$ 个识别因子。

步骤 7   计算最后一个成熟适应性免疫识别因子。

按照式(12-48)计算最后一个成熟适应性免疫识别因子,$b-1$ 为该识别因子的序列号。计算集合中剩余抗原肽-MHC 复合体分子在特征形态空间中的重心,作为最后一个识别因子 $\bar{g}^{j_{b+1}}_{b+1}$,j_{b+1} 为此识别因子的类别标记,与剩余抗原肽-MHC 复合体分子的类别标记一致。按照式(12-48)计算此识别因子的刺激球体半径:

$$\langle fac_b', \bar{g}^{j_i}_i \rangle = \min_{\bar{g}^{j_i}_i \in M} \langle \bar{g}^{j_m}_m, \bar{g}^{j_i}_i \rangle \tag{12-48}$$

式中,$m=1,2,\cdots,a$。

设置最后一个成熟适应性免疫识别因子对应的权值为 $\theta_b - \infty$。

步骤 8   设置免疫网络中的权值和阈值。

将成熟适应性免疫识别因子及其对应的阈值分别赋给各识别因子节点,作为其连接权值和阈值;适应性识别因子网络节点按照其序号进行工作。

算法 2——适应性免疫识别因子的成熟算法

步骤 1   集合 G^+ 由被半成熟适应性免疫识别因子 fac_l 识别的抗原肽-MHC 复合体分子组成,集合 G^- 由所有训练集中剩余的其他类抗原肽-MHC 复合体分子组成。根据半成熟免疫因子的生成步骤,从 G^+ 选择相应的抗原肽-MHC 复合体分子 $\bar{g}^{j_{\beta1}}_{\beta1}$,从 G^- 中选择相应的抗原肽-MHC 复合体分子 $\bar{g}^{j_\beta}_\beta$。

步骤 2   找到一个抗原肽-MHC 复合体分子 $\bar{g}^{j_s}_s$,使其满足

$$\bar{g}^{j_s}_s \in \min_{i \in [1,N]} m(\bar{g}^{j_i}_i) \tag{12-49}$$

其中,$m(\bar{g}_i^{j_i})$ 定义为

$$m(\bar{g}_i^{j_i}) = \begin{cases} \dfrac{\langle \bar{g}_i^{j_i} - \bar{g}_{\beta 1}^{j_\beta}, \bar{g}_\beta^{j_\beta} - \bar{g}_{\beta 1}^{j_\beta} \rangle}{\| \bar{g}_\beta^{j_\beta} - \bar{g}_{\beta 1}^{j_\beta} \|}, & \bar{g}_i^{j_i} \in G^- \\[3mm] \dfrac{\langle \bar{g}_i^{j_i} - \bar{g}_\beta^{j_\beta}, \bar{g}_{\beta 1}^{j_\beta} - \bar{g}_\beta^{j_\beta} \rangle}{\| \bar{g}_\beta^{j_\beta} - \bar{g}_{\beta 1}^{j_\beta} \|}, & \bar{g}_i^{j_i} \in G^+ \end{cases} \tag{12-50}$$

如果 $m(\bar{g}_s^{j_s})$ 满足 ε 优化条件,即满足

$$\| \bar{g}_{\beta 1}^{j_\beta} - \bar{g}_\beta^{j_\beta} \| - m(\bar{g}_s^{j_s}) < \varepsilon \tag{12-51}$$

则得到成熟适应性免疫识别因子为

$$fac'_l = \bar{g}_{\beta 1}^{j_\beta} - \bar{g}_\beta^{j_\beta} \tag{12-52}$$

该识别因子对应的阈值为

$$\theta'_l = (\| \bar{g}_{\beta 1}^{j_\beta} \|^2 - \| \bar{g}_\beta^{j_\beta} \|^2)/2 \tag{12-53}$$

否则,转到步骤 3。

步骤 3 如果抗原肽-MHC 复合体分子 $\bar{g}_s^{j_s}$ 属于 G^+,则进行如下设置:

$$\begin{cases} \bar{g}_{\beta 1 \text{new}}^{j} = (1-z)\bar{g}_{\beta 1}^{j} + z \cdot \bar{g}_s^{j_s} \\ \bar{g}_{\beta \text{new}}^{j} = \bar{g}_\beta^{j} \end{cases} \tag{12-54}$$

其中,$z = \min(1, \langle \bar{g}_{\beta 1}^{j} - \bar{g}_\beta^{j}, \bar{g}_{\beta 1}^{j} - \bar{g}_s^{j_s} \rangle / \| \bar{g}_{\beta 1}^{j} - \bar{g}_s^{j_s} \|^2)$。

如果 $\bar{g}_s^{j_s}$ 属于 G^-,进行如下设置:

$$\begin{cases} \bar{g}_{\beta 1 \text{new}}^{j} = \bar{g}_{\beta 1}^{j} \\ \bar{g}_{\beta \text{new}}^{j} = (1-z)\bar{g}_\beta^{j} + z \cdot \bar{g}_s^{j_s} \end{cases} \tag{12-55}$$

其中,$z = \min(1, \langle \bar{g}_\beta^{j} - \bar{g}_{\beta 1}^{j}, \bar{g}_\beta^{j} - \bar{g}_s^{j_s} \rangle / \| \bar{g}_\beta^{j} - \bar{g}_s^{j_s} \|^2)$。

经过算法 1 和算法 2 得到适应性识别因子的权值和阈值。将复合体分子传入适应性识别网络层,从而输出抗原肽-MHC 复合体分子的新类别标记。适应性识别因子的识别结果与先天性识别结果相结合,构成最终的提取结果。

12.4 提取结果分析

本节使用手部离开塑料板、木板表面 2min 时拍摄的痕迹红外图像检验本章提出的两类免疫网络模板提取算法,同时对提取结果进行了比较。

12.4.1 提取结果

当手部离开塑料板、木板 2min 时,拍摄留下的手部痕迹,得到的手部痕迹红外图像如图 12-11(a)与图 12-12(a)所示。采用各种提取方法对原图进行处理,提取

结果分别如图 12-11(b)～(o)、图 12-12(b)～(o)所示。

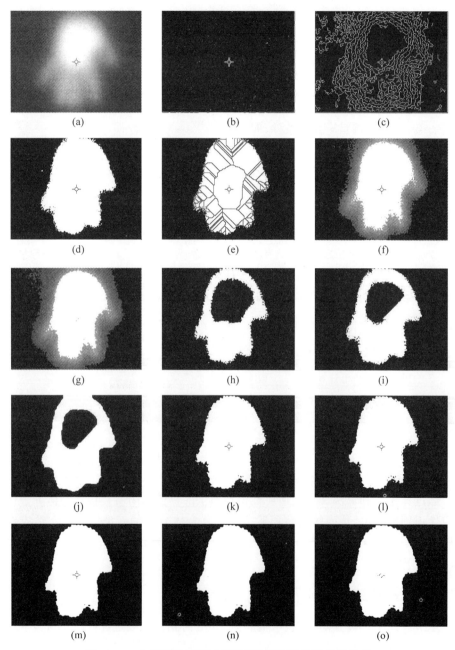

图 12-11　免疫网络模板对塑料板表面图像提取效果比较

(a) 原图；(b) Sobel 模板；(c) Canny 模板；(d) Otsu 模板；(e) 分水岭模板；(f) 阴性模板；

(g) 阳性模板；(h) 区域增长模板(阈值 0.15)；(i) 区域增长模板(阈值 0.2)；

(j) 闭运算处理的区域增长模板；(k) 集成免疫模板；(l) 球面免疫模板；(m) 刺激球体免疫网络模板；

(n) 最优可免域模板(特征 1)；(o) 最优可免域模板(特征 2)

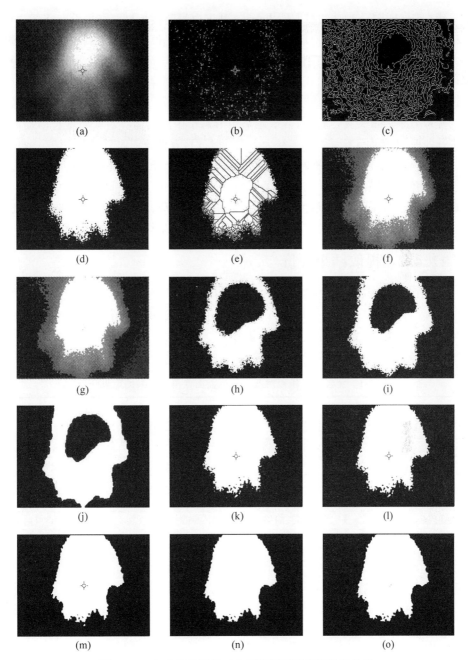

图 12-12　免疫网络模板对木板表面图像提取效果比较

（a）原图；（b）Sobel 模板；（c）Canny 模板；（d）Otsu 模板；（e）分水岭模板；

（f）阴性模板；（g）阳性模板；（h）区域增长模板（阈值 0.15）；（i）区域增长模板（阈值 0.2）；

（j）闭运算处理的区域增长模板；（k）集成免疫模板；（l）球面免疫模板；（m）刺激球体免疫网络模板；

（n）最优可免域模板（特征 1）；（o）最优可免域模板（特征 2）

由图 12-11、图 12-12 的提取效果可见,基于边缘的模板提取结果没有连续、封闭的目标区域,不能实现目标提取。最大类间差法(Otsu)模板边缘毛刺较多,目标区域偏大;分水岭存在过分割;阴性和阳性模板存在未确定区域、提取结果不稳定;免疫模板边缘存在毛刺。区域增长模板存在目标缺失,为改善这一缺失问题,提高了其增长过程中的阈值,但仍然未能改善目标缺失问题;如果进一步提高阈值,将使区域增长的提取效果严重失真。同时,本章还采用形态学中的闭运算对区域增长的提取结果进行处理,当结构元区域选择半径为 10 的圆形时,效果分别如图 12-11 中的图(h)~图(j)所示,未能改善其提取效果,若进一步加大结构元半径,将使提取结果严重失真。

两类免疫网络模板算法均获得了较理想的边界轮廓,其中刺激球体免疫网络提取算法改善了边缘毛刺,而最优可免域免疫网络提取算法不仅改善了边缘毛刺,还消除了十字架的干扰。两类免疫网络模板算法的提取效果均好于其他几种方法。

12.4.2 提取结果评价

采用假目标提取比率(FPR),Jaccard 相似性指数 $[J_{(GT,ER)}]$、Dice 相似性指数 $[D_{(GT,ER)}]$,绝对误差率 r_{err} 对两类免疫网络提取算法的提取结果进行评价,并与其他算法进行比较,结果见表 12-1 和表 12-2。其中,各评价标准的最优结果已在表中用粗体标出。

表 12-1　免疫网络模板对塑料板表面图像提取结果的定量分析

提取算法	FPR	$J_{(GT,ER)}$	$D_{(GT,ER)}$	r_{err}
经典模板方法	得不到连续、封闭的目标区域			
Otsu 模板	38.41%	0.5680	0.7245	18.67%
区域增长模板	45.18%	0.3255	0.4911	25.73%
改变阈值的区域增长模板	42.79%	0.3869	0.5580	24.08%
分水岭模板	46.10%	0.3966	0.5679	25.49%
阴性模板	58.61%	0.3565	0.5235	36.19%
阳性模板	63.04%	0.3257	0.4914	42.35%
集成免疫模板	24.36%	0.6712	0.8032	11.71%
球面免疫模板	24.10%	0.6711	0.8032	11.67%
刺激球体免疫网络模板	23.45%	0.6725	0.8042	11.52%
最优可免域模板(特征 1)	**23.40%**	**0.6738**	**0.8051**	**11.46%**
最优可免域模板(特征 2)	23.52%	0.6726	0.8043	11.52%

表 12-2　免疫网络模板对木板表面图像提取结果的定量分析

提取算法	FPR	$J_{(GT,ER)}$	$D_{(GT,ER)}$	r_{err}
经典模板方法	得不到连续、封闭的目标区域			
Otsu 模板	39.93%	0.5309	0.6936	20.75%
区域增长模板	58.72%	0.2512	0.4016	33.35%

续表

提取算法	FPR	$J_{(GT,ER)}$	$D_{(GT,ER)}$	r_{err}
经典模板方法	得不到连续、封闭的目标区域			
改变阈值的区域增长模板	57.53%	0.3025	0.4645	33.83%
分水岭模板	49.43%	0.3431	0.5109	28.29%
阴性模板	63.91%	0.3107	0.4741	43.87%
阳性模板	66.14%	0.2976	0.4587	48.02%
集成免疫模板	26.46%	0.6503	0.7881	13.07%
球面免疫模板	26.44%	0.6503	0.7881	13.06%
刺激球体免疫网络模板	25.96%	0.6520	0.7894	12.91%
最优可免域模板(特征1)	25.94%	**0.6528**	**0.7899**	12.88%
最优可免域模板(特征2)	**25.76%**	0.6522	0.7895	**12.87%**

由表 12-1 和表 12-2 可知，与其他算法相比，两类免疫网络模板算法提取结果的 $J_{(GT,ER)}$ 值和 $D_{(GT,ER)}$ 值均增加，其 FPR 值、r_{err} 值均变小。最小的 FPR 值说明其非真实目标的提取比率低于其他算法；最大的 $J_{(GT,ER)}$ 值和 $D_{(GT,ER)}$ 值表明其提取结果与参考标准的重合度高于其他算法；最小的 r_{err} 值说明其绝对误差率小于其他算法。

对两种免疫网络提取算法进行比较可知，在均以 5×5 的模板均值和方差作为特征时，最优可免域免疫网络提取算法的各项指标均优于刺激球体免疫网络提取算法。当最优可免域免疫网络提取算法选择 5×5 的模板扩展局部均值和方差作为特征时，虽然其指标仍然稍好于刺激球体免疫网络算法，但在处理木板表面图像时与参考标准的重合度差于其选择前一组特征的情况，在处理塑料板表面图像时各评价参数均差于其选择前一组特征的情况。

由于扩展局部均值实际上扩大了模板的作用范围，由此可知，选择大于 5×5 的模板对木板表面手部痕迹红外图像进行处理，会降低 $J_{(GT,ER)}$ 因子和 $D_{(GT,ER)}$ 因子的值，即降低提取结果与参考标准的重合度，需要根据实际情况进行选择。而对塑料板表面的手部痕迹红外图像而言，选择大于 5×5 的模板不仅会降低提取结果与参考标准的重合度，同时还增大了假目标的提取比率和绝对误差率。

12.5　本章小结

传统的人工免疫方法都是借鉴生物免疫中的适应性免疫机制，将免疫系统对抗原的作用视为适应性免疫因子对抗原的作用。然而，生物免疫系统不仅包括适应性免疫因子，还包括先天性免疫因子，先天性免疫因子对抗原的作用，以及其与适应性免疫因子的协调作用对于生物机体杀灭病原体的入侵有重要作用。本章借鉴生物免疫的协调作用机制，参考人工神经网络构建方式，提出两类免疫网络模板提取方法。基于免疫协调作用，设计免疫网络模型。其中，先天性免疫识别因子两次采用类间方差最大化方法得到识别阈值，识别出目标抗原、背景抗原与模糊抗原；先天性免疫提呈因子提呈得到相应的三类抗原-MHC复合体分子；适应性免疫识别因子对模糊抗原-MHC复合体分子进行划分。与阴性模板、阳性模板、基于可免域的免疫模板等方法相比较，免疫网络模板法借鉴了生物免疫的整体运行机制，能够有效体现生物免疫的整体特性，减少了手部目标的边缘毛刺，优化了提取出来的犯罪嫌疑人手部痕迹，更为详尽地展示了嫌疑人的手部特征，从而为刑侦人员提供了更多案发现场的遗留痕迹信息，增加了刑侦人员判断嫌疑人在案发现场的作案过程及其生理特征的概率。

本章参考文献

[1] FU D M,YU X,TONG H J. Target extraction of blurred infrared image with an immune network template algorithm[J]. Optics and Laser Technology. 2014,56：102-106.

[2] YU X,YUAN X M,DONG E Z,et al. Target extraction of banded blurred infrared images by immune dynamical algorithm with two-dimensional minimum distance immune field[J]. Infrared Physics & Technology,2016,77：94-99.

[3] COLIN R T,GRAEME D R. Modelling perception with artificial neural networks[M]. Cambridge：Cambridge University Press,2010.

[4] GHIASSI M,OLSCHIMKE M,MOON B. Automated text classification using a dynamic artificial neural network model[J]. Expert Systems with Applications,2012,39(12)：10967-10976.

[5] 韩力群.人工神经网络教程[M].北京：北京邮电大学出版社,2006.

[6] FU D M,YU X,TONG H J,et al. An ensemble template algorithm for extracting targets from blurred infrared images[J]. International Journal for Light and Electron Optics. 2014,125(3)：954-957.

[7] LI D Y,CHEN Z G. SVM optimized by immune clonal selection algorithm for fault diagnostics[C]. Pacific-Asia Conference on Circuits,Communications and Systems,2009：702-705.

[8] HUANG Y S,DENG J J,ZHANG Y Y. Application of SVM based on immune genetic fuzzy clustering algorithm to short-term load forecasting[C]. 7th International Conference on Machine Learning and Cybernetics,2008：2646-2650.

[9] ZHOU H G,YANG C D. Using immune algorithm to optimize anomaly detection based on SVM[C]. 5th International Conference on Machine Learning and Cybernetics,2006：4257-4261.

[10] SAN B T. An evaluation of SVM using polygon-based random sampling in landslide susceptibility mapping：The Candir catchment area[J]. International Journal of Applied Earth Observation and Geoinformation,2014,26：399-412.

[11] PASOLLI E,MELGANI F,TUIA D. SVM Active Learning Approach for Image Classification Using Spatial Information[J]. IEEE Transactions on Geoscience and Remote Sensing,2014,52(4)：2217-2233.

［12］ DEVOS O,DOWNEY G,DUPONCHEL L. Simultaneous data pre-processing and SVM classification model selection based on a parallel genetic algorithm applied to spectroscopic data of olive oils[J]. Food Chemistry,2013,148：124-130.

［13］ ORTIZ A,GORRIZ J M,RAMIREZ J. LVQ-SVM based CAD tool applied to structural MRI for the diagnosis of the Alzheimer's disease[J]. Pattern Recognition Letters,2013, 34(14)：1725-1733.

［14］ BENNETT K P,BREDENSTEINER E J. Geometry in learning[J]. MAA NOTES,2000： 132-148.

［15］ BENNETT K P,BREDENSTEINER E J. Duality and geometry in SVM classifiers[J]. In Proceedings of 17th IEEE International Conference on Machine Learning,2000：57-64.

［16］ CRISP D J,BURGES C J. A geometric interpretation of v-SVM classifiers[J]. Advances in Neural Information Processing Systems,1999,12：244-250.

［17］ TSANG I W,KWOK J T,CHEUNG P M. Core vector machines：fast SVM training on very large data sets[J]. The Journal of Machine Learning Research,2005,6：363-392.

［18］ 于晓.红外图像中手部痕迹目标的提取研究[D].北京：北京科技大学,2014.

第13章

协调免疫聚类模板的刑侦红外图像目标提取算法

为获得刑侦模糊红外图像的空域特征及频域特征,提高处理效果,近年来对生物适应性免疫机理与模板特征相结合的研究方法得到发展,这些方法借鉴生物免疫的自适应、分布式等机理,将其与聚类算法融合,有效利用生物免疫良好的优化能力,并将其用于图像分割等领域[1]。例如,Bo Hua 等将免疫克隆选择理论与聚类方法相结合,提出一种基于局部熵模板特征的免疫聚类提取方法,用于合成孔径雷达图像的分割;黄文龙等人借鉴生物克隆选择机理,提出一类基于灰度共生矩阵模板特征的免疫聚类模型,实现了纹理图像的分割。

然而,这些免疫算法选用的模板特征多适用于纹理图像的分割,不用于受热传输影响而具有特殊模糊性的刑侦领域的手部痕迹红外图像。

通过以上分析,本章受到先天免疫的方向性决定以及其对适应性免疫的影响的启发,借助随机过程理论的支持,提出了一种协调免疫聚类模板算法。算法的各步骤满足随机过程的性质,且体现先天性免疫及其对适应性免疫因子增殖的方向决定作用[2]。然后采用红外图像的空、频域特征,将算法用于手部痕迹目标的提取[3]。

13.1 随机过程简述

如果对于某个观察(或试验),不能预先确定其观察(或试验)结果,则称之为随机试验。将某个观察(或试验)所有可以得到的结果组成一个集合,即为这个观察(或试验)的样本空间 Ω。样本空间 Ω 所包含的每个分量被称为样本空间包含的样本点,常用的表示符号为 s。样本空间 Ω 包含部分样本点可以组成一些属于 Ω 的子集,部分子集联合构成了更大的集合,称为一个集类。这些子集的常用表示符号为 A、B、C 等。

设 Ω 的某些子集联合构成一个非空集类 $\dot{Y}$,如果 $\dot{Y}$ 符合下列条件:

（1）$\Omega \in \dot{Y}$。

（2）如果 Ω 的某个子集 $A \in \dot{Y}$，则 $A^C \in \dot{Y}$。其中，A^C 表示 A 的样本空间补集，满足 $A^C = \Omega - A$。

（3）如果 $A_n \in \dot{Y}, n \in N$，则有 $\bigcup\limits_{n=1}^{\infty} A_n \in \dot{Y}$。

则称 $\dot{Y}$ 为 σ 域。$(\Omega, \dot{Y})$ 被称作可测空间。

由实验可以证实，如果 $\dot{Y}$ 满足上述三个 σ 域的条件，则其满足对可列次并、交、差等运算封闭，即所有属于 $\dot{Y}$ 的元素经过可列次运算后仍属于 $\dot{Y}$。

假设存在一个可测空间 $(\Omega, \dot{Y})$，$\dot{Y}$ 是事件域，存在随机事件 $A \in \dot{Y}$，如果定义在 $(\Omega, \dot{Y})$ 上的概率测度为 P，随机事件 A 的概率表示为 $P(A)$，则可以得到如下结论：

（1）$P(A) \geqslant 0, \forall A \in \dot{Y}$。

（2）$P(\Omega) = 1$。

（3）如果 $A_i \in \dot{Y}, i = 1, 2, \cdots$，且 $A_i A_j = \phi, \forall i \neq j$，则有 $P\left(\bigcup\limits_{i=1}^{\infty} A_i\right) = \bigcup\limits_{i=1}^{\infty} P(A_i)$。

随机事件概率的基本性质如下：

（1）如果 $A_1, A_2, \cdots, A_n$ 互不相容，可以得到 $P\left(\bigcup\limits_{i=1}^{\infty} A_i\right) = \bigcup\limits_{i=1}^{\infty} P(A_i)$。

（2）对于任意的随机事件序列 $A_1, A_2, \cdots, A_n$，有

$$P\left(\bigcup\limits_{i=1}^{\infty} A_i\right) = \bigcup\limits_{i=1}^{\infty} P(A_i) - \sum\limits_{i<j \leqslant 1} P(A_i A_j) + \sum\limits_{i<j<k \leqslant 1} P(A_i A_j A_k) - \cdots + (-1)^{n+1} P(A_i A_j \cdots A_n)$$

$$P\left(\bigcup\limits_{i=1}^{\infty} A_i\right) \leqslant \bigcup\limits_{i=1}^{\infty} P(A_i) \tag{13-1}$$

如果变量 $X(t, s)$ 相对于任何 $t \in T$ 均为随机变量，则其构成的随机变量族 $X_T = \{X(t, s), t \in T\}$ 称为随机过程[4]。

X_T 可以由 $X(t, w): T \times \Omega \rightarrow R$ 表示。其中，$X(\cdot, \cdot)$ 为一个两变量单值函数，其定义域为 $T \times \Omega$。如果令 $t \in T$，则 $X(\cdot, \cdot)$ 的定义域为 Ω。对于 $s \in \Omega$，$X(\cdot, s)$（t 在 T 中顺序变化）是参数 $t \in T$ 的一般函数。$X(\cdot, s)$ 一般被称作随机过程的一个实现（一条轨道）。令 G 表示状态空间，它用于表示 $X(t, w)$ 可能取值的全体之集。

令 $\{X_n,n\geqslant 0\}$ 为一个随机序列,若其对于任意的 $s_0,\cdots,s_n,s_{n+1}\in G,n\in Z$, $P\{X_0=s_0,X_1=s_1,\cdots,X_n=s_n\}>0$,满足

$$P\{X_{n+1}=s_{n+1}\mid X_0=s_0,\cdots,X_n=s_n\}=P\{X_{n+1}=s_{n+1}\mid X_n=s_n\}$$

$$(13\text{-}2)$$

则随机序列 $\{X_n,n\geqslant 0\}$ 称为马尔可夫链[5]。

对于任意的 $i,j\in G$,

$$P\{X_{n+1}=j\mid X_n=i\}=v_{ij}(n) \qquad (13\text{-}3)$$

式(13-3)是 n 时刻的一步转移概率。如果 $\forall i,j\in G,v_{ij}(n)=v(n)$,与 n 不相关,则 $\{X_n,n\geqslant 0\}$ 为齐次马尔可夫链。令 $P=(v_{ij})$,则其是 $\{X_n,n\geqslant 0\}$ 的一步转移概率矩阵,满足

$$v_{ij}\geqslant 0,\quad \sum_{j\in S}v_{ij}=1,\quad i,j\in G \qquad (13\text{-}4)$$

对于马尔可夫链,有如下定理[6]:

定理 1(Chapman-Kolmogorov 方程):

$$v_{ij}^{m+n}=\sum_{j\in S}v_{ij}=1,\quad i\in G \qquad (13\text{-}5)$$

13.2 协调免疫聚类

在生物免疫系统中,先天性免疫因子识别部分抗原的分子结构模式,提呈部分抗原得到抗原肽-MHC 复合体分子[7];同时,先天性免疫会产生分泌因子,对适应性免疫中抗体的形成产生作用。

本章借鉴先天性免疫与适应性免疫的协同运行机制,设计协调免疫聚类算法,算法流程图如图 13-1 所示。

13.2.1 抗原的生成

设定 $f(u,v)$ 为手部红外图像中像素点 (u,v) 的灰度值;设计 5×5 的模板得到 320×240 个子图(模板) g_i 作为抗原集。

按照式(13-6)计算抗原的表面分子模式 $g_{i1}^{j_i}$:

$$g_{i1}^{j_i}=\frac{1}{25}\sum_{(s,t)\in g_i^{j_i}}f(s,t) \qquad (13\text{-}6)$$

其中,$f(s,t)$ 表示抗原 $g_i^{j_i}$ 中任一点 (s,t) 的灰度值,i 为抗原序号,j_i 为第 i 个抗原的类别标号,最初,所有抗原的类别标号为空。

13.2.2 先天性免疫识别

基于抗原的表面分子模式,采用最大类间方差法得到阈值 T,将抗原集分为高

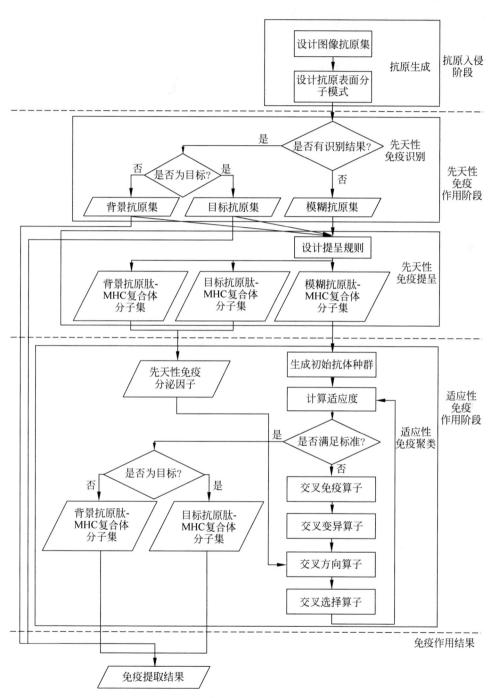

图 13-1　协调免疫聚类算法流程图

于 T 和低于 T 的两个子集。然后基于抗原的表面分子模式，对这两个抗原子集继续采用最大类间方差法，得到阈值 T'_1 和 T'_2。

四个先天性免疫因子 $g'^{j_m}_m (m=1,2,3,4)$ 的类别标号分别为 1、2、3、4，分别识别：手部抗原、背景抗原、模糊抗原、模糊抗原[8]。先天性免疫因子对抗原的识别过程为

$$
\begin{cases}
j_i = j_m (m=1) & \text{if} \quad g^{j_i}_{i1} \in [\theta'_{11}, \theta'_{12}] \\
j_i = j_m (m=2) & \text{if} \quad g^{j_i}_{i1} \in [\theta'_{21}, \theta'_{22}] \\
j_i = j_m (m=3) & \text{if} \quad g^{j_i}_{i1} \in [\theta'_{31}, \theta'_{32}] \\
j_i = j_m (m=4) & \text{if} \quad g^{j_i}_{i1} \in [\theta'_{41}, \theta'_{42}]
\end{cases}
\tag{13-7}
$$

其中，先天性识别因子的识别阈值分别为，$\theta'_{11} = \theta'_{32} = T'_1$，$\theta'_{12} = 255$，$\theta'_{22} = \theta'_{41} = T'_2$，$\theta'_{21} = 0$，$\theta'_{42} = \theta'_{31} = T$。

按照式(13-7)，先天性识别因子通过识别抗原的表面分子模式将抗原划分为三类：目标抗原 P_1、背景抗原 P_2 和模糊抗原（包括 P_{31} 和 P_{32}），类别标记分别为 1、2、3。

13.2.3　先天性提呈与分泌因子的产生

先天性免疫提呈因子将对抗原 $g^{j_i}_i = \{g^{j_i}_{i2}\}$ 进行加工、处理，得到抗原肽-MHC 复合体分子 $\bar{g}^{j_i}_i = \{\bar{g}^{j_i}_{i1}, \bar{g}^{j_i}_{i2}\}$，$i$ 为抗原肽-MHC 复合体分子的序号，$i=1$，$2, \cdots, 320 \times 240$，$j_i$ 为抗原肽-MHC 复合体分子的类别标号。$\bar{g}^{j_i}_{i1}$、$\bar{g}^{j_i}_{i2}$ 为抗原肽-MHC 复合体分子的模板特征，$\bar{g}^{j_i}_{i1}$ 为小波低频系数的均值，小波低频系数的计算式为

$$
CA = \sum_{k=-\infty}^{\infty} \sum_{k=-\infty}^{\infty} \phi_{k-2q} \phi_{l-2p} g^{j_i}_i
\tag{13-8}
$$

式中，$q=1,2,3,4,5$；$p=1,2,3,4,5$；k 为确定 ϕ_{k-2q} 沿 q 轴位置的整数；l 为确定 ϕ_{l-2q} 沿 p 轴位置的整数；ϕ 是尺度函数，采用 Daubechies 滤波器来处理 $g^{j_i}_i$ 并确定 ϕ。

$\bar{g}^{j_i}_{i2}$ 的计算式为

$$
\bar{g}^{j_i}_{i2} = \frac{1}{25} \sum_{(s,t) \in g^{j_i}_i} \left[f(s,t) - \frac{1}{25} \sum_{(s,t) \in g^{j_i}_i} f(s,t) \right]^2
\tag{13-9}
$$

经过先天性免疫因子的提呈，原有的模糊抗原集 P_{31} 和 P_{32} 转换为模糊抗原肽-MHC 复合体分子集 P'_{31} 和 P'_{32}。原有的目标抗原集 P_1、背景抗原集 P_2 转换为目标抗原肽-MHC 复合体分子集 P'_1、背景抗原肽-MHC 复合体分子集 P'_2，组成先天性免疫的分泌因子。

13.2.4　免疫聚类

针对得到的抗原肽-MHC 复合体分子 $\bar{g}_i^{j_i} = \{\bar{g}_{i1}^{j_i}, \bar{g}_{i2}^{j_i}\}$，集合 $M = \{\bar{g}_i^{j_i} \mid \bar{g}_i^{j_i} \in P_{31}' \bigcup \bar{g}_i^{j_i} \in P_{32}'\}$，$N_{anti}$ 表示抗原肽-MHC 复合体分子的数量。设计免疫聚类算法的步骤如下：

步骤 1　产生初始抗体种群。从 P_{31}' 和 P_{32}' 中分别随机取 N_{anti} 个抗原肽-MHC 复合体分子并作为抗体进行组合，获得初始 N_{anti} 组。每组均包含两个抗原肽-MHC 复合体分子，为两个聚类中心。将每组抗原肽-MHC 复合体分子设定为种群个体 s（由两个聚类中心 c_n 组成，$n=1,2$），称为抗体的基因。N_{anti} 个种群个体构成初始抗体种群 s^1。

步骤 2　计算抗原归属。抗体种群的任一种群个体 s，均对应着两个聚类中心，即抗体。计算式为

$$u_{ni} = \begin{cases} 1, & n' \neq n, \quad \| \bar{g}_i^{j_i} - c_n \|^2 \leqslant \| \bar{g}_i^{j_i} - c_{n'} \|^2 \\ 0, & \text{其他} \end{cases} \tag{13-10}$$

计算 M 中抗原肽-MHC 复合体分子的归属值，构成 $2 \times N_{anti}$ 的归属矩阵 U。其中，$n, n' = 1, 2$。如果 U 中的元素 u_{ni} 为 1，则第 i 个抗原肽-MHC 复合体分子 $\bar{g}_i^{j_i}$ 属于第 n 个抗体聚类 $Z_n (n=1,2)$，一个抗原肽-MHC 复合体分子只能属于一个抗体聚类。

步骤 3　计算适应度。对抗体种群中每一个种群个体 s 的适应度进行计算。对于 s 中第 n 个抗体聚类 $Z_n (n=1,2)$，由 Davies-Bouldin 聚类指标定义，计算其适应度函数为

$$f = \frac{d_{nm}}{D_n + D_m} \tag{13-11}$$

其中，d_{nm} 为 Z_n 和 Z_m 间的类间距离；$d_{nm} = \| z_n - z_m \|$；$n, m = 1, 2$；$m \neq n$，z_n 是聚类 Z_n 的均值；D_n 为类内距离，即

$$D_n = \frac{1}{|Z_n|} \sum_{\bar{g}_i^{j_i} \in Z_n} \| \bar{g}_i^{j_i} - z_n \| \tag{13-12}$$

按照适应度选择最优种群个体，判断是否满足条件。若满足则转向步骤 9，否则继续步骤 4。

步骤 4　使用交叉算法作用于抗体种群，输出新抗体种群 $A^k (k=1,2,\cdots)$。

步骤 5　使用变异算法作用于抗体种群，输出新抗体种群 $B^k (k=1,2,\cdots)$。

步骤 6　设定种群各个成员的抽取概率，然后使用先天免疫生成的分泌因子进行有针对性的选择。如果被选中的种群已经处于最优状态，那么就以概率 1 将其成员转移到下一个种群；否则分泌因子将从种群 N_{anti} 中随机抽取 $n_\alpha = \alpha N_{anti}$ 个个体，对种群个体基因进行修改。最终获得新种群 $C^k (k=1,2,\cdots)$。

步骤 7 免疫选择算法操作。对经方向算法操作得到的种群个体进行检测,如果种群个体的适应度小于父代的适应度,则用父代将其代替。然后,在目前的子代群体中以概率 $P(s_m)$ 选择个体进入下一步的父代种群。概率公式为

$$P(s_m) = \frac{e^{\frac{f(s_m)}{T_k}}}{\sum_{i=1}^{N_{anti}} e^{\frac{f(s_m)}{T_k}}} \tag{13-13}$$

式中,$f(s_m)$ 表示种群中个体的适应度函数;T_k 表示渐近于 0 的控制序列。经过上述代替和选择操作,得到种群 $C^k (k=1,2,\cdots)$。

步骤 8 转向步骤 3。

步骤 9 基于最优种群个体中的抗体,对 P'_{31} 和 P'_{32} 中的抗原进行聚类,得到抗原的类别;完成目标提取。

13.3 算法性质分析

由于在免疫聚类模板算法的迭代过程中,对于每一次迭代,其迭代结果 S_i^t 均是一个随机变量,则可得到如下性质。

性质 1 免疫聚类模板算法的迭代过程

$$S_i^t \to S_j^{t+1}, \quad t=1,2,\cdots,T \tag{13-14}$$

是一个随机过程。其中,t 在 Z 中顺序变化,随机变量 S_i^t 是在第 t 次迭代时此随机过程的一个实现。

同样,由于对于免疫聚类中的每一步,其执行操作是一个随机变量,故有性质 2。

性质 2 免疫聚类算法的单次迭代过程

$$S^t \to A^t \to B^t \to C^t \to S^{t+1} \tag{13-15}$$

也是一个随机过程。

由于在免疫模板聚类算法的迭代过程中,各次迭代结果只基于前一次的结果,则有性质 3。

性质 3 免疫聚类算法的迭代过程

$$S_i^t \to S_j^{t+1}, \quad t=1,2,\cdots,T \tag{13-16}$$

是马尔可夫链。

同样,由于对于免疫聚类中的变异、交叉、方向算法,其操作均基于前一步的结果,故有性质 4。

性质 4 免疫模板聚类算法的单次迭代过程

$$S^t \to A^t \to B^t \to C^t \tag{13-17}$$

是一个马尔可夫链。

将规模为 N_{anti} 的群体 $S^t (t=1,2,\cdots,T)$ 认为是状态空间 $E = X^{N_{anti}}$ 中的一

个点。用 $|E|$ 表示 E 中状态的数量。对于免疫模板聚类算法的单次迭代过程,有性质 5。

性质 5　免疫操作算法结果间的关系

$$P(S_j^{t+1} \mid S_i^t) = \sum_{c=1}^{|E|} P(\chi_c^t \mid S_i^t) P(S_j^{t+1} \mid \chi_c^t S_i^t) \tag{13-18}$$

其中,$\chi_c^t = A_c^t, B_c^t, C_c^t$。

证明:由性质 2 可知,$\chi_c^t = A_c^t, B_c^t, C_c^t$ 是随机过程中的随机变量,则由随机变量的有限可加性可知:

$$\sum_{c=1}^{|E|} P(\chi_c^k) = P\left(\bigcup_{c=1}^{|E|} \chi_c^k\right) \tag{13-19}$$

由于随机变量 $\chi_c^t = A_c^t, B_c^t, C_c^t$ 的状态空间为 $E = X^{N_{\text{anti}}}$,$|E|$ 表示 E 中状态的数量,则有

$$P\left(\bigcup_{c=1}^{|E|} \chi_c^k\right) = 1 \tag{13-20}$$

表明 $\bigcup_{c=1}^{|E|} \chi_c^k$ 为必然事件。则有

$$P(S_j^{t+1} \mid S_i^t) = \sum_{c=1}^{|E|} P(S_j^{t+1} \chi_c^t \mid S_i^t) \tag{13-21}$$

由条件概率公式可得

$$\begin{aligned} P(S_j^{t+1} \mid S_i^t) &= \sum_{c=1}^{|E|} P(S_j^{t+1} \chi_c^t \mid S_i^t) = \sum_{c=1}^{|E|} \left(\frac{P(S_j^{t+1} \chi_c^t S_i^t)}{P(S_i^t)}\right) \\ &= \sum_{c=1}^{|E|} \left[\frac{P(S_j^{t+1} \chi_c^t \mid S_i^t)}{P(S_i^t)} \cdot \frac{P(\chi_c^t S_i^t)}{P(\chi_c^t S_i^t)}\right] \\ &= \sum_{c=1}^{|E|} \left[\frac{P(S_j^{t+1} \chi_c^t \mid S_i^t)}{P(\chi_c^t S_i^t)} \cdot \frac{P(\chi_c^t S_i^t)}{P(S_i^t)}\right] \\ &= \sum_{c=1}^{|E|} P(\chi_c^t \mid S_i^t) P(S_j^{t+1} \mid \chi_c^t S_i^t) \end{aligned} \tag{13-22}$$

则原式得证。实际上,由马尔可夫链也可以得到上述结果。

免疫算法的过程描述如下:

$$S^k \to A^k \to B^k \to C^k \to S^{k+1} \tag{13-23}$$

在此过程中,S^k 与 C^k 间的过程是马尔可夫链,因为 S^{k+1} 可能与它之前的各代均有关系。而总体上,$\{S^k \mid k=1,2,\cdots\}$ 也构成了马尔可夫过程。假定所用的搜索空间是 X,即所有种群个体组成的空间,并定义若 $s \notin \Omega$,则适应度 $f(s) = 0$。定义数量是 N_{anti} 的种群集合为状态空间 $E = X^{N_{\text{anti}}}$ 内的一个表示。$|E|$ 为 E 中所有状态的数目,v_i 表示 E 中的某一状态,$v_i \in E, i=1,2,\cdots,|E|$。搜索空间 X 中

两个子集间的包含关系描述为 $\upsilon_i \in \upsilon_j$。用 S_i^k 描述 S 处于 k 步过程时的状态是 υ_i。令搜索空间 X 中的适应度函数为 f，设

$$X^* = \{s \in X \mid f(s) = \max_{s_i \in X} f(s_i)\} \tag{13-24}$$

由此，可得算法的收敛性描述定义。

定义 1 若算法给出的状态在任意的初始分布条件下，都能满足

$$\lim_{k \to \infty} \sum_{\upsilon_i \cap X^* \neq \Phi} P\{S_i^k\} = 1 \tag{13-25}$$

则算法是收敛的。

这说明，算法经过多次充分的迭代计算，算法所确定的种群最优个体的概率趋近于 1，那么说明算法收敛。这种收敛性的定义可以应用于协调免疫聚类算法。

定理 2 协调免疫聚类模板将以概率 1 收敛。

证明： 令 $\upsilon_i = (s_1, s_2, \cdots) \in E$，$f(\upsilon_i) = (f(s_1), f(s_2), \cdots)$，若 $f(\upsilon_i) = f(\upsilon_j)$ 或者 $f(\upsilon_i) - f(\upsilon_j)$ 的第一个非零分量为正，则记为 $\upsilon_i \geqslant \upsilon_j$。记 $I = \{i \mid \upsilon_i \geqslant \upsilon_j, \forall \upsilon_j \in E\}$。如果 $i \in I, \upsilon_i = (s_1, s_2, \cdots)$ 符合式(13-26)：

$$f(s_1) = f(s_2) = \cdots = \max_{s \in X} f(s) \tag{13-26}$$

则 $\upsilon_i \cap X^* \neq \Phi$。

令 $p_{ij}(k)$ 为马尔可夫过程 $\{S_k \mid k = 1, 2, \cdots\}$ 的单步转移概率，则

$$p_{ij}(k) = P\{S_j^{k+1} \mid S_i^k\} = \sum_{d=1}^{|E|} P\{C_d^k / S_i^k\} P\{S_j^{k+1} \mid S_i^k C_d^k\} \tag{13-27}$$

假定经过免疫检验，C^k 变化为 D^k，可知：

$$P\{S_j^{k+1} \mid S_i^k C_d^k\} = \sum_{\upsilon_e \in E} P\{D_e^k \mid S_i^k C_d^k\} P\{S_j^{k+1} \mid S_i^k C_d^k D_e^k\} \tag{13-28}$$

(1) 如果 $i \in I, j \notin I$，对于 $\forall s \in \upsilon_i$，有 $f(s) = f^*$。存在 $s^0 \in \upsilon_j$，使得 $f(s^0) < f^*$，所以

$$P\{S_j^{k+1} \mid S_i^k C_d^k D_e^k\} = \begin{cases} \prod\limits_{m=1, \overline{g}_m \in \upsilon_j}^{N_{\text{anti}}} \left\{ \dfrac{\exp[f(s_m)/T_k]}{\sum\limits_{m=1, s_m \in \upsilon_e}^{N_{\text{anti}}} \exp[f(s_m)/T_k]} \right\}, & \upsilon_j \subseteq \upsilon_e \\ 0, & \text{其他} \end{cases} \tag{13-29}$$

则

$$P\{S_j^{k+1} \mid S_i^k C_d^k D_e^k\} \leqslant \frac{\exp[f(s_0)/T_k]}{n_a \exp(f^*/T_k)}$$

$$= \frac{1}{n_a} \exp\{-[f^* - f(s_0)]/T_k\} \leqslant \frac{1}{n_a} \exp(-\rho_1/T_k) \stackrel{d}{=} \varepsilon_k \tag{13-30}$$

由此可见，当 $k \to \infty$ 时，$\varepsilon_k \to 0$。由于 $\sum\limits_{e=1}^{E} P\{D_e^k \mid S_i^k C_d^k\} = 1$，$\sum\limits_{d=1}^{E} P\{C_d^k \mid S_i^k\} = 1$，

则有

$$p_{ij}(k) \leqslant \sum_{d=1}^{|E|} P\{C_d^k \mid S_i^k\} \cdot \left(\varepsilon_k \sum_{e=1}^{|E|} P\{D_e^k \mid S_i^k C_d^k\}\right) = \varepsilon_k \tag{13-31}$$

（2）如果 $i \notin I, j \in I, \{m \mid f(s_m) = f^*\}$，表示具有最优适应度的个体的个数。令 $E^1 = \{v_d \mid v_i \subseteq v_d, n_d \geqslant n_a\}$，由式(13.27)可知

$$p_{ij}(k) \geqslant \sum_{v_d \in E^1} P\{C_d^k \mid S_i^k\} P\{S_j^{k+1} \mid S_i^k C_d^k\} \tag{13-32}$$

由马尔可夫过程 C-K 方程可得

$$P\{C_d^k \mid S_i^k\} = \sum_{a=1}^{E} \sum_{b=1}^{E} P\{A_a^k \mid S_i^k\} P\{B_b^k \mid A_a^k\} P\{C_d^k \mid B_b^k\}$$

$$\geqslant \sum_{b=1}^{E} P\{A_a^k \mid S_i^k\} P\{B_d^k \mid A_a^k\} P\{C_d^k \mid B_d^k\} \tag{13-33}$$

其中，$P\{C_d^k \mid B_d^k\}$ 为第 k 步时，先天性免疫分泌因子操作将状态 v_d 转换为 v_d 的概率，则满足 $P\{C_d^k \mid B_d^k\} \geqslant \binom{n_d}{n_a} \Big/ \binom{N_{anti}}{n_a}$。

$P\{B_d^k \mid A_a^k\}$ 为突变操作将状态 v_a 转换为 v_d 的概率，$P\{B_d^k \mid A_a^k\} = \prod_{m=1}^{N_{anti}} \left[\left(\frac{P_m}{q-1}\right)^{h_i} (1-P_m)^{l-h_i}\right]$，$h_i$ 表示 $\overline{g}_i \in v_a$ 的变异基因数量。令 $\rho_2 = [\min(P_m, 1-P_m)/(q-1)]^{N_{anti}}$，有 $P\{B_d^k \mid A_a^k\} \geqslant \rho_2$。

$P\{A_a^k \mid S_i^k\}$ 表示交叉算法把 v_i 转换到 v_a 的概率，可知 $\sum_{a=1}^{|E|} P\{A_a^k \mid S_i^k\} = 1$，则有

$$P\{C_d^k / S_i^k\} \geqslant \sum_{b=1}^{|E|} P\{A_a^k \mid S_i^k\} P\{B_d^k \mid A_a^k\} P\{C_d^k \mid B_d^k\}$$

$$\geqslant \sum_{b=1}^{|E|} P\{A_a^k \mid S_i^k\} \rho_2 \binom{n_d}{n_a} \Big/ \binom{N_{anti}}{n_a} = \rho_2 \binom{n_d}{n_a} \Big/ \binom{N_{anti}}{n_a} \tag{13-34}$$

因为

$$P\{S_j^{k+1} \mid S_i^k C_d^k\} = \sum_{s_e \in E} P\{D_e^k \mid S_i^k C_d^k\} P\{S_j^{k+1} \mid S_i^k C_d^k D_e^k\}$$

$$\geqslant P\{D_d^k \mid S_i^k C_d^k\} P\{S_j^{k+1} \mid S_i^k C_d^k D_d^k\} \tag{13-35}$$

可得

$$P\{S_j^{k+1} \mid S_i^k C_d^k D_d^k\} = \prod_{m=1, s_m \in v_j}^{N_{anti}} \left\{ \frac{\exp[f(s_m)/T_k]}{\sum_{m=1, \overline{g}_m \in v_d}^{N_{anti}} \exp[f(s_m)/T_k]} \right\}$$

$$\geqslant \prod_{m=1,s_m \in \upsilon_j}^{N_{\text{anti}}} \left[\frac{\exp(f^*/T_k)}{\sum\limits_{m=1,s_m \in \upsilon_d}^{N_{\text{anti}}} \exp(f^*/T_k)} \right] = \frac{1}{N_{\text{anti}}^{N_{\text{anti}}}} \tag{13-36}$$

又由

$$P\{D_d^k \mid S_i^k C_d^k\} \geqslant \binom{n_d}{n_a} \bigg/ \binom{N_{\text{anti}}}{n_a} \tag{13-37}$$

及式(13-35)可得

$$P\{S_j^{k+1} \mid S_i^k C_d^k\} \geqslant \frac{1}{N_{\text{anti}}^{N_{\text{anti}}}} \binom{n_d}{n_a} \bigg/ \binom{N_{\text{anti}}}{n_a} \tag{13-38}$$

把式(13-34)与式(13-38)代入式(13-32)有

$$p_{ij}(k) \geqslant \sum_{s_d \in E^1} \frac{\rho_2}{N_{\text{anti}}^{N_{\text{anti}}}} \left[\binom{n_d}{n_a} \bigg/ \binom{N_{\text{anti}}}{n_a} \right]^2$$

$$\geqslant \rho_2 \bigg/ \left[N_{\text{anti}}^{N_{\text{anti}}} \binom{N_{\text{anti}}}{n_a}^2 \right] \overset{d}{=} \rho_0 \tag{13-39}$$

(3) 将 $P\{S_i^k\}$ 表示为 $P_k\{i\}$，令 $P_k \overset{d}{=} \sum\limits_{i \notin I} P_k(i)$，根据马尔可夫链性质能够得到

$$P_{k+1} = \sum_{j \notin I} P_{k+1}(j) = \sum_{j \notin I} P\{S_j^{k+1}\} = \sum_{i=1}^{|E|} \sum_{j \notin I} P\{S_i^k\} p_{ij}(k)$$

$$= \sum_{i=1}^{|E|} \sum_{j \notin I} P_k\{i\} p_{ij}(k) = \sum_{i \in I} \sum_{j \notin I} P_k\{i\} p_{ij}(k) + \sum_{i \notin I} \sum_{j \notin I} P_k\{i\} p_{ij}(k) \tag{13-40}$$

因为

$$\sum_{i \notin I} \sum_{j \notin I} P_k\{i\} p_{ij}(k) + \sum_{i \notin I} \sum_{j \in I} P_k\{i\} p_{ij}(k)$$

$$= \sum_{i \notin I} \sum_{j \notin I} P\{S_i^k\} P\{S_j^{k+1} \mid S_i^k\} + \sum_{i \notin I} \sum_{j \in I} P\{S_i^k\} P\{S_j^{k+1} \mid S_i^k\} \tag{13-41}$$

$$= \sum_{i \notin I} P_k\{i\} = P_k$$

则

$$\sum_{i \notin I} \sum_{j \notin I} P_k\{i\} p_{ij}(k) = P_k - \sum_{i \notin I} \sum_{j \in I} P_k\{i\} p_{ij}(k) \tag{13-42}$$

将式(13-42)代入式(13-40)有

$$P_{k+1} = \sum_{i \in I} \sum_{j \notin I} P_k\{i\} p_{ij}(k) + P_k - \sum_{i \notin I} \sum_{j \in I} P_k\{i\} p_{ij}(k)$$

$$\leqslant P_k - \rho_0 P_k + |E| \varepsilon_k \tag{13-43}$$

取 $\lambda=1-\rho_0$，$\delta_k=|E|\varepsilon_k$，可知 $0<\lambda<1$，$\delta_k\to0(k\to\infty)$，$P_{k+1}\leqslant\lambda P_k+\delta_k$。取 k_0 的任意值，有

$$P_{k_0+k+1}\leqslant\lambda P_{k_0+k}+\delta_{k_0+k}$$

$$\leqslant\lambda^2 P_{k_0+k-1}+\lambda\delta_{k_0+k-1}+\delta_{k_0+k}$$

$$\leqslant\cdots$$

$$\leqslant\lambda^k P_{k_0+1}+\lambda^{k-1}\delta_{k_0+1}+\cdots+\lambda\delta_{k_0+k-1}+\delta_{k_0+k} \quad (13\text{-}44)$$

因为 $\delta_k\to0(k\to\infty)$，对于任意的 $\varepsilon>0$，存在 N_1，若 $k_0>N_1$，$\delta_{k_0}<\varepsilon$，则

$$P_{N_1+k+1}\leqslant\lambda^k P_{N_1+1}+\varepsilon\frac{1-\lambda^k}{1-\lambda}\leqslant\lambda^k P_{N_1+1}+\varepsilon\frac{1}{1-\lambda} \quad (13\text{-}45)$$

因为 $0<\lambda<1$，存在 N_2，如果 k 满足 $k>N_2$，有 $\lambda^k P_{N_1+1}<\varepsilon$。设 $N=N_1+N_2+1$，如果 n 满足 $n>N$，则有

$$P_n=P_{N_1+N_2+1}\leqslant\varepsilon+\varepsilon\frac{1}{1-\lambda}=\varepsilon\left(\frac{1}{1-\lambda}+1\right) \quad (13\text{-}46)$$

由于式(13-46)满足 $\lim\limits_{n\to\infty}P_n=0$，因此

$$1\geqslant\lim_{k\to\infty}\sum_{v_i\cap E^*\neq\Phi}P_k(i)\geqslant\lim_{k\to\infty}\sum_{i\in I}P_k(i)=1-\lim_{k\to\infty}P_k=1 \quad (13\text{-}47)$$

所以，$\lim\limits_{k\to\infty}\sum\limits_{v_i\cap E^*\neq\Phi}P_k(i)=1$，证明结束，协调免疫聚类模板提取算法是概率 1 收敛的。

13.4　仿真研究

本节使用手部分别离开塑料板、木板的不同时刻拍摄的痕迹红外图像检验本章提出的协调免疫聚类模板提取算法，同时对提取效果进行了定量评价比较。

13.4.1　提取结果

将协调免疫模板方法用于手部离开塑料板表面、木板表面 2min 时痕迹红外图像的目标提取，提取结果分别如图 13-2、图 13-3 所示。

图 13-2 和图 13-3 中还给出了其他模板类方法对该模糊红外图像的处理结果。因为传统模板方法的提取结果难以有效地捕捉目标信息，所以不再详细描述它们的提取结果。在图中所示的提取方法中，灰度共生矩阵免疫聚类方法未能有效地识别出目标区域；区域增长方法提取的目标存在较多缺失，而分水岭方法则出现了过度细分的问题；阴性和阳性模板存在未确定区域、提取结果不稳定；基于可免域的集成免疫模板和球面免疫模板提取结果的边缘均存毛刺。刺激球体免疫网络中还有部分离散区域和十字架干扰。虽然局部熵聚类法提取结果中滤除了目标

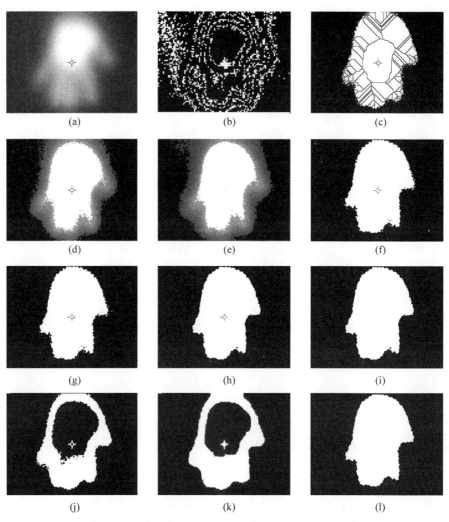

图 13-2 手部离开塑料板 2min 的图像提取效果比较

(a) 原图；(b) 灰度共生矩阵免疫聚类模板；(c) 分水岭模板；(d) 阴性模板；(e) 阳性模板；

(f) 集成免疫模板；(g) 球面免疫模板；(h) 刺激球体免疫网络模板；(i) 最优可免域网络模板；

(j) 局部熵聚类模板；(k) 闭运算处理的局部熵聚类模板；(l) 协调免疫聚类模板

边缘的毛刺，但是在手掌目标区域不仅存在较大部分缺失，还存在十字架干扰；为改善其提取结果采用形态学闭运算对其结果进行处理，当闭运算结构元采用半径为 10 个像素点的圆形时，其结果分别如图 13-2(k)、图 13-3(k)所示，无法改善其存在的目标缺失问题，若进一步增加结构元的半径，将使得局部熵聚类方法的提取结果严重失真，得不到有效的手部目标区域。而协调免疫聚类模板方法的提取结果不仅消除了边缘毛刺和十字架，还改善了目标区域的边缘轮廓，给出了较为理想的提取结果。

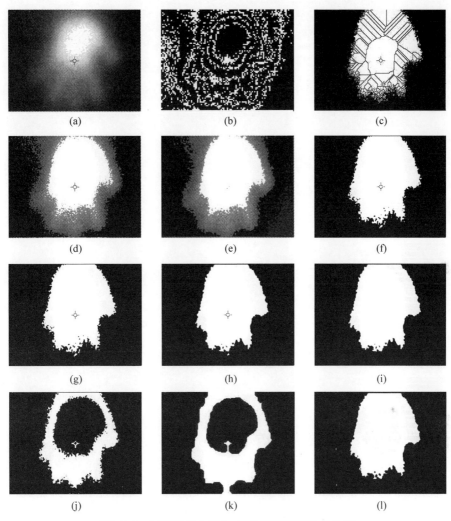

图 13-3　手部离开木板 2min 的图像提取效果比较

（a）原图；（b）灰度共生矩阵免疫聚类模板；（c）分水岭模板；（d）阴性模板；（e）阳性模板；
（f）集成免疫模板；（g）球面免疫模板；（h）刺激球体免疫网络模板；（i）最优可免域网络模板；
（j）局部熵聚类模板；（k）闭运算处理的局部熵聚类模板；（l）协调免疫聚类模板

　　为验证协调免疫聚类模板提取算法的适用性，进一步将算法用于手部离开
塑料板和木板表面 1min、3min 时的痕迹红外图像，并与灰度共生矩阵免疫聚类
模板、Otsu 模板、阴性模板、阳性模板、集成免疫模板、球面免疫模板、刺激球体
免疫网络模板、最优可免域网络模板、局部熵聚类模板等算法进行了定性和定量
评价。图 13-4～图 13-7 分别给出了上述方法应用于手部离开塑料板 1min、手部
离开木板 1min、手部离开塑料板 3min、手部离开木板 3min 时痕迹红外图像的提
取结果。

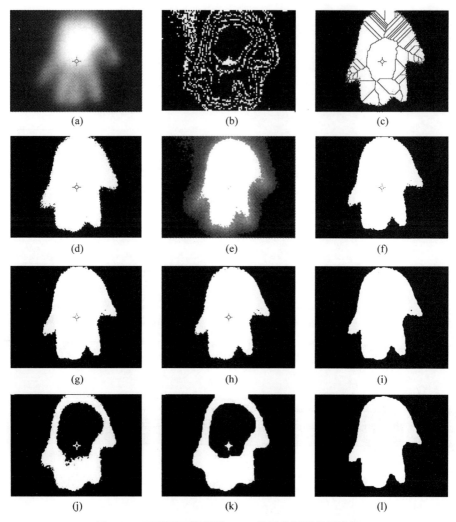

图 13-4　手部离开塑料板 1min 的图像提取效果比较

（a）原图；（b）灰度共生矩阵免疫聚类模板；（c）分水岭模板；（d）Otsu 模板；（e）阳性模板；
（f）集成免疫模板；（g）球面免疫模板；（h）刺激球体免疫网络模板；（i）最优可免域网络模板；
（j）局部熵聚类模板；（k）闭运算处理的局部熵聚类模板；（l）协调免疫聚类模板

　　由以上不同模板算法的提取结果对比图可见，在手部离开物体表面的时间为
1min 时，所有方法的提取结果均好于离开时间为 2min 时的结果，而离开时间为
3min 时，所有方法的提取结果与 2min 时相比，均变差。

　　在手部离开物体表面 1min 和 3min 时，灰度共生矩阵免疫聚类模板不能给出
有效的目标区域；Otsu 模板扩大了目标区域；分水岭模板出现了过分割；阳性模
板存在未确定区域；局部熵聚类模板的目标区域存在缺失，采用形态学中的闭运
算对其进行处理，仍然不能解决目标缺失问题。

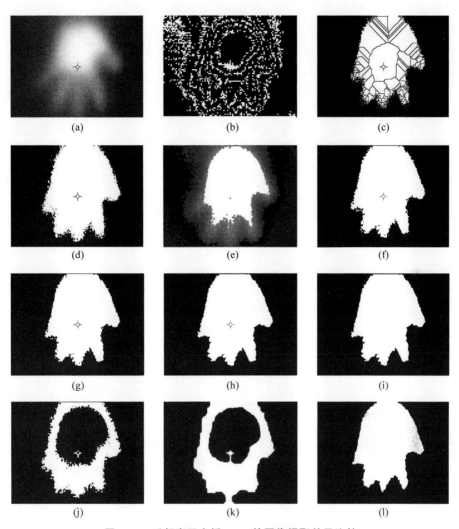

图 13-5 手部离开木板 1min 的图像提取效果比较

（a）原图；（b）灰度共生矩阵免疫聚类模板；（c）分水岭模板；（d）Otsu 模板；（e）阳性模板；
（f）集成免疫模板；（g）球面免疫模板；（h）刺激球体免疫网络模板；（i）最优可免域网络模板；
（j）局部熵聚类模板；（k）闭运算处理的局部熵聚类模板；（l）协调免疫聚类模板

　　而本书所提出的基于可免域的集成免疫模板、球面免疫模板，基于免疫因子网络的刺激球体免疫网络模板、最优可免域网络模板，以及协调免疫聚类模板算法的提取效果均优于前述各方法。其中，协调免疫聚类模板算法的提取效果最为理想。

13.4.2 提取结果评价

采用假目标提取比率（FPR），Jaccard 相似性指数$[J_{(GT,ER)}]$、Dice 相似性指数

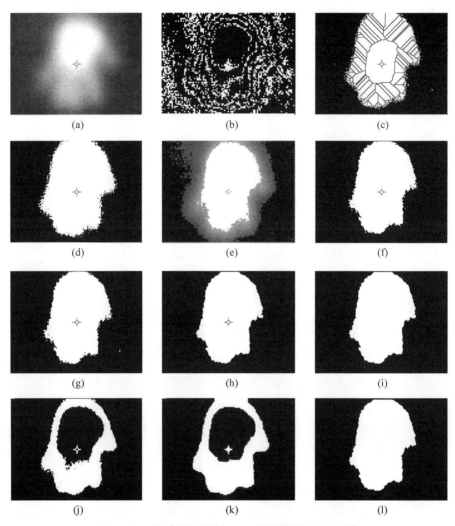

图 13-6   手部离开塑料板 3min 的图像提取效果比较

（a）原图；（b）灰度共生矩阵免疫聚类模板；（c）分水岭模板；（d）Otsu 模板；（e）阳性模板；
（f）集成免疫模板；（g）球面免疫模板；（h）刺激球体免疫网络模板；（i）最优可免域网络模板；
（j）局部熵聚类模板；（k）闭运算处理的局部熵聚类模板；（l）协调免疫聚类模板

$[D_{(\text{GT, ER})}]$、绝对误差率 r_{err} 对提取结果进行评价。表 13-1 和表 13-2 是针对手部离开塑料板、木板 2min 时的痕迹红外图像，用这些评价标准分别对灰度共生矩阵免疫聚类模板、分水岭模板、阴性模板、阳性模板、集成免疫模板、球面免疫模板、刺激球体网络模板、最优可免域网络模板、局部熵聚类模板、闭运算处理的局部熵聚类模板，以及本章所提出的协调免疫聚类模板提取算法进行定量评价的结果。其中，各评价标准的最优结果已在表中用黑体标出。

由表 13-1 和表 13-2 可知，由于灰度共生矩阵免疫聚类算法所采用的特征适用

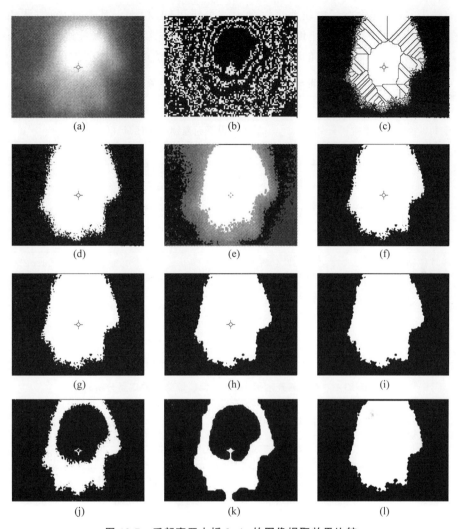

图 13-7 手部离开木板 3min 的图像提取效果比较

（a）原图；（b）灰度共生矩阵免疫聚类模板；（c）分水岭模板；（d）Otsu 模板；（e）阳性模板；
（f）集成免疫模板；（g）球面免疫模板；（h）刺激球体免疫网络模板；（i）最优可免域网络模板；
（j）局部熵聚类模板；（k）闭运算处理的局部熵聚类模板；（l）协调免疫聚类模板

于纹理图像，因此其提取结果不是完整、有效的手部目标区域。其他方法中，协调
免疫聚类模板算法的 FPR 值最小，说明其假目标提取比率低于其他算法。并且协
调免疫聚类算法相较于其他算法，$J_{(GT,ER)}$ 值、$D_{(GT,ER)}$ 值最大，证明了协调免疫聚
类算法提取的目标与参考标准高度重合；并且协调免疫聚类算法的 r_{err} 值最小，
说明算法提取效果的误差也是最小。两类免疫网络模板提取算法虽然优于其他算
法，但由于其仅采用了图像的空域信息构建模板特征，未能充分利用原始图像的自
身信息与特性。而局部熵聚类算法及其基于形态学闭运算的改进均会造成目标区

域的缺失,各项评价指标也较差。综合上述分析可知,相比于其他算法,协调免疫聚类模板算法的各项定量评价指标均优于其他算法,其对手部痕迹红外图像的提取效果更为理想(加粗展示的是协调免疫聚类模板算法的各项数值结果)。

表 13-1 手部离开塑料板 2min 图像提取结果的定量分析

提 取 算 法	FPR	$J_{(GT.ER)}$	$D_{(GT.ER)}$	r_{err}
灰度共生矩阵免疫聚类模板	得不到连续、封闭的目标区域			
分水岭模板	46.10%	0.3966	0.5679	25.49%
阴性模板	58.61%	0.3565	0.5235	36.19%
阳性模板	63.04%	0.3257	0.4914	42.35%
集成免疫模板	24.36%	0.6712	0.8032	11.71%
球面免疫模板	24.10%	0.6711	0.8032	11.67%
刺激球体网络模板	23.45%	0.6725	0.8042	11.52%
最优可免域网络模板	23.40%	0.6738	0.8051	11.46%
局部熵聚类模板	55.99%	0.2403	0.3875	30.55%
处理后的局部熵聚类模板	58.13%	0.2493	0.3992	32.05%
协调免疫聚类模板	**23.06%**	**0.6754**	**0.8063**	**11.36%**

表 13-2 手部离开木板 2min 图像提取结果的定量分析

提 取 算 法	FPR	$J_{(GT.ER)}$	$D_{(GT.ER)}$	r_{err}
灰度共生矩阵免疫聚类模板	得不到连续、封闭的目标区域			
分水岭模板	49.43%	0.3431	0.5109	28.29%
阴性模板	63.91%	0.3107	0.4741	43.87%
阳性模板	66.14%	0.2976	0.4587	48.02%
集成免疫模板	26.46%	0.6503	0.7881	13.07%
球面免疫模板	26.44%	0.6503	0.7881	13.06%
刺激球体网络模板	25.96%	0.6520	0.7894	12.91%
最优可免域网络模板	25.94%	0.6528	0.7899	12.88%
局部熵聚类模板	63.81%	0.1907	0.3202	34.90%
处理后的局部熵聚类模板	63.92%	0.2183	0.3584	36.48%
协调免疫聚类模板	**24.32%**	**0.6551**	**0.7916**	**12.50%**

表 13-3～表 13-6 是用评价标准对各算法应用于手部离开塑料板 1min、手部离开木板 1min、手部离开塑料板 3min、手部离开木板 3min 时痕迹红外图像的定量评价结果。图 13-8 根据上述各表的参数给出了手部离开塑料板表面不同时刻各方法的 $D_{(GT.ER)}$ 值比较。

表 13-3 手部离开塑料板 1min 图像提取结果的定量分析

提 取 算 法	FPR	$J_{(GT,ER)}$	$D_{(GT,ER)}$	r_{err}
灰度共生矩阵免疫聚类模板	得不到连续、封闭的目标区域			
分水岭模板	45.36%	0.3987	0.5701	25.09%
Otsu 模板	36.88%	0.5847	0.7380	17.61%
阳性模板	56.70%	0.3942	0.5655	34.95%
集成免疫模板	24.06%	0.6974	0.8217	10.84%
球面免疫模板	23.54%	0.6991	0.8229	10.70%
刺激球体网络模板	22.55%	0.7012	0.8244	10.48%
最优可免域网络模板	22.27%	0.7035	0.8259	10.37%
局部熵聚类模板	53.04%	0.2616	0.4147	29.26%
处理后的局部熵聚类模板	56.42%	0.2603	0.4130	31.14%
协调免疫聚类模板	**20.84%**	**0.7065**	**0.8280**	**10.06%**

表 13-4 手部离开木板 1min 图像提取结果的定量分析

提 取 算 法	FPR	$J_{(GT,ER)}$	$D_{(GT,ER)}$	r_{err}
灰度共生矩阵免疫聚类模板	得不到连续、封闭的目标区域			
分水岭模板	43.00%	0.3866	0.5576	24.79%
Otsu 模板	34.67%	0.5762	0.7311	17.47%
阳性模板	65.32%	0.3015	0.4623	47.61%
集成免疫模板	24.22%	0.6939	0.8193	11.26%
球面免疫模板	23.77%	0.6949	0.8200	11.15%
刺激球体网络模板	23.43%	0.6977	0.8220	11.00%
最优可免域网络模板	23.11%	0.6993	0.8230	10.90%
局部熵聚类模板	50.50%	0.2484	0.3980	28.82%
处理后的局部熵聚类模板	53.16%	0.2636	0.4172	30.08%
协调免疫聚类模板	**20.66%**	**0.7015**	**0.8246**	**10.45%**

表 13-5 手部离开塑料板 3min 图像提取结果的定量分析

提 取 算 法	FPR	$J_{(GT,ER)}$	$D_{(GT,ER)}$	r_{err}
灰度共生矩阵免疫聚类模板	得不到连续、封闭的目标区域			
分水岭模板	50.58%	0.3517	0.5204	28.28%
Otsu 模板	41.55%	0.5346	0.6968	20.96%
阳性模板	66.55%	0.2985	0.4598	48.21%
集成免疫模板	26.91%	0.6372	0.7784	13.23%
球面免疫模板	26.51%	0.6381	0.7791	13.12%
刺激球体网络模板	25.68%	0.6383	0.7792	12.95%
最优可免域网络模板	25.37%	0.6400	0.7805	12.84%
局部熵聚类模板	65.30%	0.1705	0.2914	34.10%
处理后的局部熵聚类模板	65.72%	0.1963	0.3282	35.98%
协调免疫聚类模板	**24.67%**	**0.6444**	**0.7838**	**12.58%**

表 13-6　手部离开木板 3min 图像提取结果的定量分析

提 取 算 法	FPR	$J_{(GT,ER)}$	$D_{(GT,ER)}$	r_{err}
灰度共生矩阵免疫聚类模板	得不到连续、封闭的目标区域			
分水岭模板	53.35%	0.3537	0.5226	31.07%
Otsu 模板	45.78%	0.5030	0.6693	24.73%
阳性模板	70.92%	0.2678	0.4224	60.40%
集成免疫模板	34.08%	0.6147	0.7614	16.17%
球面免疫模板	34.08%	0.6149	0.7615	16.16%
刺激球体免疫网络模板	33.64%	0.6182	0.7640	15.92%
最优可免域网络模板	33.58%	0.6198	0.7653	15.85%
局部熵聚类模板	68.50%	0.1690	0.2892	37.61%
处理后的局部熵聚类模板	68.49%	0.1917	0.3218	39.66%
协调免疫聚类模板	**30.30%**	**0.6314**	**0.7740**	**14.54%**

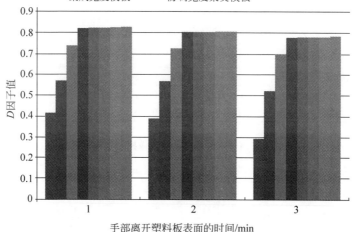

图 13-8　手部离开塑料板表面不同时刻的参数比较

由表 13-3～表 13-6 及图 13-8 可知,在手部离开物体表面的时间为 1min 时,所有方法的评价指标均好于离开时间为 2min 时的结果;而与离开时间为 2min 时相比,离开时间为 3min 时所有方法的评价指标均变差。

在手部离开物体表面 1min 和 3min 时,本书所提出的基于可免域的集成免疫模板、球面免疫模板,基于免疫因子网络的刺激球体网络模板、最优可免域网络模板,以及协调免疫聚类模板算法的各项评价标准均优于灰度共生矩阵免疫聚类模板、Otsu 模板、分水岭模板、阳性模板、局部熵聚类模板和处理后的局部熵聚类模板。其中,协调免疫聚类模板算法的 FPR 值、r_{err} 值最小,$J_{(GT,ER)}$ 值和 $D_{(GT,ER)}$ 值最大,表明协调免疫聚类模板算法具有最低的假目标提取比率、最小的绝对误差率、与参考标准重合度最大。

手部离开物体表面 1min、3min 时的定量评价结果与离开 2min 时的结果一致,表明本书提出的免疫模板方法优于已有的模板方法,而在免疫模板方法中,协调免疫聚类模板提取算法的定量评价结果优于其他免疫模板方法。

13.5　本章小结

本章基于先天性免疫及其对适应性免疫的方向决定作用,结合随机过程理论设计了一类协调免疫聚类模板算法。算法具有如下特点:①算法既借鉴了适应性免疫抗体的生成机制又借鉴了先天性免疫的识别和提呈机制。②算法体现了先天性免疫所产生的分泌因子对适应性免疫抗体生成方向的影响作用。③算法设计了反映图像空域及频域特性的模板特征提取规则,不仅提取了图像的空域特征,还提取了图像的频域特征。④算法是概率 1 收敛的。

将算法应用于手部离开塑料板 2min、手部离开木板 2min、手部离开塑料板 1min、手部离开木板 1min、手部离开塑料板 3min、手部离开木板 3min 时痕迹红外图像的目标提取,实验结果表明协调免疫聚类算法的提取效果优于免疫网络模板、局部熵聚类、灰度共生矩阵免疫聚类、基于可免域的免疫模板、Otsu 模板、阳性模板等方法。同时,多个时刻的图像实验也表明,本章所提出的基于免疫机理和模板的手部痕迹目标提取方法能够应用于手部离开物体不同时刻的红外图像,较大程度上丰富了刑侦红外图像的处理方法,且相较于其他算法,提取效果也较为清晰,可为刑侦分析、案件侦破提供有效的证据。

本章参考文献

[1]　ZHOU Z J,ZHANG B F,YU X. Infrared spectroscopic image segmentation based on neural immune network with growing immune field[J]. Spectroscopy and Spectral Analysis,2021,41(5):1652-1660.

[2]　YU X,ZHOU Z J,KAMIL R. Blurred infrared image segmentation using new immune algorithm with minimum mean distance immune field[J]. Spectroscopy And Spectral Analysis,2018.11,38(11):3645-3652.

[3]　于晓. 红外图像中手部痕迹目标的提取研究[D]. 北京:北京科技大学,2014.

[4]　BERENGUER R V,GONZALO J. Summability of stochastic processes—A generalization of integration for non-linear processes[J]. Journal of Econometrics,2014,178(2):331-341.

[5]　SHELDON M R. Stochastic Processes[M]. New Jersey:Wiley,1996.

［6］ 林元烈.应用随机过程［M］.北京：清华大学出版社,2011.

［7］ YU X,TIAN X S. A fault detection algorithm for pipeline insulation layer based on immune neural network［J］. International Journal of Pressure Vessels and Piping,2022,196: 104,611.

［8］ FU D M,YU X,TONG H J. Target extraction of blurred infrared image with an immune network template algorithm［J］. Opitics and Laser Technology.2014,56:102-106.

第14章

细胞凋亡基因调控机制的刑侦红外
图像轮廓模型提取算法

由于案发环境的多样性,受周围特殊环境如昼夜天气等的影响,红外图像采集很容易被干扰。由于热传导、热对流及热辐射等的影响会导致红外图像出现目标与背景对比度低、目标边缘模糊、目标细节丢失等现象,使得热痕迹信息难以被直接分辨出来。

在此情况下,本章将针对热扩散问题寻求新的处理方案,结合生物免疫学内容,通过观察线虫细胞凋亡调控基因在对相关蛋白复合物检测、识别、抑制、激活等方面表现出的优异特性,将其特性应用于主动轮廓模型算法,实现一种基于基因调控凋亡机理的红外手印图像分割算法[1]。通过线虫细胞凋亡调控机制指导轮廓模型对目标区域的定位,算法对于目标轮廓不明显和边缘模糊等的图像拥有较强的分割提取能力。

下面我们将首先了解一般的图像目标提取算法,再了解主动轮廓模型的图像分割过程,并结合线虫细胞凋亡调控机制改进算法,以满足后续优化红外图像目标提取算法的研究,实现对目标提取的优化。

14.1 传统的刑侦图像目标提取算法

通过前面介绍的内容可知,对于图像的目标提取方法,传统的算法能够分成以下几类:基于区域的图像目标提取算法[2]、基于图像边缘的目标提取算法[3]、基于图像阈值的目标提取算法[4-5]。为给后续内容做出铺垫,本节我们将对这三种图像分割算法分别加以说明。

14.1.1 基于边缘的目标提取算法

边缘是一幅图像中目标的基本特征,是指目标周围发生明显变化的像素点所构成的集合,图像边缘信息是图像进行分割的重要因素,在纹理分析和图像识别中也具有重要意义。我们常常将图像中灰度值变化剧烈的区域视为目标边缘,边缘检测的目的就是使用算法寻找到目标与背景之间的分割线。对于灰度值变化情况,可以采用像素的梯度进行反映,此类常见的算法有 Sobel 算法、Prewitt 算法、Laplacian 算法、Canny 算法等。

Sobel 检测算法[6,7]是结合高斯平滑和微分求导,从而获得边缘的离散微分算法。此算法用于估计图像亮度变化程度的近似值,它通过分析图像中某一点周围像素的变化来进行计算,并将那些超过某个预定阈值的特定点标记为边缘。主要计算过程为:设一幅灰度图的像函数为 $f(x,y)$,f 的值为坐标(x,y)的像素点的灰度值,那么该图像的梯度可定义为向量

$$\nabla f(x,y) = \begin{bmatrix} G_x \\ G_y \end{bmatrix} = \begin{bmatrix} \dfrac{\partial_f}{\partial_x} \\ \dfrac{\partial_f}{\partial_y} \end{bmatrix} \tag{14-1}$$

Sobel 检测算法以水平方向和垂直方向的两组模板作为卷积核,对待处理图像 $f(x,y)$ 进行卷积运算,分别得到水平方向和垂直方向的灰度差分近似值 G_x 和 G_y,即图像中水平方向、垂直方向的边缘。如图 14-1 所示,两组 3×3 的矩阵分别为水平方向模板和垂直方向模板。故有

$$G_x = \begin{pmatrix} -1 & 0 & +1 \\ -2 & 0 & +2 \\ -1 & 0 & +1 \end{pmatrix} f(x,y), \quad G_y = \begin{pmatrix} -1 & -2 & -1 \\ 0 & 0 & 0 \\ +1 & +2 & +1 \end{pmatrix} f(x,y) \tag{14-2}$$

运算可得

$$\begin{cases} G_x = [f(x-1,y-1)+2f(x-1,y)+f(x-1,y+1)] - \\ \quad [f(x+1,y-1)+2f(x+1,y)+f(x+1,y+1)] \\ G_y = [f(x-1,y+1)+2f(x,y+1)+f(x+1,y+1)] - \\ \quad [f(x-1,y-1)+2f(x,y-1)+f(x+1,y-1)] \end{cases} \tag{14-3}$$

因此,原图像像素点灰度值梯度的大小及方向分别为

$$G = \sqrt{G_x^2 + G_y^2}, \quad \theta = \arctan \frac{G_y}{G_x} \tag{14-4}$$

若梯度值 G 的值大于某一阈值,则该点被认作边缘点。

-1	0	+1
-2	0	+2
-1	0	+1

(a)

-1	-2	-1
0	0	0
+1	+2	+1

(b)

图 14-1 水平方向模板和垂直方向模板示意图
(a) 水平方向;(b) 垂直方向

将 Sobel 检测算法应用于红外手印痕迹目标提取仿真实验的结果如图 14-2 所示。

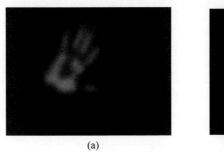
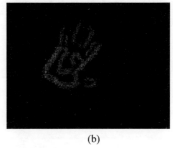

(a)　　　　　　　　　　　　　　(b)

图 14-2　Sobel 算法的处理结果

（a）边缘模糊手印痕迹原图；（b）Sobel 检测算法分割提取结果图

14.1.2　基于阈值的目标提取算法

基于阈值的目标提取算法是通过寻找一个或多个最优阈值，根据灰度值的不同将图像分割为两个或多个不同类，使得不同类之间的灰度值差异较大，而每一类内部的灰度值差异较小，从而实现目标区域的提取。其中，代表性的算法包括 Otsu 算法、最大熵算法等[8-10]。

一维 Otsu 算法的主要过程：首先，设一幅红外图像上的灰度级数为 S，第 i 级灰度上的像素点个数为 n_i，则整幅图像上总的像素数为

$$N = \sum_{i=0}^{S-1} n_i \tag{14-5}$$

每个灰度级出现的概率为

$$p_i = \frac{n_i}{N} \tag{14-6}$$

且有

$$\sum_{i=0}^{S-1} p_i = 1 \tag{14-7}$$

设某灰度阈值 T 可将整幅灰度图像划分为两个不同的区域，即目标区域 $C_0 = \{0,1,2,\cdots,t\}$ 和背景区域 $C_1 = \{t+1,t+2,\cdots,S-1\}$，两个区域出现的概率分别为

$$\omega_0 = \frac{n_0 + n_1 + \cdots + n_t}{N} = \sum_{T=0}^{T} P_i \tag{14-8}$$

$$\omega_1 = \frac{n_{t+1} + n_{t+2} + \cdots + n_{S-1}}{N} = \sum_{i=T+1}^{S-1} P_i \tag{14-9}$$

且有 $\omega_0 + \omega_1 = 1$。

那么，目标区域 C_0 的灰度均值为

$$\mu_0 = \frac{0n_0 + 1n_1 + \cdots + tn_t}{n_0 + n_1 + \cdots + n_t} = \frac{(0n_0 + 1n_1 + \cdots + tn_t)/N}{(n_0 + n_1 + \cdots + n_t)/N} = \frac{\sum_{i=0}^{T} iP_i}{\omega_0} \qquad (14\text{-}10)$$

同理可得背景区域 C_1 的灰度均值为

$$\begin{aligned}
\mu_1 &= \frac{(T+1)n_{T+1} + (T+2)n_{T+2} + \cdots + (S-1)n_{S-1}}{n_{T+1} + n_{T+2} + \cdots + n_{S-1}} \\
&= \frac{\dfrac{(T+1)n_{T+1} + (T+2)n_{T+2} + \cdots + (S-1)n_{S-1}}{N}}{\dfrac{n_{T+1} + n_{T+2} + \cdots + n_{S-1}}{N}}
\end{aligned} \qquad (14\text{-}11)$$

$$= \frac{\sum_{i=T+1}^{S-1} iP_i}{\omega_1}$$

因此,该图像总体的灰度均值为

$$\begin{aligned}
\mu_S &= \frac{0n_0 + 1n_1 + \cdots + tn_t + (t+1)n_{t+1} + \cdots + (S-1)n_{S-1}}{n_0 + n_1 + \cdots + n_{S-1}} \\
&= \mu_0\omega_0 + \mu_1\omega_1 = \sum_{i=0}^{S-1} iP_i
\end{aligned} \qquad (14\text{-}12)$$

又根据方差公式可以推知,这两个区域的类间方差为

$$\sigma^2 = \omega_0(\mu_0 - \mu_S)^2 + \omega_1(\mu_1 - \mu_S)^2 \qquad (14\text{-}13)$$

实际上,类间方差表示两类的差异程度,类间方差值越大,则说明两类的差异越大。通过对选择的所有阈值 T 进行计算(即对整幅图像进行逐点运算),比较所得类间方差值的大小,可以得到使得两个区域类间方差 σ^2 值最大时的灰度阈值 T^*,即 $T^* = \mathrm{argmax}(\sigma^2)$,这便是最优阈值。

将一维 Otsu 算法应用于红外手印痕迹目标提取的结果如图 14-3 所示。

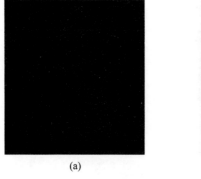 

(a)　　　　　　　　　　　　　　　(b)

图 14-3　一维 Otsu 算法的处理结果

(a) 深度模糊手印痕迹原图;(b) 一维 Otsu 算法的分割提取结果

14.1.3 基于区域的目标提取算法

基于区域的目标提取算法是一种利用目标与背景灰度分布的相似性,以图像特定区域为基础的目标提取方法。该方法主要包括两种基本形式:一种是从某个或某些像素点的角度出发,逐步合并形成所需的目标区域,即区域生长;第二种是图像全局角度出发,逐步切割目标区域,即区域分裂合并。其中最为典型的算法包括区域增长算法、分水岭算法[11-13]等。

以分水岭算法为例,该算法基于拓扑理论的数学形态学[14]。算法把像素视为地理拓扑结构,把灰度值的大小视为海拔高度,集水盆为灰度值较小的值及所处区域,分水岭为所有集水盆的边界。可以把图像看作一个三维高度模型,每一个局部极小值表示局部的低洼地区,然后对整个模型慢慢在每个低洼处注水,随着注水的不断增加,低洼积水区域逐步扩展,在集水盆汇合处构筑大坝,形成分水岭。在待处理的灰度图像 I 中,设梯度极大值为 $h_{\max}$,梯度极小值为 $h_{\min}$。若溢流过程以单灰度值递增,设定 h 为溢流的增加值,$T_h[I]$ 为满足 $f(x)<h$ 的所有点 x 的集合,$f(x)$ 为梯度图像信号。设图像极小区域为 $M_i=[M_1,M_2,\cdots,M_r]$,集水盆地为 $C(M_i)$,集水盆地的一个子集 $C_h(M_i)$ 包含集水盆地中所有灰度值小于 h 的点,即

$$C_h(M_i)=C(M_i)\bigcap T_h[I] \tag{14-14}$$

如果极小区域 M_i 的灰度值为 h,则在第 $h+1$ 步时,流域溢流部分同该极小区域相同,即 $C_{h+1}(M_i)=M_i$。令 $C[h]$ 为第 h 步中溢流部分的并集,即

$$C[h]=\bigcup_{i=1}^{R} C_h(M_i) \tag{14-15}$$

因此,$C[h_{\max}+1]$ 为所有集水盆地的并集,且 $C[h-1]$ 也是 $T_h[I]$ 的一个子集。若 D 是包含 $T_h[I]$ 的一个连通成分,那么 D 与 $C[h-1]$ 的交集存在三种可能性:

(1) $D\bigcap C[h-1]$ 为空集,则 D 为灰度值 h 的新极小区域。

(2) $D\bigcap C[h-1]$ 为非空集,含有 $C[h-1]$ 一个连通成分,则 D 的灰度值小于或等于 h,且位于一个集水盆地之内。

(3) $D\bigcap C[h-1]$ 为非空集,含有 $C[h-1]$ 多个连通成分,则 D 中包含多个集水盆地的堤坝线。

因为分水岭算法对灰度值的变化极为敏感,易受到图像中的噪声的影响,可能导致过度细分的问题,结果如图 14-4 所示。

以上传统的图像分割算法,对于一般的图像而言在特定条件下会有良好的图像目标提取效果,但是对于边缘模糊和对比度较差的红外图像而言,并不能获得理想的目标提取效果。图 14-5(a)为待提取的红外手印图像,分别经过三种传统图像提取算法后的结果见图 14-5(b)~(d),可见都未能获得理想的提取效果。

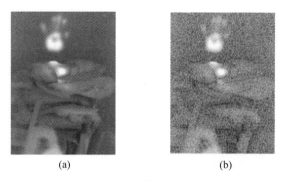

(a)   (b)

图 14-4　分水岭算法的处理结果

（a）复杂背景手印痕迹原图；（b）分水岭算法的分割提取结果

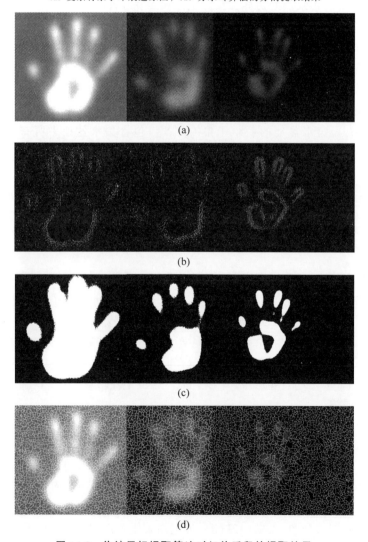

(a)

(b)

(c)

(d)

图 14-5　传统目标提取算法对红外手印的提取结果

（a）待提取红外手印图；（b）Sobel 边缘检测算法的结果；（c）最大熵算法的结果；（d）分水岭算法的结果

Sobel 边缘检测算法所提取到的目标边缘信息、纹理信息较为杂乱,存在大量噪声点信息,难以得到平滑、连续的目标轮廓,提取结果较差;分水岭算法出现了过分割情况,提取到的目标区域较小、无用噪声信息较多,难以获得手印轮廓特征;最大熵算法虽然能够得到手部痕迹的大致轮廓信息,但提取结果存在不完整区域、空洞区域,且受到边缘模糊程度的影响较大。

14.2 主动轮廓模型算法

1988 年,Kass 等人提出一种主动轮廓模型算法,把图像分割问题转化为一种求解能量泛函最小值问题[15],即通过分段平滑函数不断逼近原始图像。该算法在含有噪声的图像中通过初始轮廓线不断收缩后,提取出真实目标的轮廓边缘。

主动轮廓模型的关键在于将轮廓的内能量和外能量综合考虑,该模型将图像的像素作为距离场,若能够准确分割目标区域,则内外能量达到最小。通过设计能量泛函,迭代求解能量函数最小值,使得轮廓曲线逼近目标边缘,最终分割出目标。在图像包含大量噪声的条件下,主动轮廓算法能获得连续、光滑的闭合分割边界,这是主动轮廓模型的最大优势。

主动轮廓模型大致可以分为两种:一种是基于边缘的主动轮廓模型,将目标边缘作为表征目标的重要信息,视为分割目标的重要依据,主要通过目标边缘梯度变化进行检测。另一种是基于区域的主动轮廓模型,把图像像素灰度看作一种能量,通过设定的能量函数,不断迭代获得能量函数最小值,完成目标分割。

主动轮廓模型的基本过程按照三个步骤来完成:

(1) 首先,在图像中构建一个形状任意但包含了全部目标的闭合轮廓曲线。

(2) 其次,按照创建的轮廓线构建能量方程。能量方程由两部分构成:第一个部分是内能量,以规范曲线形状为目的;第二部分为外能量,是以靠近目标物体边缘为目的。

为了获得最好的效果,需要不断减小内能量以便于轮廓曲线不断平滑地紧逼目标边缘,逼近停止信息由外能量决定,确保曲线逼近真实的目标边缘。

(3) 最后,根据能量方程计算曲线在不同位置的受力情况,并对曲线进行调整,使曲线各点的受力为零,曲线逐渐接近目标物体的边缘。

主动轮廓模型算法的具体流程图如图 14-6 所示。

主动轮廓模型的优点有:在轮廓进行收缩过程中,能量逐渐细化,在扩大了捕获区域的同时可

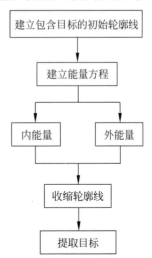

图 14-6 主动轮廓模型算法流程图

以降低计算的复杂度,能够快速准确地对目标分割;同时对边缘、线、目标轮廓等进行统一处理;并且在进行提取目标时,能够根据输入初始轮廓的不同,获得不同的提取效果,但这也是主动轮廓模型的缺陷。由于主动轮廓模型对初始轮廓的位置过于敏感,因此在初始化时,轮廓线必须设置在目标轮廓附近,同时也容易导致陷入局部极小值。这些缺陷在进行红外手印目标提取时,会对结果产生影响,无法获得最佳的提取结果。

为获得精准的刑侦图像目标检测与分析,我们将探索研究新的提取算法,以达到刑侦图像处理分析的需求。通过借鉴生物细胞凋亡过程中有关基因分子的相互协同作用[16],能够有效弥补上述不足。下面对线虫细胞的凋亡基因调控机制进行介绍。

14.3 细胞凋亡的机理

细胞凋亡是生物机体中细胞的重要活动特征,在生物机体正常发育、自稳平衡、抵御外界干扰等方面有着重要作用。自 1972 年 Kerr 提出细胞凋亡的概念后,人们相继对动物细胞的凋亡进行了不同层次的研究,基本阐述了细胞凋亡机制。凋亡为严格控制程序性细胞死亡的模式,其程序包括 Caspase 的活化和死亡底物,如核纤层蛋白和核蛋白 PARP 的降解及染色质 DNA 在核小体间的切割。植物细胞的凋亡发现较晚,近年来越来越多的证据证实细胞凋亡在植物组织的发育、器官分化、抗病和抗逆反应中都起着重要作用,人们逐渐认识到细胞凋亡的本质及其在生物学和医学领域的重要意义。

细胞凋亡并非细胞被动性死亡,而是指细胞主动选择消亡的过程。细胞在受到一些因素作用后由凋亡基因相互作用促使细胞死亡。在一般的具有动能的生命体内,细胞的数量需要得到精确的调节和控制。为了维护和保持生物体内部环境的稳定性,基因控制细胞自发地有序死亡,即细胞凋亡,也称为细胞的编程性死亡[17-18]。这个主动过程中涉及一系列基因的激活表达调控等作用,严格受基因管理。从生物学上来讲,细胞凋亡是有积极意义的,因为凋亡的行为是生物体维持自身内环境稳定的必要行为。

从形态上来看,细胞凋亡是一种多阶段单体的异步行为,多为单个细胞或者小部分细胞非同步发生。细胞凋亡期间将会导致细胞体积不断缩小,并脱离周围的细胞,细胞核质浓缩,细胞核膜与细胞核仁破碎,最终凋亡细胞会分解为凋亡小体。

从生物化学变化的角度来看,DNA 降解是细胞凋亡普遍的显著特征,在内源性核酸内切酶的作用下,DNA 被无规律地随机切成大量 DNA 片段。除了凋亡过程中的 DNA 降解,还会伴随新的基因和某些大分子产生以调控整个凋亡过程。

14.3.1 影响细胞凋亡的要素

1. 核酸内切酶

核酸内切酶在细胞凋亡过程中有着重要作用,能够分为二价金属离子依赖性核酸内切酶、二价金属离子非依赖性核酸内切酶。在生物学研究中,已经发现了许多参与细胞凋亡的核酸内切酶。在细胞的整个凋亡过程中,内切酶并非直接将DNA降解成典型的梯状DNA,而是连续按照三个步骤分阶段进行降解:第一阶段是由300kb以上的大分子DNA形成,这些大分子组成六聚体的花环结构;第二阶段是将这些大分子进一步降解成50kb左右的环状DNA片段;第三阶段则再次分解成更小分子的梯状DNA片段。

在分解过程中,一些基因,如C-myc、Ha-ras、Bcl-2和P53等可以通过调节内切酶的活动来调节细胞凋亡过程。除此之外,还有丝氨酸蛋白酶等可以解除束缚DNA的蛋白质,这些因素也可以影响细胞凋亡。

2. Bcl-2 家族

Bcl-2家族作为影响细胞凋亡的重要因素,按照其效果可以分为两类:抗细胞凋亡作用成员、促进细胞凋亡作用成员。抗细胞凋亡作用的成员主要包括Bcl-2、Bcl-XL、Mcl-1等,通过控制线粒体膜电位、降低线粒体膜的通透性和影响钾离子的分布使细胞免于凋亡。促进细胞凋亡作用的成员主要包括:Bax、Bak、Bxl-Xs等,通过与Bxl-2结合形成异源二聚体或独立参与细胞凋亡调控,从而促进凋亡过程。

3. Caspase 家族

Caspase是一类以天冬氨酸为底物的特异性半胱氨酸蛋白酶,在细胞凋亡过程中扮演着关键的角色。细胞凋亡本质上是一种级联放大反应,其中,Caspase通过不可逆限制性水解底物来执行其功能。一般情况下,Caspase以一种无活性的酶原形式存在于细胞内,它通过与各种蛋白质相互作用来控制细胞。Caspase的激活主要依赖于内部特定的天冬氨酸残基位点的蛋白质裂解,这一过程可以触发细胞凋亡的发生。

在细胞凋亡过程中,Caspase可以破坏性地拆解细胞结构,对核板这一支撑核膜与染色质组织的结构加以破坏,通过切割核纤层蛋白来实现DNA降解。同时对于抑制细胞凋亡的各种因子,Caspase也具有灭活作用。

14.3.2 细胞凋亡的过程

细胞凋亡是一个主动过程,受到一系列基因的严格管理,具有一系列基因的激活、表达及调控作用。细胞凋亡的调控与癌症、自身免疫病、神经退行性疾病息息相关。若细胞增殖过多,则会引起癌症;若细胞凋亡过多,会引发神经退行性疾病。

从细胞内部来看,细胞凋亡过程大致分为四个部分:接收凋亡信号→凋亡调控分子间的相互作用→蛋白水解酶的活化(Caspase)→进入连续反应过程。当细胞收到凋亡信号后,在凋亡过程早期会释放磷脂酰丝氨酸外翻、线粒体受损、释放细胞色素 C 到胞浆,然后 Caspase 活化,开始分解细胞,最后经过分解细胞 DNA 片段化并形成凋亡小体。其流程如图 14-7 所示。

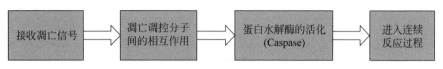

图 14-7　细胞凋亡过程

如图 14-8 所示,从外部形态上看来,细胞凋亡可以分为三个阶段:第一阶段可以称为定型阶段,靶细胞接到死亡指令,开始程序死亡;第二阶段进入实施阶段,细胞内出现了一系列的形态和生化变化,如细胞核凝集、细胞缩小、形成膜泡、微绒毛丧失、染色体 DNA 降解、形成核小体长度为单位的 DNA 片段等;第三阶段为吞噬阶段,凋亡小体被周围的吞噬细胞消化吞噬,凋亡完成,分解后的残余物质被消化后重新利用。

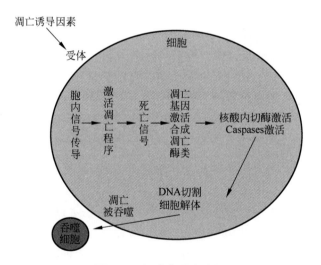

图 14-8　细胞内凋亡过程

细胞凋亡经过严格的调控,Caspase 酶在正常细胞中以不活跃的酶原形态存在。一旦凋亡程序启动,Caspase 酶将迅速被激活,引发凋亡蛋白酶的级联反应,最终导致细胞凋亡。固有的凋亡通路依赖于线粒体膜的完整性,涉及多个保守的信号传导蛋白。细胞凋亡的进程严格受到 Bcl-2 家族蛋白之间活性平衡的调控,该家族由促凋亡成员(Bad、Bid、Bim、Puma、Noxa 等)和抗凋亡成员(Bcl-2、Bcl-XL、Bcl-w、Mcl-1 等)组成。当促凋亡家族成员(Bad、Bid、Bim)在细胞受到应激时发生变化并被激活时,它们立即启动了凋亡过程。接着,促凋亡蛋白 Bax、Bak 诱导线粒体外膜通透性的改变,释放细胞器膜间细胞色素 C,和凋亡蛋白 Apaf-1 结合,形成复合物激活 Caspase-9 触发一系列凋亡事件。

抗凋亡家族的成员,如 Bcl-2、Bcl-XL、MCL-1,可以结合促凋亡蛋白,抑制细胞凋亡。Bcl-2 家族包括一些成员,有些具有抑制凋亡的功能,而有些则促进凋亡。这些成员通常包含两个结构相似的区域,在它们形成二聚体时发挥着关键作用。例如,Bcl-2 具有延长细胞寿命和抑制细胞凋亡的能力,在某些白血病中呈过度表达。Bcl-2 蛋白分布在细胞的不同位置,通过阻止释放细胞色素 C,发挥抗凋亡作用。Bcl-2 还可以维护细胞健康。当 Bcl-2 过度表达,会积累细胞核内谷胱甘肽(GSH)改变氧化还原平衡,降低 Caspase 的活性。当细胞死亡被诱导,Bax 会从细胞质迁移至线粒体、细胞核膜。

Caspase 家族的特定成员的蛋白酶活性对内在和外在凋亡信号通路的启动起着关键作用,这些 Caspase 可以划分为两个主要类别。其一,Caspase-2、Caspase-8、Caspase-9、Caspase-10 被称为"启动型"Caspase,它们与细胞凋亡信号传导和启动紧密相关;其二,Caspase-12 通过剪切"执行型"Caspase-3、Caspase-6 和 Caspase-7 发挥作用,最终导致细胞内蛋白质的改变和降解。为了检测细胞死亡,可以采用特异性抗体来监测这些 Caspase 及其底物的裂解。

当细胞外的信号分子与细胞表面上的死亡受体相互结合时,这也可以通过外部途径激活 Caspase。死亡受体包括 TNFR 家族的成员(如 TNFR1/2、Fas 和 DR3/4/5)以及它们对应的信号分子(如 TNF-α、FasL、TRAIL 和 TWEAK)。当信号分子与死亡受体结合时,会触发受体的激活,形成死亡诱导信号转导复合物。这个复合物包括连接蛋白、FADD、TRADD 等,它们聚集、激活"启动型"Caspase-8 和"执行型"Caspase-3。此外,死亡受体途径还可以通过 TNFR2 介导的 NF-κB 信号传导来控制存活相关基因 Bcl-2 和 FLIP 的表达,从而促进细胞的存活。这意味着死亡受体信号通路除了引发细胞凋亡外,还可以调控细胞的生存机制。

14.4　细胞凋亡模型改进刑侦图像轮廓提取

在细胞凋亡机制的研究过程中,最早是从对线虫细胞的探索中取得突破的。在线虫细胞中,EGL-1、CED-9、CED-4 和 CED-3 四个基因之间的相互作用严格控制线虫细胞编程性死亡的发生。促使细胞发生编程性死亡,需要蛋白酶 CED-3 的作用,CED-3 的活化需要 CED-4 发生作用。然而,CED-4 能被 CED-9 持续抑制,直到 EGL-1 出现阻止其抑制作用。细胞凋亡过程中各个基因之间的相互作用,对于主动轮廓算法的改进有着极大的启示意义[19]。

将线虫细胞死亡激活调控机制应用到主动轮廓模型的曲线能量函数的指导过程中,曲线能量函数的作用类似于蛋白酶 CED-3,被"激活"的能量函数使得轮廓曲线不断贴近目标轮廓,分割出目标区域这一过程类似于线虫细胞的凋亡过程。由于能量函数由内部能量和外部能量两者构成,内部能量可类似于蛋白 CED-4,CED-4 激活 CED-3,内部能量使曲线向内缩进平滑,规范曲线形状。外部能量包括三部分,分别促使曲线接近于目标轮廓的线、边和终端,前两者类似于 CED-9,CED-9 持续抑制 CED-4,"线"和"边"的能量使曲线不断贴近目标边缘;终端能量函数类似于 EGL-1,EGL-1 的出现打破了 CED-9 的持续抑制作用,终端能量函数的求解促使对图像目标内容的定位与提取。

改进后的算法通过模拟表达基因之间的相互影响,利用线虫细胞凋亡调控激活机制,能够有效优化轮廓提取过程,从而指导主动轮廓模型分割边缘模糊的红外手印痕迹图像。基于基因调控细胞凋亡机理的轮廓模型目标提取算法结构如图 14-9 所示。

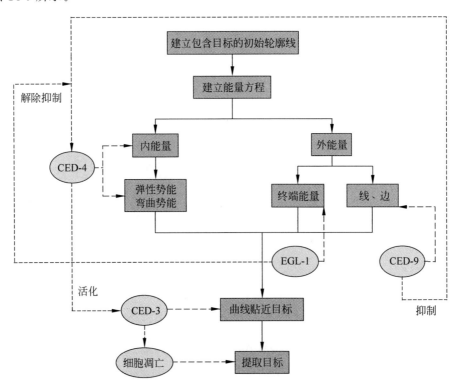

图 14-9　基于基因调控细胞凋亡机理的轮廓模型目标提取算法结构图

在一般常见实际环境的条件下,由于目标中心区域温度最高,边缘区域低于目标中心的温度,而环境温度相对更低,在红外图像中表现为不同的灰度信息。受热传导的影响,目标区域边缘容易出现轮廓模糊等边缘模糊现象,导致难以提取。而Snake 是一种能量最小化的曲线,受图像力的影响,由外部约束力引导,将曲线逼近目标边缘线和边的特征。这种活跃的轮廓模型,能够锁定在目标附近具有特征性的边缘。提出的算法首先构建包含目标的初始曲线,然后在线虫细胞凋亡调控激活机制的指导下实现能量方程的建立。在待处理红外手印痕迹图像中建立一种最小能量的初始曲线,即

$$v(s) = (x(s), y(s)) \qquad (14\text{-}16)$$

式中，x 和 y 分别表示曲线所在的横纵坐标，s 为归一化的曲线长度，$S \in [0,1]$。

能量方程中的曲线内部能量和外部能量受到相关蛋白酶的活化、抑制作用的指导，可表示为

$$E_{\text{snake}} = \int E_{\text{snake}}(v(s))\mathrm{d}s = \int \left[E_{\text{int}}(v(s)) + E_{\text{image}}(v(s)) \right] \mathrm{d}s \qquad (14\text{-}17)$$

式中，$E_{\text{int}}(v(s))$ 为曲线内部能量，受到蛋白酶 CED-4 对 CED-3 的促进活化作用过程 $a(s)$，最小内部能量向内紧缩、平滑，限定曲线的形状；$E_{\text{image}}(v(s))$ 为曲线外部能量根据蛋白酶 CED-9 持续抑制 CED-4，直到 EGL-1 出现解除抑制作用过程 $i(s)$，最小外部能量不断贴近目标轮廓线，限定曲线与目标物体轮廓线的接近程度。目标区域轮廓可以转化为求解能量泛函的极小化问题。

在活化作用的指导下，内部能量包括弹性势能和弯曲势能，不断规范初始曲线形状，即

$$E_{\text{int}}(v(s)) = \frac{1}{2}\left(\alpha(s) \, |\dot{v}(s)|^2 + \beta(s) \, |\ddot{v}(s)|^2 \right) \qquad (14\text{-}18)$$

式中，$\dot{v}(s)$ 为曲线的一阶导数，$\alpha(s) \, |\dot{v}(s)|^2$ 为活化作用指导下的弹性势能；$\ddot{v}(s)$ 为曲线的二阶导数，$\beta(s) \, |\ddot{v}(s)|^2$ 为活化作用指导下的弯曲势能。设

$$v_{i(s)} = x_i(s) + y_i(s), \quad i = 0,1,2,\cdots,n-1$$

则有

$$\dot{v}(s) = \frac{1}{2}(v_{i+1} - v_{i-1}) \qquad (14\text{-}19)$$

$$\ddot{v}(s) \approx (v_{i+1} - v_i) - (v_i - v_{i-1}) = v_{i+1} - 2v_i + v_{i-1} \qquad (14\text{-}20)$$

外部能量为

$$E_{\text{image}} = E_{\text{line}} + E_{\text{edge}} + E_{\text{term}} \qquad (14\text{-}21)$$

式中，E_{line} 为图像强度，E_{edge} 为图像亮度的梯度变化，E_{term} 为终端能量函数。在蛋白酶 CED-9 持续抑制 CED-4 的活性，阻止 CED-4 激活 CED-3 的过程中，E_{line} 和 E_{edge} 虽然使得曲线接近目标的线和边，但始终未能完成目标区域的分割。终端能量函数促使曲线达到目标轮廓线，并完成目标提取，正如蛋白酶 EGL-1 的出现解除了 CED-9 的持续抑制作用，从而完成了细胞凋亡。

通过上述改进算法，原始的主动轮廓提取有了对噪声模糊等问题更强的处理效果。如图 14-10 所示，图(a)为待提取红外手印，图(b)为改进算法后对红外手印图像的提取结果。

由图 14-10 可见，改进后的算法能够尽量克服噪声干扰，对目标边缘的模糊程度影响有一定的容错空间，并且提取所得手印痕迹目标轮廓更为完整、有效，特征信息丰富，获得了较好的目标提取效果。

由前文可知，在图像处理领域中，常用的图像目标提取定量评价标准有：真阳

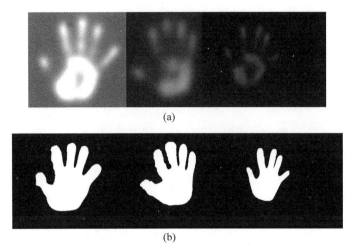

(a)

(b)

图 14-10　细胞凋亡模型改进轮廓提取算法结果

(a) 待提取红外手印；(b) 改进算法提取后的结果

性率(TPR)和假阳性率(FPR)、Dice 相似性指数 $D_{(GT,ER)}$ 等。真阳性率和假阳性率实际是从医学概念引入机器学习中的,其对应于医学报告中的阳性和阴性,设计这种检验方法的时候,希望得到样本正例被正确识别和样本负例被错误识别的比例。而 Dice 相似性指数是一种集合相似程度的度量指标,用于计算两个样本之间的相似程度。其范围值为 0~1,相似程度越高值越大。

真阳性率是提取结果中的目标与参考标准中的目标之比,其值越接近 1,说明提取到的真实目标区域越多;假阳性率是提取结果中被误分为目标的背景占参考标准中背景的比例,其值越接近 0,说明被误分的背景越少,则提取效果越理性。$D_{(GT,ER)}$ 表示提取结果和参考标准中的目标重合度,其值越接近 1,提取效果越理想。因此,期望实际提取结果获得更高的真阳性率和较低的假阳性率及较高的 $D_{(GT,ER)}$ 系数值。

通过以真阳性率、假阳性率和相似性指数为指标对各个算法的提取结果进行定量分析进一步验证改进后轮廓提取算法的有效性。其定量分析评价结果见表 14-1~表 14-3,其中各评价标准的最优结果已在表中用黑体标出。

表 14-1　各算法对图 14-10(a)左图的检测结果

算　　法	TPR	FPR	$D_{(GT,ER)}$
改进轮廓提取算法	0.9988	0.2004	0.5837
Sobel 检测算法	0.0335	**0.0218**	0.0196
最大熵算法	0.9799	0.1944	0.5727
分水岭算法	**1.0000**	0.9999	**0.5844**

表 14-2　各算法对图 14-10(a)中图的检测结果

算　法	TPR	FPR	$D_{(GT,ER)}$
改进轮廓提取算法	**0.9524**	0.2187	**0.7171**
Sobel 检测算法	0.0301	0.0124	0.0227
最大熵算法	0.5410	**0.0076**	0.4074
分水岭算法	0.4982	0.2147	0.3751

表 14-3　各算法对图 14-10(a)右图的检测结果

算　法	TPR	FPR	$D_{(GT,ER)}$
改进轮廓提取算法	**0.9439**	0.0306	**0.2675**
Sobel 检测算法	0.1138	0.0089	0.0322
最大熵算法	0.6201	**0.0004**	0.1757
分水岭算法	0.1851	0.2015	0.0525

由表 14-1~表 14-3 可知,改进后的算法保证了较高的真阳性率、较低的假阳性率,可较为准确地提取目标区域,并且较高的 $D_{(GT,ER)}$ 系数值也补充证明了提取结果与真实目标区域之间的相似性较高。

因此,利用线虫细胞凋亡机制指导轮廓模型进行目标提取,对红外刑侦图像进行处理,能够准确地勾选出图像中的目标手印及其区域的轮廓信息。通过分割出来的刑侦信息可以获得嫌疑人在案发现场中残留的痕迹,促使刑侦办案人员及时掌握案件的关键线索,从而提高案件破获、嫌疑人抓捕的效率。

14.5　本章小结

本章内容介绍了在刑侦红外图像处理中,对于案发现场的手部痕迹进行提取,显示出嫌疑人作案时遗留的手印,从而通过生理特征锁定犯罪嫌疑人的方法。对于手印的提取方法,介绍了传统的目标提取算法,如基于边缘的检测方法、基于阈值的检测方法、基于区域的检测方法,然而这些传统的算法对于模糊的刑侦红外图像处理效果欠佳,不足以识别出犯罪嫌疑人的手部特征。为寻求更好的处理方法,制定良好处理效果方法,借鉴了主动轮廓模型算法及生物细胞凋亡机理,以生物细胞机制激活促进主动轮廓模型算法的内能量和外能量,达到了较好的提取效果,能够识别出犯罪嫌疑人的手部痕迹,提取犯罪嫌疑人的生理特征。此方法不仅可以用于案发现场的手部痕迹提取,还可以推广至足部痕迹检测、指纹检测等生理遗留痕迹的检测,为刑侦人员提供了较大的便利。

本章参考文献

[1]　YU X, YE X, GAO Q. Infrared handprint image restoration algorithm based on apoptotic

mechanism[J]. IEEE Access,2020,8：47334-47343.

[2] 王妍,王履程,郑玉甫,等.基于区域生长的极光图像分割方法[J].计算机工程与应用,2016,52(23):190-195.

[3] 杨陶,田怀文,刘晓敏,等.基于边缘检测与Otsu的图像分割算法研究[J].计算机工程,2016(11):255-260.

[4] 信成涛,邹海,盛超,等.新型果蝇优化算法的最佳熵阈值图像分割[J].微电子学与计算机,2019,36(4):52-56.

[5] 杨秋翔,周海芳,贾彩琴,等.基于改进布谷鸟搜索算法的二维Tsallis熵多阈值快速图像分割[J].小型微型计算机系统,2016,37(3):219-223.

[6] GAO W, YANG L, ZHANG X, et al. An improved sobel edge detection[C]. IEEE International Conference on Computer Science & Information Technology,Chengdu China,IEEE,2010：67-71.

[7] ZHOU R G,LIU D Q. Quantum image edge extraction based on improved sobel operator[J]. International Journal of Theoretical Physics,2019,58(9)：1-17.

[8] OSTU N. A threshold selection method from gray-histogram[J]. IEEE Transactions on Systems,Man,and Cybernetics,2007,9(1)：62-66.

[9] 张振杰,丁邺,肖里引.基于阈值分割的石化保温管线高温区域提取方法[J].计算机时代,2015(8)：15-17.

[10] YAMINI B,SABITHA R. Image steganalysis：Adaptive color image segmentation using Otsu's method[J]. Journal of Computational and Theoretical Nanoscience,2017,14(9)：4502-4507.

[11] 王国权,周小红,蔚立磊.基于分水岭算法的图像分割方法研究[J].计算机仿真,2009,26(5)：255-258.

[12] 张海涛,李雅男.阈值标记的分水岭彩色图像分割[J].中国图象图形学报,2015,20(12)：1602-1611.

[13] HEMANT B R,GEDAM S S. Tri-stereo image matching using watershed segmentation on disparity space image[J]. Journal of the Indian Society of Remote Sensing,2018,46(11)：1841-1852.

[14] MAYER F,BEUCHER S. Morphology segmentation[J]. Journal of Visual Communication And Image Representation,1990,1(1)：21-46.

[15] KASS M, WITKIN A, TERZOPOULOS D. Snakes：Active contour models[J]. International Journal of Computer Vision. 1988,1(4)：321-331.

[16] YU X,YE X,GAO Q. Pipeline image segmentation algorithm and heat loss calculation based on gene-regulated apoptosis mechanism[J]. International Journal of Pressure Vessels and Piping,2019,172：329-336.

[17] 杨涛,费振海,钟兴明.Caspase家族与细胞凋亡的研究进展[J].浙江医学,2018,40(18)：2083-2087,2091.

[18] 张少龙,殷梦月,樊竑冶,等.凋亡细胞清除障碍与疾病的研究进展[J].药物生物技术,2018,25(2)：177-181.

[19] 叶溪.基于生物因子机理的红外刑侦图像目标提取算法研究[D].天津：天津理工大学,2021.

第15章

细胞凋亡机制的刑侦红外
图像目标恢复算法

在面对因作案时间到侦查时间之间存在时间差,遗留的痕迹会由于热扩散等因素造成热痕迹的严重弥散,给目标痕迹的提取带来了一定的困难。

图像特征提取技术的一个关键研究领域是边缘检测,该技术有助于从图像中提取更多信息以进行智能处理。边缘[1]采用微分算法对图像中亮度急剧变化的地方进行提取。体现图像的不连续性,包含了物体的特点和图像的基本信息[2]。边缘检测是将图像中目标与背景或目标与目标之间的边界信息[3,4]提取出来。

传统的边缘检测算法,如 Sobel 检测算法、Canny 检测算法、Laplace 检测算法、Roberts 检测算法等,其中应用最为广泛的是 Sobel 检测算法和 Canny 检测算法[5],这些经典算法计算方便,但检测性能较差、定位精度较低,且对噪声敏感[6]。在当前的边缘检测算法中,包含机器学习、深度学习方法的边缘检测算法[7-9],这些算法能顾提取出一定的特征信息,具有较高的精度。但是,这些算法在实际应用中还需要考虑到刑侦目标离开一段时间后,刑侦红外图像会出现深度模糊的特点。

为了提取目标离开时间稍长的深度模糊的红外刑侦痕迹图像目标区域,获得现场原始目标痕迹的特征信息,受生物细胞凋亡过程原理启发,提出了一种基于细胞凋亡机制的红外手印痕迹恢复算法[10,11]。根据在一定时间序列下,时间序列红外手印痕迹图像灰度特征等信息之间的相关性,寻找、建立不同时刻之间红外目标痕迹的关系模型,由深度模糊痕迹图像到原始痕迹图像信息进行恢复,实现了对不同手印痕迹目标的恢复及提取。

15.1 手印、脚印模糊问题分析

15.1.1 手印、脚印模糊的产生原因

在实际情况下,红外刑侦图像目标的检测与提取存在诸多问题与困难,具体如下:

（1）由于热传递、热扩散、热对流作用，会加速目标周围温度场的变化，使得目标与背景边界模糊，目标区域不清晰、不连续，目标边缘失真严重，导致无法划分目标区域，难以获得目标的真实轮廓。

（2）由于案发现场环境的复杂性与不确定性及犯罪嫌疑人的故意破坏、遮掩，现实中的红外刑侦图像存在类目标干扰、残缺、背景复杂等不利因素，加大了目标区域检测与提取的难度。

（3）相关刑侦团队抵达案发现场的时间不一，现场残留的热痕迹也会随着时间的流逝而逐渐消失或是被破坏，使所采集的红外刑侦图像出现模糊、失真等情况，极大地影响了后续刑侦工作的顺利进行。

因此，针对实际刑侦红外图像的多样性和复杂环境造成的背景复杂、目标区域成像模糊、边缘不清晰等问题，研究怎样准确、有效地从这类背景特征复杂、边缘模糊的红外图像中提取目标区域，是刑侦图像目标提取研究中一类新的理论与实践难题，也是红外图像应用于刑事侦查领域中亟待解决的科学问题。这对于提高实际刑侦过程中痕迹信息采集分析的准确性，以及公安部门的破案效率、维护社会的稳定和谐具有重大意义。

15.1.2 脚印及手印目标痕迹弥散程度监测

在正常的可见光条件，且没有明显的空气流通情况下，拍摄和收集不同物体、材质表面留下的红外脚印和手印痕迹。同时，根据时间的推移，采集一系列基于时间序列的红外脚印、手印目标痕迹图像。由于目标在物体表面留下的热辐射信息受到多种因素的影响，包括环境温度、湿度、光照、目标与物体接触的时间、物体的材质等，因此对采集的各种红外手印和脚印目标痕迹图像进行采集环境参数的监测和记录。此外，不同的拍摄和采集步骤也有不同的要求，需要进行详细的信息标注。规定采集的数据必须是目标手部或脚部在与物体接触后停留 45s 后离开，立即开始拍摄和采集红外痕迹图像。

图 15-1 所示为在室内环境温度 15～20℃、空气湿度 60%～70%、微风的条件下模拟的现场场景，包括可见光场景、红外场景、灰度图场景。

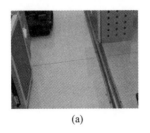  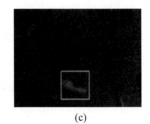

(a)　　　　　　　　　　　(b)　　　　　　　　　　　(c)

图 15-1　室内地面场景

(a)可见光场景；(b)红外场景；(c)灰度场景

　　此时,根据室内场景采集到的脚印拍摄一组按时间序列变化的红外脚印痕迹图像,如图 15-2 所示,分别采集的是目标离开 1s、30s、1min、2min、3min、4min、5min 的痕迹图像。该脚印痕迹所接触的物体为实验室光滑的瓷砖地面,此时光线充足,且室内有一定的空气流通。

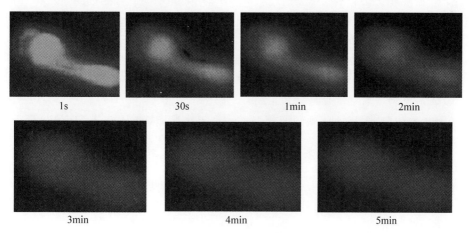

1s　　　　　　30s　　　　　　1min　　　　　　2min

3min　　　　　　　　4min　　　　　　　　5min

图 15-2　室内红外脚印痕迹图像

　　为了全面的研究刑侦痕迹捕捉场景,除了对室内环境的脚印痕迹进行采集,还在室外对遗留的手印进行红外采集。如图 15-3 所示,在户外环境温度 8～12℃,空气湿度 50％～70％,北风,风力为微风,夜晚的极弱可见光条件下的模拟现场场景,分别包括可见光场景、红外场景、灰度图场景。

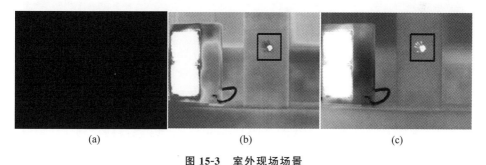

(a)　　　　　　　　　　(b)　　　　　　　　　　(c)

图 15-3　室外现场场景
(a) 可见光场景;(b) 红外场景;(c) 灰度图场景

　　根据室外采集的手印痕迹,跟踪拍摄了一组按时间序列变化的红外手印痕迹图像,如图 15-4 所示,采集的分别是目标离开 1s、15s、30s、1min、1.5min、2min、2.5min、3min、3.5min、4min、4.5min、5min、5.5min、6min 的痕迹图像。该手印痕迹所接触的物体材质为建筑的外部墙壁(砖头),此时环境光线微弱,空气流通较弱。

　　除此之外,为全面观测手印痕迹在室内环境下的热传递、热扩散、热对流效果,

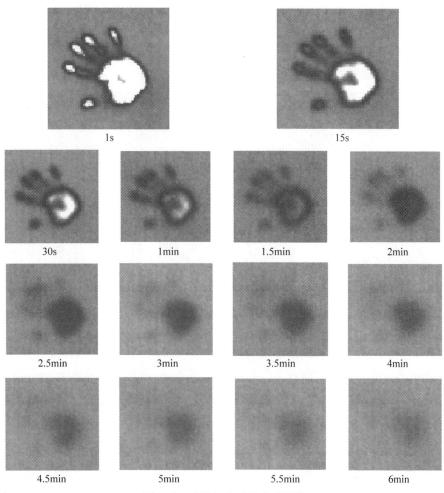

图 15-4　室外红外手印痕迹图像

在室内环境下对手部痕迹进行了拍摄监测。图 15-5 所示为在室内环境温度 16～22℃、空气湿度 70%～90%、无风的条件下,数据库中一组按时间序列变化的红外手印痕迹图像,采集的分别是目标离开 1s、15s、30s、1min、2min、3min、4min、5min 的痕迹图像。该手印痕迹所接触的物体为粉刷后的实验室墙壁,此时光线充足,且室内无明显的空气流通。

15.1.3　实际环境中红外脚印痕迹图像特性分析

以上研究均在理想实验状态下对手印、脚印消散进行采集、监测。但是在实际中,尤其是户外环境下,人们通常穿着鞋子,使得物体表面残留脚印的热痕迹消失的速度较快,红外脚印痕迹被获取的可能性不大。

室内环境中犯罪嫌疑人可能残留脚印的热痕迹,前提在于室内无明显的空气

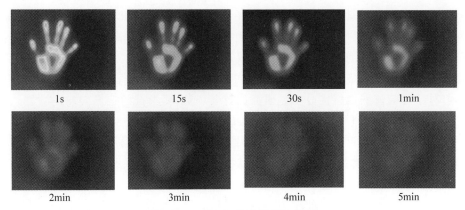

1s　　　15s　　　30s　　　1min

2min　　　3min　　　4min　　　5min

图 15-5　室内红外手印痕迹图像

流通、犯罪嫌疑人未着鞋物。因此,脚印热痕迹在刑侦实际中的具有一定的局限性,仅能提供有限的辅助信息。图 15-6 所示为室内环境中所采集的脚印痕迹图及其灰度直方图。

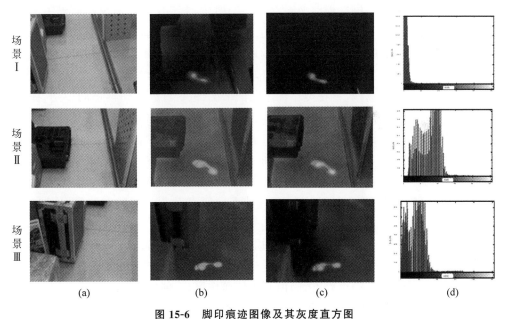

场景 I

场景 II

场景 III

(a)　　　(b)　　　(c)　　　(d)

图 15-6　脚印痕迹图像及其灰度直方图

(a) 可见光图;(b) 红外脚印图;(c) 灰度图;(d) 灰度直方图

从图 15-6 中不难发现,通过红外摄像仪确实能够获得可见光条件下无法获得的红外脚印痕迹图像,它反映了室内情况下所获得的红外脚印痕迹情况。

15.1.4　红外手印痕迹图像特性分析

在刑侦过程中,相较于提取犯罪嫌疑人的脚印,更容易获取的是犯罪嫌疑人的手部痕迹,常常通过对案发现场的手印痕迹进行分析,可以获取犯罪嫌疑人的生理特征信息。在刑侦案件中,通过对手印痕迹的提取与分析,根据手部结构、轮廓等特征信息,能够帮助刑侦人员快速缩小或锁定嫌疑人的范围、还原案发现场可能存在的情况、推断犯罪嫌疑人的行为及动向。因此,为保障目标提取的有效性、准确性,红外手印痕迹图像特性分析是研究的首要环节,要根据问题导向,分类指导、精准施策,充分展现不同算法的优势及特性。

首先,红外手印目标痕迹边缘模糊问题具体表现为边缘特征信息不明显,背景区域与目标边缘区域交错,边缘呈现带状模糊区域。为实现手印痕迹的有效提取,需要分析手部轮廓边缘先验信息及其特征,寻找目标边缘轮廓不变的特征信息,建立初始轮廓曲线方程,并以此作为初始指导。

其次,红外手印的特征在目标痕迹内部不太明显,这导致目标区域与背景区域之间的对比度较低。由于热传递、热扩散和热对流的影响,红外手印痕迹在实际中会随着时间的推移而逐渐消失,使得目标区域的特征与背景区域的特征趋于相似,甚至导致目标区域逐渐消失。此外,当手部与物体接触时,可能存在接触不完全的情况,且不同部位的接触受力情况也会不同。例如,掌心区域和指腹区域由于自然弯曲的形状,可能会导致残留的热辐射信息不均匀分布,从而在采集的目标区域内部产生空洞和信息缺失的问题。要有效地恢复和提取手印的原始痕迹,需要根据时间序列分析不同时间点的手印痕迹图像,分析它们之间的关联特征和变化特点。

最后,针对复杂场景、存在类目标干扰的情况,进行红外手印痕迹的识别、提取与定位。在实际拍摄所获得的现场刑侦图像中,刑侦人员关心的可能不是整幅图像的全部内容,而是其中的某一部分,如杂乱场景中的可疑痕迹、物品。此时,将红外刑侦图像中的目标区域,如红外手印痕迹目标区域快速、有效地提取出来将对后续工作的开展提供有益的帮助。为在高度不确定的环境中有效识别、提取、定位红外手印痕迹目标,需要分析、确定目标区域不同于复杂背景的稳定特征及其参数信息。

图 15-7(a)所示为红外刑侦图像数据库中手部离开接触墙面对象 30s 后的红外手印痕迹图像,图 15-7(b)(c)分别为该手印痕迹图的二维灰度直方图和三维灰度分布图。由图 15-7(a)可以发现,由于热传递作用,手部轮廓边缘趋于模糊,指腹区域的残留痕迹明显弱于指尖区域及掌心区域。从灰度值分布特征看,灰度值范围在 40～70 的区域像素点数量较多,灰度值范围在 70～180 的区域像素点数量分布较为均匀。由图 15-7(c)可以发现,掌心区域像素点的灰度值较高,而五个手指区域的像素点灰度分布情况较为相似,都是指腹区域像素点的灰度值明显小于指尖区域的像素点。

为了进一步了解手部轮廓模糊情况,采用常用的目标提取方法处理图像,图 15-8 为边缘检测算法的提取结果,分别为 Sobel 检测算法、Prewitt 检测算法和 Canny 检测算法。

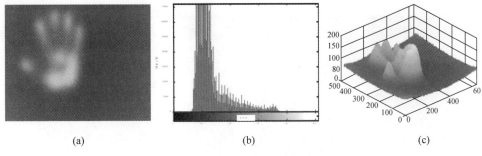

(a) (b) (c)

图 15-7 红外手印图及其灰度直方图

(a) 红外手印图;(b) 灰度直方图;(c) 三维灰度分布图

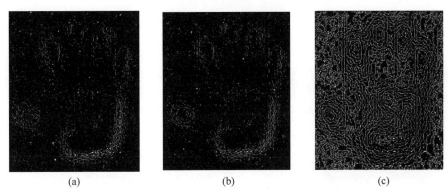

(a) (b) (c)

图 15-8 边缘检测算法提取结果

(a) Sobel 检测算法;(b) Prewitt 检测算法;(c) Canny 检测算法

从图 15-8 中可以观察到,热量的传递和对流作用会影响被检测区域的温度场分布,因此通常情况下残留的手印痕迹图存在明显的边缘模糊问题。这意味着部分目标区域可能会缺失,目标轮廓不清晰、不连续,而且某些相邻的背景区域与目标区域具有相同的灰度值。此外,部分背景区域与目标区域的轮廓和灰度值也可能非常相似,导致目标和背景交界处存在带状模糊区域。

另一方面,为了深入挖掘手印痕迹的内部特征情况,对原始图像进行简单的 k 均值聚类算法处理。聚类算法能够通过图像像素点灰度值特征,对图像中不同类别的像素点进行分配,实现每个像素点与其特征最接近的类的划分。根据聚类处理结果能够快速直观地获得图像灰度分布情况,图 15-9(b)所示为红外手印痕迹图像的聚类处理结果。k 均值聚类算法将掌心区域同指尖区域分为特征较为明显的一类,能够明确二者之间的相似性及手部在接触物体时该处温度较高、残留信息较多的特点;同时,该区域也可以确定手部在实际现场情况下的接触位置和手部的主要结构特征。

此外,由于指腹区域处于相异类间的边界处,可知该区域灰度特征(灰度值信息)变化显著,故对该区域进行局部情况分析。图 15-10 所示为红外手印痕迹的局部特征分析过程。

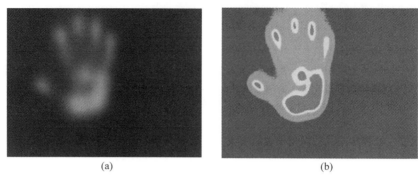

图 15-9　红外手印图及聚类处理结果图

（a）红外手印图；（b）简单的聚类处理结果

①手指前段区域　③接触物体面区域
②指腹区域　④掌心区域

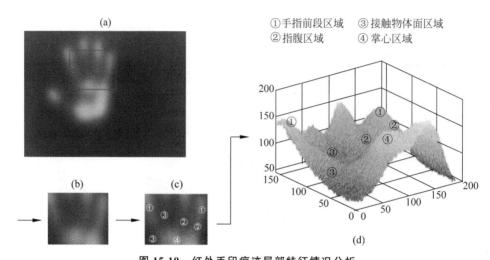

图 15-10　红外手印痕迹局部特征情况分析

（a）选取目标局部区域；（b）提取局部区域特征；（c）关注不同类特征点；（d）三维灰度特征情况

　　在图 15-10 中，对手部痕迹信息进行了四类标注，包括手指前段区域①、指腹区域②、接触物体面区域③和掌心区域④。通过使用三维灰度分布图，可以直观地观察到这四个区域的灰度特征变化。手指前段区域①和掌心区域④位于较高的位置，而指腹区域②相对于①和④呈现明显下降趋势，并不断向接触物体面区域③靠拢。②的灰度特征与③相似，即逐渐接近背景区域的灰度特征。传统的阈值分割算法是基于像素点的灰度特征将图像分为不同的类别，以实现区域的划分，使得每个区域内部具有一致的属性，而相邻区域之间则没有一致的属性。然而，在红外手印痕迹图像中，目标区域存在较多的灰度值波动，且相邻区域之间具有相似的属性。如果仅使用阈值法来提取目标，很容易出现遗漏或错误选择的情况，导致目标提取不完整或过度提取。如图 15-11 所示，展示了使用一维最大熵法和一维最大类间方差法目标提取的结果。

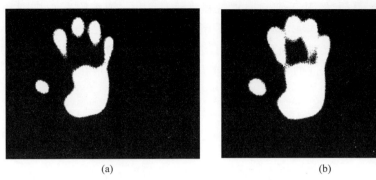

(a)　　　　　　　　　　　　　　　(b)

图 15-11　典型的阈值法提取结果

(a) 一维最大熵法；(b) 一维最大类间方差法

由图 15-11 中的提取结果可以发现，一维最大熵法和一维最大类间方差法均能有效检测出 30s 的红外手印痕迹形状特征，且前者较后者在轮廓细节及完整性方面更为优异。但是，这两种方法仍然存在未能提取的空洞区域，如图 15-11(a) 中食指、中指、无名指指腹区域的信息丢失。此外，对于接触材质不同、时间长短不同、手部施力及热量传导情况不同的手印痕迹，目标区域模糊情况存在差异。单一的阈值分割法无法适用于离开时间更长、模糊程度更深的手印痕迹图像目标区域提取。

图 15-12 所示为手部离开 3min 后的深度模糊红外手印痕迹图及其灰度分布图，并验证说明了单一的阈值法对于深度模糊手印痕迹图像的不适应性，主要表现为图 15-12(d) 中提取结果的不完整性与不准确性。

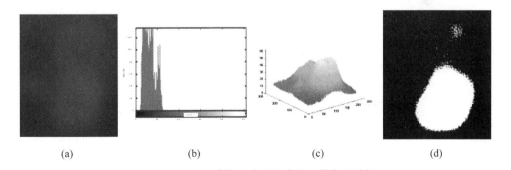

(a)　　　　　　　　(b)　　　　　　　　(c)　　　　　　　　(d)

图 15-12　深度模糊红外手印痕迹及其灰度特征

(a) 深度模糊手印痕迹；(b) 灰度直方图；(c) 三维灰度分布图；(d) 最大熵法

由图 15-12(c) 三维灰度分布图可以发现，深度模糊的红外手印痕迹图像较一般痕迹来说，其目标五指区域的灰度特征不再显著，而是趋向于背景灰度特征，增大了目标有效提取的难度。因此，根据时间序列变化，找到深度模糊图像、模糊图像、一般图像之间的变化关系，是一种有待尝试的方法，有利于实现对原始痕迹的恢复。

为解决此类问题,基于细胞凋亡过程理论,提出一种细胞凋亡机理和时间序列的手印痕迹恢复算法,提取原始手印痕迹,讨论了算法的可行性并对不同的手印痕迹图像进行对比检验,证明了细胞凋亡机理和时间序列的手印痕迹恢复算法提取红外痕迹的可行性,能够有效地恢复并提取出作案嫌疑人的手印、脚印。

15.2　细胞凋亡过程理论

在凋亡分子机理的研究中,发现线虫、果蝇、小鼠和人类存在一些相当保守的相关基因,这些基因在细胞凋亡过程中起到相同或相似的作用,因此推测它们有共同的凋亡分子机理。在细胞凋亡机制的研究过程中,对秀丽隐杆线虫细胞凋亡机制的研究是细胞凋亡机理研究中最为理想的模型,秀丽线虫细胞凋亡调控基因在检测、识别、抑制和激活相关蛋白复合物方面表现出优异的特性[12]。此外,在哺乳动物细胞中,细胞凋亡过程通常可分为外源性途径和内源性途径。Caspase 家族与细胞凋亡的调控密切相关[13,14]。

在外源性途径中,细胞外部诱导因素触发"死亡受体",发出死亡信号,激活Caspase-8 从而执行凋亡;在内源性途径中,当细胞内部发生一些事件(比如 DNA 损伤),会引发线粒体外膜上的 Bcl 家族蛋白释放细胞色素 C。接着,细胞色素 C 与一个大的蛋白 Apaf-1 相互作用,激活初始 Caspase-9,进而激活下游效应 Caspase-3、Caspase-7 等。而哺乳动物细胞中存在着调控这一过程的因子,即凋亡抑制蛋白(IAPs)。IAPs 能够结合 Caspase-9、Caspase-3、Caspase-7,阻止酶活性的发挥。

15.3　构建红外刑侦手印痕迹恢复模型

正如细胞的凋亡过程受到一系列基因的严格机制调控一样,手印痕迹同样受到周围像素点影响的痕迹消失机制调控。

由于所处环境的多样性,以及不同材质载体的散热性不同,手印痕迹图像并不能十分完整地存留下来。这就需要构建某种模型,恢复手印痕迹图像的大致原貌,以便得到更多的信息。图 15-13 所示为红外手印痕迹恢复算法的流程图。

图 15-13　红外手印痕迹恢复算法流程图

为了构建红外手印痕迹的恢复模型,首先需要进行训练过程,探索残留在时间流逝中的手印痕迹图之间的关系。使用红外摄像机捕捉墙壁上的手印图像,分别记录人手离开墙壁 1s、1min、2min、3min 后的手印痕迹图像。选择这几种手印图像是为了简化问题并降低计算量,当时间间隔很小(接近于零)时,可以将非线性问题近似为线性问题。

通过 1s 的红外手印痕迹图像寻找其与 1min 红外手印痕迹图像的灰度关系,构建两幅图像之间的联系模型,从而完成由 1min 红外手印图像推演 1s 红外手印痕迹图像的过程。根据先验经验,选择从每个手指区域和手掌中心区域手动采集 6 个特征点。这 6 个区域分别代表拇指、食指、中指、无名指、小拇指和手掌部分,区域之间相关性相对较低,特征差异较为显著。

在 1s 手印痕迹灰度图中选取 6 个像素点 x_{00}、x_{01}、x_{02}、x_{03}、x_{04}、x_{05},并获得其像素点的灰度值:

$$\begin{aligned} x_{00} &= I_0(i_0,j_0), \quad x_{01} = I_0(i_1,j_1), \quad x_{02} = I_0(i_2,j_2), \\ x_{03} &= I_0(i_3,j_3), \quad x_{04} = I_0(i_4,j_4), \quad x_{05} = I_0(i_5,j_5) \end{aligned} \tag{15-1}$$

其中,1s 手印痕迹灰度图 I_0 的大小为 $M \times N$,i 和 j 为图像中的坐标位置,$i=0$,$1,\cdots,M$,$j=0,1,\cdots,N$。通常,选取的像素点为图中能反映较多灰度信息的点,即局部中心区域或者灰度值较大的区域。

在人手离开 1min 后的红外手印痕迹图 I_1 中,找到与 1s 手印痕迹图像中所选取的相同位置的 6 个像素点 x_{10}、x_{11}、x_{12}、x_{13}、x_{14}、x_{15},并得到这 6 个像素点的灰度值及其四邻域点的灰度值:

$$\begin{cases} x_{10} = I_1(i_0,j_0), \quad x_{11} = I_1(i_1,j_1), \quad x_{12} = I_1(i_2,j_2), \\ x_{13} = I_1(i_3,j_3), \quad x_{14} = I_1(i_4,j_4), \quad x_{15} = I_1(i_5,j_5) \end{cases} \tag{15-2}$$

$$\begin{cases} I_1(i_0,j_0-1), \quad I_1(i_0,j_0+1), \quad I_1(i_0-1,j_0), \quad I_1(i_0+1,j_0) \\ I_1(i_1,j_1-1), \quad I_1(i_1,j_1+1), \quad I_1(i_1-1,j_1), \quad I_1(i_1+1,j_1) \\ I_1(i_2,j_2-1), \quad I_1(i_2,j_2+1), \quad I_1(i_2-1,j_2), \quad I_1(i_2+1,j_2) \\ I_1(i_3,j_3-1), \quad I_1(i_3,j_3+1), \quad I_1(i_3-1,j_3), \quad I_1(i_3+1,j_3) \\ I_1(i_4,j_4-1), \quad I_1(i_4,j_4+1), \quad I_1(i_4-1,j_4), \quad I_1(i_4+1,j_4) \\ I_1(i_5,j_5-1), \quad I_1(i_5,j_5+1), \quad I_1(i_5-1,j_5), \quad I_1(i_5+1,j_5) \end{cases} \tag{15-3}$$

构建 1min 手印痕迹图像中像素点四邻域灰度值与 1s 手印痕迹图像中对应像素点灰度值的函数关系,设有四个系数 a、b、c、d(均为常数),建立一个简单的函数模型,即

$$\begin{cases} I_0(i_0,j_0) = aI_1(i_0,j_0-1) + bI_1(i_0,j_0+1) + cI_1(i_0-1,j_0) + dI_1(i_0+1,j_0) \\ I_0(i_1,j_1) = aI_1(i_1,j_1-1) + bI_1(i_1,j_1+1) + cI_1(i_1-1,j_1) + dI_1(i_1+1,j_1) \\ I_0(i_2,j_2) = aI_1(i_2,j_2-1) + bI_1(i_2,j_2+1) + cI_1(i_2-1,j_2) + dI_1(i_2+1,j_2) \\ I_0(i_3,j_3) = aI_1(i_3,j_3-1) + bI_1(i_3,j_3+1) + cI_1(i_3-1,j_3) + dI_1(i_3+1,j_3) \\ I_0(i_4,j_4) = aI_1(i_4,j_4-1) + bI_1(i_4,j_4+1) + cI_1(i_4-1,j_4) + dI_1(i_4+1,j_4) \\ I_0(i_5,j_5) = aI_1(i_5,j_5-1) + bI_1(i_5,j_5+1) + cI_1(i_5-1,j_5) + dI_1(i_5+1,j_5) \end{cases}$$

$$\tag{15-4}$$

这四个系数对应于每个特征区域与其四邻域的特性。为了简化计算,把系数设为常数,虽然在一定程度上增加了误差,但这个误差在可接受范围之内。通过求解这个方程,获得 1min 手印痕迹图与 1s 手印痕迹图中各个像素点的灰度值关系系数 a、b、c、d。利用式(15-4)获得的四个关系系数,在 1min 手印痕迹图中反作用于部分像素点,从而推知 1s 手印痕迹图的大致形状。类似地,以 1min 手印痕迹图像和 2min 手印痕迹图像为一组,2min 手印痕迹图像和 3min 手印痕迹图像为一组,可以找到两幅图像中像素点的灰度值大致的关系模型。在这个训练过程中,已知的是输入灰度图像(前一时刻红外手印痕迹图像)和输出灰度图像(后一时刻红外手印图像),寻找的是二者之间的关系模型。

15.4 确定图像恢复模型的作用范围

在理想场景中,自然环境(包括温度、湿度、风速等)是相对稳定的,红外摄像机拍摄所得手印痕迹图像的背景区域变化不大。因此,在利用系数关系式反推上一时刻的红外手印痕迹图时,应将关系式作用于图像中的目标区域(手部区域),而非整幅图像。在训练过程中,可选用 Otsu 阈值分割算法[15,16]对前一时刻(如 1s)的红外手印图像进行分割,得到最佳的分割阈值 T^*。由方差公式可知,两类区域的类间方差为

$$\sigma^2 = \omega_0 (\mu_0 - \mu_z)^2 + \omega_1 (\mu_1 - \mu_s)^2 \tag{15-5}$$

式中,ω_0、ω_1 分别表示目标区域、背景区域出现的概率;μ_0、μ_1 分别表示目标区域、背景区域的灰度均值;μ_s 为图像的总体灰度均值。针对特定的红外手印痕迹图像,对 T^* 上下浮动调整得到一个阈值范围,对此范围内的像素点利用所求得的关系系数做变换,从而由后一时刻推导出前一时刻的手印痕迹图像。

15.5 细胞凋亡极值的刑侦红外图像目标恢复算法应用

在实际刑侦场景中,当手部离开物体一段时间后,留下的红外手印痕迹图像通常会呈现出深度模糊的特点。基于热传递原理,尝试反向推算和重建案发几分钟前的红外目标图像,可以获取更多的关键证据。通过采集目标离开一段时间后的深度模糊痕迹图像,希望能够从中恢复出最初的痕迹图像,以获取有关犯罪分子手部特征的信息。图 15-14 展示了模拟墙面上红外痕迹场景的示意图。

15.5.1 1s 与 1min 的红外手印痕迹图像

在 1s 红外手印痕迹图像中设定 6 个像素点,记录目标手印 6 个像素点的坐标位置及灰度值,如表 15-1 所示。在 1min 图像中找到 6 个相同坐标的像素点,记录其灰度值及四邻域的灰度值,如表 15-2 所示。采用最大类间方差法可计算得到 1s

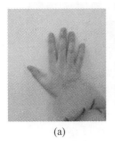  

(a) (b) (c)

图 15-14 红外痕迹场景模拟

(a) 手部原图；(b) 墙面可见光图；(c) 离开 3min 的痕迹

图像中目标与背景的最佳分割阈值 T^* 为 110.007。图 15-15(a) 为 1s 红外手印痕迹图像示意图，图 15-15(b) 为 1min 红外手印痕迹图像示意图，其中图 15-15(a) 的矩形框中标出了所提取特征像素点的位置。

表 15-1 1s 图像中 6 个像素点的坐标及灰度值

坐 标 位 置	灰 度 值
(126,37)	206
(41,93)	207
(35,137)	199
(48,165)	195
(84,195)	189
(184,90)	233

表 15-2 1min 图像中 6 个像素点的灰度值及其四邻域灰度值

坐标位置	灰度值	四邻域各点灰度值			
(126,37)	57	58	58	57	56
(41,93)	65	65	64	63	66
(35,137)	67	67	68	68	66
(48,165)	58	61	58	60	58
(84,195)	60	59	56	60	58
(184,90)	103	103	103	104	101

构建两幅红外手印痕迹图像之间的联系模型，得到关系系数分别为 24.3802、-5.5444、-13.8414、-2.2426，则 1s 红外手印痕迹图像与 1min 红外手印痕迹图像的关系式为

$$I_{1s}(i,j) = 24.3802 I_{1min}(i,j-1) - 5.5444 I_{1min}(i,j+1) -$$
$$13.8414 I_{1min}(i-1,j) - 2.2426 I_{1min}(i+1,j) \quad (15\text{-}6)$$

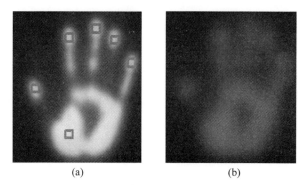

图 15-15　1s 与 1min 红外手印痕迹图像

（a）1s 痕迹图像；（b）1min 痕迹图像

15.5.2　1min 与 2min 的红外手印痕迹图像

在 1min 红外手印痕迹图像中寻找 6 个像素点，记录 6 个像素点的坐标位置及灰度值，见表 15-3。在 2min 图中找到 6 个相同坐标的像素点，记录其灰度值及四邻域的灰度值，见表 15-4。采用最大类间方差法可计算得到 1min 图中目标与背景的最佳分割阈值 $T^* = 49.011$。图 15-16 为 1min 与 2min 的红外手印痕迹图像示意图。

表 15-3　1min 图中 6 个像素点的坐标及灰度值坐标位置

坐 标 位 置	灰 度 值
（126,37）	57
（41,93）	65
（35,137）	67
（48,165）	58
（84,195）	60
（184,90）	103

表 15-4　2min 图中 6 个像素点的灰度值及其四邻域灰度值

坐标位置	灰度值	四邻域各点灰度值			
（126,37）	36	36	36	36	36
（41,93）	42	42	42	42	43
（35,137）	49	50	48	49	48
（48,165）	41	43	40	41	40
（84,195）	38	39	38	37	38
（184,90）	70	73	70	70	70

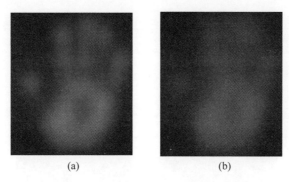

(a)　　　　　　　(b)

图 15-16　1min 与 2min 红外手印痕迹图像

(a) 1min 痕迹图；(b) 2min 痕迹图

构建两幅红外手印痕迹图像之间的联系模型，得到关系系数分别为 -1.0320、0.5926、-2.4844、4.4554，则 1min 红外手印痕迹图像与 2min 红外手印痕迹图像的关系式为

$$I_{1\min}(i,j) = -1.0320I_{2\min}(i,j-1) + 0.5926I_{2\min}(i,j+1) -$$
$$2.4844I_{2\min}(i-1,j) + 4.4554I_{2\min}(i+1,j) \tag{15-7}$$

15.5.3　2min 与 3min 的红外手印痕迹图像

在 2min 红外手印痕迹图像中寻找 6 个像素点，记录 6 个像素点的坐标位置及灰度值，见表 15-5。在 3min 图中找到 6 个相同坐标的像素点，记录 6 个像素点灰度值及四邻域的灰度值，见表 15-6。采用最大类间方差法可以计算得到 2min 图中目标与背景的最佳分割阈值 $T^* = 37.0005$。图 15-17 为 2min 与 3min 的红外手印痕迹图像示意图。

表 15-5　2min 图中 6 个像素点的坐标及灰度值

坐 标 位 置	灰　度　值
(126,37)	36
(41,93)	42
(35,137)	49
(48,165)	41
(84,195)	38
(184,90)	70

表 15-6　3min 图中 6 个像素点的灰度值及其四邻域灰度值

坐标位置	灰度值	四邻域各点灰度值			
(126,37)	29	32	30	29	29
(41,93)	38	37	38	38	37

续表

坐标位置	灰度值	四邻域各点灰度值			
(35,137)	39	39	40	40	40
(48,165)	36	37	36	36	38
(84,195)	31	31	30	33	32
(184,90)	59	60	60	58	59

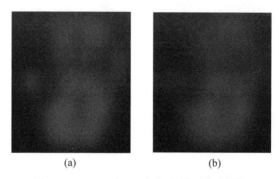

(a)　　　　　　　　　(b)

图 15-17　2min 与 3min 红外手印痕迹图像

(a) 2min 痕迹图；(b) 3min 痕迹图

构建两幅红外手印痕迹图像之间的联系模型，得到的关系系数分别为 0.4305、0.2476、0.7542、−0.2539，则 2min 红外手印痕迹图像与 3min 红外手印痕迹图像的关系式为

$$I_{2\text{min}}(i,j) = 0.4305 I_{3\text{min}}(i,j-1) + 0.2476 I_{3\text{min}}(i,j+1) +$$
$$0.7542 I_{3\text{min}}(i-1,j) - 0.2539 I_{3\text{min}}(i+1,j) \qquad (15\text{-}8)$$

图 15-18 展示了多种方法的提取结果。可以观察到，Sobel 检测算法、Canny 检测算法、Roberts 检测算法、Prewitt 检测算法以及分水岭算法难以勾勒出手印痕迹图像的轮廓，分割效果较差。另外，一维 Otsu 算法仅仅提取了手印痕迹图像的部分目标区域，提取内容不全。区域生长算法提取的目标轮廓较一维 Otsu 算法更为完善，但目标中存在大面积的不确定区域。而本章算法能够较为准确地定位并复原手部痕迹的大致轮廓，不确定区域较小。这一算法实现了对墙面是否在过去的 3min 内被手部接触过的判定。

为进一步检测算法提取结果的准确度，定量评价提取结果（extracted result，EI）以人工手动提取结果作为参考标准图像（ground truth，GT），即评价依据。

利用 Y 因子和 X 因子共同判别图像目标提取效果，期望所得的 Y 因子和 X 因子更小。实验仿真所得到的 Y 因子与 X 因子检测结果见表 15-7，其中，各评价标准的最优结果已在表中用黑体标出。

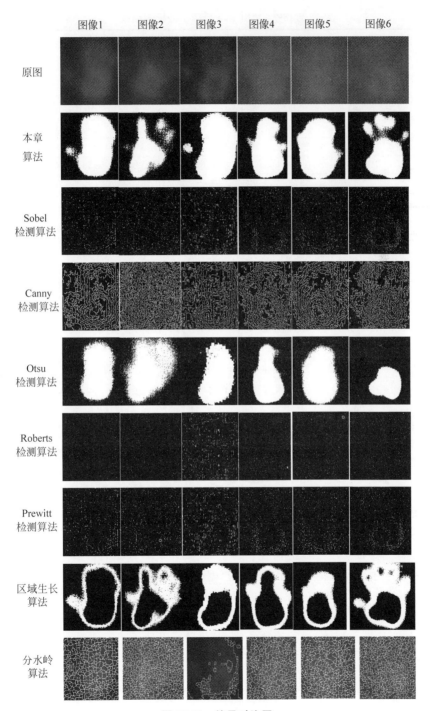

图 15-18　结果对比图

表 15-7 Y 因子与 X 因子的检测结果

图像	指标	Sobel 检测算法	Canny 检测算法	Roberts 检测算法	Prewitt 检测算法	Otsu 算法	区域生长算法	分水岭算法	本章算法
1	Y	0.9627	0.6814	0.9953	0.9624	0.0651	0.8856	0.6799	**0.0388**
	X	1.0094	1.0817	1.0014	1.0102	0.4952	1.3794	1.1279	**0.4005**
2	Y	0.9644	0.6526	0.9954	0.9630	0.1580	0.5752	0.6805	**0.1080**
	X	1.0098	1.1554	1.0026	1.0096	0.8074	1.2057	1.1159	**0.5000**
3	Y	0.9263	0.7423	0.9379	0.9308	0.0845	0.3726	0.9025	**0.1438**
	X	1.0195	1.0944	1.0190	1.0187	**0.6334**	0.9331	1.0097	0.6719
4	Y	0.9636	0.6973	0.9937	0.9573	0.0620	0.7952	0.7050	**0.0779**
	X	1.0074	1.0997	1.0015	1.0076	**0.4346**	1.5466	1.1233	0.5369
5	Y	0.9602	0.7125	0.9622	0.9622	**0.0632**	0.3543	0.7021	0.1238
	X	1.0117	1.1401	1.0038	1.0094	**0.5131**	0.8634	1.1553	0.6781
6	Y	0.9517	0.6861	0.9911	0.9624	0.2285	0.5033	0.6951	**0.0816**
	X	1.0129	1.1205	1.0042	1.0091	**0.5362**	1.4363	1.1709	0.6333

通过表 15-7 可以发现，Sobel 检测算法、Canny 检测算法、Roberts 检测算法、Prewitt 检测算法及分水岭算法的 Y 因子和 X 因子普遍较高，说明边缘检测算法和分水岭分割算法不太适宜提取一段时间后的深度模糊红外手印痕迹图像。本章算法的 Y 因子和 X 因子较区域生长算法都更小，故提出的算法效果更佳。在图像 1~5 中，Otsu 算法的 Y 因子和 X 因子较本章算法来说稍小，但相差不大；在图像 6 中，Otsu 算法的 Y 因子大于本章的算法。实际上，从分割效果的结果来看，Otsu 算法丢失了部分手印信息，而本章的算法涵盖的信息更多。故本章算法对深度模糊红外手印痕迹图像的恢复效果优于 Otsu 算法及其他传统分割算法。

15.6 本章小结

本章内容着重解决案发过程中犯罪嫌疑人的手印、脚印等痕迹由于热扩散、热传递、热对流导致深度模糊的情况。对手印、脚印进行采集，并按照时间序列进行检测，发现了手部、脚部痕迹的消散情况，对于弥散导致的深度模糊痕迹，使用常见的目标检测和分割提取方法，出现的误差过大，无法有效识别与提取，难以进行有效的特征分析与比对。基于这种情况，本章参考了线虫的细胞凋亡极值，对时间序列的红外图片进行训练，寻找消散的关系，并最终设计了基于细胞凋亡机制的刑侦红外图像目标恢复算法，实现了对深度模糊手部、脚部痕迹的提取，为模糊刑侦红外图像的处理指出了新方向，设计了新方案。

本章参考文献

[1] 陈辉.图像边缘检测技术的研究[D].哈尔滨:哈尔滨工程大学,2012.

［2］ 刘丽霞,李宝文,王阳萍,等.改进 Canny 边缘检测的遥感影像分割[J].计算机工程与应用,2019,55(12)：54-58,180.

［3］ CESAR B M,LEONARDO F V,LUIS C D. Improved canny edge detector using principal curvatures[J]. Journal of Electrical and Electronic Engineering,2020,8(4)：109-116.

［4］ GU J N,PAN Y L,WANG H M. Research on the improvement of image edge detection algorithm based on artificial neural network[J]. Optik,2015,126(21)：2974-2978.

［5］ 张加朋,于凤芹.基于 Canny 算法改进型的影像测量边缘检测[J].激光与光电子学进展,2020,57(24)：258-265.

［6］ 张少伟.基于机器视觉的边缘检测算法研究[D].上海：上海交通大学,2013.

［7］ LIU Y,CHENG M M,HU X W,et al. Richer convolutional features for edge detection[J]. IEEE Transactions on Pattern Analysis & Machine Intelligence,2019,41(8)：1939-1946.

［8］ HU X W,LIU Y,WANG K,et al. Learning hybrid convolutional features for edge detection [J]. Neurocomputing,2018,313(1)：377-385.

［9］ 李翠锦,翟中.基于深度学习的图像边缘检测算法综述[J].计算机应用,2020,40(11)：3280-3288.

［10］ 叶溪.基于生物因子机理的红外刑侦图像目标提取算法研究[D].天津：天津理工大学,2021.

［11］ YU X,YE X,GAO Q. Infrared handprint image restoration algorithm based on apoptotic mechanism[J]. IEEE Access,2020,8：47334-47343.

［12］ YU X,YE X,GAO Q. Pipeline image segmentation algorithm and heat loss calculation based on gene-regulated apoptosis mechanism [J]. International Journal of Pressure Vessels and Piping,2019,172：329-336.

［13］ 施一公,孙兵法.细胞凋亡的结构生物学研究进展[J].生命科学,2010,22(3)：224-228.

［14］ 吴克复.免疫的细胞社会生态学原理[M].北京：科学出版社,2012.

［15］ 张振杰,丁邺,肖里引.基于阈值分割的石化保温管线高温区域提取方法[J].计算机时代,2015(8)：15-17.

［16］ 王坤,张杨,宋胜博,等.改进二维 Otsu 和自适应遗传算法的红外图像分割[J].系统仿真学报,2017,29(6)：1229-1236.

第16章

结构形态几何生长的刑侦边缘模糊红外目标提取

在侦查过程中,刑侦人员不仅需要对复杂环境进行痕迹检测,还需要在发现犯罪嫌疑人的手部、脚部痕迹之后进行近距离的详细的痕迹分析。对于近距离拍摄的红外手印,刑侦人员需要将残留在现场的红外手印进一步检测提取,以获取嫌疑人的更多信息。

在案发现场复杂多变的情况下,由于热扩散、热传递、热对流等原因,红外成像原理和接触表面的热痕迹容易随着时间的推移而扩散,所以红外图像通常具有低分辨率且目标边缘模糊等特点[1-2]。此外,导致红外手印图像边缘模糊的原因还体现为犯罪嫌疑人在作案过程中,嫌疑人的手部接触墙壁、物体、工具等物体所遗留的痕迹具有随机性,使得嫌疑人的手部与案发现场物体表面的接触面积、接触角度等存在不确定性,多数情况下嫌疑人手部的指腹及手掌局部区域与物体表面不能完全接触,所以存在指腹及手掌所在的区域特征与背景相似等问题。

对于此类问题,目前已有的目标提取算法难以做到精确的分割与提取,对整个手印、脚印的辨识度不高,难以为刑侦人员提供有效的热痕迹信息[3]。于是在处理此类红外手印图像的边缘模糊问题时,就不得不考虑嫌疑人的手掌与案发现场物体表面接触位置的差异产生的目标局部低对比度问题。本章通过借鉴生物免疫机制中补体系统对于免疫系统的内部调节机理[4-5],提出了一种基于结构形态几何生长的边缘模糊红外目标提取算法。根据对提取的结果进行分析,此算法能够利用手掌的结构形状特征作为补体系统对免疫系统的内部因素进行调节,指导目标检测的范围。在检测属于手印范围内的低对比度区域时,能够提供最大阈值范围以保证将目标手印检测出来,较好地将犯罪嫌疑人的手部痕迹、手部特征进行呈现。相比于已有算法,本章所提出的算法能够展示出更多的热痕迹信息,为刑侦人员识别犯罪嫌疑人的体貌特征和作案动向提供有力的证据。

16.1 手印痕迹提取问题分析

在刑侦案件中,红外手印图像能够通过对手印的检测,根据手印的轮廓及结构特征缩小嫌疑人的搜索范围或锁定嫌疑人,通过手印的分布还原案发现场的作案情况。红外手印的准确检测是一个关键的研究要点,红外手印图像的研究方向主要分为两种:

(1)时间变化下的红外手印图像的精确检测。随着时间变化,由于热传递作用,目标图像的特征会逐渐与背景特征一致,使得目标边缘模糊[6]。边缘模糊的红外图像给目标检测带来挑战,所以为了有效检测目标的特征,需要分析不同时间点红外手印图像变化的特点,寻找目标边缘模糊变化中目标始终保持不变的特征。

(2)红外手印图像的完整提取。由于人体的手掌面不是平整的结构特征,使得手与对象接触时,接触面各个区域的受力强度是不同的,这也使得手部各区域在接触面残留的温度是各不相同的。一般情况下,手指的自然弯曲使接触面的指腹区域的温度残留较少,反映在红外手印图像中的区域为灰度值与背景接近,不利于手部目标检测提取的完整性。

本章关于红外手印图像的检测研究,主要是对第二个问题进行研究,即对加强红外手印图像检测提取的完整性进行深入研究,图16-1(a)是取自红外刑侦图像数据的手离开接触物体表面15s后的红外手印图像。

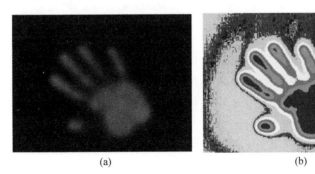

(a)　　　　　　　　　　　　　　(b)

图16-1　红外手印图像

(a)灰度图像;(b)聚类结果图

从图像中不难发现,红外手印的边缘由于热传递现象已存在细微模糊痕迹[7],指腹部位能够明显观察到其灰度值比手掌及指尖部分小。为了进一步深入分析红外手印图像的特点,对原图像进行了简单的图像聚类处理。聚类算法能够根据图像特征,将图像中的每个像素点分配到与其特征最接近的类中,经过聚类处理能够快速直观地观察图像的灰度分布状况,聚类处理的结果如图16-1(b)所示。聚类算法将手掌和指尖区域划分为一类,在明确两者存在相似性的同时,结合手掌接触对象的情况,能够说明这两部分是手印残留温度较高的区域,这个区域可以确定手的位置和结构特征。除此之外,我们还能够发现指腹部分恰好处于不同类的分界处,说明这个区域特征变化较为显著。因此,框选这个区域,采用三维灰度分布图进一步分析,图16-2是手印局部区域的分析过程。

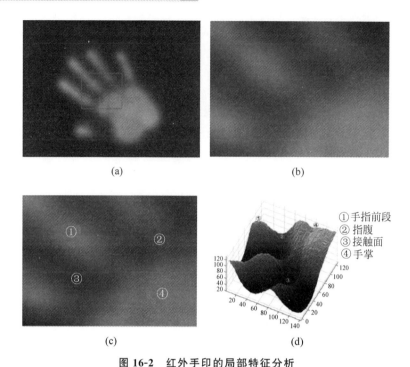

(a)   (b)

①手指前段
②指腹
③接触面
④手掌

(c)   (d)

图 16-2　红外手印的局部特征分析

（a）局部特征选取；（b）提取局部特征；（c）关注点标记；（d）三维灰度图构建

在图 16-2(c)中，对手印分析区域进行了标注，标记了四个点，并使用三维灰度分布图曲线展示这些点所代表的不同区域的灰度特征变化，如图 16-2(d)所示。观察可以发现，标记为②的指腹区域相比于指前段区域①和手掌区域④，呈现出明显的下陷趋势，其灰度特征趋向于接触面③，这与背景区域的特征相符。传统的阈值检测方法，例如最大熵法和最大类间方差算法，通常是基于灰度特征的分布对图像进行分割。对于手印这种特殊的灰度分布情况，如果目标区域中存在较大的灰度值波动，很容易导致分割时漏选区域，从而导致目标区域不完整。为了验证这一假设，分别使用了经典的一维最大熵法和最大类间方差法来检测红外手印图像，并将检测结果展示在图 16-3 中。

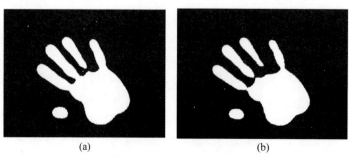

(a)   (b)

图 16-3　两种红外手印检测算法的结果

（a）一维最大熵法；（b）最大类间方差法

从检测手印结果的完整性来看,两者均能够有效检测出手印的形状特征,而最大熵法与最大类间方差法相比,在指腹和手印轮廓的完整性检测方面效果更加优异。然而,图 16-3 中依旧能够发现,无名指指腹部分的区域没有被检测出来。单一典型的最大熵法无法适用于所有手印图像,对于接触不同材质的手印,伴随其热传递的不同,手印边缘的模糊程度会产生差异。并且,手接触对象时施力的不同,也会影响红外手印的温度分布,进而使原本与背景特征对比度较低的指腹等部分的特征更加难以检测。

针对红外手印图像的检测,仅从单一阈值分割角度提取是不足的,要实现适用于更广泛的红外手印图像的提取需求,将手印的结构形状特征作为目标检测的特征条件是一种有待尝试的方法。因此,要想实现对于红外手印图像的目标提取,传统的单纯基于阈值分割的方法只能作为预处理手段,为了能够获得更好的、更准确的目标提取效果,我们还需要在预分割的基础上,基于结构形态几何进行区域生长,结合手印形状特征实现手印目标的提取。

16.2　补体系统调节机制

为设计案发现场热痕迹有效提取的算法,本章内容借鉴生物免疫系统的补体系统工作机制。通过本书的第二部分内容的介绍,补体系统及其对于免疫系统的调节是通过经典途径、旁路途径和 MBL 途径,虽然补体系统的激活物不同,但都可以合成补体成分 C3 转化酶,从而形成最终的膜攻击复合物进行病原清理工作。

在体液免疫中,补体系统扮演了重要的角色。补体系统通过补体成分 C3 与 CR2 介导发挥免疫协调作用,刺激 B 细胞并将其激活,帮助抗原在淋巴结中运转,促进浆细胞与记忆 B 细胞的生成。而在细胞免疫中,局部及细胞内补体辅助 T 淋巴细胞分化与稳态维持,通过过敏毒素、补体调节蛋白辅助细胞分化,调节免疫细胞的活性,保护正常器官[8]。

补体系统能够使 B 细胞的活化阈值降低,使得 FDC 表面能够更长时间的停留抗原,通过代谢产物可以更好地辅助效应 B 细胞和记忆细胞等的生成。补体之间的相互作用使得细胞分泌发生局部改变,以调控微环境的方式调节免疫系统。补体系统除了能够辅助体液和细胞免疫,还能够协调免疫强度和方向。

在进行红外图像目标提取的过程中,通过借鉴补体系统在免疫过程中的调控作用,辅助待处理区域进行区域生长相似判别。本章提出的结构形态几何生长方式模拟补体系统的调控作用,在进行待细分区域的判别时对判别准则进行微观调控,实现更合理的刑侦红外图像区域划分。

借鉴补体系统工作机制设计具有结构形态几何生长功能的刑侦边缘模糊红外目标提取算法的流程图如图 16-4 所示。

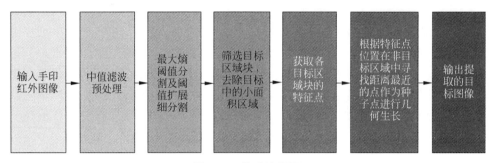

图 16-4　算法流程图

16.3　图像预处理

在对刑侦红外图像进行提取、分割之前,由于图像中含有噪声等因素影响,需要先将图像进行预先处理,剔除图像中原本存在的无关数据、干扰噪声,凸显真正的待提取目标。同时,图像预处理还能够将我们需要的关键特征放大,增强相关信息的可识别性和检测性,从而使得图像中所囊括的信息能够被最大限度的利用。在前面章节介绍的图像处理算法中,基本都会对原始图像进行预处理操作,例如灰度校正技术,就是为了更好的利用图像信息,并且避免被干扰信息影响。

16.3.1　图像滤波

图像滤波是图像处理中不可或缺的预处理步骤。在热成像中,由于成像系统或设备的局限性,获得的刑侦红外图像可能会受到噪声的污染。某些噪声在视觉上会产生明显的干扰,如图像上的随机点或信息的缺失。尽管图像中的噪声通常与图像的实际信息无关,但它们会干扰图像的解读,给后续的处理带来困难。为了确保后续的刑侦红外图像处理不受这些噪声的影响,需要滤除图像中的噪声,从而提升红外图像处理的效率和准确性。

图像滤波技术可以根据其方式分为两大类:线性滤波、非线性滤波。线性滤波的方法有方框滤波、均值滤波、高斯滤波等;而非线性滤波的方法有中值滤波、双边滤波等。这些滤波方法的分类如图 16-5 所示。

1. 线性滤波

(1)均值滤波。在图像滤波中,均值滤波是最典型的线性滤波算法,它的计算方法主要依靠邻域平均,基本原理是在遍历的像素点位置用周围邻域像素点的平均数值代替该点的数值。该滤波算法计算简便,运行速率很高,但是其本身也存在固有缺陷,对于其滤波的图像而言,不能很好地保留图像的细节信息,破坏了细节部分从而会使得图像变得模糊,对于噪声点的消除也不太理想。

(2)方框滤波。方框滤波与均值滤波的运算流程相似,但与均值滤波的不同

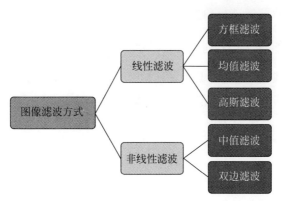

图 16-5　滤波方式分类结构

之处是将像素点邻域的值取平均,而是将邻域点数值加和作为结果,该方法可以自由的选择是否将获得的结果归一化处理,当选择进行归一化时方框滤波与均值滤波相同。方框滤波与均值滤波同样能够对噪声数据进行滤除,但其也有丢失图像细节的缺陷,同时在进行加和时,还容易出现像素值溢出的情况。

(3)高斯滤波。由于图像数据中的噪声大部分属于高斯噪声,因此高斯滤波使用较为广泛。高斯滤波对于高斯噪声来说有着极强的消除能力,是一种线性的平滑滤波方式。高斯滤波的计算方法并不复杂,简单来说就是对像素点及其邻域像素进行加权后平均的过程,即用一个人为设定权值的模板扫描遍历图像中的像素点,将像素点周围的值按照模板上的权值相加后平均,再把结果赋值给操作像素点的过程。高斯滤波能够有效消除高斯噪声,但由于其精度较高,对计算资源也同样要求较高,计算速度相对更加耗时。

2. 非线性滤波

(1)双边滤波。在非线性滤波中,双边滤波是一种常见的方法,它不再单纯地以灰度信息进行滤波操作,而是综合考虑空间临近程度和像素值信息,来达到在去除噪声的同时还要保持边缘信息的目的。双边滤波相比高斯滤波增加了方差,因此能够在边缘附近削弱远距离点的影响力,以此来保存边缘信息。双边滤波方法对边缘信息有着很强的保护能力,并且实现简单、无需迭代。

(2)中值滤波。同样作为一种非线性滤波方式,中值滤波与其他滤波方式有较大的不同。该方式是基于排序方法来进行的一种能够有效抑制噪声的滤波处理方式,通过将像素点及其邻域上的点进行灰度值排序,以灰度值排序后处于中间点的数作为结果替换像素点,从而使得相对来说孤立的噪声点能够被有效消除。该方法对于椒盐噪声而言有着极强的消除效果,在图像处理中经常用于保护边缘信息并平滑噪声。

在图像滤波的各种方法中,中值滤波能够有效滤除各种噪声并尽可能地保存图像的边缘信息,使得后续的处理过程更加准确。在红外图像处理过程中,常常使用中值滤波对原始图像进行预处理。

16.3.2　图像预分割

对图像进行滤波处理后,还需要对图像进行简单的预分割,将多余的背景信息进行分割去除。而前面章节中对图像分割的方法大致进行了介绍,常用的几种分割方法包括:基于区域的图像分割、基于图像边缘的分割、基于图像纹理的分割和基于图像阈值的分割等,而基于阈值的分割方法是众多图像分割方法中使用最多的一种。

阈值分割主要是依据图像灰度值进行处理,通过恰当的计算给出分割准则,满足准则函数的阈值即为最佳分割阈值,将图像与最佳阈值作比较可将其分为目标区域、背景区域。对于阈值分割的研究主要体现为:①提高分割的实时性与分割速度;②减少有效分割像素点的丢失,提高图像的抗噪性;③运用合适的算法将想要提取的目标准确地分割出来。

图像阈值分割算法的研究已经有五六十年的历史,由于阈值分割计算简单方便并且计算速度相对较快,受到了专家学者的广泛关注。在近几十年的发展过程中,不断涌现出新的算法,优化了分割的效果。比较常见的阈值分割算法有最大类间方差法[9]、最大熵法、迭代法。其中,最大熵法因具有高效的性能而被广泛应用。

本章算法采用最大熵阈值法先对图像初步分割,获得最优的单一阈值,把图像分为目标区域 C_A、背景区域 C_B。然而,由于红外目标图像具有边缘模糊特性,采用单一阈值无法准确的分割。故而,在本章算法中,我们基于最佳阈值的灰度值作为中心,设定了一个阈值的扩展范围,将红外图像划分为目标区域 C_a、背景区域 C_b、待进一步细分的区域 C_x。

16.4　区域几何生长的目标提取

由于在进行红外图像的手印识别中,手印一般具有较为特殊的结构特征,因此在进行目标提取时,除了使用图像中的灰度值信息外,还能够依据手印结构特征辅助进行手印区域的划分,从而完成目标的提取[10]。将图像中包含的手印结构形态信息模拟作补体对目标提取进行调节,可以增强提取的准确性。

16.4.1　目标区域特征点的提取

在进行基于形态结构的几何生长之前,首先需要获取图像中手印的形态结构。一般而言,红外图像中呈现的红外手印基本包含两个部分,即手掌部位区域和指头部位区域。通常获取的手印的手指与手掌连接部位不会与接触面有较大的接触空间,因此这部分手印的热辐射一般相对较低,于是会生成上述两种非连通区域。基于获得的非连通区域,进而构建手印的结构形态,为后续的生长调节做准备[11]。

　　每个获得的非连通区域需要选择一个能够代表其整体区域信息的点作为区域特征点,以满足后续进行结构形态生长的要求。具体的区域特征点获取方式如下:

　　(1)通过最大熵阈值分割拓展得到双阈值,将粗分割后的图像进行细分,由此获得新的目标区域 C_a 能够确定全部包含于真实目标区域。

　　(2)由于对象与目标手掌局部接触不够充分,需要将各个目标区域标记,并找出手掌与物体接触最充分的部位,即灰度最高的部分。寻找每个目标区域块的特征点,可以得到目标区域的特征描述。在图 16-6 中,可以看到各个目标区域的特征点被表示为小矩形,其中主区域块是包含像素点最多的地方。

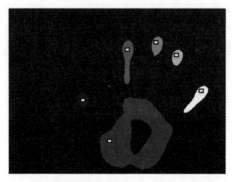

图 16-6　目标区域块特征点示意图

　　(3)至此完成区域特征点的提取,接下来将基于这些特征点构造的结构形态进行区域几何生长。

16.4.2　区域几何生长过程

　　区域生长算法是一种利用图像像素的方法进行图像分割的技术,其能够准确地将与目标物体相似的像素点分离,达到高精度分割目的。在此过程中,种子点的选择、生长准则的制定,直接影响图像分割的最终效果。

　　(1)种子点的选取。种子的选择将直接影响区域生长的最终结果,种子点由区域中的一个、一组像素构成。本章算法把与待细分区域 C_x 中各区域块特征距离最近的像素点作为生长的种子点。

　　(2)生长准则的制定。最初已生长区域为 $R = C_a$,设生长特征点为 $G_1(g_1.x, g_1.y)$,主区域块特征点为 $G_k(g_k.x, g_k.y)$。区域块特征种子点邻域的待生长像素点 $f(x,y)$ 与已生长区域的关系用 γ 表示:

$$\gamma = [(G_1 - f)^2 + (G_k - f)^2]/(G_1 - G_k)^2 \tag{16-1}$$

　　生长准则为

$$\begin{cases} f(x,y) \geqslant t_a + \dfrac{t - t_a}{\gamma} & \gamma > 1 \\ f(x,y) \geqslant t_b + (t_t - t)\gamma & \gamma \leqslant 1 \end{cases} \tag{16-2}$$

式中,基于最佳阈值扩展,获得两个新阈值 t_a、t_b。基于待生长像素点在两个区域块中的位置,对它进行生长判决。若两个区域块均为主区域块,那么将 γ 设为一个常数。对于满足式(16-2)的像素点,视为新的种子点合并到区域 R 内。若不满足式(16-2)条件的像素点,就会停止当前像素点的生长,对其他待生长点继续进行判断,直到所有种子点均生长完毕,便可以完成目标的分割工作。

算法的整体流程如下:

(1)利用最大熵阈值对红外图像进行粗分割,并进行标记,寻找各区域特征点,构建手掌的结构形态。

(2)根据特征对种子点进行选择,通过特征点与待生长点的位置几何关系,判断是否进行区域生长。通过这种方式控制指尖、手掌之间像素点的生长方向。生长像素点到达指腹像素所在区域时,能够使较小的生长阈值满足条件以完成指腹区域的生长。

16.5 结果与分析

根据刑侦图像中红外手印图像的特征,针对手掌不完全接触对象导致不完整手印分割困难的问题,借鉴生物免疫中补体系统对免疫系统的内部调节作用机理,设计了一种基于结构形态几何生长的红外手印目标分割算法。算法根据红外刑侦图像的特点,利用手掌接触对象残留的温度信息,提取特征区域并构建手掌结构,表达人工免疫作用的免疫系统内部的补体系统的调节因素。利用手掌结构这种补体系统激励免疫系统运作的内部调节信息,使目标提取能够有针对性的定向生长。针对残留手印不完整导致的分割困难问题,提出的算法能够有效分割出无法从红外手印图像中较好地反映出来的手掌区域。

为了验证本章目标提取方法,我们在采集的图像中选择了 5 名嫌疑人遗留手印。在 $0\sim15\mathrm{s}$ 内,拍摄 5 幅具有较强手印特征的红外图像。分别使用最大熵阈值分割算法、典型区域生长算法、最大类间方差算法、SVM 来提取红外手印痕迹的目标。如图 16-7 所示,分割结果图显示,由于指腹的不完全接触,使得图像目标区域没有连通。传统的区域生长算法难以完整地分割出目标区域。虽然 SVM 能够提取完整的目标区域,但误选了较多的背景信息,难以提取出手印目标的正确信息。最大熵阈值分割算法和最大类间方差算法能够获得较好的目标完整性。最大类间方差算法包含更多区域细节信息。

本章提出的算法根据手的结构形态几何生长,在提取目标完整前提下,提升对指腹部分的提取效果。通过最大类间方差与本章算法的实验结果对比,可以发现,图像 c、d 的实验结果中,算法实现了部分指腹区域的有效提取,提高了手部目标的完整性、准确性。

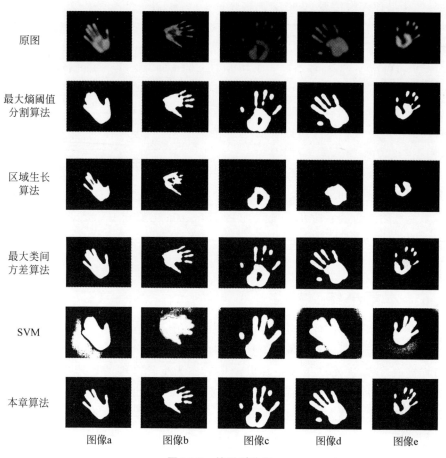

原图					
最大熵阈值分割算法					
区域生长算法					
最大类间方差算法					
SVM					
本章算法					
	图像a	图像b	图像c	图像d	图像e

图 16-7　结果对比图

　　为了获得对实验结果更加精确的评价，对实验结果进行真阳性率、假阳性率的定量分析。如表 16-1 中所示，SVM 算法虽然能够提取到完整的真实目标，但其假阳性率也较高，不能保证目标提取的准确性。区域生长算法所处理的 5 幅手部图像的真阳性率均较低，平均真阳性率仅仅为 55.35%，无法捕获完整的目标区域。最大熵阈值分割算法、最大类间方差算法、本文提出的算法从定量实验数据展示的效果均比较理想。最大熵阈值分割算法相比于最大类间方差算法能够提取到相对完整的区域，但是假阳性率较大反映了提取的错误信息较多。本章所提出的算法，虽然部分图像的数据略低于两种算法，但是平均真阳性率达到 91.7%，高于最大熵阈值分割算法的 89.87%、高于最大类间方差算法的 84.1%，并且平均假阳性率为 0.512%，与最大类间方差的 0.476% 相近，优于最大熵阈值分割算法的 1.504%。这表明针对红外手印图像，本章提出的算法能够有效提高目标图像的分割准确性。各评价标准的最优结果在表 16-1 中采用黑体标出。

表 16-1 对比实验的定量分析

图像	指标	最大熵阈值分割算法	区域生长算法	最大类间方差算法	SVM	本章算法
1	TPR	**1.0000**	0.7845	0.9974	**1.0000**	0.9925
1	FPR	0.0509	**0.0023**	0.0128	0.2291	0.0098
2	TPR	0.9525	0.5528	0.9259	**0.9999**	0.9629
2	FPR	0.0085	**0.0000**	0.0048	0.1371	**0.0000**
3	TPR	0.9076	0.5324	0.8412	**1.0000**	0.9390
3	FPR	0.0114	**0.0004**	0.0041	0.1047	0.0142
4	TPR	0.9272	0.4634	0.8119	**1.0000**	0.9558
4	FPR	**0.0000**	**0.0000**	**0.0000**	0.1559	0.0016
5	TPR	0.7061	0.7061	0.6285	**1.0000**	0.7347
5	FPR	0.0044	0.0007	0.0021	0.1559	**0.0000**

16.6　本章小结

　　本章分析了刑侦图像中红外手印图像的特征,针对手掌与接触面不完全贴合导致的手印图像分割困难的问题,通过将补体系统对于免疫系统的调节作用映射到目标提取过程,进而产生了一种以结构形态为生长准则的手印目标分割算法。该算法考虑红外手印图像特征,利用手掌接触对象残留的温度信息,提取特征区域构建手掌结构来表达人工免疫作用的免疫系统内部补体系统的调节因子。利用手掌结构这种补体系统激励免疫系统运作的内部调节信息,使目标提取能够有针对性地定向生长。最终通过实际的提取效果和定量分析验证,证实基于结构形态几何生长的目标提取方法能够有效地将手印区域从图像中较好地提取出来,可以解决因犯罪嫌疑人手部与案发现场物体表面接触痕迹不充分等导致的模糊问题,有效解决了因犯罪嫌疑人手部习惯或作案条件等造成手部痕迹提取不全的问题,较大程度上还原了犯罪嫌疑人的手部信息,为侦破案件提供了有力的证据。

本章参考文献

[1] TOKAY M S,FIGEN Z G. Evaluation of a target detection algorithm using the infrared sensor model in real time [C]. Signal Processing & Communications Applications Conference. IEEE,2012.

[2] CHENG K S, LIN H Y. Automatic target recognition by infrared and visible image matching[C]. Iapr International Conference on Machine Vision Applications. IEEE,2015.

[3] YU X,ZHOU Z J,KAMIL R. Blurred infrared image segmentation using new immune algorithm with minimum mean distance immune field [J]. Spectroscopy and Spectral Analysis,2018,38(11): 3645-3652.

[4] JERNE N K. The generative grammar of the immune system[J]. Scandinavian Journal of Immunology,1993,38(1):7.

[5] MOREAU S C,SKARNES R C. Complement-mediated bactericidal system:evidence for a new pathway of complement action[J]. Science,1975,190(4211):278-280.

[6] 于晓,周子杰,高强.基于最优可兔域神经免疫网络的深度模糊红外目标提取算法[J].红外,2019(1):16-23.

[7] ZHOU Z J,ZHANG B F,YU X. Infrared handprint classification using deep convolution neural network[J]. Neural Processing Letters,2021,53(2):1065-1079.

[8] 黄河玉,方峰.补体在适应性免疫中的调节作用[J].中国免疫学杂志,2016,32(4):600-604,608.

[9] 齐丽娜,张博,王战凯.最大类间方差法在图像处理中的应用[J].无线电工程,2006(7):25-26,44.

[10] 高强,周子杰,于晓.基于结构形态几何生长的模糊红外光谱图像分割[J].红外,2018(11):21-27.

[11] 周子杰.基于人工免疫算法的红外刑侦目标的检测与跟踪[D].天津:天津理工大学,2019.

第17章

红外刑侦重叠手印目标提取算法

在实际的犯罪案发现场,从现场采集到的红外手印图像多是单一手印痕迹[1],此类刑侦红外图像的处理,前面章节中已给出诸多的方法、方案,并取得了较好的痕迹提取效果。但是由于犯罪嫌疑人具有一定的自主性、活动性和随意性的影响,也可能在案发现场遗留有重叠性质的手印痕迹[1]。造成手印重叠的主要原因有三点:①由于犯罪嫌疑人可能会在案发现场某处倚靠、停留,在单一手印痕迹基础上可能会再次留下手印痕迹,那么在原有单一手印痕迹上会覆盖上新的手印痕迹,造成手印目标的重叠;②由于犯罪嫌疑人在同一位置区域多次留下手印痕迹信息,由此从现场采集得到的红外手印图像会呈现出手印重叠性质;③犯罪嫌疑人与受害人在案发现场进行打斗、推搡、争夺物品而造成在同一区域遗留两个人的手印,甚至两人先后触及、按压在同一物体的表面而造成手印重叠的问题。

假设模拟案发现场在桌子上留下一组手印痕迹,采用红外摄像仪捕捉手印痕迹信息,图 17-1 为不同拍摄条件下的图片,其中图 17-1(a)为可见光下拍摄的桌子图片、图 17-1(b)为红外摄像仪拍摄的桌子图片。图 17-1(a)中得不到任何手印痕迹信息,但是图 17-1(b)中清晰地显示出了遗留在桌子上的重叠手印痕迹。

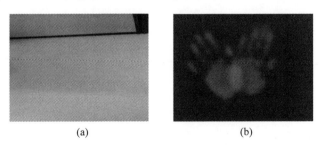

(a)   (b)

图 17-1　不同拍摄条件下的现场图像

(a) 可见光现场图;(b) 红外摄像仪拍摄图

通过对图 17-1(b)的重叠手印图像分析,图像背景和整体手印目标两部分区别较为明显,阈值算法就能够区分图像中的背景和整体手印目标两部分。但由于手印间的重叠性,导致两个手印之间的局部与整体间灰度特征差异较大,因此,采用常用的阈值算法无法处理手印间的重叠区域,也难以去除背景中可能存在的干扰。

　　本章内容将针对上述红外重叠图像存在的问题,结合坐标变换与图像融合进行重叠图像中的单手印提取,将相互融合的手印图像分离开来,以满足刑侦中痕迹验证的需要。

17.1　手印目标重叠问题分析

　　不同于静止的案发现场的物证,人具有极强的自主性和活动性,因此在案发现场不论是犯罪嫌疑人还是受害者或者其他人的活动行为都具有一定的随意性。在这种随意性下,从现场采集到的红外手印图像较常见的是单一的手印图像,特殊情况下可能会采集到具有重叠性质的手印图像。单一手印图像是比较正常、比较理想的情况下能够采集到的较多的也是较为常见的一类手印图像,在案发现场任何不经意间的触碰就会留下单一手印痕迹信息。

　　同时,犯罪嫌疑人可能会在案发现场某处倚靠、停留,在单一手印痕迹的基础上可能会再次留下手印痕迹,那么在原有单一手印痕迹上会覆盖新的手印痕迹,造成手印目标的重叠。或者,犯罪嫌疑人在同一位置区域多次留下手印痕迹信息,由此采集得到的红外手印图像同样会呈现手印重叠性质。图 17-2 所示为模拟案发现场的红外重叠手印图像。

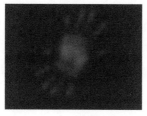

图 17-2　红外重叠手印图像

17.2　基于可变阈值和坐标变换融合的目标提取算法

　　为解决红外手印图像中存在的手印重叠难题,有效提取手印目标,本章提出一种基于可变阈值坐标变换融合的红外刑侦重叠手印目标提取算法[2]。首先根据图像的灰度分布,使用阈值算法提取手印区域以及手印重叠区域;然后使用坐标变换方法、图像旋转法、图像融合算法对图像进行调整,修正整体手印部分中心线、手印重叠部分中心线与整体图像区域中的坐标直线水平或垂直,以便于均匀划分两部分;最后通过二次图像融合算法结合提取出单个手印目标。该算法着重研究解决重叠的手印目标提取困难问题,整体算法流程图如图 17-3 所示。

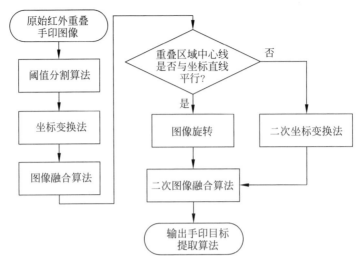

图 17-3　本章算法整体流程图

17.3　红外重叠图像预处理

17.3.1　阈值分割预处理

阈值算法[3]适于物体与背景的灰度特征有较强对比,通过阈值算法对图像进行分割与处理,提取重叠图像中的整体与重叠区域,为后续图形的融合处理提供必要条件。以图 17-2 为例,假设红外重叠手印图像为 $f(x,y)$,确定阈值 T,则 $T_{f(x,y)} > T$ 的部分构成目标区域,剩余部分构成背景区域,得到二值图像结果 $g(x,y)$:

$$g(x,y) = \begin{cases} 1 & T_{f(x,y)} > T \\ 0 & T_{f(x,y)} \leqslant T \end{cases} \tag{17-1}$$

通过观察灰度直方图的分布,当目标和背景间灰度差异明显时,灰度直方图中显示的波峰、波谷特征,阈值 T 通过波谷处的基准值来确定。以图 17-1 的重叠手印灰度图为例,红外重叠手印图像中的手印目标和背景存在明显的灰度差异,其直方图如图 17-4 所示。

观察图 17-4 可知,直方图中的波峰、波谷明显可见,左边第一个波谷处阈值即为划分背景和手印目标的分界点,该阈值右边的区域代表手印目标区域,左边代表背景区域,具体划分结果如图 17-5 所示。

对图 17-5 具体的灰度区域划分如图 17-6(a)所示。通过正常的视觉效果及具体的灰度差异,可将图像进一步细分为背景区域、整体手印区域、手印重叠区域三部分。如图 17-6(a)所示,图像中第一条竖线左侧区域为背景区域,两条波谷线之间为整体手印区域,第二道波谷线的右侧部分为手印重叠区域,图 17-6(b)为三部分的局部灰度差异。

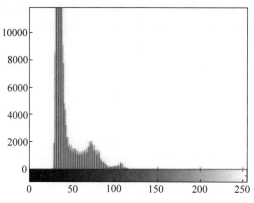

图 17-4　重叠手印图像灰度直方图

图 17-5　阈值提取结果

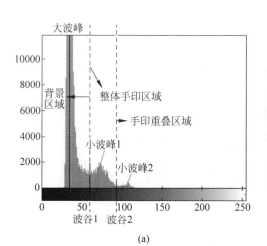

(a)

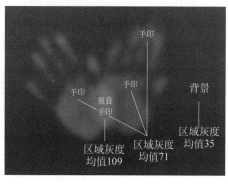

(b)

图 17-6　灰度区域划分

（a）直方图区域特性；（b）图像局部灰度差异

根据重叠区域、整体手印区域的灰度值的不同，也可以提取出手印重叠区域。确定图 17-6(a)中两个波谷处灰度阈值 T_1、T_2，红外重叠手印图像 $f(x,y)$ 先根据阈值 T_1，T_2 分成三部分：$T_{f(x,y)} \leqslant T_1$ 为背景区域；$T_1 < T_{f(x,y)} \leqslant T_2$ 为整体手印区域；$T_{f(x,y)} > T_2$ 为手印重叠区域。获得处理后图像 $g(x,y)$ 如公式(17-2)所示：

$$g(x,y) = \begin{cases} t_1 & T_{f(x,y)} \leqslant T_1 \\ t_2 & T_1 < T_{f(x,y)} \leqslant T_2 \\ t_3 & T_{f(x,y)} > T_2 \end{cases} \tag{17-2}$$

手印重叠区域的提取结果如图 17-7(a)所示，其重叠区域的轮廓如图 17-7(b)所示。

(a)　　　　　　　　　　　　　　　(b)

图 17-7　手印重叠区域的提取结果

(a) 手印重叠区域；(b) 重叠区域的轮廓

17.3.2　坐标变换

图像中难免会存在背景较为复杂的问题，在处理具有复杂背景的红外重叠手印图像时，阈值算法的优势难以凸显，很难克服背景中无关区域的干扰，整体手印目标提取困难。对图 17-8(a)所示的图像，在保证提取尽量多的手印目标信息基础上，采用阈值算法进行处理，选取两个阈值 1、2 分别处理得到图 17-8(b)、(c)。

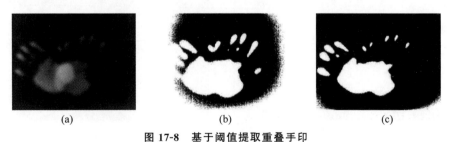

(a)　　　　　　　　　　(b)　　　　　　　　　　(c)

图 17-8　基于阈值提取重叠手印

(a) 原始重叠手印图像；(b) 阈值 1 的提取结果；(c) 阈值 2 的提取结果

分析图 17-8(b)、(c)的结果可知，其干扰区域明显且严重，整体手印目标提取不完整，无法继续进行后续的处理。因此，针对干扰区域的影响，本章算法设计采用坐标变换法进行处理。

坐标变换法需要先确定图像中手印目标的上、下、左、右的边界坐标点,获取整体手印目标区域的最小坐标轮廓,从而能够定位手印目标。假设获得的手印目标四个坐标点分别为 $g(x_1,y_1)$、$g(x_2,y_2)$、$g(x_3,y_3)$、$g(x_4,y_4)$,整体手印目标轮廓矩形区域 $Q(x,y)$ 可表示为长 y_2-y_1,宽 x_4-x_3。获得的图像 $h(x,y)$ 可表示为

$$h(x,y)=\begin{cases} f(x,y) & f(x,y)\in Q(x,y) \\ 0 & y_2<y_{f(x,y)}<y_1,x_4<x_{f(x,y)}<x_3 \end{cases} \tag{17-3}$$

坐标变换法的初次应用保证了手印目标信息的完整,同时滤除了背景中的干扰区域,较好地解决了图像中可能存在的背景干扰因素,为后续单个手印目标的准确提取奠定了基础。

17.3.3　图像融合

在上面的处理过程中我们初步得到了单独的手印重叠区域二值图、整体手印区域的二值图。然后采用图像融合算法[4-5]将两个结果融合,解决手印重叠区域和整体手印区域互相缺少的问题。对图 17-1(b)进行处理后得到了初始的整体目标提取结果,具体如图 17-9 所示。

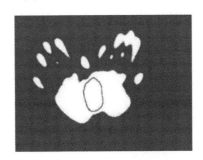

图 17-9　整体目标提取结果

17.3.4　单手印目标提取

分析完成预处理后的提取结果(图 17-9),从视觉上看,两个单手印区域轮廓依稀可辨。但存在重叠区域轮廓不完整、手印部分轮廓信息缺失、无法提取准确的单个手印目标等严重影响手印完整提取的缺点。

算法进一步将图像旋转法与坐标变换法结合,进而确定坐标直线。图像旋转法将重叠手印的交叠区域中心线进行调整,使得手印交叠区域与坐标直线平行或重合,将坐标直线作为划分基准,使用坐标变换法把手印交叠区域、手印区域划分为两个部分。但是实际采集到具有重叠性质的红外手印图像中,手印重叠区域中心线与坐标直线并非完全平行或重合,手印目标区域在图像中的位置会出现偏斜问题,如图 17-10 所示。

分析图 17-10 可知,重叠区域中心线出现偏斜,与坐标直线产生角度差。因

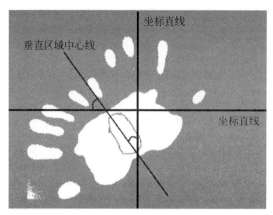

图 17-10 手印目标区域偏斜图

此,采用图像旋转法[6-7]将重叠区域中心线的位置、角度进行校正,旋转一定的角度,达到与坐标直线平行或重合的位置,具体如图 17-11 所示。

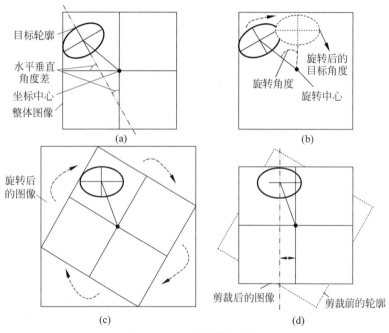

图 17-11 图像的转换过程

分析图 17-11 可知:图 17-11(a)中的虚线表示目标区域中心线、坐标直线两者之间存在的角度差;图 17-11(b)中的图像旋转一定的角度对目标区域中心线进行修正,修正到目标区域中心线与坐标直线平行或重合,如图中目标区域中心线延伸的虚线位置;旋转后的图像尺寸会发生变化,见图 17-11(c)中旋转后的图像;对图像进行剪裁操作,将图像剪裁至原有图像尺寸大小,并保留图像中目标的基本信息,如图 17-11(d)。

对图 17-10 进行旋转操作,得到如图 17-12(a)所示的结果。

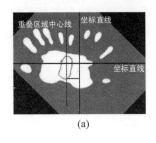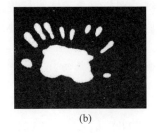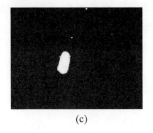

(a)　　　　　　　　　　(b)　　　　　　　　　　(c)

图 17-12　图像旋转的结果

(a) 整体目标提取结果;(b) 整体手印区域;(c) 重叠区域

图 17-12(b)为整体手印二值旋转图、图 17-12(c)为重叠部分二值旋转图,算法最后以这两幅图像结果为基础,使用二次坐标变换法、二次图像融合算法处理,对单个完整手印进行提取。图 17-12(a)中划分交叠区域的中心线位置,以中心线的位置为中心将图 17-12(b)、(c)二次坐标变换,分别获得左侧手印区域、右侧手印区域、左侧重叠区域、右侧重叠区域,结果如图 17-13 所示。对图像进行二次融合:左侧手印区域与右侧重叠区域进行融合,获得左侧手印目标;右侧手印区域与左侧重叠区域融合,得到右侧手印目标。

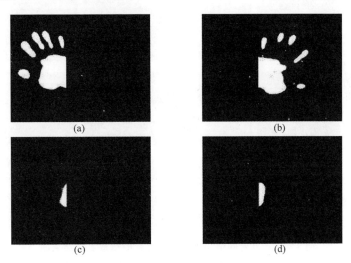

(a)　　　　　　　　　　　　　　　(b)

(c)　　　　　　　　　　　　　　　(d)

图 17-13　旋转重叠区域

(a) 左侧手印区域;(b) 右侧手印区域;(c) 左侧重叠区域;(d) 右侧重叠区域

17.4　算法验证与分析

由于犯罪嫌疑人的活动存在随意性、不定性、自主性,导致红外设备采集的红外手印图像可能具有手印重叠问题,手印目标间存在的重叠性使手印目标的提取难度进一步提升。为了解决手印重叠问题对目标提取的影响,对此提出一种基于可变阈值和坐标变换融合的红外刑侦重叠手印目标提取算法,算法结合阈值算法、坐标变换法、图像旋转法、图像融合算法等多种图像处理方法完成对重叠手印目标的提取。

　　基于可变阈值和坐标变换融合的提取算法,针对不同重叠图像获得的提取结果图如图 17-14 所示。

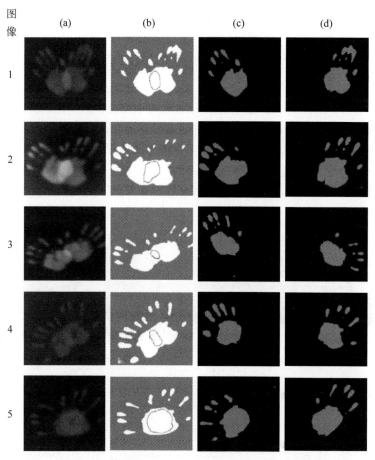

图 17-14　可变阈值和坐标变换融合的提取算法结果图
(a) 原始图像;(b) 整体手印图;(c) 左侧手印图;(d) 右侧手印图

　　其中:图 17-14(a)为拍摄的红外重叠手印图像、图 17-14(b)为整体手印的提取结果、图 17-14(c)为左侧单手印的提取结果、图 17-14(d)为右侧单手印的提取结果;图 17-14(b)的处理结果从直观视觉效果可见,基本可以还原手印图像目标轮廓,补全交叠手印的轮廓信息;从图 17-14(c)、17-14(d)图像的提取结果中可见,本章所设计的算法可以较好地提取单个手印,将交叠两个手印目标分别提取出来,有效解决从重叠手印中提取单一手印的问题。

为了验证本章所设计的算法的有效性、准确性,采取传统阈值分割算法、Sobel检测算法、改进的分水岭算法、轮廓提取算法、主动轮廓模型算法 5 种算法分别处理红外重叠手印,并将以上算法的处理结果与本章算法的提取效果进行比较。

传统提取算法针对不同重叠图像获得的提取结果图如图 17-15 所示。

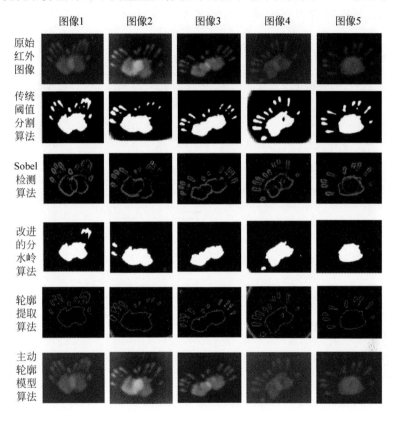

图 17-15 传统提取方法结果图

由对图 17-14(c)、(d)的分析可知,可变阈值和坐标变换融合算法完整、有效地提取出了两个手印目标,解决了重叠问题对该类红外手印图像目标提取的影响。结合图 17-15 的比较试验进一步进行分析:传统阈值分割算法能提取出整体手印信息,且提取结果较完整,但是问题的根本在于该方法无法解决手印之间的重叠问题,使得提取结果不完美;Sobel 检测算法则是仅仅能提取出部分重叠轮廓和部分整体手印轮廓,并且提取的轮廓不完整、不连续,无法提取出单个手印目标,效果同样差强人意;改进的分水岭算法、轮廓提取算法、主动轮廓模型算法 3 种算法的处理结果不仅无法解决重叠问题,甚至难以有效地提取出整体手印目标,最终提取结果均不理想。

综合比较之下,可变阈值和坐标变换融合算法十分有效地解决了图像中存在的手印重叠问题,且能将手印目标十分准确完整地提取出来,提取结果不仅满足图像目标提取的基本要求,更符合主观视觉上的观察要求。

以上分析是通过处理结果从图像上直观表达进行比较,下面通过定量分析指标真阳性率和假阳性率进一步验证本章算法处理结果的优越性。

结合图 17-14、图 17-15 的实验结果和对比试验结果,以及真阳性率和假阳性率计算方式,最终可以得到本章算法和各个比较算法处理结果的定量评价指标TPR、FPR 的值,具体见表 17-1。

表 17-1　6 种提取算法的定量分析

算　　法	评价指标	图像 1	图像 2	图像 3	图像 4	图像 5
本章算法	TPR	0.9074	0.9320	0.9095	0.9511	0.9593
	FPR	0.0046	0.0055	0.0037	0.0033	0.0029
传统阈值分割算法	TPR	0.8096	0.8755	0.8591	0.8731	0.7968
	FPR	0.0199	0.1034	0.0169	0.3912	0.0177
Sobel 检测算法	TPR	0.3210	0.3011	0.3746	0.4005	0.3622
	FPR	0.0185	0.0241	0.0276	0.0306	0.0261
改进的分水岭算法	TPR	0.6317	0.3584	0.4462	0.7860	0.4187
	FPR	0.0188	0.2744	0.0155	0.3002	0.0186
轮廓提取算法	TPR	0.2995	0.2741	0.2955	0.2196	0.2549
	FPR	0.0141	0.2920	0.0131	0.4062	0.0397
主动轮廓模型算法	TPR	0.8114	0.8806	0.8622	0.8769	0.8007
	FPR	0.3005	0.3364	0.3918	0.3160	0.2947

由表 17-1 中的数据看出,本章算法对 5 幅图像处理结果的 TPR 值均在 0.9 以上,FPR 值极低。传统阈值分割算法和主动轮廓模型算法的 TPR 值较大,并且接近本章算法的 TPR 指标,且 FPR 指标也较理想,数值较低,说明其能够较好地提取出手印目标,且存在较少干扰区域,但是根本问题在于两种算法无法处理手印目标的重叠性;改进的分水岭算法、Sobel 检测算法、轮廓提取算法则是 TPR 和 FPR 两个指标数据结果都较差,TPR 过小说明手印目标提取不完整,FPR 过大说明提取出大量无关干扰区域,即目标提取效果较差。

综合分析可知,本章提出的算法对于红外复杂背景手印图像中手印目标的提取效果及重叠问题的处理解决较其他几种算法更好,在提取完整性、准确性等方面都具有较高的优越性。

17.5　本章小结

由于犯罪嫌疑人的活动具有随意性、不定性、自主性,使得红外设备采集的红外手印图像可能具有手印重叠问题,手印目标间存在的重叠性不利于刑侦人员对痕迹进行观测和分析。为了解决手印重叠问题对目标提取的影响,本章提出一种基于可变阈值和坐标变换融合的红外刑侦重叠手印目标提取算法,算法结合阈值算法、坐标变换法、图像旋转法、图像融合算法等多种图像处理方法完成对重叠手印目标的提取。本章算法提取的手印痕迹结果分析证明了该算法简单、易实现,解决了难以处理的手印重叠难题,有效、准确、完整地提取出手印目标,并且最终提取的单个手印目标具有较高的完整性、易分辨性,能够有效区分出重叠的两个手印目标。最后通过设计比较定量分析指标与本章算法进行比较,进一步证明了本章提出的算法对红外重叠图像目标提取的有效、准确和完整性。本章目前研究的是掌间重叠性,后续为指间重叠性、指掌重叠性分别展开研究提供了新的启迪和方案参考,为刑侦图像的处理、目标痕迹的提取开拓了新的思路。通过对重叠手印的提取分析,并通过坐标旋转、图像旋转等操作,将重叠手印中的单一手印较好地呈现,为刑侦人员对案件的分析提供了极大便利,并为案件的进一步推进给出了有力的证据。

本章参考文献

[1]　李凯臣.红外刑侦手印图像目标提取算法研究[D].天津:天津理工大学,2022.

[2]　李俊芳,李凯臣,于晓.基于可变阈值和坐标变换融合的红外刑侦重叠手印目标提取算法[J].红外,2021,42(10):33-44.

[3]　刘健庄,栗文青.灰度图像的二维 Otsu 自动阈值分割法[J].自动化学报,1993(1):101-105.

[4]　TUBA K. Fusion of remotely sensed infrared and visible images using Shearlet transform and backtracking search algorithm[J]. International Journal of Remote Sensing,2021,42(13):5087-5104.

[5]　CHI Z F. Research on satellite remote sensing image fusion algorithm based on compression perception theory[J]. Journal of Computational Methods in Sciences and Engineering,2021,21(2):341-356.

[6]　尹雪,刘思念,袁春梅,等.基于 DSP 的双线性插值算法在图像旋转中的应用[J].舰船电子工程,2020,40(3):97-100.

[7]　李承轩,舒忠.基于双线性插值的印刷图像旋转算法实现[J].现代计算机(专业版),2019(11):85-89.

第18章

▷▷▷▷▷

基于运动估计的红外刑侦目标跟踪

在刑侦破案过程中,除了对案发现场嫌疑人遗留的热痕迹进行提取作为破案证据以外,对犯罪嫌疑人进行位置的定位和实时跟踪,从而掌握嫌疑人的行动情况也是刑侦过程的重要部分。而在对犯罪嫌疑人进行定位跟踪的过程中,经常会受到树木、楼宇等障碍物的遮挡,影响刑侦人员对犯罪嫌疑人的监测。本章对红外刑侦目标的遮挡问题进行分析,通过研究目标不同的图像特征,针对不同运动状态的犯罪嫌疑人在遮挡及复杂背景中的实时跟踪困难问题,设计解决此类问题的跟踪算法。针对匀速运动的遮挡目标无法有效跟踪的问题,提出基于运动估计的刑侦目标跟踪算法[1],根据犯罪嫌疑人在受到遮挡前的目标运动方向和状态,预测犯罪嫌疑人在受到遮挡时的运动情况,当犯罪嫌疑人从遮挡物中逃离时,此算法能够快速修正最佳跟踪位置,达到实时有效的跟踪。另外,针对非匀速运动的遮挡目标,提出一种结合运动估计和背景差分法的刑侦目标跟踪方法。同样利用运动估计对目标位置进行预估,算法同时结合背景差分法,修正由于非匀速运动过程中运动预估产生的误差,及时检测犯罪嫌疑人的再次出现,从而完成对犯罪嫌疑人的有效跟踪。

借鉴生物免疫机理,设计了免疫智能红外刑侦目标检测与跟踪算法。经过实验对比验证,算法针对运动状态下刑侦目标的特点均表现出优异的检测跟踪效果,可以有效捕捉到犯罪嫌疑人的动向,为刑侦人员的追捕监测提供了极大的便利。

18.1 刑侦目标检测跟踪的关键因素

在对犯罪嫌疑人的追捕过程中,犯罪嫌疑人多在夜色的掩盖下逃窜,而在这种可视范围较低的环境为公安机关的追捕增加了许多困难。在这种情况下,利用红外热像仪对现场痕迹进行快速监测并精准定位[2],可以有效地呈现夜幕下逃窜的嫌疑人的踪迹,为刑侦人员追踪犯罪嫌疑人提供了方便。

根据应用情况的不同,刑侦中的检测跟踪技术一般分为两种类型:微弱对比度目标,即现场残留的手印或行为残留痕迹,一般与背景特征相近,且轮廓不完整;一般目标,存在实际热源的对象,如犯罪嫌疑车辆或嫌疑人,主要出现于刑侦检测跟踪平台中,此类目标根据监控设备对目标观测的距离不同也存在不同的图像特征。而本章的研究针对这两类对象,对其图像特征分别做出分析,并对各个问题点进行了针对性的突破。

由于刑侦检测跟踪中为高效捕获残留痕迹或运动中的目标,通常采用红外设备对目标进行采集,而此类红外目标图像通常具有以下特点:图像分辨率较低、目标边缘模糊、目标本身的温度分布不均匀、内部特征差异性显著,并且红外图像容易受光照、温度和噪声干扰,这些特点令红外刑侦图像具有一般图像所不具备的特征,从而阻碍了红外刑侦目标的有效提取。传统的目标检测跟踪方法不适用于红外刑侦目标图像的检测跟踪。

刑侦目标的检测与跟踪目前还没有成熟完善的技术和解决方案,对于不同类型的目标,单一的检测算法无法将其有效准确地提取,主要问题还是在于跟踪目标内部特征差异性显著及目标背景环境的复杂性,使检测痕迹的弱对比度和完整性较差。如何对不同类型的刑侦目标进行快速准确的检测与跟踪,是本章内容深入研究的主题。

18.2　红外刑侦目标跟踪问题分析

刑侦跟踪的对象主要为嫌疑人或车辆,在跟踪过程中,跟踪地点、设备、对象及环境等各种因素都会影响跟踪的效果。运动载体的拍摄跟踪、路况的颠簸会令拍摄目标出现运动模糊及目标频繁抖动现象[3-4]。在复杂背景及类目标过多的街道环境中,容易出现目标错误跟踪的情况等[5]。然而,在这些问题中,刑侦目标跟踪过程中出现较多的还是目标的遮挡问题。在目标的跟踪过程中,背景类目标的干扰和目标利用遮挡物隐蔽是常见的情况,应对刑侦目标的遮挡问题进行分析,并在不同图像特征下分析选择出最适合红外刑侦目标跟踪的图像特征。

18.2.1　刑侦遮挡问题分析

在刑侦目标的跟踪过程中,由于地形及环境复杂恶劣,并且嫌疑对象也具备一定的反侦查意识,在行动中善于利用阴暗环境或遮挡物隐蔽逃窜行踪。这种行为给刑侦过程中目标的跟踪带来了困难。目前已有的跟踪算法对于对象的遮挡虽然也具有一定的适用性,但是终究无法有效实现跟踪。例如,核相关滤波跟踪算法(KCF)作为一种经典高速跟踪算法,针对运动目标,能够实现快速准确的跟踪效果,但是对于刑侦案件中嫌疑对象遮挡行动的追踪捕获效果一般。图18-1是运用经典跟踪算法跟踪红外嫌疑目标的视频中的3帧图像,视频模拟黑夜环境下嫌疑对象利用树木进行局部遮挡的行为。我们发现红外环境能够较好地反映出遮挡物和嫌疑对象本身的特征,并且遮挡物与对象的特征差异显著,导致犯罪嫌疑人快速通过遮挡物时,跟踪算法无法有效地辨识遮挡;导致跟踪框漂移,最终使跟踪失败。

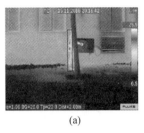  

(a)　　　　　　　　　　(b)　　　　　　　　　　(c)

图 18-1　跟踪算法效果图

(a) 第 55 帧;(b) 第 60 帧;(c) 第 65 帧

关于跟踪遮挡问题,针对目标遇到遮挡时最大响应的反应情况进行了分析,图 18-2 是应用经典跟踪算法跟踪上述视频目标所获得的最大响应值分布情况,图中的横坐标表示视频的帧数,纵坐标表示最大响应值。

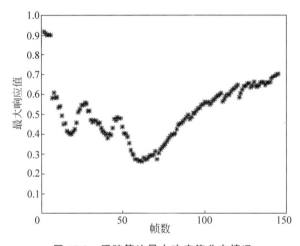

图 18-2　跟踪算法最大响应值分布情况

通过观察图 18-2 不难发现,当跟踪对象经过遮挡物的过程中(50~70 帧),最大响应值首先持续降低,当响应值降低到 0.3 以下后,逐帧上升。产生这个问题的原因与 KCF 算法中目标对象的模板更新有关,跟踪过程中当目标被物体遮挡时,跟踪矩形框内的特征急剧变化,算法无法寻找到高响应值的目标位置,而将特征近似目标的背景误认为跟踪目标,完成模板的持续更新。当真实目标再次出现时,模板的"污染"已经呈现不可恢复的情况,最终导致跟踪失败。图中跟踪后期的最大响应值逐帧上升的现象就是模板的"污染"导致原始跟踪目标特征转变所造成的结果。

18.2.2　目标特征的选择

红外刑侦目标的跟踪离不开目标特征的提取,目标特征的精确描述能够提高目标跟踪的准确性,因此选择合适的目标特征是必需的。跟踪过程中常见的目标特征有灰度特征和梯度方向直方图(histograms of oriented gradients,HOG)特征等。

相较于可见光图像,红外图像的灰度值反映的是场景中物体热辐射的强度,且普遍存在目标与背景对比度低[6]、缺乏色彩信息和突出的外形轮廓等问题。灰度直方图特征作为一种计算简单且稳定的特征,在目标跟踪中经常被使用。灰度特征的提取采用目标跟踪窗口是以核函数加权下的灰度直方图分布进行描述[7-8],一般情况下窗口检测区域内的灰度值分布比较集中[9],核心是计算各灰度级的直方图概率分布密度,通过目标与候选目标灰度直方图分布概率的比较来确定目标跟踪的位置。

除灰度特征外,待提取目标边缘轮廓信息的存在也对目标本身特征的描述起着较为关键的作用,虽然红外刑侦目标不是完全依靠外形轮廓信息,但是作为图像描述中不可或缺的特征,HOG作为一种能够较好的描述目标轮廓信息的特征而被广泛应用。

HOG在机器视觉及数字图像领域中是一种能够针对待处理对象进行基于形状边缘特征检测的描述算法。HOG特征是在2005年由Navneet Dala等人提出的[10],当时该特征主要用于静态图像的行人检测,之后因为HOG特征对物体特征的表现较为全面,才逐渐被应用于其他目标特征的描述中。

HOG的基本思想是利用图像梯度信息能够较全面地反映目标边缘的特点,通过对局部梯度信息的采集和加权处理,将局部目标图像的外观和形状特征化。由于全局环境下,通常图像的特征中包含大量外界干扰因素[11],而HOG特征相对于灰度特征等其他特征的优点在于它针对的是局部特征。一般的特征容易将干扰因素与目标一起描述,导致后期在对目标进行处理时,引入干扰因素所带来的影响,这些全局特征的描述方式不利于对目标的细节进行提取[12]。提取HOG特征的流程如图18-3所示。

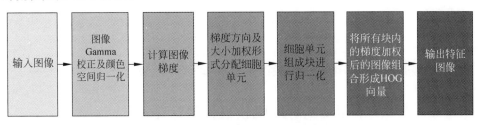

图 18-3　HOG 特征提取的流程图

HOG 特征的提取主要分为以下步骤：

（1）颜色空间归一化。为了避免光照的影响，需要使用 Gamma 对图像进行颜色空间归一化校正，降低图像光照光线变化以及光照阴影的影响，并且还有利于降低噪声的干扰。颜色空间归一化操作的方式是将每个通道的像素范围对 0～255 开方处理。

（2）计算图像像素点的梯度。梯度信息通常能够表示图像的轮廓边缘特征，同时在提取过程中还可弱化光照变化造成的影响。像素点 (x,y) 的方向梯度计算方法为

$$G_x(x,y) = H(x+1,y) - H(x-1,y) \tag{18-1}$$

$$G_y(x,y) = H(x,y+1) - H(x,y-1) \tag{18-2}$$

式中，$G_x(x,y)$ 代表水平方向梯度；$G_y(x,y)$ 代表垂直方向梯度；$H(x,y)$ 表示该点的像素值。像素点 (x,y) 处的梯度幅值 $G(x,y)$ 和梯度方向 $\alpha(x,y)$ 为

$$G(x,y) = \sqrt{G_x(x,y)^2 + G_y(x,y)^2} \tag{18-3}$$

$$\alpha(x,y) = \arctan\left[\frac{G_y(x,y)}{G_x(x,y)}\right] \tag{18-4}$$

（3）分配细胞单元构建梯度分布直方图。图像划分的大小相同的单位区域称为细胞单元，每个细胞单元中都含有少量像素点。像素点 (x,y) 梯度方向为梯度角度 $0°\sim180°$ 之间的任一值，需将其离散化至该范围的 9 个区间中，每个区间为 $20°$。使用双线性差值把细胞单元中的每个像素点梯度幅值，采用加权形式分配到相邻的两个区间中。这样在每个细胞单元中就能得到一个 9 维的特征向量。加权公式为

$$h(x_1) \leftarrow h(x_1) + h(x)\left(1 - \frac{x-x_1}{b}\right) \tag{18-5}$$

$$h(x_2) \leftarrow h(x_2) + h(x)\left(1 - \frac{x-x_2}{b}\right) \tag{18-6}$$

式中，$h(x)$ 表示梯度幅值；x_1、x_2 分别表示与梯度方向上 x 相邻的两个区间；b 表示单位区间的角度范围。

（4）将细胞单元组合成大的区间，并将大区间中的特征向量串连在一起，组成 HOG 特征。

18.3　匀速运动的刑侦遮挡目标跟踪算法

18.3.1　基于运动估计的刑侦目标跟踪算法

运动估计是计算机视觉领域中常用的一种技术，运动估计的基本操作思想：

首先,将每一帧图像序列排为互不相交的块,并使所有帧图像的位移量固定不变;其次,根据每一帧的图像块与参考帧进行某一范围内搜索,依照设定的搜索匹配方式找到与当前帧中最相似的匹配块,两者的相对位移即为运动矢量[13]。

在目标跟踪图像序列中,每一帧之间的目标位移具有连续性和相关性,越接近的两帧之间,目标的运动矢量就越接近,因此预估后一帧目标的位置能够通过对目标出现在前几帧的位置及运动矢量变化进行分析。若在刑侦目标的遮挡过程中,目标的短时间遮挡所对应的图像序列在 10～20 帧内,可以将此类短时间的遮挡问题近似为被遮挡嫌疑人的匀速运动。因此,对于这类匀速行动受遮挡的目标,通过采集遮挡前目标的运动矢量,能够预估出目标遮挡期间运动的方向和大小,由此实现遮挡期间跟踪矩形框实时跟踪被遮挡的目标,直到目标再出现时,快速检测目标的最佳位置以实现目标的跟踪。本节利用这种跟踪方式,提出基于运动估计的匀速运动的刑侦遮挡目标跟踪算法,其流程图如图 18-4 所示。

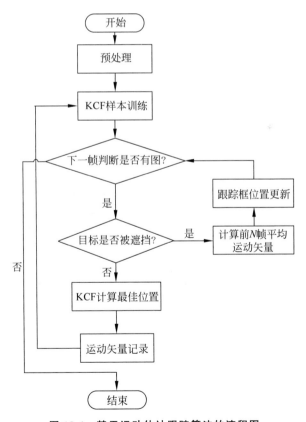

图 18-4　基于运动估计跟踪算法的流程图

算法以经典 KCF 目标跟踪算法为基础跟踪算法,其核心是目标样本的训练与检测。算法首先进行预处理,输入第一帧图像对目标的位置进行人工标定,并初始化 KCF 跟踪器,提取目标的 HOG 特征,然后对该目标特征进行训练。随后算法根据下一帧中目标框周围与跟踪器训练特征最大响应数值的大小判断目标是否被跟踪。若刑侦追踪目标未被遮挡,则利用 KCF 算法计算该帧目标框中的最佳位置并记录该帧的运动矢量。若刑侦追踪目标被遮挡,算法通过计算该帧前若干帧运动矢量的平均值预估后一帧的运动矢量,并更新跟踪目标框的位置继续对下一帧判断遮挡情况,直到遮挡结束,完成目标的跟踪为止。

18.3.2　实验结果分析

为了验证提出的基于运动估计的刑侦目标跟踪算法对于匀速目标被遮挡时的跟踪效果,在低照度的环境下拍摄了模拟匀速行走的刑侦目标被遮挡的视频。图 18-5 和图 18-6 是利用经典跟踪算法与本节提出的算法应对遮挡情况的仿真实验结果图。

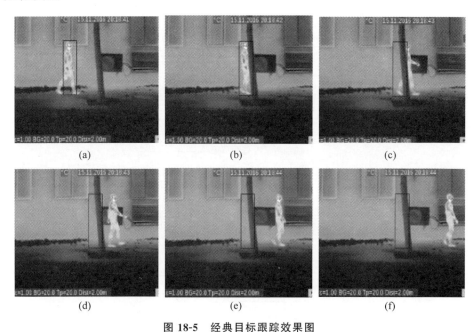

图 18-5　经典目标跟踪效果图

(a) 第 20 帧;(b) 第 50 帧;(c) 第 63 帧;(d) 第 78 帧;(e) 第 95 帧;(f) 第 120 帧

从图 18-5 和图 18-6 中能够发现经典跟踪算法在第 50 帧处目标被树木局部遮挡后就无法进行跟踪,而本章所提出的基于运动估计的跟踪算法在遇到遮挡后能够沿着之前的运动轨迹对运动方向进行预估,当目标再次完整出现后,马上修正细微的跟踪误差,最终实现完整的跟踪过程。

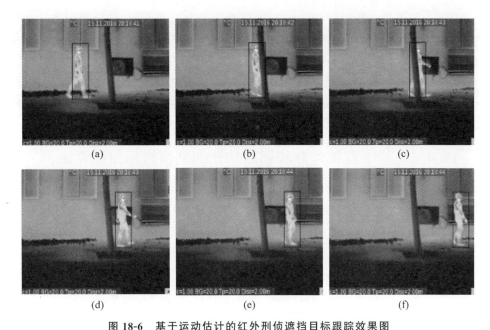

图 18-6　基于运动估计的红外刑侦遮挡目标跟踪效果图

（a）第 20 帧；（b）第 50 帧；（c）第 63 帧；（d）第 78 帧；（e）第 95 帧；（f）第 120 帧

18.4　非匀速运动的刑侦遮挡目标跟踪算法

18.4.1　背景差分法

背景差分法是一种常用目标跟踪方法，通过对比当前检测帧和背景参考帧，达到检测目标运动物体的目的[14]。对于静止的背景，这种方法具有检测运动目标速度快、精确度高、实现较容易等优点。背景差分法的检测性能主要取决于所使用的背景建模技术。背景建模方法通过估计场景的背景，把运动目标检测序列图像的问题转化为一个二分问题，把所有像素分为背景、前景两部分，获得运动目标的检测结果。较为简单的获得背景图像方案是直接捕获图像中固定不变的物体作为背景参考，但这种方案具有一定的局限性，只能用于较短的时间内监控场景，不能够满足刑侦领域中智能监控的要求。常见的背景建模方法包括 3 种：

（1）中值法背景建模。该方法是取某时间段图像序列中的连续 N 帧图像，将目标所在帧位置的特征点像素值按照设定规律进行排序，摘取排列像素值的中值作为对应的背景图像像素特征值。

（2）均值法背景建模。该方法是取连续若干帧对应位置像素点的平均值作为背景图像的特征值。这种算法虽然运行速度快，但对环境明暗变化和部分动态背景变化比较敏感。

（3）卡尔曼滤波器模型。这种方法将背景视为稳态系统，将前景图像认为是噪声，采用卡尔曼滤波器时域递归低通滤波器预测背景图像的变化，不仅可以将目标物体视为参考，从而观测图像变化，而且还可以保持背景稳定变化，消除噪声干扰。

在刑侦目标的遮挡过程中，通常背景中不存在其他运动目标，采用背景差分算法利用背景参考模型与当前帧比较，能够检测运动的红外目标是否出现，一旦目标出现，差分算法就能够立刻定位目标的位置。

18.4.2 基于背景差分和运动估计的刑侦目标跟踪算法

在 18.3 节中，针对匀速运动的刑侦遮挡目标提出了一种基于运动估计的目标跟踪算法，然而刑侦目标中并非所有的跟踪对象都为匀速运动，遮挡问题中非匀速运动的目标有两种情况：

（1）目标运动状态本身存在明显的变速状态，当其被短时间遮挡时，普通匀速运动估计会使得估计的状态与实际相差较多。

（2）当目标被长时间遮挡时，遮挡过程中目标的运动状态在被观测之前是完全未知的，即使目标被遮挡前处于匀速状态，但任何对象都无法实现准确的匀速运动，长时间的遮挡会累积运动估计的误差，最终令实际的目标与估计位置相差较远。因此，这种长时间的目标遮挡问题也会被归结于非匀速运动的目标遮挡问题，而针对这类问题，利用背景差分法快速检测运动目标的特点，提出了一种基于背景差分和运动估计的刑侦目标跟踪算法。

基于背景差分和运动估计的算法在目标被遮挡时，检测部分可分为两部分，以运动估计作为第一目标检测部分，即当目标被判断进入遮挡时，开始预估目标框的位置，沿目标未遮挡前的状态运动进行检测，并在此过程中建立背景模型。背景差分法作为第二目标检测部分，当目标再次出现，即使运动估计与实际目标相差较远、目标与背景存在较大差异的位置，也能够立刻被差分算法所捕获，从而实现目标的跟踪。算法的流程图如图 18-7 所示。

从图 18-7 中能够发现，当目标未被遮挡时，根据框选区域提取目标特征能够获取目标的模板，实现 KCF 的训练。然后在下一帧中根据训练的模板寻找该帧目标的最佳位置，完成目标的跟踪。当判断目标被遮挡时，算法考虑了由于检测判断过程中存在跟踪算法模板被"污染"的情况，即 KCF 模板更新过程中加入了部分误选特征，因此算法对模板进行反向补偿，以确保目标再次出现时模板能够捕捉到目标的最佳位置。然后判断目标被遮挡的时间是否小于设定的阈值，若小于阈值，则说明目标遮挡时间较短，算法通过分析目标进入遮挡前的运动方向与距离，预测遮挡期间目标的位移方向，检测该方向是否存在目标。并且，此过程由于目标已被遮挡，背景中其他运动的干扰因素较少，因此在这一过程中进行背景建模。若该遮挡时间内检测到目标，则利用 KCF 计算目标的最佳位置，实现目标的跟踪。若遮挡时间大于阈值，说明目标进入长时间遮挡阶段，该阶段的算法利用建立的背景模型,采用背景差分法检测目标。当目标再次出现时,利用背景差分法检测目标的位置,由 KCF 算法计算目标的最佳位置,实现跟踪位置的修正,最终完成目标的跟踪。

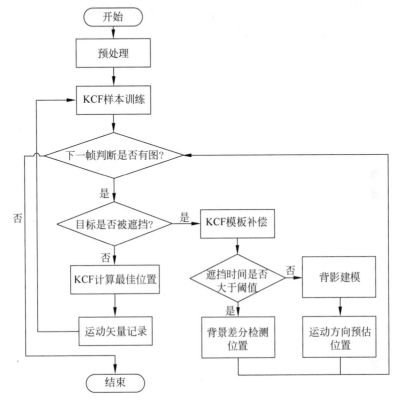

图 18-7 基于背景差分和运动估计的跟踪算法流程图

18.4.3 实验结果分析

为了验证非匀速刑侦目标被遮挡时的算法跟踪效果,拍摄了运动刑侦目标被长时间遮挡的视频。在视频中,目标会被遮挡物长时间完全遮挡,图 18-8~图 18-10 所示是分别利用经典跟踪算法、基于运动估计的跟踪算法和本节提出的算法应对遮挡情况的仿真实验结果图。

从图 18-10 中能够发现经典跟踪算法无法实现遮挡目标的跟踪,跟踪矩形框停留在遮挡物附近。基于运动估计的跟踪算法对于此类长时间遮挡的非匀速运动的刑侦目标,由于误差的累积导致最终与目标相差太远而无法被有效检测和跟踪。本节所提出的结合背景差分和运动估计的算法在长时间完全遮挡的情况下一方面发挥了运动方向预估的效果,在 150~275 帧被完全遮挡期间,保持目标被遮挡前的运动方向进行位移,当目标再次出现后,利用背景差分检测算法目标的位置,修正了运动估计累积误差造成的错误跟踪框,最终完成了对目标的有效跟踪。

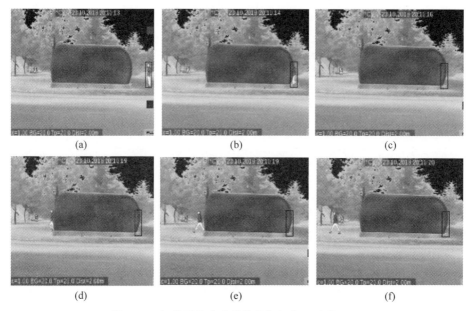

图 18-8　红外刑侦完全遮挡目标经典跟踪效果图

（a）第 100 帧；（b）第 150 帧；（c）第 200 帧；（d）第 275 帧；（e）第 280 帧；（f）第 310 帧

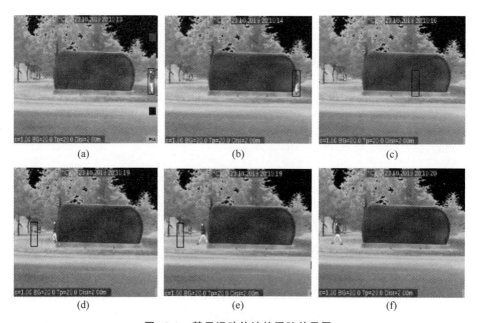

图 18-9　基于运动估计的跟踪效果图

（a）第 100 帧；（b）第 150 帧；（c）第 200 帧；（d）第 275 帧；（e）第 280 帧；（f）第 310 帧

图 18-10　基于背景差分和运动估计的刑侦目标跟踪效果图

（a）第 100 帧；（b）第 150 帧；（c）第 200 帧；（d）第 275 帧；（e）第 280 帧；（f）第 310 帧

18.5　本章小结

　　本章内容主要解决了在刑事侦查过程中,对犯罪嫌疑人进行跟踪、追捕时,犯罪嫌疑人在复杂背景和遮挡情况时无法有效跟踪的问题。针对犯罪嫌疑人逃窜行动的不同状态分别提出了基于运动估计的刑侦匀速运动目标的跟踪算法和基于背景差分和运动估计的刑侦非匀速运动目标的跟踪算法。算法利用目标的运动矢量预测其下一时刻位置实现对遮挡目标的有效跟踪,并采用背景差分确保遮挡目标的准确检测。实验仿真表明,算法能够解决对应刑侦目标不同运动状态的跟踪遮挡问题,较大程度上辅助了刑侦人员对犯罪嫌疑人的监测与追踪,并减轻了刑侦人员的工作量,提高了刑侦捕获罪犯的概率。

本章参考文献

[1]　周子杰.基于人工免疫算法的红外刑侦目标的检测与跟踪[D].天津:天津理工大学,2019.

[2]　于晓,周子杰,高强.基于最优可免域神经免疫网络的深度模糊红外目标提取算法[J].红外,2019,40(1):8.

[3]　李康,何发智,陈晓.基于 MAP 多子空间增量学习的目标跟踪算法[J].中国科学:信息科学,2016,46(4):476-495.

[4]　ZAVERI M A,MERCHANT S N,DESAI U B. Air-borne approaching target detection and tracking in infrared image sequence. [C]. International Conference on Image Processing. IEEE,2004.

[5]　冯棐,吴小俊,徐天阳.基于子空间和直方图的多记忆自适应相关滤波目标跟踪算法[J]. 模式识别与人工智能,2018,31(7):612-624.

[6]　高强,周子杰,于晓.基于结构形态几何生长的模糊红外光谱图像分割[J].红外,2018(11): 21-27.

[7]　王杰,孙艳丽,周伟.基于多特征直方图的红外图像目标跟踪[J].兵器装备工程学报,2017, 38(8):103-106.

[8]　鲁凯翔,田鹏辉,隋立春.利用二维灰度直方图跟踪红外运动目标[J].测绘通报,2014(3): 29-31.

[9]　高强,周子杰,于晓,等.彩色眼底视网膜的非线性映射分块血管提取[J].科技风, 2018(35):266-267.

[10]　DALAL N,TRIGGS B. Histograms of oriented gradients for human detection[C]. IEEE Computer Society,2005.

[11]　王溪波,王彬,赵海.基于 HOG 特征的优化区域模板匹配检测[J].沈阳工业大学学报, 2016,38(6):667-673.

[12]　BREHAR R,NEDEVSCHI S. Pedestrian detection in infrared images using HOG,LBP, gradient magnitude and intensity feature channels[C]. IEEE International Conference on Intelligent Transportation Systems. IEEE,2014.

[13]　向友君,郭宝龙.运动估计快速块匹配算法[J].计算机工程,2003,29(13):62-64.

[14]　谭艳,王宇俊.一种结合背景差分的改进 CamShift 目标跟踪方法[J].西南师范大学学报 (自然科学版),2016,41(9):120-125.

第19章

模糊警务图像文字目标提取

在刑事案件侦破过程中,除了对案发现场犯罪嫌疑人遗留的热痕迹进行采集以外,对案发环境中的其他物证的提取也至关重要,有力的物证可以直接锁定犯罪嫌疑人,而在物证中能够较为准确地确定犯罪嫌疑人的证据便是纸质信息和文件材料,然而多数纸质材料会被犯罪嫌疑人刻意销毁或者涂污,给刑侦人员带来了诸多不便。另外,在公安机关等单位,由于档案、文献、案宗等纸质材料储存较久也会导致材料的字迹褪色、模糊、消散。基于以上的实际需求分析,对警务文件的文本文字进行有效提取识别,可以较大程度上辅助刑侦人员处理刑侦事务。再者,在数字信息时代,将文档材料转为数据存储到警务大数据平台,在使用时便能够快速检索,避免了人工翻阅查找的麻烦,既省时又省力,能够更好地辅助警务工作,促进智慧警务工作的落实。

就目前而言,常用的文字信息提取技术一般为 OCR 技术,然而该技术对于图片的拍摄条件、图片拍摄的清晰效果都有很高的要求,如果照片出现模糊或污渍干扰,OCR 技术的文字识别效果会很差。对于传统的警务图像文字处理方法,在面对正常拍摄且图像清晰的文字时,能够做到校准识别文字区域,实现文字目标的提取。然而面对图像模糊、光照环境差等不利影响条件时,传统方法的效果将大打折扣,甚至无法有效识别文字目标。

在此情况下,本章内容针对不同模糊程度的警务图像,围绕不同模糊类型所呈现的图像特征,以生物自适应免疫为理论基础[1],设计出关于模糊警务图像的文本目标检测提取算法,有效地增强了模糊图像中的文本提取效率。

19.1 警务图像处理的发展现状

随着互联网的日益发展,人工智能凭借着高效性、准确性的特点,渗入社会生活的各个方面,如,图像处理、文字识别和语音识别等。我国的智慧警务[2-3]领域也逐渐引入人工智能技术,有效提高了司法工作中警务材料的处理效率。智慧警务文本处理是运用人工智能、云计算等信息技术,提高公安机关办公、办案智能化水平的一种全新警务运营模式,包括警务图像文本识别、刑事案件分类、证据材料标注等方面。

警务图像文字识别,就是通过某种算法将纸质的法律文书、案件支撑材料等非数字信息转变为电子数据材料,并提取各种文件中的文字信息的过程,是构建智慧警务平台的基础。通过智慧文本警务服务,为司法人员在案件办理、警务保障等各项工作提供更加便捷的文本信息提取和识别功能,提高司法人员的工作效率。

然而,在实际的警务处理中,会面临诸多问题,例如,在进行原版纸质文件的录入时,由于存在外界环境光照、拍摄设备性能及拍摄人员等多种影响因素,很容易导致拍摄的警务图像不清晰,如抖动模糊等。或者在资料的传递过程中很容易受到各种污渍的污染而导致部分文本信息丢失。再者,犯罪嫌疑人刻意销毁、损坏案发现场的纸质材料。在这些情况下,传统的光学字符识别 OCR 技术很难获取有效信息,甚至对于污渍干扰根本无法进行文本提取。

虽然对于模糊的警务图像文本识别研究较少,但国内对于警务工作中文本提取与识别的研究也取得了一定的成果。在文本识别网络上,华中科技大学白翔教授团队提出一种模型简单、识别率高的算法模型[4-7];针对大容量、高维的文本数据聚类问题,钮永莉等提出了基于改进粒子群和 k 均值的文本聚类算法,并且达到了较好的效果指标[8];针对图片中的文字提取,蒋良卫等人提出一种基于深度学习的图片文字提取方法,利用二值算法将图像进行预处理后,基于 CTPN 网络训练将文本行检测出来,为后续的文字目标提取、识别奠定了基础[9]。然而,现有的改进算法主要基于不同场景、不同语言的文本目标提取与识别,处理对象大多为没有污渍的清晰图像。对于深度模糊的警务图像的检测与识别效果仍然不太理想。在智慧警务工作中,使用清晰的图像进行文本识别和要素提取的研究占多数,而针对模糊警务图像中的文本识别算法还有待研究。本章内容针对模糊警务图像的文本提取与识别进行学习,对构建完整的电子智慧警务平台具有重要意义。

文本目标的检测与识别算法一直是机器视觉领域学者研究的主要方向之一,在深度学习还未被广泛应用之前,就有不少学者基于人工设计的特征对图像中的文本信息进行检测与识别。下面从模糊警务图像文本检测及端对端的文字识别[10-12]等角度介绍该领域。

19.2　模糊警务图像

在进行文字图像检测之前,首先需要了解一个表述图片信息的重要概念——图像直方图。直方图又称为质量分布图,精确表示图像像素数值分布,此分布是一个连续变量(定量变量)的概率分布估计。对于图像直方图而言,是将图像按照像素值统计其概率分布图形。在灰度图像中,一个像素点的灰度值范围为 0~255,

在构建直方图时,遍历所有像素点,分别统计 0～255 的每个像素值在图像中出现的次数,并将统计的数值按照像素值顺序排列显示,此时获得的就是图像直方图。

图像直方图中包含整幅图像的像素相关信息,通过分析直方图,可以有效获取图片的亮度、对比度等多种信息。

了解直方图后,就可以着手分析警务图像了。针对图像模糊的问题,可以将警务图像按照模糊程度划分为两个类别:轻度模糊警务图像和深度模糊警务图像。

19.2.1　轻度模糊警务图像

轻度模糊警务图像,顾名思义就是模糊程度较轻、存在少量不必要或多信息的图像。一般的轻度模糊图像主要来自拍摄环境与设备问题,由于环境光照及设备抖动很容易造成图像模糊。图 19-1 所示为不同拍摄条件下的文档警务图像。

| (a) | (b) | (c) | (d) |

图 19-1　文档警务图像

分析图像可以发现图 19-1(a)中的光照分布比较均匀,但总体的光照较暗;图 19-1(b)的光照分布右边较暗,但是在图片中存在模糊的印章干扰;图 19-1(c)的光照分布均匀,且无其他颜色干扰,但图片整体较为模糊;图 19-1(d)中不仅存在光照和模糊问题,同时文字材料中还包含其他颜色的覆盖和标记。上述图像问题基本都是警务图像的常见问题。

分别对图 19-1 中的 4 幅警务图像建立灰度直方图,如图 19-2 所示。

分析文档警务图像对应的灰度直方图,在图 19-2(a)、(b)、(d)直方图中,像素主要集中在中间偏右部分,两端像素极少,其中图 19-2(b)的像素在 170～255 之间几乎没有像素存在,图像对比度不足,因此图像视觉上十分模糊。造成这种结果的原因一般是图像的拍摄环境较为恶劣、黑暗等。由图 19-2(c)可以看出,图片的直方图像素集中于右侧,而左侧的像素极少,整体像素灰度值偏大,表明图像的对比度很差,且存在反光部分。由图 19-2 可知,在获取、传递、储存过程中,图像可能遇到各种因素使图像信息失真。

19.2.2　深度模糊警务图像

深度模糊警务图像相对于轻度模糊警务图像而言,在图像噪声的基础上,通常附有各种污染污渍,如油墨污染或者纸张褶皱等,这些情况都造成了图像信息的大量干扰或者损失。

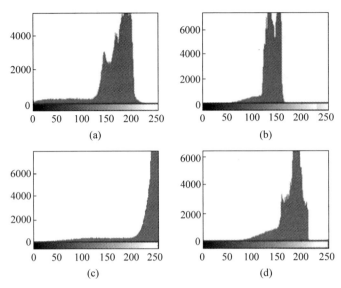

图 19-2　灰度直方图

在轻度模糊警务图像的基础上,针对几类深度模糊的警务图像进行分析、识别,包括分别被墨渍颜色污染的深度模糊警务图像。图 19-3 中,6 种深度模糊警务图像均有不同程度、不同颜色像素的大面积污染。大面积的遮盖会导致识别精度不高、增加识别时间等,对于智慧警务平台建设和融媒体平台建设等均会产生不利影响。

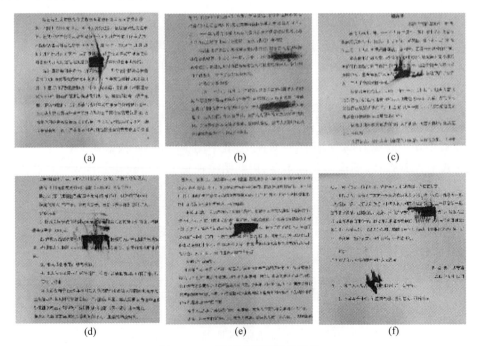

图 19-3　6 种深度模糊警务图像

19.3 传统文本识别算法在警务图像处理中的应用

19.3.1 中值滤波

在进行警务图像的文字提取之前，通常由于各种外界因素使图片包含噪声信息，使得文本提取受到干扰，因此必须通过一定的算法排除这些干扰。一般在图像的灰度转换过程中，椒盐噪声[13]较为常见。椒盐噪声指两种噪声：一种是盐粒噪声，这种噪声为高灰度噪声，显示黑色；另一种是胡椒噪声，为低灰度噪声，显示白色。

通过中值滤波的方式可以有效去除图像中夹杂的椒盐噪声。中值滤波设定一个大小合适的滑窗，通过滑窗遍历整个图像，在滑窗移动的过程中，将滑窗内的像素灰度值修改为周围领域滑窗内的灰度中值，达到滤除噪声的作用。

中值滤波的算法过程是，首先创建一个滑动窗口，窗口的大小及形状可以任意选择，再将滑窗遍历图像中的每一个像素点，把滑窗中的像素点按灰度值排序，取该模板的中值来代替方框中心处像素点的灰度值，重复遍历整幅图像，最终得到去噪后的图像。

中值滤波过程如图 19-4 所示。图 19-4 为待处理矩阵图像，选择滑窗形状为矩形并设置大小为 3×3 的滤波器，遍历图像的所有像素点。这里假设遍历到中心点，此时滑窗内的像素点分别为[31,12,23,43,1,32,7,3,43]，此时对滑窗中的像素点进行升序排序，获得排序后的数列为[1,3,7,12,23,31,32,43,43]，取数列中值为 23，此时将 23 赋值给当前正在遍历的位置点，如此完成一次中值滤波过程，待遍历完成全部像素点就可以完成整张图片的中值滤波。

10	9	4	7	2
4	31	12	23	30
5	43	1	32	8
54	7	3	43	4
23	76	56	45	9

⇨

10	9	4	7	2
4	31	12	23	30
5	43	23	32	8
54	7	3	43	4
23	76	56	45	9

图 19-4　中值滤波过程

19.3.2 传统文本提取算法

在介绍本章算法之前，先对传统的图像文字目标提取算法进行分析，找出传统算法的弊端，并设计新算法进行解决。传统的图像提取算法包括边缘提取算法、阈值分割算法和区域生长算法,而目前常用的文本提取方法同样是基于这 3 种图像提取算法,相应地可以分为边缘法文本目标提取、阈值法文本目标提取和区域法文本目标提取 3 种,下面对这 3 种传统的方法进行分析。

1. 边缘法文本目标提取

所谓"边缘"是待检测图像中灰度值变化最为剧烈的地方,所以边缘两侧的区域灰度值差距大。在图像处理的目标边缘检测中主要依靠检测算法来实现,算法主要包括[14-17]:Sobel 检测算法、Prewitt 检测算法和 Laplacian 检测算法等。

Sobel 检测算法[18-19]是在边缘检测过程中计算图像灰度函数的一阶梯度近似值的一种边缘检测算法。

将 Sobel 检测算法应用于警务图像文本目标提取仿真实验,实验结果如图 19-5 所示。

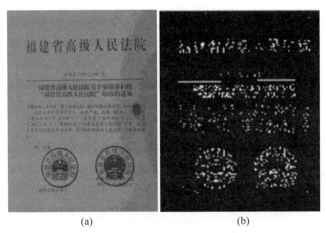

(a)   (b)

图 19-5 灰度警务图像与 Sobel 检测算法分割提取结果

(a) 灰度警务图像;(b) Sobel 检测算法分割

2. 阈值法文本目标提取

阈值法在进行文本目标检测时,通过使用若干个最佳灰度阈值,根据图中每个像素点的灰度值不同,可将原始图像中各个像素点分为若干类。根据不同类之间的灰度值差异大,同一类之间的灰度值差异小的特点,实现目标提取。

将 Otsu 算法应用于警务图像文本目标提取的实验结果如图 19-6 所示。

3. 区域法文本目标提取

区域法文本目标提取主要包括两种基本形式:一种是以某一像素点为生长点,以一种区域生长的方式合并与其类型相似的像素点或像素块,最终生长成为所要提取的目标区域;另一种是直接将待检测图像整体逐步切割,直至分割出所要提取的目标区域。其中,以 14.1.3 节提及的分水岭算法[20-21]和区域增长算法等为代表性算法。

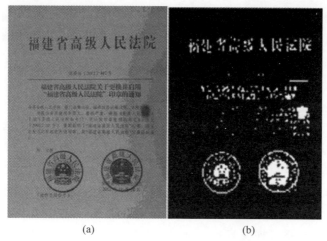

图 19-6　灰度警务图像与 Otsu 算法分割的提取结果

（a）灰度警务图像；（b）Otsu 算法分割

　　将分水岭算法应用于深度模糊警务图像文本目标提取仿真实验的结果如图 19-7 所示,图中产生了过分割现象。

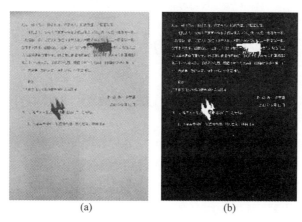

图 19-7　深度模糊警务图像与分水岭算法分割提取结果

（a）深度模糊警务图像；（b）分水岭算法分割

　　通过对警务图像使用传统提取方法分析,我们从图中可以看出传统目标提取算法对于模糊警务图像的文本提取效果不佳,难以满足公安机关人员的工作需求,因此必须提出新的方法获得更好的警务图像文本提取效果。

19.4　自适应免疫因子算法

　　在现代信息化时代,警务工作主要是通过政法部门的合作协调来完成,并且依赖于公安、检察、法院等部门之间的卷宗、文书等文件的传递和处理。在跨部门协助办案的流程中,很多传递和处理的文件都是以纸质形式存在。将纸质文案中的文字提取出来并清晰呈现,可以有效地辅助警务部门办案工作。现有的文本检测算法主要包括:基于边缘、纹理和区域的文字检测算法。通过 19.3 节的分析,我们发现现有的方法均难以得出清晰可靠的文本提取效果,不能够满足公安机关的办案需求。

在此情况下,我们根据警务图像多数情况下存在不同程度模糊的特性,采用自适应滤波、人工免疫算法[22]的理论知识设计自适应免疫因子算法,获得快速、准确地提取模糊警务文本目标的效果。

算法通过使用自适应滤波技术,从警务文字图像中过滤掉大部分的噪声,消除文字目标的干扰。采用自适应免疫因子遍历图像,捕获文本图像的像素梯度值。从两个免疫因子中选择梯度值最大的作为该点的最终梯度值,将获得的梯度图像作为检测结果。图 19-8 所示为本章算法的具体流程示意图。

图 19-8 自适应免疫因子算法流程示意图

19.4.1 自适应免疫因子算法的原理

受生物细胞学机体免疫过程的启发,结合人工免疫算法,将人体的免疫过程机理应用于模糊警务图像的文字目标提取过程,该方法可以提高警务文字目标提取的完整性、准确性。

通过前面对生物免疫部分的介绍可知,在生物体免疫中,机体免疫分为两种:一种是体液免疫,另一种是细胞免疫。在体液免疫中,B 细胞识别抗原通过表面的抗原识别受体。在识别抗原后,B 细胞分化为浆细胞、记忆 B 细胞。浆细胞分泌并产生抗体,从而进行特异性识别、溶解抗原。在细胞免疫中,是针对被抗原、自突变细胞和同种异体移植组织细胞侵入的宿主细胞。效应 T 细胞与靶细胞紧密接触,促使靶细胞溶解、死亡。针对上述两种免疫过程中产生的记忆细胞可以直接对相同的抗原细胞做出反应,这样就大大加快了对抗原的识别、消灭、裂解。

在体液免疫和细胞免疫过程中,淋巴细胞的特异性识别功能在抗原的识别过程中起到了主要作用,能够针对不同的抗原产生不同的抗体,借鉴此生物免疫识别能力,结合警务图像文本提取难题,促使警务图像中不同情形的模糊都能够匹配到合适的免疫因子,采用不同的免疫因子类型将模糊警务图像的文字目标准确、完整地提取出来。下面逐步介绍自适应免疫因子算法的文本提取过程。

19.4.2　自适应免疫因子算法的提取预处理

前面我们了解到,由于警务文件在各部门流转,且由于警务图像拍摄环境中噪声等因素的影响,造成警务图像的文字模糊、背景混杂等问题,使警务图像的文字目标提取工作变得困难重重。本章算法在文字目标提取之前,对警务图像进行滤波、去噪,让警务图像更加平滑,并去除大部分的噪声污染以及不必要信息,提升后续文字目标提取的图像质量。

在警务图像的预处理中,中值滤波的方式确实可以减少警务图像中的噪声,但由于中值滤波算法不够灵活,不能较好地保留文字边缘的图像细节,无法达到最佳的预处理效果。因此选择适当的点来替代噪声污染点,传统的中值滤波方法是远远不够的。本章主要提出了利用自适应中值滤波结合形态学的方法进行处理,不仅可以保留文字目标样本中的细节,还可以将不需要的噪声信号滤除,为后续的警务文字目标提取提供可行性条件。

自适应中值滤波的预处理方法利用迭代法找到合适的值替代噪声点的值。具体步骤如下:

(1)先设定一个滤波窗口遍历图像,记录图像的各个像素点的值;

(2)对图像进行噪声监测,若滤波窗口对过滤窗口有影响,则根据设置的条件调整滤波窗口的大小,反之没有影响,则不调节;

(3)当遍历图像时,逐一判断当前点的像素中值是否为噪声点;

(4)若该点不是噪声点,则输出该点像素值;

(5)若是噪声点,输出当前窗口的中值,需要判断当前滤波窗口中值是否是噪声点:①滤波窗口中值为噪声点,则根据所设定条件自动增大窗口尺寸,直到选出正确的中值;②滤波窗口不是噪声点,则输出本窗口的中值。

通过上面的方法,能够在剔除图像噪声的同时,极大程度地保留文字目标的细节信息,提高提取目标细节的准确程度。图 19-9 为 4 幅警务图像经过自适应滤波后的结果。

|(a)|(b)|(c)|(d)|

图 19-9　自适应滤波预处理结果

19.5　自适应免疫因子算法在模糊警务图像文字目标提取中的应用

经过自适应中值滤波对模糊警务图像预处理,使得原始图像剔除了噪声并更加平滑,在使用简单的边缘检测算法时,虽然也能达到提取模糊文字目标的目的。但是由于原始边缘检测算法的局限性,在进行文字边缘检测时,Sobel算子只在横向边缘和纵向边缘有良好的处理效果,对于斜边的处理却并不乐观,因而对模糊警务文本信息难以达到良好的目标提取效果。

19.5.1 自适应免疫因子设计

以传统目标提取算法为基础,借鉴生物免疫系统中对病毒细胞的识别、记忆能力,将生物免疫中免疫因子对抗原的识别作用结合警务图像对模糊文字的处理过程,提升算法的智能性,使得算法能够较为清晰地提取出警务图像的文本信息。

本章所提出的自适应免疫因子算法[23],采用两种免疫因子对模糊警务图像文字目标进行提取,第一种免疫因子如图 19-10 所示,其设计如下:

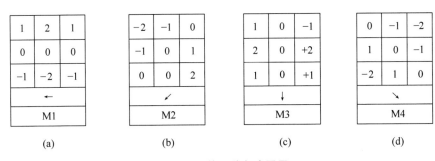

图 19-10 第一种免疫因子

(a) 水平免疫因子;(b) 45°对角线免疫因子;(c) 垂直免疫因子;(d) 135°对角线免疫因子

设 d_1、d_2、d_3、d_4 分别为图像中每个像素点的水平、垂直、45°及 135°两个对角线方向的一阶导数梯度,其计算公式为

$$d_1 = [Y(i+1,j-1) - Y(i-1,j-1)] + 2[Y(i+1,j) - Y(i-1,j)][Y(i+1,j+1) - Y(i-1,j+1)] \tag{19-1}$$

$$d_2 = -2Y(i-1,j-1) - Y(i,j-1) - Y(i-1,j) + Y(i+1,j) + Y(i,j+1) + 2Y(i+1,j+1) \tag{19-2}$$

$$d_3 = Y(i-1,j-1) - 2Y(i-1,j) + Y(i-1,j+1) - Y(i+1,j+1) - 2Y(i+1,j) - Y(i+1,j+1) \tag{19-3}$$

$$d_4 = -Y(i,j-1) - 2Y(i+1,j-1) + Y(i-1,j) - Y(i+1,j) + 2Y(i-1,j+1) + Y(i,j+1) \tag{19-4}$$

则该像素点的梯度幅值为

$$G_1(i,j) = \sqrt{d_1^2 + d_2^2 + d_3^2 + d_4^2} \tag{19-5}$$

为简化计算,可近似为

$$G_1(i,j) = |d_1| + |d_2| + |d_3| + |d_4| \tag{19-6}$$

通过采用上述算法遍历警务图像,将图像像素梯度逐点记录。

所设计的另一种免疫因子符合中国汉字排列的特点。故而,这种免疫因子具有一定的针对性,能够较多地捕获警务图像的文本细节信息、减少遗漏文本信息。免疫因子设计如下:

设 d_5、d_6、d_7、d_8 分别为待检测图像中每个像素点的水平、垂直、45°及135°两个对角线方向的一阶导数,即该点各方向的梯度值,以 M5 免疫因子为例,计算公式为

$$
\begin{aligned}
d_5 =\ & 4Y(i-1,j-2)+6Y(i,j-2)+4Y(i+1,j-2)+ \\
& 2Y(i-2,j-1)+8Y(i-1,j-1)+12Y(i,j-1)+ \\
& 8Y(i+1,j-1)+2Y(i+2,j-1)-2Y(i-2,j+1)- \\
& 8Y(i-1,j+1)-12Y(i,j+1)-8Y(i+1,j+1)- \\
& 2Y(i+2,j+1)-4Y(i-1,j+2)-6Y(i,j+2)- \\
& 4Y(i+1,j+2)
\end{aligned}
\tag{19-7}
$$

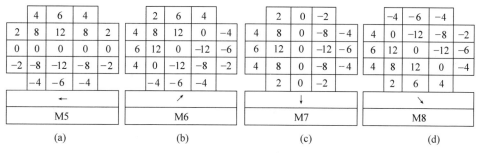

图 19-11　第二种免疫因子

(a) 水平免疫因子;(b) 对角线免疫因子;(c) 垂直免疫因子;(d) 对角线免疫因子

其他 3 种免疫因子按照同种方法分别与待检测模糊警务图像做卷积计算,可依次得到 d_6、d_7、d_8。

则该像素点的梯度幅值为

$$
G_2(i,j)=\sqrt{d_5^2+d_6^2+d_7^2+d_8^2}
\tag{19-8}
$$

分别记录该图像各个像素点的梯度值。

19.5.2　自适应免疫因子的匹配过程

自适应免疫因子的匹配过程如下:

(1) 由 19.5.1 可得出 $G_1(i,j)$ 和 $G_2(i,j)$,即该点像素的梯度值。

(2) 比较上述两个梯度值的大小,取其中的较大值作为该像素点新的梯度值。

图 19-12 为自适应免疫因子算法的具体流程。

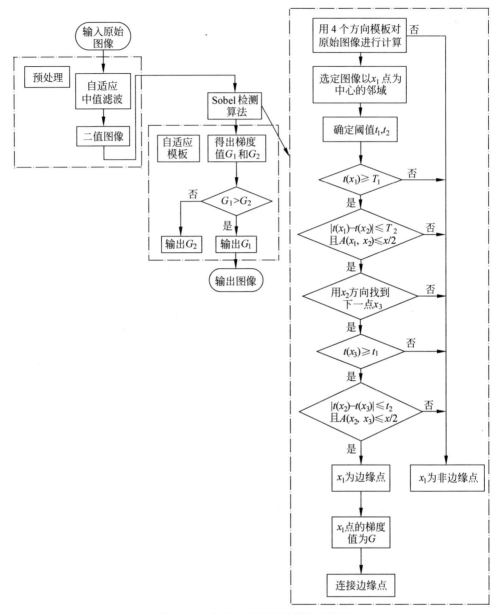

图 19-12　自适应免疫因子算法流程图

19.6　自适应免疫因子算法提取效果分析

19.6.1　分割效果对比分析

为了验证本章所提出算法在警务模糊图像文本提取场景中的有效性、准确性，我们整理了大量警务模糊图像,并建立警务文本图像信息库,便于后续的文字目标提取工作。为验证所提出算法的文字目标提取效果,选出四类具有代表性的模糊警务图像进行实验处理、分析。

本节主要通过 6 种不同的算法与本章算法作比较,用以验证不同算法对于文字目标的提取效果。6 种算法主要分为基于区域、纹理、边缘图像分割方法,分别为 Otsu 算法、基于标记的分水岭分割算法、分水岭变换算法、全局阈值选择算法、改进粒子群和 k 均值聚类算法、改进边缘检测算法。用这 6 种算法同本章提出的自适应免疫因子算法作比较。

如图 19-13 所示,使用 Otsu 算法处理 4 类模糊警务图像得到的结果中:图像 2 右上部分文字目标的提取效果很模糊;在图像 3 结果中,中间部分文字目标模糊;在图像 4 中,褶皱处的文本目标提取严重失真。

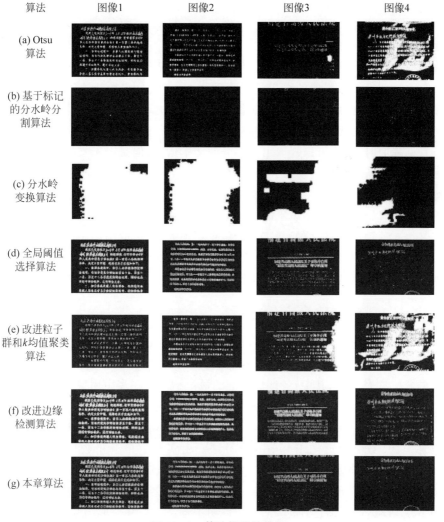

图 19-13　算法提取结果图

使用基于标记的分水岭分割算法进行模糊警务图像文字目标检测得到的结果中,4 幅图像没有将图像中的文本信息有效地提取。

在使用分水岭变换算法进行模糊警务图像文字目标检测得到的结果中,4 幅结果图完全没有将模糊警务图像中的文字目标提取出来,丢失了 70% 以上的文字目标。

在使用全局阈值选择算法处理第三类模糊警务图像得到的处理图像 3 中,虽然能够检测到文本区域,但整体模糊不清。

在使用改进粒子群和 k 均值聚类算法处理第三类模糊警务图像得到的处理图像 3 中,对光照较为敏感,导致警务图像的文本目标边缘模糊,且褶皱文件材料的提取效果不佳。

在使用改进边缘检测算法处理第二类模糊警务图像得到的处理图像 2 中,上半部分文字目标边缘较为模糊。

而使用本章算法,在 4 类模糊警务图像文字目标检测任务中,得到的文字目标边缘清晰,提取效果较好。

因此,针对文本图像存在褶皱、噪声干扰的情况,基于标记的分水岭分割算法以及分水岭变换算法提取的结果呈现模糊状态,表明分水岭算法不适用于以上四类模糊图像;同样 Otsu 算法的模糊图像文字目标提取效果也不是特别好;基于模糊专家系统的全局阈值选择算法和基于改进粒子群和 k 均值聚类的文本聚类算法进行目标提取时,虽然可以提取出大部分的文本信息,但是对于文本提取的细节信息显然不如本章所提出的算法;利用改进边缘检测算法处理时,虽然保留了大部分的边缘细节,但是对于警务图像文字提取这一特殊的目标,需要所使用的算法保留更多细节,以便后续文字识别的顺利进行。与其他算法相比,本章提出的算法相较于其他 6 种算法,所提取的文字目标信息更加完整,提取结果中的文字信息区域更多。在处理相同类型的模糊警务图像时,本章算法保留了更多的文本信息细节,体现了本算法的优势。

19.6.2 分割效果定量分析

对警务模糊图像的文字目标提取算法结果进行比较、衡量的指标采用目前较为常用的目标检测评价指标:真阳性率(TPR)和假阳性率(FPR)。7 种提取算法的定量分析见表 19-1,其中,各评价标准的最优结果已在表中用黑体标出。

依照以上目标提取的评价指标对各个算法的处理效果进行定量分析,如表 19-1 所示。通过表 19-1 中的数据可得,基于标记的分水岭分割算法用于模糊警务图像提取时,TPR 数值远远低于其他几种算法。由实验定量分析数据的横向对比可知,与本章算法处理效果相近的是分水岭变换算法、改进边缘检测算法,但是本章算法的 TPR 值比这两种算法的最高值还高出 7.78%。而本章算法的 TPR 最低值达到了 0.8781,最高值达到了 0.9255,说明本章算法能够提取出较多的文字目标;

并且,本章算法的 FPR 值也较低,说明算法的目标像素点识别错误率较低。通过分析比对,本章算法相较于其他算法,对这 4 类模糊警务图像的文字提取能力优越,能够较大程度地保留文本的细节信息。

表 19-1　7 种提取算法的定量分析

图像	指标	Otsu 算法	基于标记的分水岭分割算法	分水岭变换算法	全局阈值选择算法	改进粒子群和 k 均值聚类	改进边缘检测算法	本章算法
1	TPR	0.6175	0.0095	0.8367	0.4686	0.2921	0.8587	**0.9255**
	FPR	0.1198	**0.0007**	0.5831	0.1894	0.0841	0.1245	0.1445
2	TPR	0.4753	0.0005	0.8546	0.7242	0.3823	0.8195	**0.9115**
	FPR	0.1458	**0.0006**	0.5791	0.0836	0.0501	0.0495	0.0774
3	TPR	0.2902	0.0072	0.8296	0.4847	0.4020	0.1567	**0.9095**
	FPR	0.0595	**0.0022**	0.5894	0.0556	0.1196	0.0696	0.1588
4	TPR	0.0489	0.0007	0.2638	0.3170	0.2248	0.1203	**0.8781**
	FPR	0.3327	**0.0001**	0.2364	0.0488	0.1744	0.0583	0.1987

19.7　本章小结

在机器视觉技术蓬勃发展的今天,我们的生活变得越来越智能化,对文字信息的处理也逐步趋向数字化。在此背景下国内警务工作也逐渐和机器视觉领域接轨。在国家行政工作中,各部门对于文档文件的处理工作一直是重点,以检察院为例,作为履行国家法律监督职能的重要机关,不仅内部需要警务文档传递,还需要准确、高效地同公安局、法院等其他政法机关进行信息、文件传递。但是在日常工作中,通常使用的警务材料大多为纸质材料,因此很难快速获取警务图像中的有效信息。

在公、检、法协同办案过程中,将警务文案转化为电子文档将十分利于办案,但是当前由于文件的流转、保留、拍摄角度、拍摄时的光照等因素使得警务图像存在模糊特性,使得警务图像文本提取具有一定的难度,当前的文字目标提取算法在面对此类问题时难以提取出完整的文档信息。为有效解决此类问题,本章结合自适应滤波、人工免疫算法,设计一种自适应免疫因子算法。对于模糊图像中的噪声,采用自适应中值滤波对图像去噪处理,使图像变得清晰、干净;并设计两种免疫因子,利用免疫因子对模糊特性进行结合,生成不同的梯度值,进行警务图像的文本目标提取。通过定量以及定向实验分析,证明了本章算法针对模糊警务图像目标提取的准确性、可行性,能够较好地提取纸质材料的文本信息,且受到噪声、污染的影响较小,可以有力地辅助公安机关人员处理纸质材料信息。

本章参考文献

[1] 庞佩佩. 模糊检务图像文本检测与识别算法研究[D]. 天津：天津理工大学，2022.

[2] 袁子轩. "智慧检务"的推进路径及体系建设[J]. 人民论坛·学术前沿，2020(9)：112-115.

[3] 李傲，章玉洁. 论智慧检务在行政检察中的法治难题及其应对[J]. 齐鲁学刊，2020(5)：85-93.

[4] 白翔，杨明琨，石葆光. 基于深度学习的场景文字检测与识别[J]. 中国科学：信息科学，2018，48(5)：51-64.

[5] LYU P，YAO C，WU W，et al. Multi-oriented scene text detection via corner localization and region segmentation[J]. Processings of IEEE Conference on Computer Vison and Pattern Recognition (CVPR)，2018：7553-7563.

[6] TANG P，WANG X，SHI B，et al. Deep fishernet for image classification[J]. IEEE Transactions on Neural Networks and Learning Systems，2018，30(7)：2244-2250.

[7] WU L，ZHANG C，LIU J，et al. Editing text in the wild[C]. Proceedings of the 27th ACM International Conference on Multimedia，2019：1500-1508.

[8] 钮永莉，武斌. 基于改进粒子群和 k-means 的文本聚类算法研究[J]. 兰州文理学院学报（自然科学版），2019，33(4)：44-47.

[9] XU J B，DING W H，ZHAO H B. Based on improved edge detection algorithm for english text extraction and restoration from color images[J]. IEEE Sensors Journal，2020，20(20)：11951-11958.

[10] GRAVES A，LIWICKI M，FERNANDEZ S，et al. A novel connectionist system for unconstrained handwriting recognition[J]. IEEE Transactions on Pattern Analysis and Machine Intelligence，2008，31(5)：855-868.

[11] 刘成林. 文档图像识别技术回顾与展望[J]. 数据与计算发展前沿，2019，1(6)：17-25.

[12] BAGI R，DUTTA T，GUPTA H P. Cluttered text spotter：an end-to-end trainable light-weight scene text spotter for cluttered environment[J]. IEEE Access，2020，8(99)：111433-111447.

[13] CHAN R H，HO C W，NIKOLOVA M. Salt-and-pepper noise removal by median-type noise detectors and detail-preserving regularization[J]. IEEE transactions on image processing：a publication of the IEEE Signal Processing Society，2005，14(10)：1479-1485.

[14] LIU B. Real-time video edge enhancement IP core based on FPGA and sobel operator [C]//Cyber Security Intelligence and Analytics. Springer International Publishing，2020：123-129.

[15] BISWAL S R，SAHOO T，SAHOO S. Prediction of grain boundary of a composite microstructure using digital image processing：A comparative study[J]. Materials Today：Proceedings，2021，41(2)：357-362.

[16] WANG F，CHEN W，QIU L. Hausdorff derivative laplacian operator for image sharpening [J]. Fractals—Complex Geometry Patterns and Scaling in Nature and Society，2019，27(3)：12.

[17] YU X，WANG Z，WANG Y，et al. Edge detection of agricultural products based on

morphologically improved canny algorithm[J]. Mathematical Problems in Engineering, 2021,2021(3): 1-10.

[18] GAO W, YANG L, ZHANG X, et al. An improved sobel edge detection[C]. IEEE International Conference on Computer Science & Information Technology, Chengdu China, IEEE, 2010: 67-71.

[19] ZHOU R G, LIU D Q. Quantum image edge extraction based on improved sobel operator [J]. International Journal of Theoretical Physics, 2019, 58(9): 1-17.

[20] LI J, LUO W, WANG Z, et al. Early detection of decay on apples using hyperspectral reflectance imaging combining both principal component analysis and improved watershed segmentation method[J]. Postharvest Biology and Technology, 2019, 149: 235-246.

[21] FANG Q, ZUO Q X, TANG Z, et al. Related study based on otsu watershed algorithm and new squeeze-and-excitation networks for segmentation and level classification of tea buds [J]. Neural Processing Letters, 2021, 53(3): 2261-2275.

[22] ZHANG X, WANG D H. Application of artificial intelligence algorithms in image processing[J]. Journal of Visual Communication and Image Representation, 2019, 61: 42-49.

[23] 于晓,庞佩佩,高强,等.基于自适应免疫因子的模糊检务文字提取[J].光电子·激光, 2021,32(12): 1293-1299.

第四部分

总结与展望

第20章

免疫智能算法在刑事
侦查中的应用总结与展望

20.1 免疫智能算法在刑事侦查中的应用总结

随着红外成像技术的不断发展与完善,红外信息的获取更加便捷,应用的领域也逐渐增多。将红外成像技术引入刑侦办案过程,尤其是对一些案发现场痕迹的采集或证据的收集,将不可见的热痕迹进行可视化呈现,可以很好地反映犯罪嫌疑人在案发现场的作案动向,并通过分析,可以呈现犯罪嫌疑人的生理特征,作为案件侦破的有力证据。

然而实际得到的痕迹红外图像所采集的热痕迹往往容易受到热传导、热扩散和热对流等因素的影响,具有接触区域不规则,传递热能不均匀、不确定、边界条件复杂等特征,是一类特殊的模糊红外图像。此类图像的模糊机理与已有的离焦模糊、运动模糊均不相同。这类红外图像已经不能明确、真实地反映嫌疑人热痕迹的初始接触轮廓。如何从此类特殊的模糊红外图像中提取热痕迹目标的轮廓,是红外技术在该领域实际应用中急需解决的关键问题。

为解决刑侦领域红外图像处理的难题与困境,本书通过借鉴生物免疫系统工作机制,借鉴生物免疫系统优异的工作性能,设计了具有良好处理效果的刑侦图像目标提取算法。

生物免疫系统是一个复杂的大系统,具有多层次、多样化、分布式、自适应、网络化的特点。在对抗原的检测、提取和消除方面,拥有出色的识别、学习、记忆、耐受和协调配合等能力。受到生物免疫机制的启发,人工免疫算法模拟免疫学的功能、原理、模型,进而解决复杂稳态的自适应系统,是各群体智能算法中具备较强搜索能力的一类优化算法。本书希望借鉴生物免疫机理,基于已有的人工免疫算法,研究一类充分体现记忆性、适应性、多样性、分布性、自我监视、错误耐受等生物免疫特质和行为的人工免疫算法,将其应用于刑侦红外图像的目标识别与痕迹检测。

本书内容的整体框图如图 20-1 所示。全书共分为 4 个部分:第一部分简要介绍刑事侦查及红外图像的基础理论；第二部分为生物免疫基础，介绍生物免疫系统中的相关知识及其对算法的启发和引申；第三部分从刑侦图像处理的实际难题出发，设计相应的能够有效提高目标识别、痕迹提取的免疫智能算法；最后一部分对全书内容做出框架梳理、简要总结及对未来工作的展望。

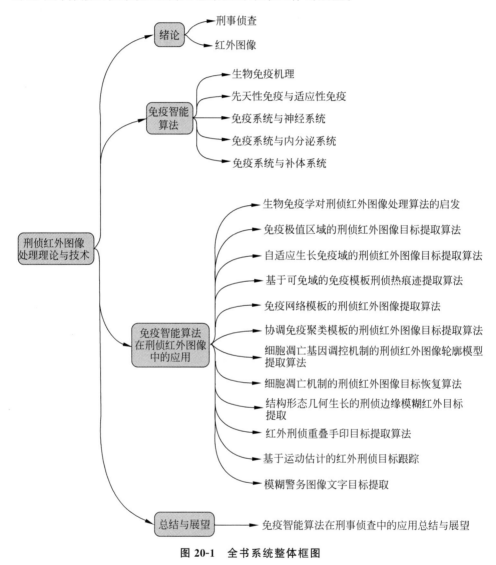

图 20-1 全书系统整体框图

在第一部分，我们介绍了刑侦及红外图像的相关知识，明确刑事侦查的定义及工作任务，即公安机关、人民检察院对已经立案的案件依照法定程序，收集证据、证实犯罪、查获犯罪人，以及在侦查中对犯罪嫌疑人采取必要强制措施的诉讼活动。分析目前刑侦过程中面临的各种困难及刑侦在红外目标检测领域的发展现状，同时对红外热成像技术的技术原理及优点进行介绍，并将红外热成像技术引入刑侦领域的可行性做了一定的分析,如图 20-2 所示。

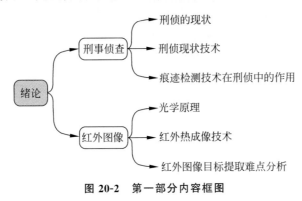

图 20-2 第一部分内容框图

但对于实际的刑侦红外图像处理,又面临一系列的难题与技术困境,为解决刑侦红外图像的特殊模糊性,注意到目前免疫领域的发展前景,本书引入免疫机理,优化图像处理技术。为深入算法原理和对算法进行理性分析,本书对生物免疫机理做出介绍。生物医学研究表明,生物机体内的免疫系统对抗原的分类与检测有着优异的认知、学习和容错特性,这些特性在各类工程领域中具有重要的启示意义,包括识别、学习、记忆与遗忘、适应性、特异性、多样性等。受生物免疫学的启发,可将这种优异特性应用于目标提取算法中,能够在一定程度上解决红外图像目标提取中的一些困难与问题。在本书的第二部分免疫智能算法中介绍了生物的先天性免疫与适应性免疫、神经系统、内分泌系统、补体系统的运作,并深入剖析了各个系统与免疫系统之间的协作关系,全方面、深层次地对生物免疫机制进行解读,并从中借鉴生物免疫卓越的工作机制,引入刑侦红外图像的处理算法中,如图 20-3 所示。

第二部分免疫智能算法首先从广度上对生物免疫机制进行了介绍,从宏观角度对免疫机制进行论述,讲述了免疫系统的组成及构造,并分析每部分的功能、作用、运作流程,以及各部分在免疫机制工作大环境下所起到的作用。接着,本书分析了免疫系统的三大功能:免疫防御、免疫自稳和免疫监视,简要解读了生物机体的免疫系统分类:先天性免疫(非特异性免疫)、适应性免疫(特异性免疫)及免疫系统的免疫过程。随后介绍了近些年来国内外学者在生物免疫领域做出的研究,以及现代免疫学的研究成果。

在对免疫系统有了广度上的铺垫以后,在第二部分开始深入剖析各个组成部分的工作机制、协作关系、作用范围、内部组成。在生物免疫系统中,首先对先天性免疫与适应性免疫系统进行介绍,先天性免疫系统是生物机体内与生俱来的免疫机制,它对于病毒的消杀并没有针对性和选择性,是一种主动的免疫"小分队",一旦有病毒入侵,先天性免疫系统就会立时启动,作为生物免疫防御的第一道防线。基于对先天性免疫系统的分析,将此工作机制引入刑侦图像处理中,可以将复杂背

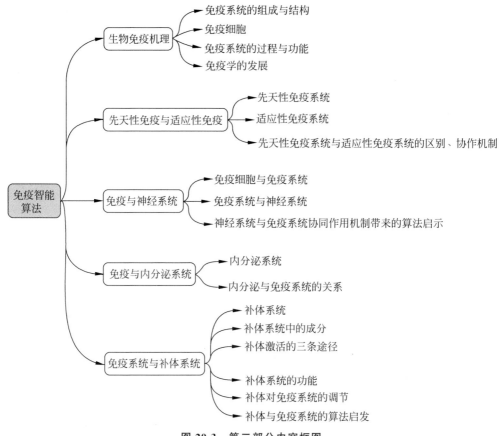

图 20-3　第二部分内容框图

景红外手印图像的像素表示为抗原集,像素的灰度、位置等其他特征可以作为抗原的分子结构模式。通过设计具备初始特征值的先天性免疫因子实现对目标抗原集的有效识别,对复杂背景的红外手印图像进行初步处理,确定复杂背景红外手印图像目标区域的初始位置及过滤掉大部分背景区域。而免疫系统的另一个组成部分便是适应性免疫系统,与先天性免疫系统有所不同,适应性免疫系统是后天受到抗原的袭击而获得的一种生物免疫机制,但是,适应性免疫系统具有记忆特性,在第二次遇到相同类型的病毒入侵时,能够起到快速识别、迅速消杀的作用。通过对适应性免疫系统的分析,并将此机制引入刑侦图像处理领域中,采用自适应免疫因子将原始刑侦模糊图像中无法提取的目标边缘细节保留下来,合理剔除干扰提取目标的噪点,为后续的目标提取提供了条件,且极大地提高了提取目标细节的准确度。随后,介绍了先天性免疫、适应性免疫的特点、区别,以及两者之间的协作机制,对免疫系统有了较深层次的解读。

通过对先天性免疫系统与适应性免疫系统的介绍,对免疫系统有了一定的了解,但是生物的免疫系统并不是孤立存在,而是与其他系统相辅相成、互为作用,为理解免疫智能算法的全备性与智能性,将对免疫系统与其他生物机体系统的协作关系进行介绍。以人体为例,神经系统广泛分布于人体的各个器官、各个部位,对于人体良好运行起着控制、调配作用,那么神经系统与免疫系统是否有着千丝万缕的关系？经研究发现,支配中枢和外周淋巴器官的神经含有众多肽能神经纤维,发生特异性反应;与此同时,免疫系统可以经过多种途径影响神经、内分泌系统的功能,比如,免疫细胞不仅能够产生内分泌激素,还能够通过免疫细胞生成的细胞因子对神经内分泌系统及全身器官进行作用。通过借鉴生物机体的神经系统对免疫系统的调节作用,将神经系统中的模板匹配作用引入刑侦图像的模糊边带区域划分过程,表示神经系统的促进或抑制免疫的效果,从而有效提取图像中目标的结构信息和邻域关系。

除神经系统与免疫系统之间存在相互交映的协作机制以外,内分泌系统对免疫系统的作用也不可或缺。当生物机体受到刺激时,将会激活机体免疫反应,并分泌出免疫细胞和肽类激素作用于下丘脑,可以影响神经激素、垂体激素的分泌。此外,神经、内分泌和免疫三大调节系统都存在共同的激素、神经递质、神经肽、细胞因子,并且细胞表面存在相应的受体,使得三大系统可以相互协调运作。在生物机体的大脑内的神经肽、激素,也存在于外周免疫细胞中,并且它们具有相同的的结构、功能。

在生物免疫领域,相对于神经系统、内分泌系统的研究,对补体系统的探索更为久远。以人体生物机体为例,人体的补体系统相比其他系统更加复杂,补体系统的组成成分繁多,包括 30 多种表面蛋白,拥有极其精密的调控机制,通过对侵入的感染源进行抑制来参与免疫防御工作,补体系统不仅能够自主识别病原体,还能够在先天性免疫、适应性免疫的识别过程中起到促进作用。在适应性免疫过程中,补体细胞与免疫细胞相互配合,实现补体系统的功能,为红外图像中模糊目标区域的提取和划分提供了有益的启示。借鉴补体系统的运作原理,我们设计了一种针对方向和位置等抗原表面分子结构模式的处理方法,作用于处理边缘模糊的目标区域。可以与抗原表面分子结构模式相互作用,首先根据方向特征将模糊区域划分为多个区域,使用不同的模板对不同的区域进行匹配检测,将新的特征值赋予每个像素点,获得分类依据。将生物免疫与补体系统的工作机制引入免疫智能算法,为免疫智能红外图像处理算法提供扎实的理论基础和创新思想启迪。

如图 20-4 所示,第三部分免疫智能算法在刑侦红外图像处理的应用中,先对目前的国内外专家学者在免疫算法领域的研究进行综合分析,目前现有的人工免疫算法多数是基于对适应性免疫机制的借鉴。此外,对于图像处理领域的研究,分析了近十余年国内外专家学者和研究团队的现有研究,解读了当前的图像处理技术研究成果,现有技术应用于可见光图像、视频处理等领域取得了很好的处理效果,但是较少涉及深度模糊、复杂背景的刑侦红外图像处理。最后,基于生物先天性免疫和适应性免疫、补体系统、神经系统、内分泌系统紧密联系、协同作用,作为对刑侦红外图像目标区域不清晰且不连续、目标与背景边界深度交错、特征相互融合等特性的提取算法的启发,用免疫机理进行描述,将待识别的刑侦红外图像目标看作病原体,深度模糊刑侦红外图像集视为病原体的环境,为第三部分免疫智能算法在刑侦红外图像处理中的应用做出了引申和铺垫,在此基础之上,论述诸多刑侦图像处理中的难点,并给出相应的处理方案、设计相应的目标提取算法。

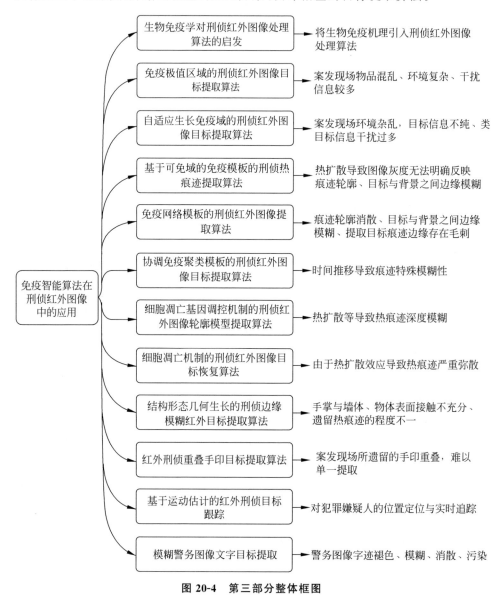

图 20-4 第三部分整体框图

为解决案发现场物品混乱、作案环境复杂、背景信息繁多而造成拍摄的刑侦红外图像干扰信息较多、特征信息不确定、背景混杂的情况使刑侦红外图像的痕迹提取困难,此部分结合生物免疫系统中 T 细胞的成熟过程,模拟 T 细胞成熟的方式进行图像区域的划分,从而实现目标提取。首先,分析了传统的基于区域的目标提取算法——区域生长法,介绍了区域生长法的概念、算法步骤和在刑侦领域中复杂背景图像处理的弊端;其次,基于免疫系统中 T 细胞的成熟过程提出了免疫极值区域,并论述免疫极值区域的原理;然后,设计了基于免疫极值区域的目标提取算法,算法通过对复杂背景刑侦图像进行光照校正、初分割,降低其他环境因素的影响,利用免疫极值区域底层特征的稳定性,识别并检测图中可疑痕迹的分布;最后,通过与传统算法的目标提取效果及定量分析,免疫极值的刑侦目标提取方法较其他传统算法能够给出较为明确、连续的目标区域,识别检测结果直观、准确,涵盖了红外刑侦痕迹图像中的大部分可疑目标区域,可以对提高刑事侦查效率提供帮助。

　　为解决案发现场混乱、痕迹目标信息不纯、类目标信息干扰严重的问题,除基于免疫极值区域的目标提取算法外,还基于生长免疫域的原理设计了一种自适应生长免疫域的刑侦红外图像目标提取算法。此算法首先使用 k 均值聚类从复杂背景中划分出目标所在的大致区域,并设定区域生长的源种子点区域,以种子点周围待生长点的区域特征作为生长判决中比较的对象;然后,结合边缘梯度信息,当种子点生长到边缘时,生长免疫域根据梯度的剧烈变化而自适应变化,达到防止过度生长的目的;最后,将以红外刑侦图像中具有复杂环境背影和手印图像作为分析对象,将改进算法与其他经典的分割检测算法进行效果比较,获得实验结果证明改进算法的有效性,有效解决了案发现场混乱、痕迹目标信息不纯、类目标信息干扰严重的问题。

　　为解决在侦破案件到达案发现场与作案时间之间的时间差内由于热对流、热传递、热扩散而造成的手印、脚印等热痕迹消散,导致拍摄的刑侦红外图像的像素灰度不能明确反映热痕迹的原始轮廓,使得手印、脚印痕迹目标与背景之间模糊的问题,借鉴生物免疫机理,提出了可免域的定义,给出一类基于可免域的免疫模板提取算法,用于案发现场犯罪嫌疑人手部遗留痕迹红外图像的目标提取。首先,介绍了图像目标提取的关键所在,设计模板提取区域的特征;然后根据图像像素点样本的特征设计相匹配的检测器对像素点进行检测,并根据生物免疫的可免域机制设定基于可免域的集成检测器和基于可免域的球面检测器;最后将提取效果与经典的边缘检测算法、阴性模板、阳性模板相比较,基于可免域的集成免疫模板算法和基于可免域的球面免疫模板算法的提取结果均优于上述方法,能够有效识别出犯罪嫌疑人手部遗留的热痕迹,可以为刑侦人员提供作案嫌疑人的生理特征,辅助分析作案嫌疑人在案发现场的作案动态,助力案件的审查推理。

　　为解决热扩散导致犯罪嫌疑人遗留的热痕迹弥散使得刑侦红外图像的像素灰度不能有效反映热痕迹的轮廓问题,在基于可免域的免疫模板提取算法基础上,改进了可免域的免疫模板提取算法提取结果中手部痕迹边缘存在毛刺的现象,提出一种免疫网络模板的刑侦红外图像提取算法。首先,分析了生物免疫系统中先天性免疫与适应性免疫的协作机制,分析二者配合工作的运作机理,并给出生物免疫系统的整体运作机理图;其次,通过对免疫系统的工作机制进行借鉴与引申,参考人工神经网络方法,设计了一种刺激球体免疫网络提取算法,通过刺激球体免疫网络算法设计网络模型中先天性识别因子的识别阈值和类标,先天性提呈因子的提呈规则,适应性识别因子的作用权值、阈值和类标;然后,借鉴生物先天性免疫因子与适应性免疫因子的协调机理,将最优划分的几何方法引入适应性免疫识别因子的成熟过程,给出一种最优可免域免疫网络算法;最后,通过算法提取效果和定量分析,两类免疫网络模板算法均获得了较理想的边界轮廓,其中刺激球体免疫网络提取算法改善了边缘毛刺,而最优可免域免疫网络提取算法不仅改善了边缘毛刺,还消除了十字的干扰,优化了提取出来的犯罪嫌疑人手部痕迹,更为详尽地展示了嫌疑人的手部特征,为刑侦人员提供了更多的案发现场的遗留痕迹信息。

为解决受热传输影响而具有特殊模糊性的刑侦领域的手部痕迹提取困难问题,基于生物免疫系统中各免疫因子间相互作用的免疫协调网络模型,提出了一类免疫网络模板算法,用于手部痕迹红外图像的目标提取。首先对随机过程进行了论述,分析了 $\dot{Y}$ 成为 σ 域的条件,介绍了可测空间的定义及相应的结论;然后,分析生物免疫系统中,先天性免疫因子识别部分抗原的分子结构模式及抗体的产生和作用过程,并基于先天性免疫与适应性免疫设计协调免疫聚类算法,列举出相应的免疫聚类模板算法迭代过程中相应的性质,并给出相应的证明过程;最后,根据刑侦红外图像的目标提取效果与目前现有的常用算法进行比较分析,最终得出基于免疫机理和模板的手部痕迹目标提取方法,能够应用于手部离开物体不同时刻的红外图像,相较于其他算法,提取效果也较为清晰,为刑侦分析、案件侦破提供了有效的证据。

为解决在案发现场由于热痕迹消散而造成的手印、脚印等热痕迹目标与背景对比度低、热痕迹的边缘模糊、痕迹的细节丢失等现象,使得犯罪嫌疑人的痕迹信息难以识别的问题,基于轮廓提取算法,引入细胞凋亡机制,从而达到解决此类问题的目的。此部分内容首先介绍了传统的目标提取算法:基于区域的目标提取算法、基于边缘的目标提取算法、基于阈值的目标提取算法,并对这三类算法的利弊进行分析,并通过刑侦红外图像的目标提取效果验证,这些传统的目标提取算法难以达到清晰的提取效果,并不能为刑侦人员提供清晰可靠的热痕迹信息;其次,介绍了主动轮廓模型算法的提出背景、算法分类、处理流程,经过分析可知,由于主动轮廓模型对于初始轮廓的位置过于敏感,因此在初始化时,轮廓线必须设置在目标轮廓附近,但同时也容易导致其陷入局部极小值,为解决主动轮廓提取算法的弊端,引入了生物细胞凋亡机制;然后,论述了细胞凋亡机理,分析了影响细胞凋亡的要素及细胞凋亡的过程;最后,以主动轮廓模型算法为基础,借鉴了生物细胞凋亡机理,以生物细胞机制激活促进主动轮廓模型算法的内能量和外能量,有效解决了由于热传递等原因导致热痕迹边缘模糊的问题,取得了较好的提取效果,能够识别出犯罪嫌疑人的手部痕迹,提取犯罪嫌疑人的生理特征。

为解决由于案发现场所遗留热痕迹的导热效应导致犯罪嫌疑人的热痕迹严重弥散,使得遗留的痕迹成为深度模糊状态,痕迹的边缘与背景几乎趋于一致的问题,研究了细胞凋亡机制的原理,为刑侦红外图像的深度模糊状态设计了一种目标痕迹恢复算法。此部分首先基于室内、室外状态下,对留下的热痕迹进行监测,分析产生热痕迹后不同时刻的痕迹消散程度;其次,论述了细胞凋亡过程的理论支撑,分析了细胞凋亡的过程及途径;然后,基于细胞凋亡过程,构建了一类刑侦手印的痕迹恢复模型,根据痕迹热扩散的时序特性及细胞凋亡过程的启发,寻找到热痕迹的消散关系,由模糊的刑侦红外手印推演得出原来遗留下的热痕迹;最后,通过分析基于细胞凋亡机制的刑侦红外图像目标恢复算法,实现了对深度模糊手部痕迹的提取,为模糊刑侦红外图像的处理指出了新方向、设计了新方案。

为解决案发现场犯罪嫌疑人手部的指腹及手掌局部区域与物体表面不能完全接触,存在手部的指腹及手掌所在的区域特征与背景相似的问题,借鉴了生物免疫机制中补体系统对于免疫系统的内部调节机理,提出了一种基于结构形态几何生长的边缘模糊红外目标提取算法。首先,对犯罪嫌疑人的遗留手印痕迹提取问题进行分析,论述了人体机能及习惯造成手掌接触面各个区域的受力强度不同,遗留的温度也不尽相同,所以使用传统算法的单一阈值进行分割,难以进行有效地识别与提取;其次,分析了补体系统中补液免疫的机制与作用,借鉴了补体系统对免疫系统的调节作用,将此机制引入刑侦图像处理领域中;然后,算法考虑红外手印图像特征,利用手掌接触对象残留的温度信息以及免疫系统内补体系统的调节作用提取特征区域构建手掌结构。利用手掌结构这种补体系统激励免疫系统运作的内部调节信息,使目标提取能够有针对性地定向生长;最后,通过对刑侦红外手印图像进行提取,并与传统的痕迹提取算法进行比较,证实基于结构形态几何生长的目标提取方法能够有效地将手印区域从图像中较好地提取出来,较大程度地还原犯罪嫌疑人的手部信息,为侦破案件提供了有力的证据。

为解决在案发现场对于遗留有重叠的手印痕迹难以有效识别的问题,结合坐标变换和图像融合技术,设计了红外刑侦重叠手印目标提取算法,将相互融合的手印图像分离开来,以满足刑侦中痕迹验证的需要。首先,对案发现场造成手印重叠的原因及手印重叠的状态进行分析;其次,根据图像的整体灰度特点,采用阈值算法提取整体手印区域、手印重叠区域;然后,通过坐标变换法、图像旋转法、图像融合算法对图像进行再调整,通过二次图像融合算法两两结合提取出单个手印目标;最后,通过与传统的目标提取算法进行提取效果对比分析与定量分析,显示出红外刑侦重叠手印目标提取算法的优势,将重叠手印中的单一手印进行较好的呈现,为刑侦人员分析案件提供了极大的帮助。

为解决对犯罪嫌疑人进行位置定位和实时跟踪的问题,借鉴生物免疫机理,设计了免疫智能红外刑侦目标监测与跟踪算法。首先,分析在刑事侦查过程中,对犯罪嫌疑人追捕过程中的跟踪和定位问题,分析嫌疑人逃窜中的抓捕难题,对刑侦目标跟踪的遮挡问题进行分析以及对追捕过程中的红外图像目标特征的选择;其次,根据嫌疑人逃窜特性,对于匀速的逃窜行动,设计基于运动估计的刑侦目标跟踪算法,以经典 KCF 目标跟踪算法为基础跟踪算法,提取目标的 HOG 特征,然后对该目标特征进行训练,若刑侦追踪目标被遮挡,算法通过计算该帧前若干帧运动矢量的平均值预估后一帧的运动矢量,并更新跟踪目标框的位置对下一帧继续判断遮挡情况直到遮挡结束,完成目标的跟踪;然后,对于犯罪嫌疑人逃窜的非匀速特性,设计了基于背景差分法和运动估计的非匀速运动刑侦遮挡目标跟踪算法,通过分析目标进入遮挡前的运动方向与距离,预测遮挡期间目标的位移方向,检测该方向是否存在目标。并且此过程由于目标已被遮挡,背景中其他运动的干扰因素较少,因此在这个过程中进行背景建模。若该遮挡时间内检测到目标,则利用 KCF 计算目标的最佳位置,实现目标的跟踪。若遮挡时间大于阈值,说明目标进入长时间遮挡阶段,该阶段中算法利用建立的背景模型,采用背景差分法检测目标。当目标再次出现时,利用背景差分法检测目标的位置,由 KCF 算法计算目标的最佳位置,实现跟踪位置的修正,最终完成目标跟踪;最后,对提出的两种追踪算法进行分析,针对嫌疑人逃窜无非是匀速或非匀速状态,均设计了相应的处理算法,有效的辅助刑侦人员对犯罪嫌疑人进行追踪和抓捕。

为解决警务图像存在字迹褪色、模糊、消散、污染而难以进行有效的文本文字提取识别问题,针对不同模糊程度的警务图像,围绕不同模糊类型所呈现的图像特征,以生物自适应免疫作为理论基础,设计出关于模糊警务图像的文本目标检测提取算法。首先,分析了对于警务图像文字识别处理的研究现状,对国内外专家学者和研究团队的成果进行简要的列举论述;其次,对于警务图像的模糊程度和模糊情况进行分析,论述模糊警务图像提取文字的难题与困境;然后,根据警务图像多数情况下存在不同程度模糊的这一特性,结合自适应滤波和人工免疫算法的理论知识,设计自适应免疫因子算法,并论述对于模糊警务图像的处理流程;最后,通过实际处理效果与传统算法进行对比分析,突显出所设计的自适应免疫因子算法的优异特性,可以较好地提取出纸质材料的文本信息,且受到噪声、污染的影响较小,可以更好地辅助公安机关人员处理纸质材料信息。

20.2 免疫智能算法在刑事侦查中的应用展望

红外成像技术在刑侦领域的应用近年来受到广泛关注,在刑侦中的应用正逐渐成熟,且实际应用效果也在不断提升,目前已经取得了一定的研究成果。本书主要阐述了借鉴生物协调免疫机理构建免疫智能红外图像算法在痕迹红外图像目标提取研究方面的潜力,分析了红外图像技术引入刑侦领域的可行性,并根据刑侦红外图像处理过程中面临的实际问题和困境,设计了一系列免疫智能算法。对未来刑侦领域图像处理工作的展望如下。

1）手部痕迹红外图像的特征分析

本书通过设计一系列的免疫智能算法对犯罪嫌疑人的手部热痕迹进行提取,能够得到手部痕迹红外图像的部分空域和频域特征。目前尚没有其他针对手部痕迹红外图像目标提取的算法研究,因此尚未找到已有的对手部痕迹红外图像特征的分析和研究。后续工作中,对手部痕迹红外图像的空域、频域特征进行定量比较,分析其区分手部目标与背景区域的效果,研究其适用范围和参数设置,并探索手部目标的轮廓特征等新特征的提取,将有助于提取算法获得更准确、更接近手部初始轮廓的提取结果。

2）基于免疫因子动力学结构的提取算法研究

通过借鉴生物免疫中,先天性免疫因子、适应性免疫因子及其相互间的协同作用机制,本书提出了可免域、免疫协调网络等模拟、借鉴生物免疫机理的模型,用于手部痕迹红外图像的目标提取。但如何通过分析免疫因子的行为及其数量的变化,构建能够准确、详细描述生物免疫机理的免疫动力学模型,仍然受到医学免疫学的前沿发现、研究不足等影响。如果能够建立这样的免疫动力学模型,并基于此模型构建相应的提取算法,则将对手部痕迹红外图像的目标提取有积极的意义。

3）立体化模板研究

实际中,如果从到达拍摄现场开始,连续地采集手部痕迹的红外图像即能够得到手部痕迹的序列图像,该序列图像中目标的位置变化、姿态调整、背景与环境的特性等具有较强的相似性和关联性。依据这些特点研究并构建一类能够反映和描述序列手部痕迹红外图像空域联合信息的立体化人工免疫模板。该类立体化模板能够获取更多的图像信息,有助于建立手部痕迹变化的趋势,对提取手部与物体的初始接触轮廓具有重要的意义。

4）肢体热痕迹提取及形体分析研究

本书提供的多数算法是对指向性很强的手部、足部、指纹等信息进行提取,但在真实的案发现场,极有可能遗留犯罪嫌疑人的肢体热痕迹或全身热痕迹,此类热痕迹的有效提取也将为刑侦人员提供更大的帮助,能够从此类痕迹中判断出犯罪嫌疑人的作案动向、体貌特征、作案时的心理活动及为还原案发现场的状态有着极大的帮助。

5）研究提升方向

虽然本书对刑侦红外图像的处理及目标痕迹的提取给出了可行的免疫智能算法,但是在复杂的现实环境中,将算法应用到实际刑侦办案现场中时,还需要考虑更多因素的影响,对红外刑侦痕迹目标提取算法的研究工作还有待进一步深入,但仍然需要一定的实际操作经验。目前有待改进的问题及未来的研究方向主要有以下几个方面:

（1）书中提出的一些算法，如主动轮廓模型等计算量较大，在后续的工作中还有极大的空间进行计算方法优化，提高计算效率，缩短检测所用的时间。

（2）书中提到的各种算法基本只是针对单个红外目标进行检测和识别，因此可以进一步将工作重心放在对多目标的遮挡和重叠情况进行检测和识别上。

（3）目前本书基于生物免疫机制所得到的算法已经取得了较好的实验效果，基于此可以在日后进一步结合其他领域的研究思想，如数学中的映射问题、物理中的能量守恒定律等，进一步扩大红外图像处理在刑侦领域的应用范围。

（4）就目前阶段的成果而言，本书的算法内容已经具备对背景复杂、边缘模糊等特性的红外刑侦图像的目标提取和跟踪，但是部分实验数据来源于实验室，还需要分析在实际刑侦中，影响红外刑侦图像目标提取的其他特性，从而研究相应的提取算法以满足实际刑侦工作的需要。

本书研发的系列免疫智能刑侦中红外图像算法完成了刑侦目标检测与痕迹提取、刑侦目标的跟踪监测及警务工作中的文本提取，在检测质量和识别率上基本能达到预期要求。由于作者专业知识水平、时间及视野高度有限，文中还存在不足及待完善的地方，望读者指正。